Platform Engineering on Kubernetes

Kubernetesで実践する Platform Engineering

Mauricio Salatino 著

株式会社スリーシェイク
元内 柊也／木曽 和則／戸澤 涼／長谷川 広樹 訳

本書内容に関するお問い合わせについて

このたびは翔泳社の書籍をお買い上げいただき、誠にありがとうございます。弊社では、読者の皆さまからのお問い合わせに適切に対応させていただくため、以下のガイドラインへのご協力をお願い致しております。下記項目をお読みいただき、手順に従ってお問い合わせください。

●ご質問される前に

弊社Webサイトの正誤表をご参照ください。これまでに判明した正誤や追加情報を掲載しています。

正誤表　https://www.shoeisha.co.jp/book/errata/

●ご質問方法

弊社Webサイトの書籍に関するお問い合わせをご利用ください。

書籍に関するお問い合わせ　https://www.shoeisha.co.jp/book/qa/

インターネットをご利用でない場合は、FAXまたは郵便にて、下記"翔泳社 愛読者サービスセンター"までお問い合わせください。

電話でのご質問は、お受けしておりません。

●回答について

回答は、ご質問いただいた手段によってご返事申し上げます。ご質問の内容によっては、回答に数日ないしはそれ以上の期間を要する場合があります。

●ご質問に際してのご注意

本書の対象を超えるもの、記述個所を特定されないもの、また読者固有の環境に起因するご質問等にはお答えできませんので、予めご了承ください。

●郵便物送付先およびFAX番号

送付先住所　〒160-0006　東京都新宿区舟町5
FAX番号　　03-5362-3818
宛先　　　　（株）翔泳社 愛読者サービスセンター

© Shoeisha Co.,Ltd.2025. Authorized translation of the English edition © 2024 Manning Publications. This translation is published and sold by permission of Manning Publications, the owner of all rights to publish and sell the same.
Japanese translation rights arranged with MANNING PUBLICATIONS through Japan UNI Agency, Inc., Tokyo.

※本書に記載されたURL等は予告なく変更される場合があります。
※本書の出版にあたっては正確な記述につとめましたが、著者や出版社などのいずれも、本書の内容に対してなんらかの保証をするものではなく、内容やサンプルに基づくいかなる運用結果に関してもいっさいの責任を負いません。
※本書に掲載されているサンプルプログラムやスクリプト、および実行結果を記した画面イメージなどは、特定の設定に基づいた環境にて再現される一例です。
※本書に記載されている会社名、製品名はそれぞれ各社の商標および登録商標です。

helped and supported me throughout writing this book. Without their help
and support, this would have been impossible.

何よりもまず、本書の執筆を通して私を助け、支えてくれた妻と家族にささげます。
彼らの助けと支えがなければ、本書を執筆できなかったでしょう。

本書は、よりよいソフトウェアを設計し、構築し、顧客に提供するために
オープンソースとクラウドネイティブプロジェクトを使用することに労力をかける、
クラウドネイティブ実践者、コミュニティー、そして組織にささげます。

序文

クラウドネイティブの技術領域は、ついに実用的な解決策の構築を始められるほどに成熟しました。膨大な数のプロジェクトが立ち上がり、それぞれが独自の視点で大きなビジョンの一部を解決することに注力しています。しかし今、私たちはこれらの多様なプロジェクトを一つのエンドツーエンドの製品にまとめ上げることに苦労しています。このようなツールの数々がもたらす固有の複雑性を管理し、完全な解決策を構築するためにはどうすればよいのでしょうか？

Mauricio Salatino氏の著書『Platform Engineering on Kubernetes』は、プラットフォームエンジニアリングという形でこの課題に対する包括的な解答を提供しています。プラットフォームエンジニアリングという分野は、アプリケーション開発者が高い生産性と信頼性を持ってソフトウェアを本番環境に提供できるようにすることで、クラウドネイティブ開発をより身近なものにしようとしています。プラットフォームエンジニアリングは、Kubernetesがクラウドネイティブ技術を一般に普及させ始めた際に約束された魅力的な可能性を実現し、複雑さを制御するうえで重要な現代の分野であると私は考えています。

本書は、最新のプラットフォームの設計方法について重要な情報を提供しています。具体的にはクラウドネイティブ技術の中で役立つものを効果的に取り入れ、プラットフォームを使用するアプリ開発者が直面する実際の問題を解決する方法を紹介しています。実践的な演習と具体例を通じて得られた知識をもとに、意味のあるプラットフォームを作り上げる知識を効率的に学べるようにしています。本書の内容は、プラットフォームチームが自社製品として開発者向けのセルフサービス型プラットフォームを構築するのに役立ちます。これにより、開発者はこれまでにない速さと確実さで本番環境に自分たちのアプリケーションを届けられるようになります。

私はクラウドネイティブのエコシステムにおいて、Cloud Native Computing Foundationの2つの異なるプロジェクトの共同創設者、メンテナー、運営委員会メンバーとして活動する中で多くの素晴らしい人々と直接、出会ってきました。この経験から、Mauricio氏がこの有益な本を執筆するのに最適な立場にあると考えています。Mauricio氏

はエコシステム内で人々、コミュニティー、技術を結びつける役割を一貫して果たしてきました。本書は、これらのプロジェクトを統合して完全なプラットフォームを構築する過程を詳しく解説しています。Mauricio氏にはさまざまなプロジェクトのビジョンに共通する関心事を見いだし、適切な人々を集め、協調的なアプローチへとまとめ上げる並外れた能力があります。また個々の利益を追求するのではなく、協力と相乗効果を通じて私たちをよりよい方向に導く稀有な才能を持っています。彼はこの才能を生かすことに常に献身的です。

　Mauricio氏が人と技術を結びつけてきたように、本書の中でも彼は多くのプロジェクトを一つの価値ある全体へとまとめ上げています。本書から得られる学びは、読者の皆さんがプラットフォームエンジニアリングのビジョンを実現するうえで最も価値ある一歩となるでしょう。どうぞこの学びの旅を楽しんでください。

Jared Watts氏
Upbound社 Founding Engineer

はじめに

　本書の執筆を始めてから2年以上がたちました。4年以上にわたってクラウドネイティブコミュニティーに携わる中で、Kubernetes の導入プロセスを加速するために共有したい多くの教訓を学びました。複数のオープンソースプロジェクト（その多くは本書で取り上げています）に貢献してきたおかげで、本の構想のための目次作成はそれほど難しくありませんでした。

　一方で、絶えず変化するエコシステムについて本を書くことはとても大変でした。しかし本書を見てわかるとおり、プラットフォームエンジニアリングとは常に進化するプロジェクトや、それぞれの業務に適したツールを必要とするさまざまなチームからの要求がもたらす複雑さを管理することなのです。

　本書のおかげでさまざまな背景を持つ業界やコミュニティーに属する優秀な方々と知り合い、一緒に仕事ができるようになりました。彼らとはオープンソース、クラウドネイティブ、知見共有といった情熱を分かち合っています。

　私は世界を巡り、クラウドネイティブ分野のカンファレンスで講演してきました。コミュニティーのメンバー、開発者、チームは日々生み出される膨大な数のオープンソースプロジェクトに追いつくことに苦労しており、私は彼らから常にフィードバックを集めてきました。本書が、あなたやあなたのチームが Kubernetes の上にプラットフォームを評価し、統合し、構築する際の助けとなることを願っています。

謝辞

本書で紹介している例に貢献してくれたすべての方々に、特別な感謝の意を表します。これには元のリポジトリ[1]と新しいリポジトリ[2]の両方が含まれます。本書は、本書で取り上げたプロジェクトのコミュニティーによる、コミュニティーのための書籍です。

私の兄であるEzequiel Salatino氏[3]にとくに感謝します。彼がフロントエンドのアプリケーションを設計・構築してくれたので、単なるRESTエンドポイントの集まりではなく、実際のウェブサイトを体験できるようになりました。Matheus Cruz氏とAsare Nkansah氏は見返りを求めることなく、サンプルの大部分を構築するのに協力してくれました。また、Thomas Vitale氏は原稿の複数の版を綿密にレビューし、本書を正確で焦点の絞られた内容にしてくれました。

Manning社チームの全面的な支援がなければこの本を完成させることはできず、感謝しています。とくに原稿に多大な時間を費やしてくれた開発編集者のIan Hough氏、本のアイデアを当初から強く支持してくれた企画編集者のMichael Stephens氏、多くの技術的アドバイスを提供してくれたテクニカルエディターのRaphael Villela氏、そしてコメントを寄せ、すべてのコードの動作を確認してくれた技術校正者のWerner Dijkerman氏に感謝します。

レビュアーの皆さまの提案が、本書をよいものにするのに役立ちました。

Alain Lompo氏、Alexander Schwartz氏、Andres Sacco氏、Carlos Panato氏、Clifford Thurber氏、Conor Redmond氏、Ernesto Cárdenas Cangahuala氏、Evan Anderson氏、Giuseppe Catalano氏、Gregory A. Lussier氏、Harinath Mallepally氏、John Guthrie氏、Jonathan Blair氏、Kent Spillner氏、Lucian Torje氏、Michael Bright氏、Mladen Knezic氏、Philippe Van Bergen氏、Prashant Dwivedi氏、Richard Meinsen氏、Roman Levchenko氏、Roman Zhuzha氏、Sachin Rastogi氏、Simeon Leyzerzon氏、Simone Sguazza氏、Stanley Anozie氏、Theo Despoudis氏、Vidhya Vinay氏、Vivek Krishnan氏、Werner Dijkerman氏、William Jamir氏、Zoheb Ainapore氏

※1 https://github.com/salaboy/from-monolith-to-k8s/
※2 https://github.com/salaboy/platforms-on-k8s/
※3 https://salatino.me/

プロジェクト別の感謝:

- **Argo Project**[4]：Codefresh社のDan Garfield氏は、本書を継続的に支援してくれました。また、OpenGitOps[5]の取り組みに貢献してくれています。

- **Crossplane**[6]：Jared Watts氏は継続的に快く支援し、物事を前に進めてくれました。また、Viktor Farcic氏とStefan Schimanski氏はCrossplaneコミュニティーを支援してくれています。Crossplaneコミュニティーは、私のキャリアを形作る貴重な教訓をたくさん教えてくれました。

- **Dagger**[7]：Marcos Nils氏とJulian Cruciani氏は、Daggerのサンプルを支援してくれました。また、開発者の時間を節約できるのであれば快く改善に取り組んでくれました。

- **Dapr**[8]：Yaron Schneider氏とMark Fussel氏は、本書が出版されるまで継続的に支援してくれました。そして、Daprを基盤とした素晴らしい製品を構築しているDiagrid[9]チームにも感謝します。

- **Keptn**[10]：Giovanni Liva氏とAndreas Grabner氏は、迅速に対応してくれました。また、彼らはKeptnとOpenFeatureコミュニティーで素晴らしい仕事に取り組んでくれました。

- **Knative**[11]：Knativeコミュニティー全体が素晴らしいです。とくにLance Ball氏は、Knative Functionsワーキンググループを率いて素晴らしい成果を築いてくれました。

- **Kratix**[12]：Abby Bangser氏は、プラットフォームに関する洞察を共有してくれました。また、本書の重要な章のレビューをしてくれました。コメントや意見のおかげで本書の価値が高まりました。

- **OpenFeature**[13]：James Milligan氏は、OpenFeatureとflagdのサンプルを動作させることを支援してくれました。

---

[4] https://argoproj.github.io/
[5] https://opengitops.dev/
[6] https://crossplane.io/
[7] https://dagger.io/
[8] https://dapr.io/
[9] https://diagrid.io/
[10] https://keptn.sh/
[11] https://knative.dev/
[12] https://www.kratix.io/
[13] https://openfeature.dev/

- **Tekton**[14]：Andrea Fritolli 氏は Tekton コミュニティーで素晴らしい仕事に取り組み、私の Slack のメッセージにいつも回答してくれました。
- **Vcluster**[15]：Ishan Khare 氏と Fabian Kramm 氏は、本書のための作業に貢献してくれました。作業に対する彼らの意欲は期待を超えていました。vcluster、Devspace[16]、DevPod[17] プロジェクトを作成し、保守してくれています。

※14　https://tekton.dev/
※15　https://vcluster.com/
※16　https://www.devspace.sh/
※17　https://devpod.sh/

本書について

『Platform Engineering on Kubernetes』は、Kubernetesを導入しようとしているチームを支援するために書かれました。本書では、開発者視点からKubernetes上でのクラウドネイティブアプリケーションの構築、パッケージ化、デプロイを解説しています。しかし、それだけではありません。Kubernetesをアプリケーションで使いこなせるようになると、次はKubernetesの拡張機能の管理、マルチテナント環境、複数クラスターの設定といった新たな課題に直面します。

Kubernetes上のプラットフォームでは各専門チームが日々の業務をスムーズに行えるよう、さまざまなツールを統合する必要があります。同時に、チームメンバーがそれらのツールの仕組みを詳しく学ぶ必要がないようにすることも大切です。プラットフォームチームはツールの学習、管理、統合を担当します。その目的は開発チーム、データサイエンティスト、運用チーム、テストチーム、製品チーム、そして組織のソフトウェア提供プロセスに関わるすべての人々の作業をより簡単にするためです。

本書の内容は主にKubernetesに焦点を当てていますが、アプリケーション固有の機能に使用する技術スタックには依存しないよう心がけています。Kubernetesの初心者やクラウドネイティブの実践者にとって、本書は役立ちます。本書によって、チーム固有の経験を築くために複数のプロジェクトを組み合わせ、日々の業務に伴う認知負荷を軽減する方法を理解できるようになります。あなたやあなたのチームがどんなプログラミング言語を使用していても、関係ありません。

本書の構成と流れ

本書は9つの章からなります。ウォーキングスケルトンという概念を使用して、カンファレンスアプリケーション構築チームを支援するプラットフォームを構築します。本書の流れは次のとおりです。

第1章ではプラットフォームとは何か、なぜ必要なのか、本書で取り上げるプラットフォー

ムがクラウドプロバイダーが提供するものとどのように比較されるかを紹介します。また、後の章で説明するカンファレンスアプリケーションのビジネスユースケースも紹介します。

第2章では、Kubernetes上で構築されるクラウドネイティブおよび分散アプリケーションの課題を評価します。本章では、カンファレンスアプリケーションをデプロイし、設定の変更とさまざまなシナリオのテストによってアプリの設計を調査することを推奨します。Kubernetesの上にアプリケーションをデプロイし実行する際のチームが直面する課題を見つめ、ウォーキングスケルトンを使った実験の場を提供することで、読者により大きな課題に取り組める経験を得てもらいます。

第3章では異なるクラウドプロバイダーでアプリケーションを実行するために、アーティファクトの構築、パッケージ化、配布に必要なあらゆる追加ステップに焦点を当てます。この章ではサービスパイプラインの概念を紹介し、TektonとDaggerという異なるが補完的な2つのプロジェクトを探求します。

成果物のデプロイ準備が整ったら、第4章では実行環境パイプラインの概念に焦点を当てます。実行環境パイプラインを定義してGitOpsアプローチを使用することで、チームは宣言的アプローチを用いて複数の環境の構成を管理できます。この章では、実行環境を構成・管理するためのツールとしてArgo CDを探求します。

アプリケーションは単独では機能しません。ほとんどのアプリケーションはデータベース、メッセージブローカー、IDプロバイダーなどのインフラストラクチャー要素を必要とします。第5章ではCrossplaneというプロジェクトを使用して、クラウドプロバイダー間でアプリケーションのインフラストラクチャー要素をプロビジョニングするKubernetesネイティブな手法を取り上げます。

これまでにアプリケーションを構築し、パッケージ化し、デプロイし、アプリケーション実行に必要なその他のコンポーネントの構築してきました。6章ではこれまでに学習してきたことをすべて使用し、Kubernetes上でのプラットフォームの構築を提案します。ただし焦点を当てるのは簡単なユースケース、つまり開発環境の作成のみです。

011

プラットフォームは環境の作成、クラスターの管理、アプリケーションのデプロイだけで
はありません。プラットフォームは、チームが生産性を上げるためのカスタマイズされた
ワークフローを提供すべきです。第7章では、アプリケーションレベルのAPIで開発チーム
を強化することに焦点を当てます。このAPIによって、プラットフォームチームは利用でき
るリソースへの接続方法を決定できるようになります。本章では、DaprやOpenFeatureな
どのツールを評価します。これらのツールによって、チームはアプリケーションを実行する
だけにはとどまらないクラスターや場所を使用できるようになります。

　開発者の効率を向上させることでソフトウェアの提供時間は改善されるでしょう。しかし、
新しいリリースが妨げられ顧客の前にデプロイされなければ、すべての努力は無駄になりま
す。第8章では新しいリリースを完全に導入する前に、それらを実験的に使用できるテク
ニック、正確に言うとリリース戦略に焦点を当てます。本章ではさまざまなリリース戦略を
実装するために、Knative ServingとArgo Rolloutsを評価します。これらの戦略では、制
御された方法でチームは新機能を実験的に使用できます。

　プラットフォームはソフトウェアであるため、その進化における効果を測定する必要があ
ります。第9章ではプラットフォームを構築し、主要な指標を算出するツールを活用するた
めの2つの手法を評価します。このツールにより、プラットフォームエンジニアリングチー
ムはプラットフォームの取り組みを評価できるようになります。本章では選択肢として
CloudEvents、CDEvents、Keptn Lifecycle Toolkitを説明します。この目的はイベントを
収集し、保存し、集約して意味のある指標を算出するためです。

　本書の終わりまでに、読者はKubernetesの上にプラットフォームがどのように構築され
るか、プラットフォームエンジニアリングチームの優先事項は何か、そしてクラウドネイ
ティブ分野での学習と最新情報の把握が成功にとってなぜそれほど重要なのかについて、明
確な理解と実践的な経験を得られます。

コードについて

　本書には番号付きリストや通常のテキストに沿って、多くのソースコードの例が含まれています。どちらの場合も、ソースコードは通常のテキストと区別するためにこのような等幅フォントで書式設定されています。また、コードが前の手順から変更された場合、例えば新しい機能が既存のコード行に追加された場合など、コードが**太字**で強調表示されることもあります。

　多くの場合、元のソースコードは再フォーマットされています。本の利用可能な紙面に合わせて改行を追加し、インデントを調整しました。まれにこれでも足りない場合があり、リストには行継続マーカー（➥）が含まれています。さらにコードがテキストで説明されている場合、ソースコード内のコメントはリストから削除されることがよくあります。多くのリストには、重要な概念を強調するコード注釈が付いています。

　本書のliveBook（オンライン）版から実行可能なコードスニペットを入手できます。URLはhttps://livebook.manning.com/book/platform-engineering-on-kubernetesです。本書のサンプルの完全なコードは、Manning社のウェブサイト[1]からダウンロードできます。

　各章には、読者が自分の環境でツールやプロジェクトを実際に使用することを推奨する段階的なチュートリアルへのリンクがあります。すべてのソースコードと段階的なチュートリアルは、次のGitHubリポジトリで見つけられます[2]。

※1　https://www.manning.com/books/platform-engineering-on-kubernetes
※2　https://github.com/salaboy/platforms-on-k8s/

liveBookディスカッションフォーラム

　本書の購入には、Manningのオンライン読書プラットフォームであるliveBookへの無料利用が含まれています。liveBookの独自のディスカッション機能を使用して、本書全体や特定の節または段落にコメントを付けられます。自分用のメモを作成したり、技術的な質問をしたり答えたり、著者やほかのユーザーからの助けを受けることも簡単です。フォーラムには、https://livebook.manning.com/book/platform-engineering-on-kubernetes/discussionからアクセスしてください。Manningのフォーラムと行動規範についての詳細は、https://livebook.manning.com/discussionで確認できます。

　Manningは、読者間や読者と著者間の有意義な対話の場を提供することを約束しています。ただし、著者がどの程度参加するのかは約束していません。フォーラムへの貢献はボランティアです（また無償です）。著者の興味が散漫にならないように、読者の方には、著者に難しい質問を投げかけてみることをお勧めします。フォーラムと過去の議論のアーカイブは、書籍が印刷されている限り、出版社のウェブサイトから利用できます。

著者について

Mauricio Salatino氏は、Diagrid社[※1]でオープンソースソフトウェアエンジニアとして働いています。現在、Dapr OSSコントリビューターであり、Knative Steering Committeeのメンバーです。Diagridで働く前は、Red HatやVMwareなどの企業でクラウドネイティブ開発者向けのツールを10年間構築してきました。開発者向けのツールを書いたり、クラウドネイティブ分野のオープンソースプロジェクトに貢献したりしていないときは、私的なブログであるSalaboy[※2]やLearnK8s[※3]を通じてKubernetesとクラウドネイティブを発信しています。

表紙イラストについて

Platform Engineering on Kubernetesの表紙の絵は、Femme des Isles d'Argentiere et de Milo、つまりArgentieraとMilosの島から来た女性です。1788年に出版されたJacques Grasset de Saint-Sauveurの作品の中から引用されています。各イラストは手作業で細かく描かれ、彩色されています。

当時、服装だけで居住地、職業、地位を簡単に識別できました。何世紀も前の地域文化の豊かな多様性がそのような写真によってよみがえりました。Manning氏は、このブックカバーを使用してコンピュータビジネスの独創性と先見性をたたえています。

※1 https://diagrid.io/
※2 https://salaboy.com
※3 https://learnk8s.io/

訳者プロフィール

元内 柊也（もとうち　しゅうや）

　インフラエンジニアとしてホスティングサービスの開発、運用を経て、現在は株式会社スリーシェイクにてソフトウェアエンジニアとして勤務。Webシステムの歴史、運用、開発について興味があり、SREのような信頼性の観点からのプラクティスや運用技術をプロダクトに落とし込めるように日夜開発を行っている。nwiizo という名前でインターネットでは生きている。

木曽 和則（きそ　かずのり）

　SIerやスタートアップ企業にてアプリケーション開発やインフラ設計・構築に従事した後、スリーシェイクに入社。入社後、規模・業界問わず、数々の企業に対してAWS、Google Cloud、Kubernetesを活用した技術支援を経験している。

戸澤 涼（とざわ　りょう）

　AWS / Google Cloud領域でKubernetesを活用したい顧客に対して、SREとして技術支援を行っている。クラウドネイティブやKubernetesをテーマに社内外での登壇経験あり。CNCF Projects へのコントリビューションを時たま実施している。

長谷川 広樹（はせがわ ひろき、@Hiroki__IT）

　大学院でデータサイエンス分野の研究（R langによる統計解析）に取り組んだ後、WebアプリのSWEとしてキャリアをスタート。SWEチームで、ドメイン駆動設計によるアプリ開発などに携わる。さらにSREチームで、CI / CD・IaC・クラウド・監視などを経験。その後、株式会社スリーシェイクに入社。現在は大規模組織にて、マイクロサービスアーキテクチャーなプロダクトのSREチームやプロダクト横断のプラットフォームチームに参画中。これらのチームでは、サービスメッシュ・CI / CD・IaC・クラウド・オブザーバビリティーなどの領域に従事している。

訳者まえがき

　本書は『Platform Engineering on Kubernetes』の日本語全訳版です。翻訳にあたって
は、原著の書籍版とオライリー社の学習プラットフォームで提供されている電子版を底本と
して使用しました。原著では、Kubernetes上でプラットフォームエンジニアリングを実践
するための包括的な知識が9章にわたって詳細に解説されています。

　日本の読者の皆さまにより深い理解と実践的な知識を提供するため、日本語版では独自に
補章としてクラウドネイティブ技術とマイクロサービスアーキテクチャーのつながりを追加
しました。この追加章では、プラットフォームエンジニアリングの実践において重要な役割
を果たすクラウドネイティブ技術とマイクロサービスアーキテクチャーの関係性について掘
り下げています。これにより、Kubernetesを基盤としたプラットフォームエンジニアリン
グをより広い技術的文脈の中で理解し、実践的な応用力を高める一助となれば幸いです。

　本書はKubernetes上のプラットフォームの台頭から始まり、クラウドネイティブアプリ
ケーションの課題、サービスおよび実行環境パイプライン、マルチクラウドインフラストラ
クチャー、そしてプラットフォームの構築と機能拡張に至るまで、幅広いトピックをカバー
しています。さらにプラットフォームの測定方法についても解説しており、理論と実践のバ
ランスを取った構成となっています。

プラットフォームエンジニアリングという言葉

　プラットフォームエンジニアリングという言葉は近年のIT業界で注目を集めています。
私自身、企業向けのDevOpsの支援に携わる中でプラットフォームエンジニアリングの可能
性と課題を目の当たりにしてきました。

　プラットフォームエンジニアリングは開発者の生産性向上とソフトウェアデリバリーの加
速を目指す分野です。この概念はDevOpsの実践から発展してきたものとも言えるでしょう。
プラットフォームエンジニアリングは、開発者がアプリケーションを効率的に構築、テスト、
デプロイできるプラットフォームやツールの設計・開発・維持を担います。

本書ではとくにKubernetesというコンテナオーケストレーションプラットフォームと、プラットフォームエンジニアリングを組み合わせたアプローチについて詳細に解説しています。

　プラットフォームエンジニアリングを組織に導入する際の具体的な方法や、チーム構造の設計については『チームトポロジー 価値あるソフトウェアをすばやく届ける適応型組織設計』[1] という書籍が参考になるでしょう。この書籍では、組織の適応性を高め、効果的なソフトウェア開発を実現するためのチーム構造や相互作用のパターンが詳しく解説されています。プラットフォームエンジニアリングチームを含むさまざまなタイプのチームの役割や連携方法について、深い洞察を得ることができます。

　プラットフォームエンジニアリングの実践において、プラットフォームをプロダクトとして捉えることが重要です。これは単なるツールの提供という枠を超え、社内の開発者を顧客と見なすアプローチです。このビジョンのもと、プラットフォームエンジニアリングの本質的な役割は顧客である開発者のニーズを理解し、それに応じてプラットフォームの機能を継続的に追加・改善することにあります。

　プロダクトマネジメントという観点は、本書では深く掘り下げられてはいません。私自身もプロダクトマネジメントの専門家ではないため、この重要な側面についてより詳しく学ぶには、プロダクトマネジメントやユーザー中心設計に関する専門書やウェブサイトを参照することをお勧めします。これらの資料は、プラットフォームエンジニアリングの実践をより効果的にするための補完的な知識を提供してくれるでしょう。

　プラットフォームエンジニアリングは技術的側面だけでなく組織的、そしてプロダクト的な側面も含む複合的な分野です。本書を通じて技術的な基礎を学びつつこれらの補完的な視点も併せて探究することで、より包括的なプラットフォームエンジニアリングの理解と実践が可能になるでしょう。

---

[1] マシュー・スケルトン、マニュエル・パイス 著／原田騎郎、永瀬美穂、吉羽龍太郎 訳『チームトポロジー 価値あるソフトウェアをすばやく届ける適応型組織設計』日本能率協会マネジメントセンター（2021）

Kubernetesという選択肢

本書を通じて読者の皆さまにお伝えしたい重要なメッセージはプラットフォームエンジニアリングやKubernetesは、現代のソフトウェア開発において考慮すべき選択肢の一つであるということです。

IT業界では日々新しい概念や技術、プロダクトが生まれており、ソフトウェア開発のアプローチも多様化しています。プラットフォームエンジニアリングやKubernetesもそうした選択肢の中の一つです。これらのアプローチが適切かどうかは組織の規模、目標、既存のインフラストラクチャー、チームのスキルセットなどのさまざまな要因によって変わってきます。

プラットフォームエンジニアリングは開発者向けの内部プラットフォームを構築・運用するアプローチであり、Kubernetesはコンテナオーケストレーションのためのオープンソースプラットフォームです。これらは個別に採用することも組み合わせて使用することも可能です。

私自身、本書の翻訳作業を通じてプラットフォームエンジニアリングとKubernetesの特徴や、それらを組み合わせた際の可能性と課題について多くを学びました。これらのアプローチは適切に活用することで価値を生み出す可能性がある一方で、導入や運用には固有の課題もあります。

また、この書籍を読んだからといって誰もが想像するような完璧なプラットフォームを即座に構築できるわけではありません。しかし、本書を通じて得られる知識や洞察は皆さまの選択肢を確実に増やし、既存のシステムや開発プロセスを見直す機会を提供するでしょう。

読者の皆さまには本書から得た知見を自組織の文脈に照らして検討していただきたいと思います。プラットフォームエンジニアリングやKubernetesは万能ではありませんが、適切な状況下では効果的なツールとなり得ます。これらの考え方は視野を広げ、より効果的な解決策を見いだすきっかけになるかもしれません。

本書が皆さまのソフトウェア開発アプローチを考えるうえでの一助となり、新たな選択肢を提供するきっかけになれば幸いです。そして、それが皆さまの組織や環境に最適化されたユニークなソリューションの創造につながることを願っています。

謝辞

翻訳にあたっては、長谷川 広樹、木曽 和則、戸澤 涼、元内 柊也の4名で作業を行いました。全員でよく走り切りました。

レビュワーには、Platform Engineering Meetup / Platform Engineering Kaigiの運営メンバーである井伊 海人さん、勝丸 真さん、草間 一人さん、塚本 正隆さん、中川 聡也さん、藤井 哲崇さん、スリーシェイクのatusy、岩﨑 勇生さん、伊吹 祐剛さん、下村 俊貴さん、鈴木 勝史さん、坂間 潤一郎さん、技術顧問の青山 真也さんにお世話になりました。

本プロジェクトの実現にあたり、翔泳社の担当編集である畠山 龍次さんには大変お世話になりました。また、翻訳作業に専念できる環境を整えていただいた社内の皆さま、技術的な助言を提供してくださった専門家の方々、そしてさまざまな形で支援してくださったすべての関係者の皆さまに、心より感謝申し上げます。

紙面の都合上、ここにお名前を挙げることができなかった多くの方々にも、この場を借りて心より御礼申し上げます。

Contents

序文 ……………………………………………………………… 004

はじめに ………………………………………………………… 006

謝辞 ……………………………………………………………… 007

本書について …………………………………………………… 010

著者について …………………………………………………… 015

表紙イラストについて ………………………………………… 015

訳者プロフィール ……………………………………………… 016

訳者まえがき …………………………………………………… 017

Chapter 1

Kubernetes上のプラットフォーム（の台頭）　027

1.1　プラットフォームとは何か、なぜそれが必要なのか …………………… 028

1.2　Kubernetes上に構築されたプラットフォーム ………………………… 042

1.3　プラットフォームエンジニアリング ……………………………………… 048

1.4　ウォーキングスケルトンの必要性 ………………………………………… 052

Chapter 2

クラウドネイティブアプリケーションの課題　065

2.1　クラウドネイティブアプリケーションの稼働 …………………………… 066

2.2　カンファレンスアプリケーションを1回のコマンドでインストールする ………… 074

2.3　ウォーキングスケルトンの検査 …………………………………………… 086

2.4　クラウドネイティブアプリケーションの課題 …………………………… 099

2.5　プラットフォームエンジニアリングにリンクする ……………………… 118

Chapter 3

サービスパイプライン：クラウドネイティブアプリケーションの構築　123

3.1	クラウドネイティブアプリケーションを継続的に提供するために何が必要か	124
3.2	サービスパイプライン	129
3.3	時間を節約できる規約	130
3.4	サービスパイプラインの構造	132
3.5	サービスパイプラインの実践	143
3.6	プラットフォームエンジニアリングにリンクする	166

Chapter 4

実行環境パイプライン：クラウドネイティブアプリケーションのデプロイ　171

4.1	実行環境パイプライン	172
4.2	実行環境パイプラインの実践	188
4.3	サービスパイプラインと実行環境パイプライン	199
4.4	プラットフォームエンジニアリングにリンクする	201

Chapter

5

マルチクラウド（アプリケーション）インフラストラクチャー　205

5.1　Kubernetesにおけるインフラストラクチャー管理の課題 ………… 206

5.2　Crossplaneを使用した宣言型インフラストラクチャー ………………… 217

5.3　ウォーキングスケルトンのインフラストラクチャー …………………… 228

5.4　プラットフォームエンジニアリングにリンクする ……………………… 249

Chapter

6

Kubernetes上にプラットフォームを構築しよう　255

6.1　プラットフォームAPIの重要性 ……………………………………… 256

6.2　プラットフォームアーキテクチャー …………………………………… 262

6.3　プラットフォームのウォーキングスケルトン ………………………… 271

6.4　プラットフォームエンジニアリングにリンクする ……………………… 281

Chapter

7

プラットフォーム機能 I：共有アプリケーションの懸念事項　287

7.1　ほとんどのアプリケーションは95%の時間、何をしているか ………… 288

7.2　アプリケーションをインフラストラクチャーから分離するための標準API ……… 304

7.3　アプリケーションレベルのプラットフォーム機能の提供 ……………… 309

7.4　プラットフォームエンジニアリングにリンクする ……………………… 329

Chapter **8**

プラットフォーム機能 II：チームによる実験を可能にする 333

8.1 リリース戦略の基本 335

8.2 Knative Serving：高度なトラフィック管理とリリース戦略 342

8.3 Argo Rollouts：GitOps による自動化されたリリース戦略 359

8.4 プラットフォームエンジニアリングにリンクする 387

Chapter **9**

プラットフォームの測定 391

9.1 何を測定するか：DORA メトリクスとパフォーマンスの高いチーム 392

9.2 プラットフォームをどのように測定するか：CloudEvents と CDEvents 396

9.3 Keptn Lifecycle Toolkit 421

9.4 プラットフォームエンジニアリングの旅のつづき 427

9.5 最後に 431

補章 クラウドネイティブ技術とマイクロサービスアーキテクチャーのつながり ... 435

1 はじめに ... 435

2 歴史 ... 436

3 マイクロサービスアーキテクチャーに関連のあるクラウドネイティブ技術 ... 438

4 マイクロサービスアーキテクチャーの構成領域 ... 442

5 マイクロサービスアーキテクチャーのデザインパターン ... 443

6 APIゲートウェイ領域 ... 448

7 マイクロサービス領域 ... 452

8 ストレージ領域 ... 470

9 横断領域 ... 473

10 インフラストラクチャー領域 ... 479

11 おわりに ... 489

Index ... 490

Platform Engineering on Kubernetes

Kubernetes上の
プラットフォーム（の台頭）

Chapter

1

(The rise of) platforms on top of Kubernetes

本章で取り上げる内容

- プラットフォームと、なぜそれが必要なのかを理解する
- Kubernetes上にプラットフォームを構築する
- ウォーキングスケルトンのアプリケーションを紹介する

プラットフォームエンジニアリングは、テクノロジー業界全体では新しい用語ではありません。しかし、クラウドネイティブ領域やKubernetesの文脈では非常に新しい概念です。私が本書を執筆し始めた2020年時点では、クラウドネイティブのコミュニティーはプラットフォームエンジニアリングという用語を使用していませんでした。しかし、執筆が進んだ2023年時点では、クラウドネイティブとKubernetesのコミュニティーでプラットフォームエンジニアリングは注目の新しいトピックとなっています。本書の目的はプラットフォームとは何か、なぜKubernetesを使うのかを探求することです。また具体的にはプラットフォームを構築し、社内チームがより効率的にソフトウェアを提供できるようにするために、Kubernetes APIに焦点を当てます。

プラットフォームエンジニアリングが業界の潮流になった理由を理解するために、まずはクラウドネイティブとKubernetesのエコシステムを理解する必要があります。本書ではすでにKubernetes、コンテナ、クラウドネイティブアプリケーションに精通していることを前提とします。そのため、Kubernetesとクラウドプロバイダーでクラウドネイティブアプリケーション

Chapter 1　Kubernetes上のプラットフォーム（の台頭）　　027

を設計、構築、稼働させる時に直面する課題を説明することに焦点を当てます。本書では開発者中心のアプローチを取り上げます。つまり、ほとんどのトピックでは開発者の日常のタスク、クラウドネイティブ領域の無数のツールやフレームワークが業務に与える影響を取り上げます。

すべてのソフトウェア開発チームの最終的なゴールは、顧客に新機能とバグ／セキュリティー修正を提供することです。新機能の追加とアプリケーションの安定性向上は、競争優位性と顧客満足度につながります。より効率的にソフトウェアを提供するために、開発チームが作業に必要なツールを手に取れるようにする必要があります。プラットフォームおよびプラットフォームエンジニアリングチームの主な目的は、開発者がより効率的にソフトウェアを届けられるよう支援することです。そのためには、従来とは異なる技術的手法を採用し、開発チームをプラットフォームの社内顧客として位置づけるという文化的な意識改革が求められます。

各章をとおして、複数のサービスからなる簡単なアプリケーションを例として使用します。各章ではクラウドネイティブ領域のオープンソースツールを使用して、このアプリケーションを構築、リリース、管理するチームを支援するプラットフォームを構築します。

1.1　プラットフォームとは何か、なぜそれが必要なのか

プラットフォームは、企業が（社内や社外の）顧客の前でソフトウェアを稼働させられるようにするサービスの集まりです。プラットフォームは、ワンストップショップ（プラットフォームの使用チームに必要なあらゆるツールを備えている状態）になることを目標とします。これらのツールはチームの生産性を高め、ビジネス価値を継続的に提供します。プラットフォームの人気が高まり、開発サイクルを改善する需要が増加するに伴って、かつてはコンピューティングリソースのみを提供してきたプラットフォームは、より多くのサービスを提供するために、その機能要素をレベルアップさせてきました。

プラットフォームと同様に、クラウドプラットフォームもまた新しい用語ではありません。AWS、Google、Microsoft、Alibaba、IBM などのクラウドプロバイダーは、長年にわたってプラットフォームを提供してきました。これらのクラウドプロバイダーは従量課金制モデルを使用して、ビジネスクリティカルなアプリケーションを構築、稼働、監視するための多くのツールをチームに提供します。ビジネスアジリティの観点から、クラウドプロバイダーが提供するこれらのプラットフォームは、サービスを使用するチームの期待を根本的に変えました。これにより企

業やチームは、多額の初期投資をすることなく、迅速に着手し、グローバルに拡大し得るアプリケーションを作成できるようになります。構築したアプリケーションを誰も使用しなければ、月末の請求額は大きくなりません。一方でアプリケーションが成功して人気になると、月末の請求額は大きくなります。使用するリソース（ストレージ、ネットワークトラフィック、サービスなど）が多いほど、支払う金額も大きくなります。考慮する必要があるもう一つの側面は、組織全体がクラウドプロバイダーの提供ツールに依存している場合、そのクラウドプロバイダーのツール、作業フロー、サービスに慣れてしまうため、異なるプロバイダーへの移行が困難になることです。異なるプロバイダーへのアプリケーション移行を計画し、実施することは骨の折れる作業です。

　以降の項では、クラウドプラットフォームの現状と本書で取り上げるプラットフォームの種類を説明します。最近、業界では特定のツールやプラクティスを説明するのに役立つ用語がマーケティングチームによって乱用され、バズワードになる傾向があります。混乱を避けるために、本書の以降の説明でこれらの用語がどのような意味合いを持つか定義しておく必要があります。

1.1.1　クラウドサービスとドメイン固有の需要

　クラウドサービスはさまざまなレイヤーに分類できます。これは、業界の現状と将来の方向性を理解するために必要です。次の図は、クラウドプロバイダーが提供するサービスのカテゴリーの一覧です。オンデマンドでハードウェアをプロビジョニングするような低レイヤーのインフラストラクチャーサービスから始まり、稼働場所を気にすることなく、開発者が機械学習モデルを操作できる高レイヤーのアプリケーションサービスまで、幅広いカテゴリーがあります。図1.1では低レイヤーのコンピューティングリソースから始まり、アプリケーションレベルや業界固有のサービスまで、機能要素が積み重なっていく様子を示しています。

図1.1 クラウドプロバイダーのサービスカテゴリー

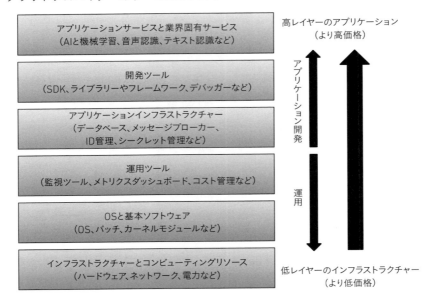

分類のレイヤーが高いほど、これらのサービスはより低いすべてのレイヤーと運用コストを代行してくれます。そのため、サービスに支払う必要がある金額もより大きくなります。例えば、クラウドプロバイダーが提供するマネージドサービスで、高可用性のPostgreSQLデータベースを新しくプロビジョニングするとします。図1.2は、PostgreSQLなどのリレーショナルデータベースの例を示しています。

図1.2　クラウド上でPostgreSQLデータベースインスタンスをプロビジョニングする様子

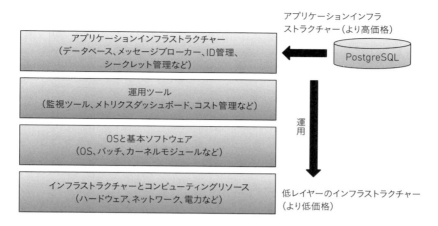

　この場合、サービスのコストには必要なデータベースソフトウェア、データベースを稼働させるOS、稼働させるために必要なハードウェアのコストと管理が含まれます。例えば、アプリケーションが高負荷な時にデータベースがどのように動作するかを監視し、メトリクスを取得したい場合があるかもしれません。このようなケースに対応できるように、クラウドプロバイダーはサービスで使用できるあらゆる監視ツールをセットアップしてくれます。あとは、あなたの判断次第です。これらの判断をクラウドプロバイダーにすべて代行してもらうだけのお金を支払う価値があるのでしょうか？　それとも、これらのすべてのソフトウェアやハードウェアをオンプレミスで稼働し、運用できるだけの知見を持った社内チームを組織できるのでしょうか？　時にはお金が問題ではなく、企業や業界のポリシーと規制に対処する必要がある場合があります。そのような場合、そもそもクラウドプロバイダーでワークロードを稼働させ、データをホストできるのでしょうか？

1.1.2　組織としてのあなたの仕事

　提供されるあらゆるサービス、ライブラリー、フレームワーク、ツールを常に最新に保つためには時間と労力が必要です。アプリケーションを稼働させるために必要な幅広いソフトウェアとハードウェアの運用と保守のために、企業は適切なチームを組織する必要があります。ソフトウェア提供のプラクティスの観点から考えると、規模が大きくなく未成熟な組織の場合やハードウェアやソフトウェアの機能要素を自社で管理しても競争優位性が得られない場合、クラウドプロバイダーを採用することは基本的には正しい判断です。

使用できるサービスを見て、どれを使い、これらのサービスをどのように組み合わせて新機能を構築するかは相変わらず各企業や開発者の仕事です。一般的にはコアアプリケーションを構築するために、各組織のクラウドアーキテクト（特定のクラウドプロバイダーの専門家、またはオンプレミスの専門家）がどのサービスをどのように使用するかを判断します。また、特定のユースケースやベストプラクティスの助言や指導を得るために、クラウドプロバイダーのコンサルティングサービスを使用することも一般的です。

　クラウドプロバイダーは、アプリケーションを作成するためのツールや作業フローを提案するかもしれません。しかし各組織はこれらのツールを適用し、組織固有の課題を解決するために学習プロセスを経て、プラクティスを成熟させなければいけません。クラウドプロバイダーの専門家を社員として迎えることは常によい考えです。なぜなら彼らは過去の経験から得た知見を提供し、経験の浅いチームの時間を節約してくれるからです。

　本書では、クラウドプロバイダーが提供するような既製品としてお金で買える汎用的なクラウドプラットフォームではなく、組織固有のプラットフォームに焦点を当てます。また、オンプレミスで動作するプラットフォームにも焦点を当てたいと思います。これはパブリッククラウド上でアプリケーションを稼働させられない、より規制の厳しい業界にとって重要です。この時、クラウドプロバイダーの領域外で使用できるツール、標準、作業フローについてより広い視野が求められます。また、複数のクラウドプロバイダーからサービスを使用することがますます一般的になってきています。これは異なるプロバイダーを使用する企業を買収し、あるいは買収され、その後に複数のプロバイダーが共存する状況になり、両者共存の戦略が必要になった場合に起こります。また、より規制の厳しい業界ではクラウドプロバイダー全体が停止した場合でも回復力を確保するために、組織がさまざまなプロバイダー（オンプレミスも含む）上でワークロードを稼働させる必要がある場合もあります。

　本書で説明するようなプラットフォームは、前述の顧客行動のレイヤーを拡張します。これは組織と顧客のための複雑なシステムを構築できる企業固有のサービス、企業固有の標準、開発者体験を含みます。図1.3は、組織がビジネス固有の課題を解決することに焦点を当てたレイヤーをどのように積み重ね、これらのサービスを組み合わせる必要があるかを示しています。これはクラウドサービス、サードパーティーサービス、社内サービスのどれを使用しているかとは無関係です。

図1.3 組織固有のレイヤー

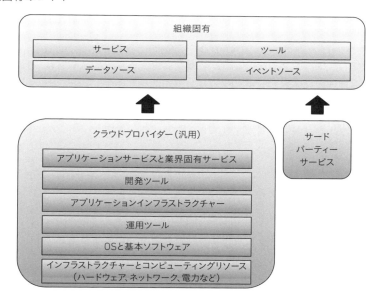

　ほとんどの場合、これらの追加レイヤーは既存のサービス、データ、イベントソースをつなぎ合わせる役割があります。これは企業が直面する特定の課題を解決し、顧客向けの新機能を実装するために使用します。業界固有のCRM（顧客関係管理）システムやSalesforceのような汎用CRMシステムなど、よりビジネスに特化したツールはサードパーティーのサービスプロバイダーに頼ることが一般的です。

　顧客にとってはプラットフォーム、クラウドプロバイダー、そしてサービスがどこで稼働していても重要ではありません。プラットフォームは、社内的には開発チームが作業するための支援ツールとして機能します。プラットフォームは一度作れば終わりではありません。その主要な目的は組織を改善すること、また組織が高品質なソフトウェアを顧客に継続的に提供できるように支援することです。

　会社がどのような業界で事業を展開しているかにかかわらず、またクラウドプロバイダーを使用しているかどうかにかかわらず、顧客に新機能を提供するためのツールや作業フローの組み合わせは、プラットフォームと表現できます。技術的にプラットフォームとはシステム統合、ベストプラクティス、組み合わせ可能なサービスに関係しています。サービスを組み合わせて、より複雑なシステムを構築できます。本書では、プラットフォームを成功に導く標準的なプラクティ

ス、ツール、振る舞い、ひとつまたは複数のクラウドプロバイダーやオンプレミスで運用される
クラウドネイティブプラットフォームをどのように構築できるかを説明します。

　本書ではクラウドプロバイダーを参考に、彼らが提供するサービスやツールを比較します。また、マルチクラウドプロバイダーとオープンソースツールを使用したオンプレミスの間で、同様の結果を得られる方法を学んでいきます。しかし、特定のツールの検討前にクラウドプロバイダーからどのような体験が得られるかを理解することが不可欠です。

1.1.3　クラウドプラットフォームの操作

　すべてのクラウドプロバイダーに共通しているのは、APIファーストでサービスを提供するということです。つまり、APIによってユーザーは任意のサービスをリクエストし、操作できます。これらのAPIはどのリソースがどの設定パラメーターで作成できるのか、またリソースをどこ（世界のどの地域）で稼働させるかなど、あらゆるサービス機能を公開します。これらのAPIのもう一つの重要な側面は、API定義を管理するチームが必要だということです。チームはこれらのAPIが今後どのように使用されていくか、またこれらのAPIをどのように発展させていくかの定義づけを担当します。そして、これらのAPIが役割の対象としないものを明確に定義します。

　通常、各クラウドプロバイダーが提供する各サービスには1つのAPIが用意されています。そのため、各クラウドプロバイダーはAPIから分析できます。ベータ版やアルファ版のサービスは正式発表前に実験、動作確認、フィードバックを早期ユーザーからもらうために、APIをとおしてのみ提供されるのが一般的です。クラウドプロバイダーが提供するあらゆるサービスに関して、構造、フォーマット、スタイルは類似している傾向にあります。しかし、これらのサービスをどのように公開し、どの機能を支援するべきかを定義するクラウドプロバイダー共通の標準はありません。

　クラウドプロバイダーのサービスに対して複雑なリクエストを手動で作成することは、複雑でエラーが発生しやすいです。クラウドプロバイダーの一般的な手法として、さまざまなプログラミング言語で実装されたサービスAPIを使用するSDK（ソフトウェア開発キット）を提供しており、これは開発者の取り組みを簡素化します。つまり、開発者はアプリケーションに依存関係（ライブラリー、クラウドプロバイダーの SDK）を持たせ、クラウドプロバイダーのサービスにプログラム的に接続し、使用できます。これは便利ですが、アプリケーションのコードと

クラウドプロバイダーの間に強い依存関係が生まれます。そのため、依存関係をアップグレードするためにアプリケーションコードをリリースする必要があります。

APIと同様に、SDKにも標準がありません。各SDKはプログラミング言語エコシステムのベストプラクティスやツールに大きく依存しています。使用するプログラミング言語によっては、人気のフレームワークやツールとSDKがうまく連携しない場合もあります。SDKやクライアントがうまく動作しない例として、データベースドライバーがクラウドプロバイダーが提供するバージョンに対応していない場合や、クラウドプロバイダーが言語やエコシステムなどに対応していない場合があります。このような場合、クラウドプロバイダーのAPIに直接接続してもよいですが推奨できません。なぜなら、クラウドプロバイダーのサービスに接続するために必要なあらゆるコードをチームが保守することになるためです。

クラウドプロバイダーはまた、運用チームや一部の開発者の作業フロー用にCLI（コマンドラインインターフェース）を提供しています。CLIは、オペレーティングシステムのターミナルからダウンロード、インストール、使用できるバイナリです。CLIはクラウドプロバイダーのAPIと直接通信します。SDKのように、サービスと通信する新しいアプリケーションの作成方法を理解する必要はありません。CLI は、継続的インテグレーションや自動化パイプラインにとくに役立ちます。例えば統合テストを実行するために、継続的インテグレーションや自動化パイプライン上で必要に応じてリソースを作成する必要があるかもしれません。

図1.4は、アプリケーションとCI / CDパイプラインや結合テストなどの自動化を示しています。これらは同じAPIを使用していますが、各シナリオを簡素化するためにクラウドプロバイダーが設計した異なるツールをしようしています。またこの図では、通常クラウドプロバイダー内で稼働しているダッシュボードの構成要素も示しています。これにより、作成されているあらゆるサービスやリソースを視覚的に使用できるようになります。

図1.4　クラウドプロバイダーのSDK、CLI、ダッシュボードのクライアント

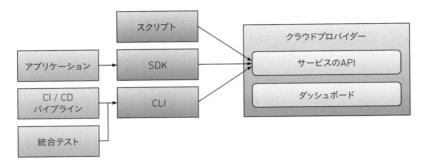

　最終的に、提供されるサービスの数とサービス間相互接続により、クラウドプロバイダーは、提供されるすべてのサービスに接続し、相互作用するためのダッシュボードとユーザーインターフェースを提供します。また、これらのダッシュボードはCLIやAPIから直接では視覚化するのが難しいレポート、請求、その他の機能を提供しています。これらのダッシュボードを使用して、ユーザーはサービスによって提供される標準機能のほとんどにアクセスし、クラウドプロバイダー内で作成されているものをリアルタイムで確認できるようになります。

　前述のとおり、ダッシュボード、CLI、SDKを使用するためには各クラウドプロバイダー固有のフロー、ツール、用語をチームメンバーが習得する必要があります。各クラウドプロバイダーが提供するサービス数は多いため、複数のプロバイダーに知見を持つ専門家を見つけるのは当然困難です。

　本書ではKubernetesに焦点を当てているため、クラウドプロバイダーがKubernetesクラスターの作成時に提供する体験、とくにGoogle Cloudが公開しているダッシュボード、CLI、APIを紹介します。ほかよりも優れた体験を提供しているクラウドプロバイダーもありますが、主要なプロバイダーであれば、いずれであっても同じ体験ができるはずです。

1.1.4　Google Cloudダッシュボード、CLI、API

図1.5のGoogle Kubernetes Engineダッシュボードで新しいKubernetesクラスターを作成します。Create a New Clusterをクリックすると、すぐにクラスター名などの必須項目を入力するフォームが表示されます。

図1.5　Google Kubernetes Engineの構築フォーム

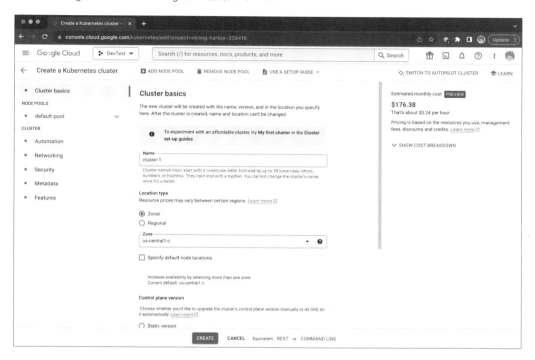

クラウドプロバイダーは必要なリソースの作成前に200個ものパラメーターを入力しなくともよいように、適切なデフォルト値を用意しています。必要な項目をすべて入力したらフォームの下部にあるCREATEボタンをクリックするだけで、プロビジョニングプロセスを簡単に開始できます。Google Cloudでは、ユーザーが設定したリソースの1時間あたりの概算コストが表示されます。これは、技術チームに機能を提供すること、フルサービスを提供することの違いを表しています。この違いは、技術チームの需要を網羅し、これらの判断がビジネス全体にどのような影響を与えるかを明確にします。ユーザーはパラメーターを調整し、コストがどのように変わるか（通常は上がります）を確認できます。

図1.6　ダッシュボードやRESTまたはコマンドラインインターフェース（CLI）ツールを使用してリソースを作成する様子

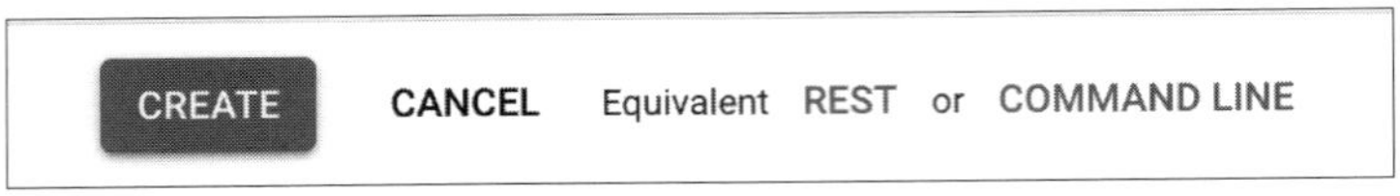
CREATE
CANCEL
Equivalent REST or COMMAND LINE

図1.6に示すように、CREATEボタンのすぐ右にRESTオプションを確認できます。クラウドプロバイダーはユーザーの必要なリソースを作成できるように、フォームを使用してAPIへのRESTリクエストを作成します。リクエスト作成のために必要なペイロードとプロパティの設定方法を調べるためにAPIドキュメントを何時間も読みたくない場合、これは非常に便利です。図1.7を参照してください。

図1.7　RESTリクエストを使用して、Kubernetesクラスター経由でリソースを作成する様子

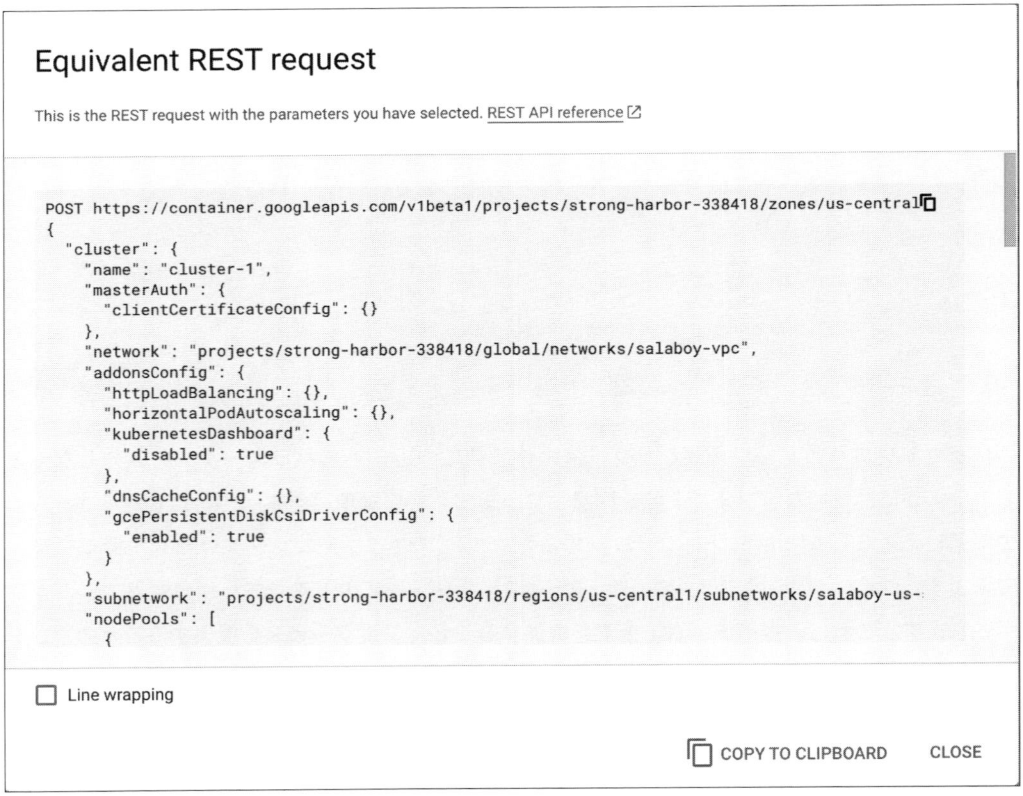
Equivalent REST request
This is the REST request with the parameters you have selected. REST API reference
POST https://container.googleapis.com/v1beta1/projects/strong-harbor-338418/zones/us-central
{
"cluster": {
"name": "cluster-1",
"masterAuth": {
"clientCertificateConfig": {}
},
"network": "projects/strong-harbor-338418/global/networks/salaboy-vpc",
"addonsConfig": {
"httpLoadBalancing": {},
"horizontalPodAutoscaling": {},
"kubernetesDashboard": {
"disabled": true
},
"dnsCacheConfig": {},
"gcePersistentDiskCsiDriverConfig": {
"enabled": true
}
},
"subnetwork": "projects/strong-harbor-338418/regions/us-central1/subnetworks/salaboy-us-
"nodePools": [
{
Line wrapping
COPY TO CLIPBOARD
CLOSE

最終的にクラウドプロバイダーのCLI、つまりgcloudを使用します。図1.8に示すように、フォームで設定した内容に基づいて、CLIであるgcloudコマンドが必要とするすべてのパラメーターを含むように作成されます。

図1.8　gcloud CLIを使用して、Kubernetesクラスターを作成する様子

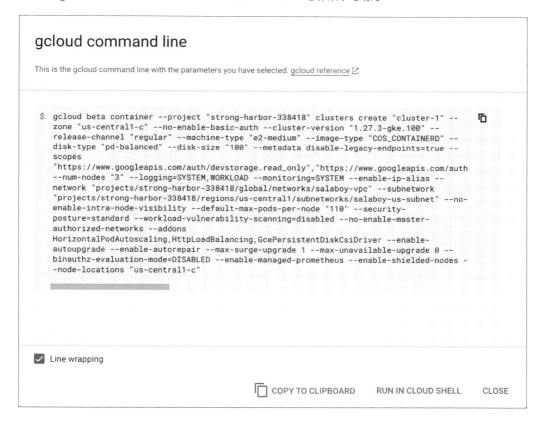

　図1.8の水平スクロールに注目してください。このコマンドは非常に複雑になるかもしれません。Google Cloudのユーザーエクスペリエンスチームは適切なデフォルト値により、これらのすべてのパラメーターの設定を簡略化してくれました。各手法の間で、期待できる動作は同じです。しかし、クラウドプロバイダーのダッシュボードの使用時は、アカウントの資格情報（アカウントにログインするための資格情報）が現在のHTTPセッションから使用されていることを考慮する必要があります。クラウドプロバイダーのネットワーク外からリクエストを作成したりCLIを使用する場合、リクエスト発行やリソース作成のコマンドの実行前にまずクラウドプロバイダーで認証する必要があります。注意点として、これらの操作はクラウドプロバイダーごとに

さまざまです。AWSやAzureでもコマンドが同じように機能することは期待できません。また、ダッシュボードの操作方法、CLI、RESTリクエストを認証するセキュリティーの仕組みも異なります。

1.1.5　なぜクラウドプロバイダーはうまく機能するか？

　ダッシュボード、CLI、API、SDKはクラウドプロバイダーから提供される主要な成果物であると言えます。一方で大きな疑問は、これらのツールをどのように組み合わせればソフトウェアを提供できるのかということです。ここで、世界中の企業がAWS、Google Cloud、Microsoft Azureを信頼する理由を考えてみます。APIファーストのアプローチを採用してダッシュボード、CLI、SDK、無数のサービスを提供します。これにより、これらのプラットフォームは今日のプラットフォームを定義する3つの主要な機能（図1.9）をチームに提供していることがわかるでしょう。

- **API（仕様）**：どのツールを使用する場合でも、プラットフォームはAPI群を公開する必要がある。API群はチームが業務に必要なリソースを消費し、プロビジョニングできるようにする。プラットフォームエンジニアリングチームがこれらのAPIの保守と改善を担当する。

- **本番環境へのゴールデンパス**：プラットフォームはチームが必要とする作業フローを規定し、自動化する。作業フローは顧客やユーザーが実際に使用する本番環境に変更を適用するために必要である

- **可視性**：クラウドプロバイダーのダッシュボードを見ることで組織は常にどのリソースが使用され、各サービスのコストはいくらかを監視することができる。そして、インシデントに対処して組織がどのようにソフトウェアを提供しているのか全体像を把握できる

図1.9 クラウドプロバイダープラットフォームの利点

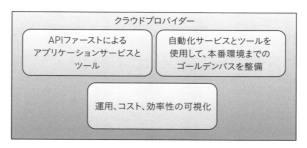

　これらの主要な機能は競争力のある従量課金モデルにより提供されており、需要（トラフィック）に大きく依存します。また、（すべてのサービスではない）これらの機能はグローバル規模で使用でき、組織があらゆる運用コストとインフラストラクチャーコストを具体化できるようにします。

　クラウドプロバイダーが提供する機能要素（ハードウェアやデータベースなどのアプリケーションインフラストラクチャーの提供にとどまらず、より高レイヤーなサービスも提供）のレイヤーが高くなる一方で、ビジネス上の課題を解決するためにチームはこれらのサービスを学び、つなぎ合わせる必要があります。

　KubernetesとCNCF Landscape（Cloud-Native Computing Foundation[※1]）は、プラットフォームの構築方法の学びを探求すべき重要な分野になります。この分野では、クラウドプロバイダーに依存しない活気あるCNCFプロジェクトを自由に選べます。それでは、次にその話に進みましょう。

※1　https://www.cncf.io/

1.2　Kubernetes上に構築されたプラットフォーム

　プラットフォームとは何か簡単に説明してきました。そして、クラウドプロバイダーがソフトウェアを提供する組織や開発チームに対して、プラットフォームで何ができるかを定義するためにどのような方法を推進しているかについて説明してきました。しかし、これはKubernetesとはどのように関連しているのでしょうか？　Kubernetesもプラットフォームでしょうか？

　Kubernetesは、クラウドネイティブアプリケーションのための宣言型システムとして設計されました。Kubernetesはワークロードを稼働させ、デプロイするための構成要素を定義します。現在では、主要なクラウドプロバイダーのすべてがKubernetes管理サービスを提供しています。これはクラウドプロバイダー間でワークロードをパッケージ化（コンテナ化）し、デプロイするための標準化された方法を提供します。Kubernetesにはツールやエコシステム（CNCF Landscape[2]）があります。これにより、アプリケーションを構築、稼働、監視するためにクラウドに依存しない作業フローを作成できます。しかし、Kubernetesを学ぶことは出発点に過ぎません。なぜなら、Kubernetesが提供する構成要素は非常に低レイヤーであるためです。また、特定のシナリオを解決するツールやシステムを構築するために、これらの構成要素は互いに結合できるように設計されています。Kubernetesの提供するこれらの低レイヤーな構成要素を組み合わせ、より具体的な課題を解決するための複雑なツールを構築することは、発展へのステップに必要です。

　KubernetesはAPI（Kubernetes API）、CLI（kubectl）、ダッシュボード（Kubernetesダッシュボード[3]）を提供していますが、Kubernetesはプラットフォームではありません。Kubernetesはドメイン固有の課題を解決する特定のプラットフォームを構築するために、必要なあらゆる構成要素を提供します。そのため、Kubernetesはメタプラットフォームやプラットフォームを構築するためのプラットフォームです。

　図1.10は、Kubernetesのツールと構成要素がプラットフォームとクラウドプロバイダーの説明内容に対してどのように対応づけられるかを示しています。

※2　https://landscape.cncf.io/
※3　https://kubernetes.io/docs/tasks/access-application-cluster/web-ui-dashboard/

図1.10 KubernetesはCLI、SDK、ダッシュボードを提供しているが、プラットフォームと言えるだろうか？

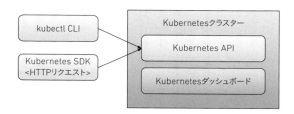

Kubernetesは拡張できます。そのため本書ではKubernetes API、ツール、内部メカニズムを使用する具体的なCNCFプロジェクトを説明します。これの目的は継続的インテグレーション、継続的デリバリー、クラウドリソースのプロビジョニング、モニタリングとオブザーバビリティー、開発者体験などの一般的な課題を解決することです。

1.2.1　Kubernetes採用までの過程

プラットフォームチームがどのツールを選ぶにしても、重要なことがあります。それはツールを連携して動作させるために、あらゆる複雑なコードやグルーコードをツールの使用チームから隠蔽することです。アプリケーション開発チーム、動作確認チーム、運用チームなど、各チームで優先事項や懸念事項がさまざまであることを忘れないでください。Kubernetesを採用するにあたり、これらのツールを使用するチームが必ずしもKubernetesに精通しているとは限らない点を考慮する必要があります。

> グルーコードとはコンピュータープログラミングにおいて、プログラムの本来の機能の実現には直接寄与せず、異なるシステムやライブラリーをつなぎ合わせるために書かれるコードのことを指します。プラットフォームエンジニアリングの文脈では、グルーコードを減らす取り組みとして、異なるサービスの統合、共通のインターフェースの導入等が挙げられています。

Kubernetesは拡張機能を使って、それぞれの組織の課題に合わせて機能を追加できます。Kubernetesクラスターにどのようなツールを実装してインストールする場合でも、運用チームは本番環境でそれらのツールを稼働させ、拡大に合わせてそれらを稼働させ続ける必要があることを覚えておきましょう。新しいツールや拡張機能がどのように機能し、どのようなシナリオのために設計されたものであるかをユーザーチームが理解するために、彼らにトレーニングを実施する必要があります。統合が必要な10種類のツールを選定し、グルーコードを書く必要がある

という状況に陥ることは決して珍しいことではありません。グルーコードを書くこと、ユースケースに合わせて独自の解決策を書き直すこと、また既存のツールを拡張すること、プラットフォームチームはこれらの間にあるトレードオフを常に評価しています。使用ツールがすべて自社用にカスタマイズされるような事態を避けるため、CNCF Landscape[※4]にあるツールに精通しておくことを強く推奨します。そうでなければ、長期的にはこれらのツールすべてを社内で保守する必要があるということです。

複雑さを抽象化することはプラットフォーム構築の重要な一要素です。プラットフォームがチームに対して何ができるかを明らかにした仕様は、プラットフォームエンジニアリングの取り組みを成功させるうえで不可欠です。これらの仕様は、チームがダッシュボードや自動化機能を使ってプログラム的に操作できるAPIとして公開されます。

図 1.11 は、プラットフォームエンジニアリングに向けてKubernetesを採用するまでの一般的な過程を示しています。これはワークロードを稼働するための対象プラットフォームとしてKubernetesを採用することから始まり、次にCNCF Landscapeからツールを調査、選定します。初期ツールを選定するとプラットフォームが形作られ始めます。そして、これらのツールを設定してチームで動作させるためには、ある程度の投資が必要です。最終的にこれらの設定やツールはすべて、より使いやすいプラットフォームAPIの後ろに隠蔽されます。これにより、ユーザーはプラットフォームを構成するツールやコードの詳細を理解することに労力をかけずに、自分の作業フローに注力できます。

図1.11　Kubernetesでのプラットフォームまでの過程

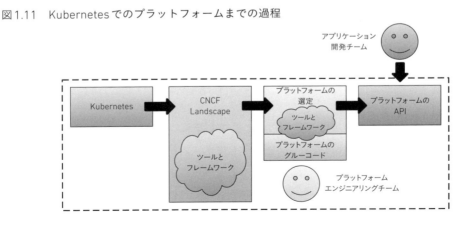

※4　https://landscape.cncf.io/

この道のりをとおしてプラットフォームとは、知見をどのようにエンコードするかであると定義できます。プラットフォームは開発チームが生産的になるために必要な、あらゆる作業フローを彼らに提供します。これらの作業フローを実装するために使用されるツールがあります。運用知見と運用フローを実装するためのツールの決定は、プラットフォームのAPIとして具体化された仕様の裏に隠蔽されています。これらのAPIはKubernetes APIを使用し宣言的手法で提供することができます。しかし、これは任意です。一部のプラットフォームは、自身がKubernetesを使用していることを隠蔽します。またこれにより、Kubernetesを隠蔽したプラットフォームを扱うチームの認知負荷を緩和できます。

これまでにプラットフォームとは何かを、概要から取り上げようとしてきました。しかし公式の定義に関しては、用語の定義と継続的な更新を担当するクラウドネイティブ分野のワーキンググループに一任することが望ましいです。 CNCFのプラットフォームのホワイトペーパー[5]で、TAG App DeliveryのPlatform Working Groupを確認することを推奨します。ここでは、プラットフォームとは何かを定義することに取り組んでいます。

本書執筆時点で、TAG App DeliveryのPlatform Working Groupの定義は次のとおりです。「クラウドネイティブコンピューティングのためのプラットフォームとは、プラットフォームの使用者の需要に合わせて定義、提供された能力の集合体」です。これは幅広いアプリケーションやユースケースに対して、一般的な能力やサービスの取得と統合を一貫した体験で保証する横断的なレイヤーです。優れたプラットフォームはウェブポータル、プロジェクトテンプレート、セルフサービスAPIなど、その能力やサービスの利用と管理において一貫したユーザー体験を提供します。最新の定義は公式サイト[6]を参考にしてください。

本書ではクラウドネイティブツールを用いながら、それぞれの異なるプラットフォーム機能がどのように提供されているかを見ていくことで、例となるプラットフォームを構築していきましょう。しかし、これらのツールはどこで探せばよいのでしょうか？　これらのツールは一緒に動作するのでしょうか？　さまざまな選択肢の中からどれを選べばよいのでしょうか？　それをCNCF Landscapeで簡単に説明します。

※5　https://tag-app-delivery.cncf.io/whitepapers/platforms/
※6　https://tag-app-delivery.cncf.io/ja/wgs/platforms/whitepaper/#プラットフォームとはなにか

1.2.2　CNCF Landscapeのパズル

　各クラウドプロバイダーは新機能や改善点を発表するために、毎年カンファレンスや小規模なイベントを開催しています。クラウドプロバイダーのサービスを継続的に把握するには、多くの時間と労力が必要です。Kubernetesやクラウドネイティブの分野でも、同様のことが期待されます。CNCF Landscapeは常に拡大と進歩を続けています。図1.12に示すように、CNCF Landscapeは広大で、一目で理解するのは非常に困難です。

図1.12　CNCF Landscape

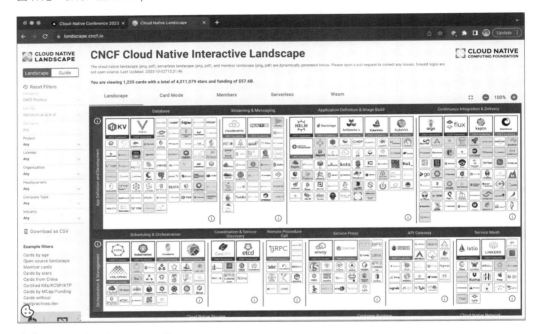

出典：https://landscape.cncf.io

　クラウドプロバイダーが提供するサービスとの大きな違いは、パブリックでコミュニティー駆動の成熟度モデルです。各CNCFプロジェクトはGraduatedステータスを取得するために、成熟度モデルに従います。各CNCFプロジェクトの成熟の過程はクラウドプロバイダーとは独立しています。個人や組織として、CNCFプロジェクトの行く先やそこに至るまでの速さに影響を与えられます。

クラウドプロバイダーがクラウドの形を定義してきました。その一方で、現在ではほとんどのクラウドプロバイダーがこれらの取り組みの成功を推進するCNCFプロジェクトに関与しています。彼らはクラウドプロバイダー間で使用できるツールの開発に取り組んでいます。これは各クラウドプロバイダーの障壁を取り払います。また、各クラウドプロバイダーが門戸を閉ざさずにオープンイノベーションを推進できるようになります。図1.13はクラウドプロバイダーの外で、Kubernetesがクラウドネイティブのエコシステムの技術革新を発展させた様子を示しています。クラウドプロバイダーは、より専門性の高い新しいサービスを絶えず提供しています。しかし、ここ5年間でクラウドプロバイダーやソフトウェアベンダー間の連携が強化され、オープンな形で新しいツールやイノベーションを開発する方向にシフトしてきました。

図1.13　マルチクラウドのクラウドネイティブエコシステムを可能にするKubernetes

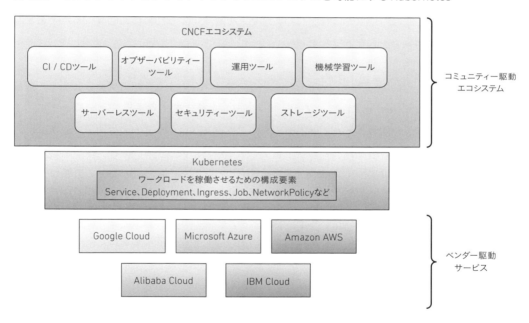

CNCFプロジェクトの共通点として、そのすべてがKubernetesと連携し、それを拡張し、開発チームのすぐそばで難易度の高い課題を解決します。CNCFでは、開発ツールや作業フローを簡素化するツールが次々と作成されています。興味深いことに、これらのツールのほとんどは開発者だけに焦点を当てているわけではありません。また、運用チームやシステムインテグレーターはCNCFプロジェクトを組み合わせ、Kubernetesによる新しい開発者体験を定義できるようになります。開発チームは、日々の作業フローに必要なツールや統合に不安になる必要はあり

ません。CNCF Landscaceの成熟度の高まりと開発チームがこれらのツールをどのように取り扱うかを簡素化する取り組みが進んだことにより、プラットフォームエンジニアリングの議論が生まれました。次節ではこれらの議論、プラットフォームがお金で買えない理由、そして本書の残りの部分ではこの大規模なエコシステムの探求方法を説明します。

1.3　プラットフォームエンジニアリング

　クラウドプロバイダーは社内チームを置いています。彼らはどの新しいサービスを顧客に提供するか、それらのサービスをどのように拡張するか、顧客にはどのツールやAPIを公開するべきなのかを定義します。これと同様にして、社内にプラットフォームエンジニアリングチームを組織することにより、組織が利益を得られることが明らかになりました。これらのチームはソフトウェア提供の問題を最も効果的に解決し、プロセスを高速化するために適切なツールを選定します。これにより開発チームを支援します。

　一般的な傾向は、専任のプラットフォームエンジニアリングチームを組織することです。彼らはプラットフォームのAPIを定義し、プラットフォーム全体に関する意思決定を担います。プラットフォームチームは開発チーム、運用チーム、クラウドプロバイダーの専門家と連携し、アプリケーションチームの作業フローの需要を満たすツールを実装します。専任プラットフォームエンジニアリングチームの結成に加えて、Team Topologies[7]が推し進めている重要な文化的転換は、プラットフォームを社内プロダクトとして、開発チームを顧客として扱います。この考え方は新しいものではありません。しかし、プラットフォームチームがプラットフォームのツールを使用する内部の開発チームの満足度に焦点を当てることを推し進めます。

　図 1.14 は、アプリケーション開発チームが、好きなツールを使用して新機能の開発に専念できることを示しています。一方で、プラットフォームチームはゴールデンパス（本番環境への道）を作成します。このゴールデンパスによりアプリケーション開発チームは機能を検証し、組織内の顧客／エンドユーザーに機能変更を提供できるようになります。

※7　https://teamtopologies.com/

図1.14 プラットフォームチームが開発者の作業を安全に本番環境に移行する様子

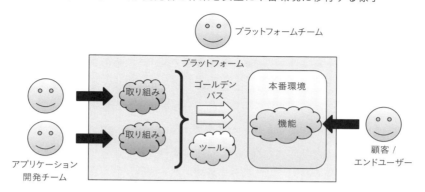

このプラットフォームと開発チームの関係は、組織全体のソフトウェア提供プラクティスの改善に関する相乗効果を生み出します。ゴールデンパスを整備することにより、プラットフォームは開発タスクを継続させます。またプラットフォームの目標は、開発チームの変更が組織内の顧客／エンドユーザーに届くまでの方法を自動化することです。

プロセス全体に可視性を加えることにより、組織全体はチームがどのように新機能を開発し、その機能がいつエンドユーザーに提供されるのかを認識できるようになります。これはビジネス上の判断、マーケティング、一般的な企画立案で非常に有益になるでしょう。

1.3.1　プラットフォームはなぜお金で買えないのか？

残念ながら、組織の需要をすべて解決できる既製のプラットフォームはお金で買えません。前述のとおり、クラウドプロバイダーのサービスであればお金で買えます。しかし、最適なプラットフォームを作成するには社内チームが特定の問題を解決するためにどのサービスを使用し、どのように組み合わせるかを見いだす必要があります。どのツールやサービスが自社の需要やコンプライアンス要件に合うのでしょうか？　また、チームがセルフサービス方式で使用できるインターフェースの裏にあるこれらの決定をどのように隠蔽するのでしょうか？　これらを見いだす取り組みは、通常はお金では買えません。

このような状況を念頭に設計されたツールがあります。こういったツールは、すぐに活用できる状態の作業フロー群を実装することにより、また提供側の推奨する構成が組まれたツール群に対応することにより、プラットフォームチームがサービスの組み合わせを考える手間を減らせる

ようにします。Kubernetesを多用し拡張するツールには、Red Hat OpenShift[8]と VMware Tanzu[9]があります。これらのツールはCI / CD、運用、開発者ツール、フレームワークなどの解決策を必要とするほとんどのトピックを網羅しています。そのため、最高技術責任者（CTO）やアーキテクトにとって非常に魅力的です。私の経験では、これらのツールは多くのシナリオで役立ちます。また一方でプラットフォームチームは、ツールを選ぶとき既存のプラクティスに合うよう柔軟性を求めます。結局、これらの独自のツールを購入した場合、チームはそれらを学習するために時間をかける必要があります。そのため、Red Hat OpenShiftやVMware Tanzuなどのツールはコンサルティングサービスとともに販売されており、これも考慮する必要があるコストです。中規模と大規模の組織ではこれらの思想のある既製ツールを採用し、適合させるためにはチームにとってすでによく知られた定義済みの作業フローやプラクティスを変えるべきかもしれません。小規模で成熟度の低い組織の場合、これらのツールはチームが新しい取り組みを始める時に直面する選択肢の数を減らすことにより、多くの時間を節約できます。しかし、若い組織にとってはこれらのツールとサービスのコストは高すぎるかもしれません。

図 1.15 はプラットフォームチームがどのツールを選定するか次第で、過程がどのように変わるかを示しています。これらのKubernetesディストリビューション（OpenShift、Tanzuなど）は、プラットフォームチームの選択肢を制限する場合があります。また一方で、時間を節約し、トレーニングやコンサルティングなどのサービスも提供されているため、チームにとって頼りになります。

図1.15　Kubernetesディストリビューション上にプラットフォームを構築する様子

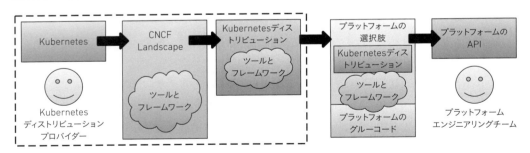

※8　https://www.redhat.com/en/technologies/cloud-computing/openshift
※9　https://tanzu.vmware.com/tanzu

プラットフォームチームには、これらのツールの上にプラットフォームを構築する責任があります。Red Hat OpenShiftやVMware Tanzuをチームで使用できる場合、サポートされるツールとそれらの設計上の選択や決定を十分に理解しておくことを強く推奨します。手持ちのツールと整合性を取り、ツール提供側のアーキテクトに相談することにより、これらのツール上にレイヤーを構築する近道が見つかるかもしれません。

NOTE

これらのツールはKubernetesのディストリビューションであり、これを認識しておくことが重要です。これはLinuxディストリビューションと同じように、異なる課題やユースケースに対応するKubernetesのディストリビューションが今後登場することを意味します。IoT、エッジケース向けのK0s、MicroK8sなどのツールはその一例です。これらのディストリビューションを採用できますが、それが自社の最終的なゴールに合っているかを確認するようにしてください。

本書をできるだけ実践的にしたいため、次節ではプラットフォーム構築までの過程で使用する簡単なアプリケーションを説明します。よくあるユースケースのために汎用的なプラットフォームを構築するのではなく、前節で取り上げた概念を実証するプラットフォームを構築します。トピックを日々の課題に対応づけるために稼働、実験、変更できる具体的な例を知ることは役立つはずです。次節で紹介するアプリケーションはマイクロサービスアプリケーション（マイクロサービスアーキテクチャーに基づいて設計されたアプリケーション）の作成、構築、運用時にほとんどのビジネス領域で直面する課題を明確にします。そのため、このアプリケーションを支えるために構築するサンプルプラットフォームは、顧客のビジネス領域で直面する課題と対応づいているでしょう。

1.4 ウォーキングスケルトンの必要性

Kubernetesエコシステムでは簡単なPoC（概念実証）を提供するために、一般的に少なくとも10個以上のCNCFプロジェクトやフレームワークを統合する必要があります。このPoCではKubernetes内で稼働させられるコンテナとしてCNCFプロジェクトを構築し、各サービスが提供するRESTエンドポイントにトラフィックをルーティングするといったトピックを取り扱います。新しいCNCFプロジェクトを実験し、それらが自身のエコシステムに合うかどうかを検証したい場合があるでしょう。その場合、この新しいCNCFプロジェクト／フレームワークがどのように機能し、どのように時間を節約してくれるかを確認するためにPoCを構築しましょう。

本書では簡単なウォーキングスケルトンを作成しました。このクラウドネイティブアプリケーションにより、簡単なPoCだけでなくさまざまなアーキテクチャーパターンをどのように適用できるかを調査できます。また実験のために開発プロジェクトを変更することなく、さまざまなツールやフレームワークをどのように組み合わせられるかを動作確認できます。ここではPoCやデモアプリケーションではなく、ウォーキングスケルトンという用語を使用します。なぜなら、ウォーキングスケルトンという用語は本節で紹介するアプリケーションの意図をより忠実に反映しているためです。

このウォーキングスケルトンの主要な目的はアーキテクチャーの観点から特定の課題をどのように解決するか、アプリケーションの必要要件およびデリバリープラクティスの観点を明確にします。サンプルのクラウドネイティブアプリケーションでこれらの課題を解決する方法は、さまざまな特定のドメインにおける課題解決にも応用できるでしょう。課題が常に同じであるとは限りません。しかし各解決策の背景にある原則、決定を導くために採用した手法を明確にしたいと考えています。

このウォーキングスケルトンがあれば、minimum viable product（実用可能な必要最小限の機能を持った製品）を把握し、本番環境にそれを迅速にデプロイし、改善できます。ウォーキングスケルトンを本番環境に持ち込むことにより、ほかのサービスやインフラストラクチャーの観点から何が必要になるかについて貴重な洞察を得られます。さらに、ウォーキングスケルトンのような開発プロジェクトで作業するために何が必要なのか、どのような点でうまくいかなくなるのかを理解するのにも役立ちます。

ウォーキングスケルトンの構築に使用される技術スタックは重要ではありません。それよりも重要なことは各要素がどのように組み合わされるのか、またどのようなツールやプラクティスであればサービス（またはサービス群）を背後から支える各チームを安全で効率的に発展させられるのかを理解することです。

1.4.1　カンファレンスアプリケーションの構築

　本書では、カンファレンスアプリケーションを使用して作業していきます。このカンファレンスアプリケーションはさまざまなイベントに対応するために、さまざまな環境にデプロイできます。このアプリケーションはコンテナ、Kubernetes、主要なクラウドプロバイダーやオンプレミスにインストールされたKubernetesで動作するツールに依存しています。

　図 1.16 は、アプリケーションのメインページを示しています。

図1.16　カンファレンスアプリケーションのホームページ

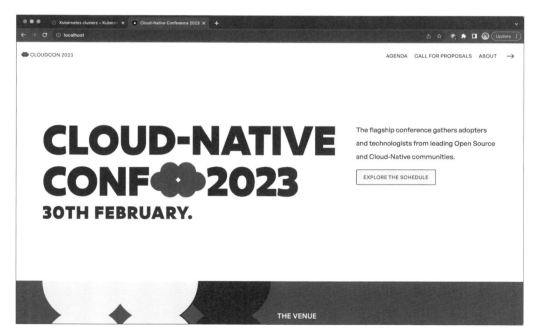

カンファレンスアプリケーションでは、カンファレンスイベントを管理できます。これは基本的なランディングページ、採択されたすべての発表が一覧になったアジェンダページ、発表希望者が発表プロポーザルを投稿できるプロポーザル募集フォームを提供します。また、このアプリケーションではカンファレンス主催者は提出されたプロポーザルを確認し、採択や不採択するなどの管理業務に取り組めます。

図1.17　カンファレンスアプリケーションのバックオフィスページ

このアプリケーションはさまざまな役割を持つサービス群からなります。図1.18は管理するアプリケーションの主要な構成要素を示しています。言い換えれば、あなたやあなたのチームが変更し、提供するサービスです。

図1.18　カンファレンスアプリケーションサービス

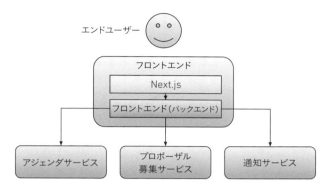

エンドユーザーは、すべてのバックエンドサービスにリクエストをルーティングするフロントエンドとやり取りする。

　チームはビジネス価値を実証する機能を備えた基本的なウォーキングスケルトンを実装するために、これらのサービスを作成しました。各サービスの概要は次のとおりです。

- **フロントエンド**：このサービスはユーザーがアプリケーションに接続するための主な入り口である。そのため、このサービスはNext.jsアプリケーション（HTML、JavaScript、CSSファイル）を使用していて、クライアントのブラウザがこれをダウンロードする。このクライアントサイドアプリケーション（Next.js）は、ブラウザからのリクエストを内部のバックエンドサービスに渡す。この内部バックエンドサービスはさらに1つ以上のバックエンドサービスに、それぞれのリクエストをルーティングする
- **アジェンダサービス**：このサービスは、カンファレンスで採択されたすべての発表を一覧表示する。カンファレンス開催中は、参加者が1日のうちに何度もこのサービスと通信して発表セッション間を移動するため、このサービスは常に使用できる状態にしておくべきである
- **プロポーザル募集サービス（C4P）**：このサービスには、カンファレンス企画時にプロポーザル募集（Call for Proposalsを略してC4P）に対処するためのロジックが含まれている。この機能により、発表希望者はプロポーザルを提出できる。カンファレンス主催者はそれを審査し、カンファレンスのアジェンダに取り入れる発表を採択する
- **通知サービス**：このサービスにより、カンファレンス主催者は参加者と発表者に通知できる

図1.19はプロポーザル募集の流れを示しています。チームはウォーキングスケルトンを構築し、カンファレンスアプリケーションがどのように動作するかの仮説を検証します。このユースケースを最初から最後まで実装することにより、チームは選定した技術スタックとアーキテクチャー仮説を検証できます。

図1.19　プロポーザル募集のユースケース

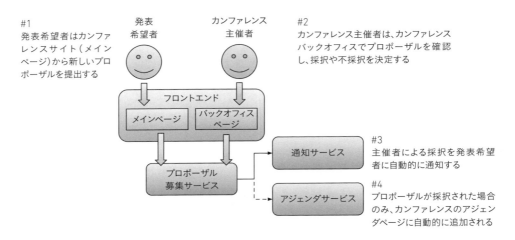

　プロポーザル募集のユースケースの基本機能を実装した後、チームは次にどんなユースケースを実装できるのかを決定できます。カンファレンス主催者はスポンサーを管理する必要があるでしょうか？　発表者は専用のプロフィールページが必要でしょうか？　基本的な構成要素はすでにそろっているため、新機能やサービスを追加するのは簡単なはずです。

　これらのユースケースの実装方法を確認します。同時に、新しいユースケースが実装される場合や変更が必要になった場合にチーム間の調整方法を検討する必要があります。連携を改善するためには可視性が必要であり、アプリケーションがどのように動作しているかを理解する必要があります。

　また、このクラウドネイティブアプリケーションの運用面も考慮する必要があります。例えばこのアプリケーションでは、まず発表希望者に対してプロポーザルを募集する期間が設けられます。その後、カンファレンス開催が近づくと参加登録ページが公開されるといった流れが想像できるでしょう。

本書をとおして新しいサービスを追加したり、新しいユースケースを実装したりしてみることを推奨します。第2章ではアプリケーションをKubernetesクラスターにデプロイする時に、これらのサービスがどのように設定されているか、さまざまなサービス間でどのようにデータが流れるか、またサービスをどのように拡大するかを確認していきます。

サンプルアプリケーションを用いることで各サービスの内部構造を自由に変更したり、さまざまなツールを使用したりした結果を比較できます。または、各サービスのさまざまなバージョンを並行的に検証できます。各サービスは、これらのサービスを実行環境にデプロイするために必要なあらゆるリソースを提供します。第3章と第4章では、各サービスの構築方法とデプロイ方法を理解するために各サービスを詳細に説明します。これによりチームが現在の振る舞いを変え、新しいリリースを作成し、デプロイできるようにします。

このクラウドネイティブカンファレンスアプリケーションをデプロイする前に、あらゆる機能を単一のモノリスアプリケーションにまとめることとの違いに言及するのも重要でしょう。

カンファレンスアプリケーションがモノリスなアーキテクチャーで作成された場合、どうでしょうか？　主要な違いを簡単に説明します。

> 本書の第9章の後に補章として『クラウドネイティブ技術とマイクロサービスアーキテクチャーのつながり』を追加しています。補章では、モノリスアーキテクチャーとマイクロサービスアーキテクチャーの違いを図解によって概説しています。補章と第1章とあわせて読むことにより、第1章の理解がより深まるはずです。

1.4.2　モノリスアプリケーションとマイクロサービス群の違い

単一のモノリスアプリケーションと完全なマイクロサービス群の違いを理解することは、複雑性が増すことの価値を把握するために重要です。今はまだモノリスアプリケーションで作業している方が、アプリケーションを分割したい場合に直面するようなこれまでとの主な違いについて本節では明確にしていきます。

図1.20は、前述したユースケースを実装したモノリスアプリケーションを示しています。しかし、このシナリオではさまざまな機能に取り組む異なるチームが同じコードベースを共有します。モノリスアプリケーションの開発で内部サービス間の強力なインターフェースに対する明確

な要件はありません。異なる機能のロジックを隠蔽されたモジュールに分離するかどうかは任意です。インターフェースがなく機能に重複があることにより、アプリケーションに変更を加えるチームは機能が確実にコンフリクトせずにコードベースに変更をマージできるよう、複雑な調整戦略を持たなければなりません。

図1.20　モノリスアプリケーションでは、異なるユースケースを実装するためのあらゆるロジックが一緒にまとめられている。これにより、異なるチームが同じコードベースに取り組むことになる。また、変更のコンフリクトを避けるために複雑な調整プラクティスが必要になる

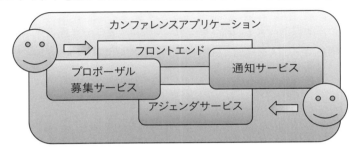

　モノリスアプリケーションとマイクロサービス群は機能的には同じで、同じユースケースを実行できます。しかし、モノリスアプリケーションをすでに開発している方はそれ自身が持つ欠点にいくつか気付いているかもしれません。以降では、本書で使用するクラウドネイティブアプリケーションの利点、モノリスアプリケーション実装に関するいくつかの欠点を明確にします。

- **クラウドネイティブアプリケーションの場合、サービスは独立して成長でき、チームはより速く作業する権限を与えられている。また、コードベースレベルでのボトルネックはない**
  モノリスアプリケーションでは異なるチームが作業するための単一のソースコードリポジトリーがあり、開発プロジェクトには単一の継続的インテグレーションパイプラインがある。このパイプラインは時間がかかり、チームは複雑なマージの問題が発生するfeatureブランチを使用している
- **クラウドネイティブアプリケーションの場合、アプリケーションは異なるシナリオに合わせてそれぞれ拡張できる**
  拡張性の観点では負荷レベルに応じて各サービスを拡張できる。モノリスアプリケーションでは運用チームが単一の機能だけを拡張したいだけであっても、アプリケーション全体の新しいインスタンスを作成しなくてはいけない。さまざまな機能を拡張する方法を小さな粒度で制御することは、ユースケースにとって重要な差別化要因になる。しかし、十分な注意を

払わなければならない

- **クラウドネイティブアプリケーションの場合、マイクロサービスなシステムであるため非常に複雑である**

  クラウドインフラストラクチャーの柔軟性と特性をより効果的に活用する。これにより運用チームがツールを使用し、この複雑さと日々の運用を管理できるようになる。大規模なアプリケーションを運用するために社内の仕組みを構築することは、モノリスアプリケーションの構築時には非常に一般的である。クラウドネイティブ環境では、クラウドプロバイダーやオープンソースプロジェクトが提供する多くのツールをクラウドネイティブアプリケーションの運用や監視に使用できる

- **クラウドネイティブアプリケーションの場合、多言語に対応できる**

  各サービスは異なるプログラミング言語やフレームワークを自由に使用して構築できる。モノリスなアーキテクチャーでは、アプリケーション開発者は古いバージョンのライブラリーに縛られる。なぜならライブラリーを変更したり更新したりするためには、通常は大規模なリファクタリングが必要になるためである。またアプリケーションが壊れないことを保証するために、アプリケーション全体を動作試験する必要がある。クラウドネイティブの手法では、単一の技術スタックを各サービスで強制的に使用させない。これにより、チームはより自律的にツールを選定できるようになる。場合によっては提供までの時間を短縮できる

- **モノリスアプリケーションの場合、オール・オア・ナッシングである**

  モノリスアプリケーションが停止した場合、アプリケーション全体が停止してユーザーは何も使用できなくなる。クラウドネイティブアプリケーションでは、一部のサービスが停止してもユーザーはアプリケーションを継続して使用できる。ウォーキングスケルトンは人気のツールを採用することにより、機能劣化したサービスを支援する方法を示している。サービスを監視し、サービスが誤動作した場合にそれに対処するように設計されているKubernetesを使用して、プラットフォームはアプリケーションを自己修復させようとする

- **モノリスアプリケーションの場合、カンファレンスの各イベントに異なるさまざまなバージョンのアプリケーションが必要である**

  さまざまなイベントを扱う場合、各カンファレンスにはほかのイベントとは微妙に異なるバージョンのモノリスアプリケーションが必要である。そのため、コードベースが異なって派生し、開発プロジェクト全体が重複してしまうという問題が起こる。カンファレンスに対する変更のほとんどはイベントが終了すると失われてしまう。クラウドネイティブの手法では交換できる粒度の小さいサービスを用意することにより再利用性を強化し、アプリケーション全体の重複を回避できる

モノリスアプリケーションはクラウドネイティブアプリケーションよりもはるかに運用や開発が簡単です。一方で以降の説明ではマイクロサービスアプリケーションの構築の複雑性を理解し、緩和することに焦点を当てています。適切なツールと手法を採用することにより、チームの独立性と効率性を高め、アプリケーションの回復力と堅牢性を強化します。

現在、モノリスアプリケーションを使用している場合、本書は異なる手法を比較するために役立ちます。また、マイクロサービスアプリケーション構築のために必要なツールやプラクティスを知ることになるでしょう。

1.4.3　ウォーキングスケルトンとプラットフォームの構築

顧客の使用する簡単なアプリケーションを完成させた後は、これらのサービスを継続的に改善するために各チームの使用ツールの理解に専念できます。本書で取り上げるプラットフォームは汎用的ではなく、ドメイン固有の目的のために構築されます。特定のシナリオを想定したウォーキングスケルトンを構築することにより、ソフトウェアのチームへの提供方法を改善するためにツールと作業フローを最適化するプラットフォームを模倣できます。ウォーキングスケルトンは単純な Hello World アプリケーションではありません。より多くの実験や、より複雑な機能を書いたり、アプリケーションをより堅牢にするためのツールを使ったりすることができます。

これからクラウドネイティブに取り組んでいきます。まずは Kubernetes 上でマイクロサービスアプリケーションがどのように動作するか、Kubernetes がどのような機能を提供するか、またその課題を説明します。その後にクラウドネイティブアプリケーションの構築、デプロイ、稼働を支援するための Kubernetes の基本的な機能を拡張するツールを説明します。

第 6 章でマイクロサービスアプリケーションの構築と提供でのいくつかの課題を評価します。チームが既存のアプリケーションと連携する新機能を安全な環境で開発できるように、プラットフォームのウォーキングスケルトンを作成します。プラットフォームでは、チームがほかのチームと競合することなく日々作業できます。プラットフォームのウォーキングスケルトンを作成したら、より上位レイヤーのプラットフォーム機能を作りつつ提供します。その結果、各チームがより生産的になり、本書で取り上げる Kubernetes やあらゆるツールの複雑な仕組みを理解する必要性を緩和できます。

最後に、構築しているプラットフォームの効果の計測方法を説明します。ほかのソフトウェアと同様に、導入する新しいツールや変更が状況を改善しているかを計測しなければなりません。

本書における取り組みでは、プラットフォームエンジニアリングで重要となる困難な決定や選定を迫られることになります。次の一覧では各章で取り上げる特定のツールの詳細を省略し主要なマイルストーンを一覧にしました。

- **第2章　クラウドネイティブアプリケーションの課題**

  Kubernetesクラスターでカンファレンスアプリケーションを稼働させた後、Kubernetes上でクラウドネイティブアプリケーションの運用時に直面する主なそして最も一般的な課題を分析する。本章ではアプリケーションをランタイムの観点から検証する。そして、問題の発生時にアプリケーションがどのように動作をするかを確認するために、さまざまな方法でアプリケーション障害を発生させてみる

- **第3章　サービスパイプライン：クラウドネイティブアプリケーションの構築**

  アプリケーションを稼働させ始めたらチームは新機能を追加したり、バグを修正するためにアプリケーションのサービスを変更したりすることになるだろう。本章では、これらのアプリケーションサービスを構築するために必要なことを取り上げる。同時に、成果物をリリースするパイプラインを使用して最新の変更を組み込む。この成果物は新バージョンを本番環境にデプロイするために必要である

- **第4章　実行環境パイプライン：クラウドネイティブアプリケーションのデプロイ**

  サービスの新バージョンのパッケージ方法とリリース方法を整理する。その後、これらの新バージョンをさまざまな実行環境でどのように更新するかについて、明確な戦略を立てるべきである。これにより実際の顧客に提供される前に動作確認や検証を実施できる。本章ではさまざまな実行環境にわたってアプリケーションを設定し、デプロイするために実行環境パイプラインの概念、クラウドネイティブコミュニティーで人気の潮流であるGitOpsを取り上げる

- **第5章　マルチクラウド（アプリケーション）インフラストラクチャー**

  アプリケーションは単独では稼働できない。アプリケーションのサービスはデータベース、メッセージブローカー、IDサービスなどのアプリケーションインフラストラクチャーの構成要素がなければ動作しない。本章ではマルチクラウドとKubernetesネイティブの手法を使用して、アプリケーションのサービスに必要な構成要素をどのようにプロビジョニングするかに焦点を当てる

- **第6章　Kubernetes 上にプラットフォームを構築しよう**

アプリケーションの稼働方法、構築方法、デプロイ方法、クラウドインフラストラクチャーへの接続方法を理解しよう。次にアプリケーションを変更するチームから、あらゆる使用ツールによってもたらされる複雑性を抽象化することに集中する。開発チームにはクラウドプロバイダーのアカウント設定、構築パイプラインを稼働させるサーバーの設定、または実行環境の稼働場所に気を取られてほしくない。プラットフォームエンジニアリングチームへようこそ！

- **第7章　プラットフォーム機能Ⅰ：共有アプリケーションの懸念事項**

アプリケーションチームと運用チームの間にある摩擦や依存関係はどのようにすれば緩和できるだろうか？　アプリケーションのロジックを、そのアプリケーションの稼働に必要な構成要素からどのようにすれば分離できるだろうか？　本章では、アプリケーション開発者が実装に注力できるようにするためのプラットフォーム機能群を取り上げる。プラットフォームチームは、アプリケーションに必要なあらゆる構成要素の接続方法に注力する。そして、開発者の使用できる簡単で標準化された API を公開する

- **第8章　プラットフォーム機能Ⅱ：チームによる実験を可能にする**

チームの作業に必要な実行環境の準備をプラットフォームが担うようになった今、プラットフォームはアプリケーション開発チームに対して、ほかに何ができるだろうか？　複数のバージョンのアプリケーションのサービスを同時並行的に稼働できれば、新機能や修正を漸進的に導入できる。　実験の余地があることで組織は問題を早期に発見でき、各リリースのストレスを緩和できる。本章では、クラウドネイティブアプリケーション向けのさまざまなリリース戦略の実装方法を取り上げる

- **第9章　プラットフォームの測定**

プラットフォームの価値は、組織にもたらされる改善の程度によって決まる。プラットフォームがどのくらい機能しているかを計測するために、パフォーマンスを測定する必要がある。それは継続的な改善手法を用いて、使用ツールがより迅速で効率的なチーム成果につながっていることを確認するためである。組織がソフトウェアをどのくらい効率的に提供しているか、またプラットフォームの変更が提供パイプラインの処理能力をどのくらい改善できるか、本章では DORA メトリクスを使用してこれらを理解することに焦点を当てる

これから何が起こるかがわかったので、クラウドネイティブのカンファレンスアプリケーションをデプロイしましょう。

本章のまとめ

- （クラウド）プラットフォームは、チームがドメイン固有のアプリケーションを構築するためのサービス群を提供する
- プラットフォームは、通常は3つの主要な機能を提供する。さまざまなチームが各作業フローに合わせて使用できる、API、ダッシュボード、SDKである
- クラウドプラットフォームは、ハードウェアとソフトウェアの従量課金制モデルを提供している。機能要素の上位レイヤーほど、サービスは高額になる。Kubernetesは、プラットフォームを構築するための基本的な構成要素を提供する。この時、Kubernetesは基盤となるクラウドプロバイダーからの独立性を保ち、またオンプレミスにプラットフォームをデプロイできる
- Cloud Native Computing Foundationは、クラウドネイティブ分野におけるオープンソースプロジェクト間の連携を促し、育てる
- これらのコミュニティーで何が起こっているかを継続的に追うには多くの時間と労力が必要である
- Kubernetes上のプラットフォームエンジニアリング（とくに本書では）は、ツールやプラクティスの選定の複雑性を管理するために役立つ。チームは、Kubernetes上で稼働させるソフトウェアをより効率的に提供するために、これらのツールやプラクティスを採用する必要がある

Platform Engineering on Kubernetes

Chapter

2

クラウドネイティブ
アプリケーションの課題

Cloud-native application challenges

本章で取り上げる内容

- Kubernetesクラスターで稼働するクラウドネイティブアプリケーションで作業する
- ローカルとリモートにあるKubernetesクラスターを選定する
- 主要なコンポーネントとKubernetesリソースを理解する
- クラウドネイティブアプリケーションにおける作業の課題を理解する

　新しいフレームワーク、新しいツールまたは新しいアプリケーションの検証時、私はつい焦ってしまいます。すぐに稼働させて確認したくなります。実際に稼働させてみると、さらに深く掘り下げてその仕組みを理解したくなります。私は実験のために物を壊します。そして、これらのツール、フレームワーク、アプリケーションの内部で実際に何が起こっているのかを検証します。本章でもそのように検証します！

　クラウドネイティブアプリケーションを稼働するには、Kubernetesクラスターが必要です。本章ではKinD (Kubernetes in Docker[1]) というCNCFプロジェクトを使用して、ローカルKubernetesクラスターで作業します。このローカルクラスターの使用により、開発や検証用にアプリケーションをローカルにデプロイできるようになります。マイクロサービス群をインストールするにはKubernetesアプリケーションのパッケージ化、デプロイ、配布を支援する

---

[1] https://kind.sigs.k8s.io/

CNCFプロジェクトのHelmを使用します。第1章で紹介したウォーキングスケルトンのサービスをインストールします。このサービスはカンファレンスアプリケーションを実装します。

　カンファレンスアプリケーションのサービスが稼働し始めたら、Kubernetesリソースを調査します。kubectlを使用してアプリケーションがどのように設計され、内部でどのように動作するかを理解します。アプリケーション内の主要な要素の概要を把握したらアプリケーションで障害を発生させ、クラウドネイティブアプリケーションの直面する一般的な課題や落とし穴を見つけます。本章では、Kubernetesを基盤とした最新の技術スタックでクラウドネイティブアプリケーションを稼働させる基本事項を説明します。マイクロサービスアプリケーションの開発、デプロイ、保守の利点と欠点を明確にします。　以降の章ではCNCFプロジェクトを説明することにより、これらの関連する課題に対処します。このCNCFプロジェクトの主目的は、開発プロジェクトを迅速にまた効率的に提供することです。

2.1　クラウドネイティブアプリケーションの稼働

　クラウドネイティブアプリケーションが本質的に抱える課題を理解するには、教育目的で制御、設定、障害を発生させる簡単な例を実際に体験する必要があります。クラウドネイティブアプリケーションの文脈では「簡単な」とは単一のサービスのことではありません。そのため、簡単なアプリケーションでもマイクロサービスアプリケーションの複雑性に対処する必要があります。具体的にはネットワークの遅延、アプリケーションのいくつかのサービスで生じる障害への耐性、最終的に生じる不整合などです。本章で紹介するクラウドネイティブアプリケーション、つまりウォーキングスケルトンを稼働させるためにはKubernetesクラスターが必要です。このクラスターをどこにインストールするか、また誰がクラスターのセットアップを担当するかは開発者が最初に直面する問題です。開発者は自分のノートパソコンやデスクトップを使用して、ローカルで稼働させたいと考えるのが一般的です。Kubernetesを使用すれば、ローカルで稼働させられます。しかし、これは最適でしょうか？　ローカルでクラスターを稼働させることの利点と欠点をほかの選択肢と比較しながら分析してみましょう。

2.1.1　最適なKubernetes実行環境の選定

　本節では、Kubernetesクラスターのあらゆる実行環境を網羅しているわけではありません。その代わりにKubernetesクラスターをどのようにプロビジョニングし、管理できるかに関する一般的なパターンに焦点を当てます。3つの選択肢があり、いずれにも利点と欠点があります。

- **ノートパソコン／デスクトップパソコン上のローカルKubernetes**

　ノートパソコン上でKubernetesを稼働させることは推奨しない。 本書の以降の範囲で説明するように、自分のノートパソコンでは動作するのにという問題を回避するために、本番環境と同様の実行環境でソフトウェアを稼働させることを強く推奨する。ノートパソコン上でKubernetesを稼働させるとき、これらの問題が発生する。それは、実際のマシン群で構成されたクラスター上で稼働させていないことが主な原因である。そのため、ローカルKubernetesではネットワークの送受信や実際の負荷分散が起こらない

  - **利点**

    軽量ですぐに使用できる。動作確認、実験、ローカル開発に適している。小規模なアプリケーションを稼働させるのに適している

  - **欠点**

    実際のクラスターではない。動作が異なる。また、ワークロードを稼働させるハードウェアが本物のクラスターよりも少ない。ノートパソコンでは、大規模なアプリケーションを稼働させられない

- **データセンター内のオンプレミスKubernetes**

　これはプライベートクラウドを持つ企業にとって一般的な選択肢である。この手法ではクラスターを作成、保守、運用するための専任チームとハードウェアを企業が持つ必要がある。企業が十分に成熟していれば、セルフサービスのプラットフォームを持っているかもしれない。これにより、ユーザーはオンデマンドで新しいKubernetesクラスターを要求できるようになる

  - **利点**

    実際のハードウェア上に構築されたクラスターは、本番環境のクラスターと近い方法で動作するだろう。アプリケーションが実行環境で使用できる機能に関して、明確にイメージできる

  - **欠点**

    クラスターをセットアップしてユーザーに資格情報を付与するには、成熟した運用チームが必要である。また開発者が動作検証に取り組むためには、専用のハードウェ

アが必要である

- **クラウドプロバイダーが提供するマネージドサービスとしてのKubernetes**
  私はこの手法を好んでいる。なぜなら、クラウドプロバイダーのサービスの場合、使用分だけ料金を支払えばよいためである。Google Kubernetes Engine（GKE）、Azure Kubernetes Service（AKS）、Amazon Elastic Kubernetes Service（EKS）などのサービスは、すべてセルフサービス方式を念頭に構築されている。これにより、開発者は新しいKubernetesクラスターをすぐに立ち上げられるようになる。主要な考慮事項は2つある

  1. クラウドプロバイダーを1社選定し、チームが使用する分を支払うためのクレジットカードを持つ必要がある。この時、予算の上限を設定して使用者を定義する必要があるかもしれない。注意を怠ると、クラウドプロバイダーの選定によりベンダーロックインの状況に陥るかもしれない

  2. あらゆる作業がリモートである。ローカルでの作業に慣れている開発者やほかのチームにとっては、これはあまりにも大きな変化である。ツールやワークロードのほとんどがリモートで稼働することになるため、開発者が適応するには時間がかかる。しかし、これは利点でもある。なぜなら、開発者が使用する実行環境とデプロイするアプリケーションは、本番環境で稼働しているかのように動作するためである

  - **利点**
    実際の（本格的な）クラスターで作業できる。タスクに必要なリソース数を定義できる。また、タスクの完了時、リソースを解放するためにそれらを削除できる。ハードウェアに先行投資する必要はない

  - **欠点**
    高額な請求を受ける可能性がある。開発者はリモートクラスターとサービスに対して作業する必要がある

　最後に、次のリポジトリーを確認することを推奨します。主要なクラウドプロバイダーで使用できるKubernetesの無料クレジットがあります[2]。私はこれらの無料トライアルの最新リストを保存して更新するために、このリポジトリーを作成しました。本書に掲載されているあらゆる例を、実際のインフラストラクチャー上で稼働させるために使用できます。図 2.1 で、前述の箇条書きで挙げた情報を要約しました。

---

[2]　https://github.com/learnk8s/free-kubernetes

図2.1 Kubernetesクラスターのローカルとリモートのセットアップ

開発者はローカルでの作業に慣れている	これらは社内クラスターである。しかし、開発者にとってはリモートに感じられる	これらは完全にリモートで設定されている。開発者は新しい作業フローに慣れる必要がある

ローカル

利点
- 軽量
- すぐに開始可能
- ローカル開発に適している
- テスト(CI)に適している
- 小規模なアプリケーションに適している

欠点
- 性能に制限あり
- 実際のクラスターのように動作しない
- ノートパソコンにコンテナをダウンロードするには、十分なネットワーク帯域幅が必要

オンプレミス

利点
- 実際のマシン上に構築されたクラスター
- 動作が本番環境により近い
- 開発チームが作業するためのリモート実行環境を提供

欠点
- 専用のハードウェアの所有と保守が必要
- クラスターのプロビジョニングと資格情報配布のためには、熟練したチームが必要
- クラウドプロバイダーによって提供される統合機能や追加機能が不足している可能性
- 多くクラスターが必要な場合、拡張が困難

クラウドプロバイダー

利点
- 本格的なマネージドクラスターである
- ハードウェアの操作は不要
- 拡張や管理が簡単
- 追加サービス(バックアップ、アプリケーションインフラストラクチャー、セキュリティーなど)の提供
- 従量課金モデル

欠点
- コストの見積もりが困難であり、料金が多額になる可能性
- ベンダーロックインの可能性
- クラウドプロバイダー固有の専門知識が必要

　これら3つの選択肢はすべて効果がありますが、欠点もあります。次節では、KinD(Kubernetes in Docker)[※3]を使用します。1章で紹介したウォーキングスケルトンをノートパソコンやデスクトップパソコンで稼働させるローカルKubernetes実行環境にデプロイします。ウォーキングスケルトンであるカンファレンスアプリケーションのデプロイに使用するローカルKinDクラスターの作成方法については、https://github.com/salaboy/platforms-on-k8s/tree/main/chapter-2#creating-a-local-cluster-with-kubernetes-kindに掲載されている段階的なチュートリアルを確認してください。

　注意点として、チュートリアルでは3つのノードを持つローカルKinDクラスターが作成されます。特別なポートマッピングにより、Ingressコントローラーが http://localhost への受信トラフィックをルーティングできるようになります。

※3　https://kind.sigs.k8s.io/

2.1.2 ウォーキングスケルトンのインストール

Kubernetes上でコンテナ化されたアプリケーションを稼働させるには、各サービスをコンテナイメージとしてパッケージ化し、またKubernetesクラスターで稼働させるコンテナの設定方法を定義する必要があります。そのため、Kubernetesではコンテナの稼働方法や相互通信方法を設定するために、（YAML形式を使用して）さまざまな種類のリソースを定義できます。最も一般的なリソースの種類は次のとおりです。

- **Deployment**
  アプリケーションが正しく動作するために、コンテナのレプリカをいくつ稼働させる必要があるのかを宣言的に定義する。Deploymentによりどのコンテナ（またはコンテナ群）を稼働させたいのか、またそれらのコンテナを（環境変数を使用して）どのように設定する必要があるかを選定できるようになる

- **Service**
  Deploymentによって作成されたコンテナにトラフィックをルーティングするために、高レイヤーの抽象化を宣言的に定義する。また、Deployment内のレプリカ間のロードバランサーとしても機能する。Serviceは、サービスディスカバリーと呼ばれる機能を提供する。これにより、クラスター内の他サービスとアプリケーションはコンテナの物理的なIPアドレスではなくServiceの名前を使用して、通信できるようになる

- **Ingress**
  クラスター外部からのトラフィックをクラスター内部のサービスにルーティングするために、ルートを宣言的に定義する。Ingressを定義することにより、サービスを公開できる。これは、クラスター外部で稼働するクライアントアプリケーションにとって必要になる

- **ConfigMap ／ Secret**
  サービスのインスタンスをセットアップするために、宣言的に設定オブジェクトを定義し、保存する。Secretは接続を保護する必要がある機密情報である

数十から数百ものサービスを持つ大規模なアプリケーションの場合、これらのYAMLファイルの管理は複雑で困難になります。変更を追跡し続けること、またkubectlを使用してこれらのファイルを適用しアプリケーションをデプロイすることは複雑な作業になります。これらのリソースの詳細な説明は本書の範囲外です。詳細についてはKubernetesの公式ドキュメントペー

ジ※4などをご確認ください。本書では大規模なアプリケーションでのこれらリソースの操作方法と、そのタスクに役立つツールに焦点を当てます。以降では、Kubernetesクラスターにコンポーネントをパッケージ化してインストールするためのツールの概要を説明します。

Kubernetesアプリケーションのパッケージ化とインストール

　Kubernetesアプリケーションをパッケージ化し、管理するためのさまざまなツールがあります。ほとんどの場合、これらのツールはテンプレートエンジンとパッケージマネージャーという2種類に分類できます。現実のシナリオで物事を成し遂げるためには、おそらく両方の種類のツールが必要です。それでは、これらの2種類のツールを説明しましょう。テンプレートエンジンはなぜ必要でしょうか？　どのようなパッケージを管理したいでしょうか？

　テンプレートエンジンの使用により、アプリケーションが若干異なるパラメーターを必要とするような実行環境であっても、同じリソース定義を再利用できるようになります。リソースをテンプレート化する必要がある一般例はデータベースURLです。テスト環境ではテスト用データベース、本番環境では本番用データベースといったように、サービスが異なる実行環境のデータベースインスタンスに接続する必要がある場合があります。その場合、データベースURLだけが異なる同じYAMLファイルのコピーを保守することは避けたいでしょう。図 2.2 は、YAMLファイルに新しい変数をどのように追加するかを示しています。テンプレートエンジンはレンダリングされたリソースを最終的に使用したい場所次第で、これらの変数をさまざまな値に置き換えます。

図2.2　変数を置き換えることにより、テンプレートエンジンがYAMLリソースをレンダリングする様子

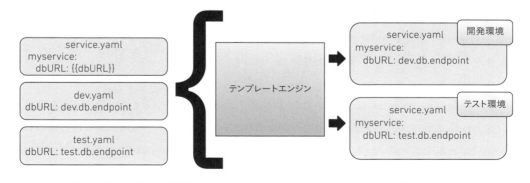

※4　https://kubernetes.io/docs/concepts/workloads/

テンプレートエンジンの使用により、実行環境ごとコピーされたおおよそ同じ内容の設定ファイル群を保守する時間を大幅に節約できます。なぜなら、ファイルが増えるとそれらの保守に多くの時間と労力が必要になるためです。Kubernetesファイルのテンプレートの操作ツールは、コミュニティーにいくつかあります。YAMLファイルだけの操作ツールもあれば、Kubernetesリソースに特化したツールもあります。確認するとよいCNCFプロジェクトには、次があります。

- **Carvel YTT**：https://carvel.dev/ytt/
- **Helm Templates**：https://helm.sh/docs/chart_best_practices/templates/#helm
- **Kustomize**：https://kustomize.io/

　さて、これらのファイルをどうしましょうか？　これらのファイルをパッケージとして整理したいという気持ちはごく自然です。さまざまなサービスからなるアプリケーションを構築している場合があるでしょう。その場合、サービスに関するリソースを同じディレクトリやそのサービスのソースコードを含む同じリポジトリー内にグループ化することが適しているかもしれません。また、さまざまな実行環境にサービスをデプロイするチームに、これらのファイルを配布できることを確認したくなるでしょう。そして、これらのファイルを何らかの方法でバージョン管理する必要があることにすぐ気が付くでしょう。このバージョン管理はサービス自体のバージョンに関する場合もあれば、アプリケーションにとって意味のある高レイヤーの論理的な集約に関する場合もあります。本書ではこれらのリソースのグループ化、バージョン管理、配布を説明する時に、パッケージマネージャーの役割を述べています。開発者や運用チームは使用する技術スタックにかかわらず、パッケージマネージャーで作業することに慣れています。Java向けのMavenやGradle、NodeJS向けのNPM、DebianやUbuntuなどのLinuxディストリビューション向けパッケージにはapt-getがあります。そして最近では、クラウドネイティブアプリケーション向けのコンテナとコンテナレジストリーがあります。では、YAMLファイル用のパッケージマネージャーとはどのようなものでしょうか？　パッケージマネージャーの主要な役割は何でしょうか？

　パッケージマネージャーにより、ユーザーは使用できるパッケージとそのメタデータを閲覧し、インストールするパッケージを決定できるようになります。パッケージを決定したら、これをダウンロードしてインストールできます。パッケージをインストールしたら、ユーザーとしては新パッケージが利用可能になったときにアップグレードできることを期待するでしょう。パッケージのアップグレードや更新には手動による操作が必要です。つまり、ユーザーは特定のパッ

ケージのインストールを新しい（または最新）バージョンにアップグレードするために、パッケージマネージャーに明示的に指示する必要があります。

　パッケージプロバイダーの観点から見ると、パッケージマネージャーはパッケージを作成するための規約、構造、配布するファイルをパッケージ化するツールを提供する必要があります。パッケージマネージャーはバージョンと依存関係を操作します。つまり、パッケージを作成する場合はバージョン番号を関連付ける必要があります。一部のパッケージマネージャーは、パッケージの成熟度を3つの数字で表す semver（セマンティックバージョニング）を使用しています。例えば1.0.1 の場合、これらの数字はメジャーバージョン、マイナーバージョン、パッチバージョンを表します。パッケージマネージャーは、中央集中型のパッケージリポジトリーを提供する必要はありません。しかし、実際には中央集中型で提供していることがよくあります。このパッケージリポジトリーは、ユーザーが使用するパッケージのホストを担当します。中央集中型パッケージリポジトリーは、何千ものパッケージをすぐに使用できる状態で開発者に提供するため、開発者にとって便利です。これらの中央集中型リポジトリーの例としてはMaven Central、NPM、Docker Hub、GitHub Container Registryなどがあります。これらのリポジトリーはパッケージのメタデータ（バージョン、ラベル、依存関係、簡単な説明文などを含む）をインデックス化し、ユーザーがメタデータを検索できるようにすることを担当します。これらのリポジトリーは、パブリックパッケージとプライベートパッケージのアクセスコントロールも実施します。結局のところ、パッケージリポジトリーの主要な役割はパッケージ作成者がパッケージをアップロードし、パッケージ使用者がそこからパッケージをダウンロードできるようにすることです（図 2.3 を参照）。

図2.3　パッケージマネージャーの役割：構築、パッケージ化、配布

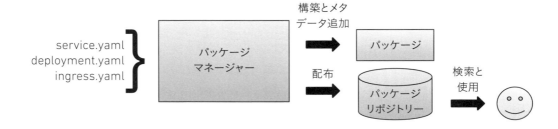

Kubernetesでは、Helmはパッケージマネージャーとテンプレートエンジンを提供する非常に人気の高いツールです。しかし、ほかにも検討に値するものがあります。

例えば、Imgpkg[5]はコンテナレジストリーを使用してパッケージを保存します。Kapp[6]はリソースをアプリケーションとしてグループ化する高レイヤーの抽象化を提供します。TerraformやPulumiのようなツールにより、インフラストラクチャーをコードとして管理できるようになります。

次節ではHelm[7]を使用して、カンファレンスアプリケーションをKubernetesクラスターにインストールすることを説明します。

2.2 カンファレンスアプリケーションを1回のコマンドでインストールする

Helmを使用して、第1章の1.4節で紹介したカンファレンスアプリケーションをKubernetesクラスターにインストールしてみましょう。このカンファレンスアプリケーションを使用して、カンファレンスの主催者は発表希望者からプロポーザルを受け取ります。そして、これらのプロポーザルを評価してイベント用に採択された提出物を含む最新状態に、アジェンダを維持できるようになります。本書ではこのアプリケーションを実例として使用し、実際のアプリケーションの構築時に直面する課題について説明します。

ステップの一覧に関しては、https://github.com/salaboy/platforms-on-k8s/tree/main/chapter-2に掲載されている段階的なチュートリアルに従ってください。本節で説明するコマンドを実行するために必要となるすべての前提条件を記載しています。例えば、クラスター構築やサンプルを動作させるために必要なコマンドラインツールのインストールなどがあります。

このアプリケーションはウォーキングスケルトンとして構築されており、完全なアプリケーションではありません。ただし、プロポーザル募集のフローを稼働させるために必要となるすべての構成要素を備えています。これらのサービスは、ほかのフローや実際のシナリオに対応するために再利用できます。本節では、アプリケーションをクラスターにインストールして

※5　https://carvel.dev/imgpkg/
※6　https://carvel.dev/kapp/
※7　http://helm.sh/

Kubernetes上で稼働させた時の動作を確認するために、アプリケーションと通信します。次の
コマンドでアプリケーションをインストールします。

```
helm install conference oci://docker.io/salaboy/conference-app --version v1.0.0
```

リスト 2.1 のような出力が表示されるはずです。

リスト 2.1　Helm が conference-app Chart バージョン 1.0.0 をインストールしている様子

```
➡v1.0.0
Pulled: registry-1.docker.io/salaboy/conference-app:v1.0.0
Digest: sha256:e5dd1a87a867fd7d6c6caecef3914234a12f23581c5137edf63bfd9a
dd7d5459
NAME: conference
LAST DEPLOYED: Mon Jun 26 08:19:15 2023
NAMESPACE: default
STATUS: deployed
REVISION: 1
TEST SUITE: None
NOTES:
Cloud-Native Conference Application v1.0.0
Chart Deployed: conference-app - v1.0.0
Release Name: conference
For more information visit: https://github.com/salaboy/platforms-on-k8s
Access the Conference Application Frontend by running
➡'kubectl port-forward svc/frontend -n default 8080:80'`
```

　Helm 3.7 以降ではHelm ChartをOCI仕様のコンテナイメージとしてパッケージ化し、配布
できるようになりました。このChartは、アプリケーションコンテナを保存するDocker Hubに
ホストされています。そのため、Helm ChartのURLは oci:// を含んでいます。HelmがOCIイ
メージに対応する以前、Helm Chartリポジトリからパッケージを手動で追加および取得する
必要がありました。これらのChartの配布には、tarファイルが使用されていました。Helm

Chartの詳細はHelmのドキュメント[8]、OCI仕様はOpen Container Initiative[9]を参考にしてください。

`helm install` は Helm Releaseを作成します。つまり、アプリケーションのインスタンスが作成されます。この場合、インスタンスは conference と呼ばれます。Helmを使用すれば、必要に応じてアプリケーションの複数のインスタンスをデプロイできます。Helm Releaseの一覧は、次のように実行することによって表示できます。

```
helm list
```

出力は図2.4のようになるはずです。

図2.4　Helm Releaseの一覧

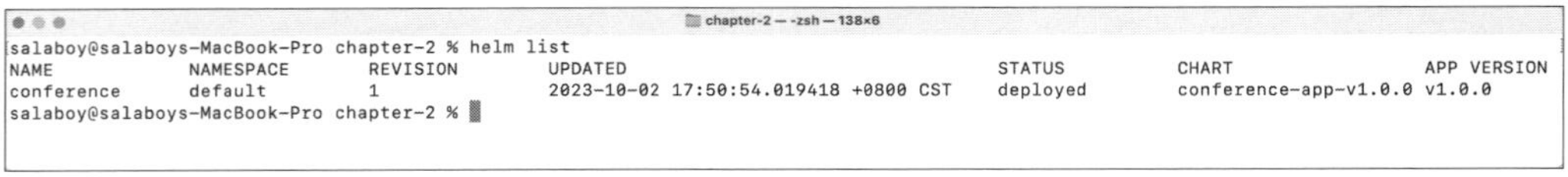

```
● ● ●                              ⌂ chapter-2 — -zsh — 138×6
salaboy@salaboys-MacBook-Pro chapter-2 % helm list
NAME            NAMESPACE       REVISION    UPDATED                                STATUS      CHART                   APP VERSION
conference      default         1           2023-10-02 17:50:54.019418 +0800 CST   deployed    conference-app-v1.0.0   v1.0.0
salaboy@salaboys-MacBook-Pro chapter-2 %
```

`helm install` の代わりに、`helm template oci://docker.io/salaboy/conference-app --version v1.0.0` を実行することもできます。 HelmはYAMLファイルを出力し、そのファイル内容を確認して、あとからクラスターに適用させることができます。例えば、Helm Chart でパラメーター化できない値を上書きしたい場合や、Kubernetesへのリクエストの送信前に何らかの変換を適用したい場合などではhelm installではなく、helm template を利用する方がよいでしょう。

---

[8]　https://helm.sh/docs/topics/charts/
[9]　https://opencontainers.org/about/overview/

076　Kubernetesで実践するPlatform Engineering

2.2.1　アプリケーションが稼働していることを検査する

アプリケーションがデプロイされたらノートパソコンで稼働させるコンテナがダウンロードされますが、これにはしばらく時間がかかります。アプリケーションのコンテナと一緒にKafka、PostgreSQL、Redisもダウンロードされます。インターネット接続状態次第で、このプロセスには最大10分程度かかります。`RESTARTS`列は、エラーによってコンテナが再起動された回数を示します。マイクロサービスアプリケーションではコンポーネントがお互いに依存があり、それらが同時に起動されると接続に失敗することがありますが、これはよくあることです。設計上、アプリケーションは問題から回復できるようにする必要があり、Kubernetesは失敗したコンテナを自動的に再起動します。

クラスターで稼働させているすべてのPodを一覧表示します。これにより進捗状況を監視できます。`-owide` フラグを使用してより詳細な情報を取得します。

```
kubectl get pods -owide
```

出力は図2.5のようになるはずです。

図2.5　アプリケーションのPodの一覧

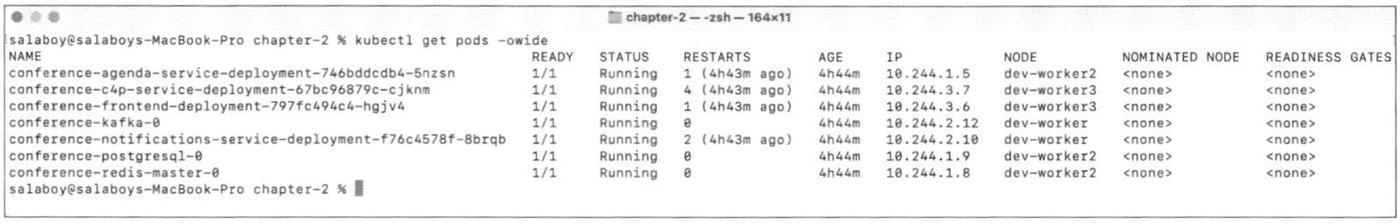

```
chapter-2 — -zsh — 164x11
salaboy@salaboys-MacBook-Pro chapter-2 % kubectl get pods -owide
NAME                                                  READY   STATUS    RESTARTS        AGE     IP            NODE          NOMINATED NODE   READINESS GATES
conference-agenda-service-deployment-746bddcdb4-5nzsn 1/1     Running   1 (4h43m ago)   4h44m   10.244.1.5    dev-worker2   <none>           <none>
conference-c4p-service-deployment-67bc96879c-cjknm    1/1     Running   4 (4h43m ago)   4h44m   10.244.3.7    dev-worker3   <none>           <none>
conference-frontend-deployment-797fc494c4-hgjv4       1/1     Running   1 (4h43m ago)   4h44m   10.244.3.6    dev-worker3   <none>           <none>
conference-kafka-0                                    1/1     Running   0               4h44m   10.244.2.12   dev-worker    <none>           <none>
conference-notifications-service-deployment-f76c4578f-8brqb 1/1 Running 2 (4h43m ago)   4h44m   10.244.2.10   dev-worker    <none>           <none>
conference-postgresql-0                               1/1     Running   0               4h44m   10.244.1.9    dev-worker2   <none>           <none>
conference-redis-master-0                             1/1     Running   0               4h44m   10.244.1.8    dev-worker2   <none>           <none>
salaboy@salaboys-MacBook-Pro chapter-2 %
```

Podの一覧で、アプリケーションのサービスだけでなくRedis、PostgreSQL、Kafkaなども稼働していることに気付くかもしれません。これは、C4Pサービス（プロポーザル募集）とアジェンダサービスが永続ストレージを必要としているためです。アプリケーションは、サービス間で非同期メッセージを交換するためにKafkaを使用します。サービスに加えて、Kubernetesクラスター内でこれらの2つのデータベースとメッセージブローカー（Kafka）を稼働させます。

図2.5の出力では、READYとSTATUSの列に注意する必要があります。READY列の1/1は、コンテナのレプリカが1つ稼働することが期待されることに対し、実際に1つのレプリカが稼働していることを表します。プロポーザル募集サービス（conference-c4p-service）に関しては見てのとおり、RESTARTS列は7を示しています。なぜなら、サービスがRedisに接続できるかどうかはRedisの稼働次第であるためです。Redisを実行している間、アプリケーションは接続を試み、失敗した場合は再接続を試みます。Redisが起動するとすぐにサービスはそれに接続します。これはKafkaやPostgreSQLでも同じです。簡単にまとめると、本書で稼働させているアプリケーションのサービス、データベース、メッセージブローカーは図2.6のとおりです。

図2.6　アプリケーションサービス、データベース、メッセージブローカー

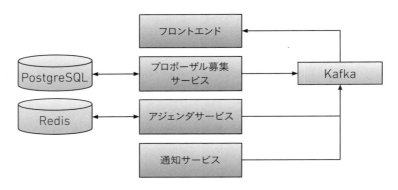

　注意点として、Podは異なるNodeにスケジュールすることがあります。これはNODE列で確認でき、Kubernetesがクラスターリソースを効率的に使用していることを示しています。すべてのPodが稼働していれば成功です！　好きなブラウザでhttp://localhostを指定し、アプリケーションに接続できます。

　HelmとカンファレンスアプリケーションのHelm Chart構築に興味がある場合、チュートリアルで提供されているソースコードを確認することを推奨します[10]。

---

[10] https://github.com/salaboy/platforms-on-k8s/tree/main/conference-application/helm/conference-app

2.2.2　アプリケーションの操作

　前項では、アプリケーションをローカルKubernetesクラスターにインストールしました。本項では、アプリケーションを操作してプロポーザルの受付と採択という簡単なユースケースを処理するために、サービス同士がどのように通信するかを理解します。好きなブラウザでhttp://localhostを入力し、アプリケーションに接続できます。カンファレンスアプリケーションは、図2.7のように見えるはずです。

図2.7　カンファレンスのランディングページ

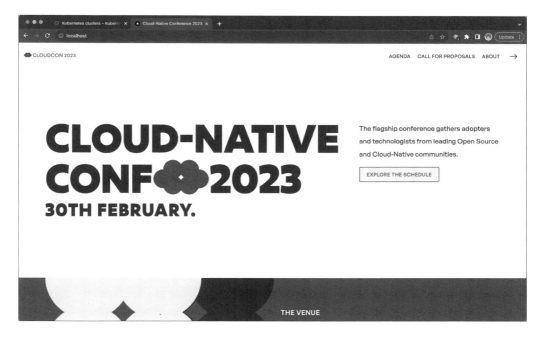

　アジェンダページに切り替えると、図2.8のような画面が表示されるはずです。

図2.8　本書で説明するアプリケーションを初めてインストールした時、カンファレンスページのアジェンダセクションが空白になる様子

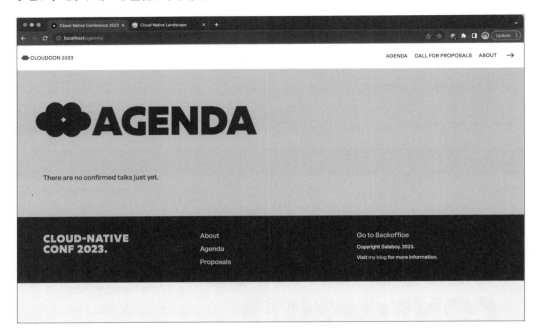

　アプリケーションのアジェンダページには、カンファレンスで予定されているすべての発表が一覧で表示されます。発表希望者はプロポーザルを提出でき、カンファレンス主催者がそれをレビューします。アプリケーションを初めて起動した時、アジェンダページには何も表示されていません。プロポーザル募集セクションからプロポーザルを提出できます。図2.9を確認してください。

図2.9　主催者によって審査されるプロポーザルを提出する様子

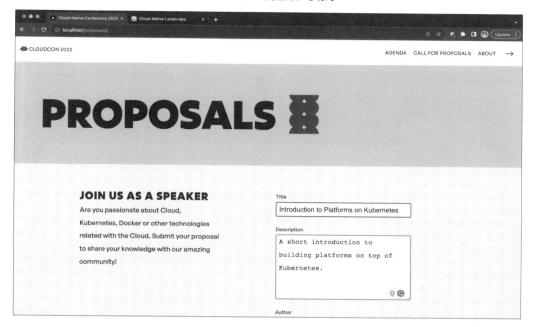

　注意点として、プロポーザルを提出するフォームには4つの項目（タイトル、説明、著者、メールアドレス）があります。すべての項目を記入し、フォームの下部にあるSubmit Proposalボタンをクリックして送信してください。主催者はこの情報をもとにプロポーザルを評価し、プロポーザルが採択や不採択になった場合はメールで連絡します。プロポーザルが提出されたらバックオフィス（トップメニューの右向き矢印をクリック）に移動し、プロポーザルレビューページを確認できます。このページで、提出されたプロポーザルの採択や不採択を決定できます。この画面では、カンファレンスの主催者としての役割を果たします。図2.10を参照してください。

図2.10　カンファレンスの主催者は、受け付けたプロポーザルを採択や不採択にできる

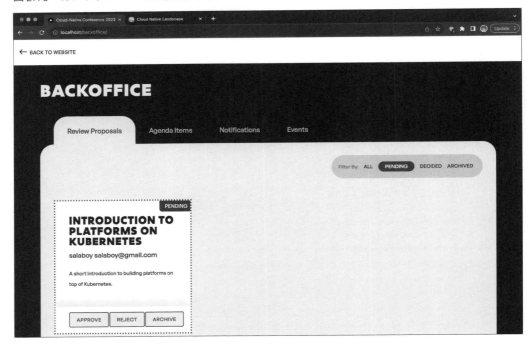

　採択されたプロポーザルはメインアジェンダページに表示されます。この段階でこのページを使用した参加者は、カンファレンスの主要な発表者を確認できます。図 2.11 は、メインカンファレンスページのアジェンダセクションに新しく採択されたプロポーザルが表示されている様子です。

図2.11　あなたのプロポーザルがアジェンダに掲載されました！

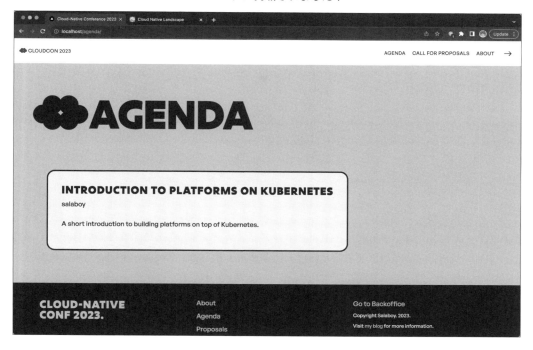

　この段階では、発表者はプロポーザルの採択や不採択を通知するメールを受け取っているはずです。これはターミナルから `kubectl` を使用して通知サービスのログから確認できます。コマンドの出力については、図 2.12 を参照してください。

```
kubectl logs -f conference-notifications-service-deployment-<POD_ID>
```

図2.12　通知サービスのログ（電子メールとイベント）

```
chapter-2 — kubectl logs -f conference-notifications-service-deployment-f76c4578f-8brqb — 152×25
2023/10/02 14:39:29 "GET http://10.244.2.10:8080/health/readiness HTTP/1.1" from 10.244.2.1:45332 - 200 12B in 134.834µs
2023/10/02 14:39:30
 To: salaboy@gmail.com
 Subject: Your proposal  Introduction to Platforms on Kubernetes was accepted
 Body: We are happy to inform that your proposal: `53254302-a4b1-4066-9784-07fc0c1136f0` with title: `Introduction to Platforms on Kubernetes` was accep
ted
         We will send further instructions closer to your presentation date.
         You session has been published into the conference website: e9a89841-16f5-4b82-bd81-1a19a81f7792

         Thanks and see you soon.

         - The Conference Organizers -

2023/10/02 14:39:31 "POST http://notifications-service.default.svc.cluster.local/notifications/ HTTP/1.1" from 10.244.3.7:35892 - 200 744B in 1.0107265s
2023/10/02 14:39:31 Notification Sent - Event emitted to Kafka: {a2df2af6-e5ab-46db-8e69-49296d89ef06 53254302-a4b1-4066-9784-07fc0c1136f0 e9a89841-16f5
-4b82-bd81-1a19a81f7792 Introduction to Platforms on Kubernetes salaboy@gmail.com true Your proposal  Introduction to Platforms on Kubernetes was accept
ed We are happy to inform that your proposal: `53254302-a4b1-4066-9784-07fc0c1136f0` with title: `Introduction to Platforms on Kubernetes` was accepted
         We will send further instructions closer to your presentation date.
         You session has been published into the conference website: e9a89841-16f5-4b82-bd81-1a19a81f7792

         Thanks and see you soon.

         - The Conference Organizers -
}
2023/10/02 14:39:39 "GET http://10.244.2.10:8080/health/liveness HTTP/1.1" from 10.244.2.1:45710 - 200 12B in 60.792µs
```

これらのログは、アプリケーションの2つの重要な側面を示しています。一つ目は、発表希望者へのメール通知です。主催者は、これらのコミュニケーションを追跡する必要があります。カンファレンスのバックオフィスページには通知タブがあり、通知の内容が主催者に表示されます(図2.13を参照)。

図2.13　バックオフィスに表示される通知

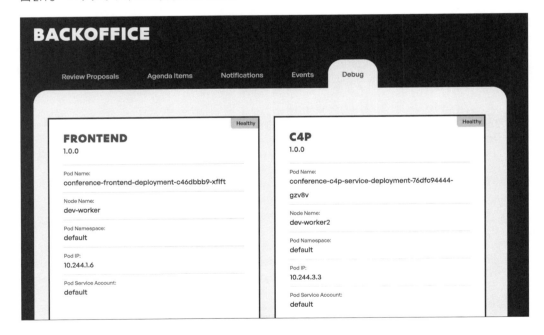

二つ目はイベントです。このアプリケーションのすべてのサービスは、関連するアクションが実行された時にイベントを送信します。通知サービスは今回の場合、送信する通知ごとにイベントをKafkaに送信します。これにより、ほかのサービスやアプリケーションが今回のアプリケーションのサービスと非同期に連携できるようになります。図 2.14 はバックオフィスページのイベントセクションを示しています。

図2.14　バックオフィスページのすべてのサービスのイベント

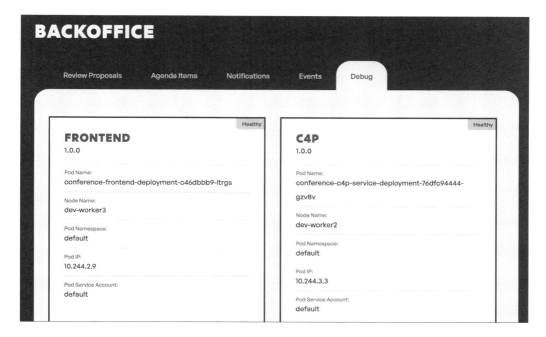

　図 2.14 は、アプリケーションのサービスによって発行されたすべてのイベントを示しています。プロポーザル募集フロー（新規プロポーザル→新規アジェンダ項目→プロポーザル採択→通知送信）を満たすために、サービスによる重要なあらゆる運用を確認できることに注目してください。

　ここまで来られた方、おめでとうございます。カンファレンスアプリケーションが期待どおりに動作しているはずです。正しい通知とイベントが発表希望者に送信されていることを確認するために、別のプロポーザルを提出し不採択にしてみることを推奨します。

本節では、Helm を使用してカンファレンスアプリケーションをインストールしました。本書ではアプリケーションが稼働し、発表候補者がプロポーザルを提出できることを確認しました。また、カンファレンス主催者はこれらのプロポーザルを採択や不採択とすることができました。結果は発表候補者にメールで通知されます。

　この簡単なアプリケーションにより、基本的なユースケースを実証できるようになります。実際のユーザーを支援するために、ユースケースを拡張して改善できます。アプリケーションの新しいインスタンスをインストールするのは非常に簡単であることがわかりました。Helm を使用して Redis、PostgreSQL などのインフラストラクチャーコンポーネントと接続されたサービス群をインストールしました。次節ではインストールした内容とアプリケーションの動作について、より深く理解します。

2.3　ウォーキングスケルトンの検査

　長い間 Kubernetes を使用してきた場合は、おそらく `kubectl` についてよくご存じでしょう。このバージョンのアプリケーションはネイティブの Kubernetes の Deployment と Service を使用しています。そのため、`kubectl` を使用して、これらの Kubernetes リソースを調査し、トラブルシューティングできます。

　アプリケーションを理解し運用するためには稼働中の Pod を見る（`kubectl get pods`）だけでなく、Service と Deployment も見ることになります。まずは、Deployment リソースを探求しましょう。

2.3.1　Kubernetes Deploymentの基本

　まずは Deployment から始めます。Kubernetes の Deployment は、コンテナの稼働方法の定義を担当します。また必要に応じてコンテナを稼働させ、新バージョンへのアップグレード方法の定義も担当します。Deployment の詳細を説明することにより、次のような非常に有益な情報を提供できます。

086　　Kubernetesで実践するPlatform Engineering

- **この Deployment で使用されているコンテナ**

  注意点として、これは簡単な Docker コンテナである。つまり、`docker run` を使用して必要に応じてこのコンテナをローカルで稼働させることもできる。これはトラブルシューティングの基本原則である

- **Deployment によって必要とされるレプリカ数**

  この例では 1 に設定されているが、2.3.3項で変更する。レプリカを増やすと、アプリケーションの回復力が向上する。これらのレプリカがダウンしても、Kubernetes は希望のレプリカ数を維持するために新しいインスタンスを作成する

- **コンテナのリソース割り当て**

  負荷とサービスの構築時に使用した技術スタックに応じて、コンテナが使用するリソース量を微調整する必要がある

- **ReadinessProbe と LivenessProbe の状態**

  Kubernetes はデフォルトでコンテナの健全性を監視するために、ReadinessProbe と LivenessProve を使用する。1)ReadinessProbe は、コンテナがリクエストに応答できる状態にあるかどうかを確認する。2)LivenessProbe は、コンテナの主要なプロセスが稼働しているかどうかを確認する。ローリングアップデート戦略はユーザーのダウンタイムを回避するために、Pod がどのように更新されるかを定義する。RollingUpdateStrategy の使用により、新バージョンへの移行開始と更新の間に許可されるレプリカ数を定義する

まず、使用できる Deployment をすべて一覧表示しましょう。

```
kubectl get deployments
```

出力はリスト 2.2 のようになるはずです。

リスト 2.2　アプリケーションの Deployment の一覧

```
NAME                                            READY   UP-TO-DATE   AVAILABLE
conference-agenda-service-deployment            1/1     1            1
conference-c4p-service-deployment               1/1     1            1
conference-frontend-deployment                  1/1     1            1
conference-notifications-service-deployment     1/1     1            1
```

2.3.2　Deployment の調査

　以降の例では、フロントエンドの Deployment の詳細を確認します。各 Deployment の詳細は、`kubectl describe deploy conference-frontend-deployment`（リスト 2.3 を参照）で確認できます。

リスト 2.3　Deployment の詳細を確認している様子

```
> kubectl describe deploy conference-frontend-deployment
Name:                   conference-frontend-deployment
Namespace:              default
CreationTimestamp:      Tue, 27 Jun 2023 08:21:21 +0100
Labels:                 app.kubernetes.io/managed-by=Helm
Annotations:            deployment.kubernetes.io/revision: 1
                        meta.helm.sh/release-name: conference
                        meta.helm.sh/release-namespace: default
Selector:               app=frontend
Replicas:               1 desired | 1 updated | 1 total | 1 available
```
① この Deployment で使用できるレプリカが表示される。これにより、Deployment の状態をすぐに確認できる
```
StrategyType:           RollingUpdate
MinReadySeconds:        0
RollingUpdateStrategy:  25% max unavailable, 25% max surge
Pod Template:
  Labels:   app=frontend
  Containers:
   frontend:
    Image:      salaboy/frontend-go...
```
② このサービスで使用されているコンテナイメージの名前とタグ
```
    Port:       8080/TCP
    Host Port:  0/TCP
    ...
    ...
    Environment:
```
③ このコンテナの設定に使用された環境変数
```
      AGENDA_SERVICE_URL:           agenda-service.default.svc.cluster.local
      C4P_SERVICE_URL:              c4p-service.default.svc.cluster.local
      NOTIFICATIONS_SERVICE_URL:    notifications-service.default.svc.cluster.local
      KAFKA_URL:                    conference-kafka.default.svc.cluster.local
      POD_NODENAME:                 (v1:spec.nodeName)
      POD_NAME:                     (v1:metadata.name)
      POD_NAMESPACE:                (v1:metadata.namespace)
      POD_IP:                       (v1:status.podIP)
```

```
        POD_SERVICE_ACCOUNT:            (v1:spec.serviceAccountName)
   Mounts:                          <none>
   Volumes:                         <none>
Conditions:
  Type             Status   Reason
  ----             ------   ------
  Available        True     MinimumReplicasAvailable
  Progressing      True     NewReplicaSetAvailable
OldReplicaSets:  <none>
NewReplicaSet:   conference-frontend-deployment-<ID> (1/1 replicas created)
Events:
```

④ Eventsは、Kubernetesリソースの関連情報を表示する。この例では、レプリカが作成された時間を示している

```
  Type     Reason          Age   From                  Message
  ----     ------          ----  ----                  -------
  Normal   ScalingReplicaSet 48m  deployment-controller Scaled up
replica ➡set conference-frontend-deployment-59d988899 to 1
```

　リスト 2.3 に示すように、何らかの理由でDeploymentが期待どおりに動作しない場合に、Deploymentの詳細は非常に役立ちます。例えば、必要なレプリカの数が満たされていない場合、リソースの詳細を確認することにより問題の原因がどこにあるかの洞察を得られます。リソースの状態のさらなる洞察を得るために、常に一番下にあるリソースに関するイベントを確認してください。このケースでは、48分前にレプリカを1つ持つようにDeploymentがスケーリングされました。

　前述のとおり、Deploymentはバージョンや設定のアップグレードとロールバックの調整にも責任があります。Deployment戦略はデフォルトでRollingUpdateに設定されています。これはダウンタイムを最小限に抑えるために、Podを段階的にアップグレードすることを意味します。あるいは、Recreateという別の戦略を設定できます。これはすべてのPodをシャットダウンし、新しいPodを構築します。

　Podとは異なり、Deploymentは一時的なものではありません。そのため、Deploymentを作成すれば配下にある特定のコンテナで障害が起こったとしても、それ以外のコンテナにリクエストを送信できます。デフォルトではDeploymentリソースの作成時、Kubernetesは中間リソースを作成します。これはDeploymentで要求されたレプリカを操作し、確認するために使用します。

2.3.3　ReplicaSets

複数のコンテナのレプリカは、アプリケーションを拡張するうえで重要な機能です。アプリケーションにユーザーから大量のトラフィックが発生している場合、あらゆるリクエストに受信できるように、サービスのレプリカ数を簡単にスケールアップできます。同様に、アプリケーションに大量のリクエストが発生していない場合はリソースを節約するために、これらのレプリカ数をスケールダウンできます。Kubernetesによって作成されたオブジェクトはReplicaSetと呼ばれます。ReplicaSetを稼働させることにより、これにリクエストを送信できます。

```
kubectl get replicaset
```

出力はリスト 2.4 のようになるはずです。

リスト 2.4　Deployment の ReplicaSet の一覧

```
> kubectl get replicasets
NAME                                                    DESIRED   CURRENT   READY
conference-agenda-service-deployment-7cc9f58875              1         1       1
conference-c4p-service-deployment-76dfc94444                 1         1       1
conference-frontend-deployment-59d988899                     1         1       1
conference-notifications-service-deployment-7cbcb8677b 1         1       1
```

これらの`ReplicaSet`オブジェクトは、Deploymentのリソースによって完全に管理されています。通常はそれらを操作する必要はありません。ReplicaSetはローリングアップデートを使用時にも必要不可欠であり、このトピックの詳細は https://kubernetes.io/docs/tutorials/kubernetes-basics/update/update-intro/ で確認できます。後続の章で、Helmを使用してアプリケーションを更新します。これらの仕組みはその時に機能します。

Deploymentのレプリカ数を変更したい場合は、再び`kubectl`を使用して変更できます。

```
> kubectl scale --replicas=2 deployments/<DEPLOYMENT_ID>
```

フロントエンドのDeploymentで試せます。

```
> kubectl scale --replicas=2 deployments/conference-frontend-deployment
```

本書でアプリケーションのPodを一覧表示すると、フロントエンドサービスには2つのレプリカがあることがわかります。

```
conference-frontend-deployment-<ID>-8gpgn  1/1     Running  7 (53m ago)  59m
conference-frontend-deployment-<ID>-z4c5c  1/1     Running  0            13s
```

このコマンドはKubernetesのDeploymentリソースを変更し、フロントエンドのDeploymentの2つ目のレプリカを作成します。ユーザー向けサービスのレプリカ数を増やすことはよくあります。なぜならカンファレンスページの使用時、これはすべてのユーザーが通信することになるサービスのためです。

今、アプリケーションに接続しても、エンドユーザーである私たちには違いはわかりません。しかし、ページを再読み込みするたびに異なるレプリカがこれを処理しているかもしれません。これをより明確にするために、フロントエンドサービスに組み込まれている機能を有効にして、アプリケーションコンテナに関する詳細な情報を表示します。この機能は環境変数を設定することによって有効化できます。

```
kubectl set env deployment/conference-frontend-deployment ➡FEATURE_DEBUG_
ENABLED=true
```

注意点として、Deploymentリソースのローリングアップデートの仕組みはDeploymentオブジェクトの設定（`spec.template.spec` ブロック内）の変更時に作動します。このDeploymentによって管理されている既存のすべてのPodは、新しい仕様にアップグレードされます（この例では、環境変数の`FEATURE_DEBUG_ENABLED`を新しく組み込みます）。このアップグレードはデフォルトで、新しい仕様で新しいPodを起動します。そして古いバージョンのPodの終了前に、それが準備されるまで待機します。このプロセスは、すべてのPod

Chapter 2　クラウドネイティブアプリケーションの課題　091

（Deploymentのレプリカ）が新しい設定を使用するまで繰り返されます。

ブラウザでアプリケーションに再度接続すると、バックオフィスセクションにデバッグタブが追加されていることを確認できます（ブラウザがウェブサイトをキャッシュしている場合は、シークレットモードで接続する必要があります）。Pod名、PodのIPアドレス、Namespace、Podを稼働させているNode名をすべてのサービスで確認できます（図2.15）。

図2.15　フロントエンドの最初のレプリカがリクエストに応答している様子（Node Name: dev-worker で稼働中）

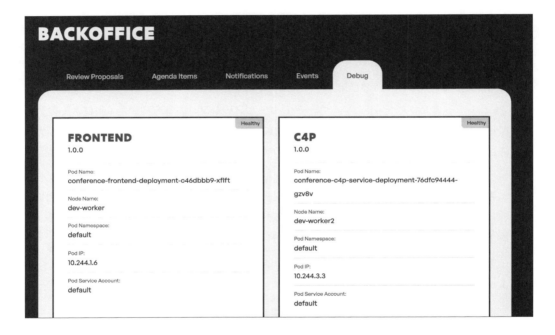

3秒間待機するとページが自動的に再読み込みされ、2番目のレプリカが応答しているはずです。そうでない場合は次のサイクルまで待機してください（図2.16）。

図2.16　フロントエンドの2つ目のレプリカがリクエストに応答している様子（Node Name: dev-worker3で稼働中）

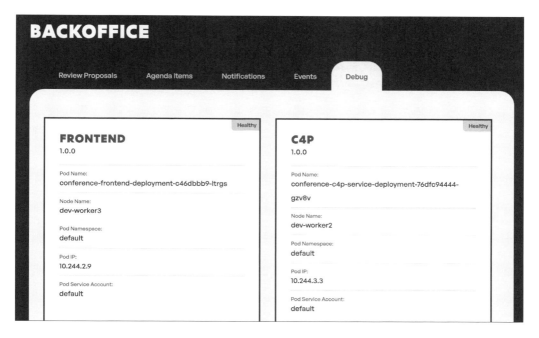

　デフォルトでは、Kubernetesはレプリカ間でリクエストを負荷分散します。レプリカ数を変更するだけでスケーリングできるため、新しいものをデプロイする必要はありません。Kubernetesはトラフィックの増加に対処するために、新しいPod（新しいコンテナを含む）をプロビジョニングします。また、Kubernetesは希望数のレプリカが存在することを常に確認します。1つのPodを削除し、Kubernetesがそれをどのように自動的に再作成するのかを確認すれば、これを動作確認できます。このシナリオの注意点として、ウェブアプリケーションのフロントエンドがHTML、CSS、JavaScriptライブラリーを取得するために、複数のリクエストを実行します。また、これらの各リクエストはさまざまなレプリカに送信されます。

2.3.4　サービスの接続

　コンテナ稼働と維持を担当するDeploymentを確認してきました。今のところ、これらのコンテナにはKubernetesクラスター内部からのみ接続できます。ほかのサービスでこれらのコンテナを操作したい場合は、Serviceという別のKubernetesリソースを説明する必要があります。Kubernetesは高度なサービスディスカバリーを提供しており、各サービスはService名を知るだけで相互に通信できるようになります。サービスディスカバリーは、変化する可能性のあるPodのIPアドレスを意識せずにサービス間を接続するために重要です。なぜならPodを再起動することで、更新の適用、異なるNodeへの再配置、問題発生時の新しいIPアドレスでの起動など、さまざまな状況に対応できるためです。

2.3.5　Serviceの説明

　コンテナをほかのサービスに公開するために、Kubernetes Serviceリソースを使用する必要があります。各アプリケーションのサービスがこのServiceリソースを定義します。これにより、ほかのサービスやクライアントはそれらに接続できるようになります。Kubernetesでは、Serviceはアプリケーションコンテナへのトラフィックのルーティングを担当します。これらのServiceは、コンテナの稼働場所を抽象化するための論理的な名前を表現します。コンテナのレプリカを複数持っている場合、Serviceリソースはすべてのレプリカ間でトラフィックを負荷分散することを担当します。コマンドを実行することにより、すべてのServiceを一覧表示できます。

```
kubectl get services
```

　コマンドを実行すると、リスト2.5のように表示されます。

リスト2.5 アプリケーションのServiceの一覧

```
NAME                         TYPE        CLUSTER-IP      PORT(S)
agenda-service               ClusterIP   10.96.90.100    80/TCP
c4p-service                  ClusterIP   10.96.179.86    80/TCP
conference-kafka             ClusterIP   10.96.67.2      9092/TCP
conference-kafka-headless    ClusterIP   None            9092/TCP,9094/TCP,9093/TCP
```

094　　Kubernetesで実践するPlatform Engineering

```
conference-postgresql        ClusterIP    10.96.121.167    5432/TCP
conference-postgresql-hl      ClusterIP    None             5432/TCP
conference-redis-headless     ClusterIP    None             6379/TCP
conference-redis-master       ClusterIP    10.96.225.138    6379/TCP
frontend                      ClusterIP    10.96.60.237     80/TCP
kubernetes                    ClusterIP    10.96.0.1        443/TCP
notifications-service         ClusterIP    10.96.65.248     80/TCP
```

また、Serviceの詳細を確認できます。

```
kubectl describe service frontend
```

これによりリスト 2.6 のようになります。ServiceとDeploymentは、Selectorプロパティによってひも付きます。リスト 2.6の①の部分です。言い換えると、Serviceはラベル **app=frontend** を持つDeploymentによって作成されたすべてのPodにトラフィックをルーティングします。

リスト 2.6　フロントエンドのServiceの詳細を確認している様子

```
Name:              frontend
Namespace:         default
Labels:            app.kubernetes.io/managed-by=Helm
Annotations:       meta.helm.sh/release-name: conference
                   meta.helm.sh/release-namespace: default
Selector:          app=frontend    ① ServiceとDeploymentを一致させるために使用されるセレクター
Type:              ClusterIP
IP Family Policy:  SingleStack
IP Families:       IPv4
IP:                10.96.60.237
IPs:               10.96.60.237
Port:              <unset>  80/TCP
TargetPort:        8080/TCP
Endpoints:         10.244.1.6:8080,10.244.2.9:8080
Session Affinity:  None
Events:            <none>
```

2.3.6 Kubernetesでのサービスディスカバリー

アプリケーションのサービスがほかのサービスにリクエストを送信する必要がある場合、Kubernetes Serviceの名前とポートを使用できます。ほとんどの場合、HTTPリクエストであれば80番ポートを使用できます。そのため、Service名を使用すれば済みます。サービスのソースコードを見ると、Service名に対してHTTPリクエストが作成されていることがわかります。IPアドレスやポートは不要です。

最後に、Kubernetesクラスター外にサービスを公開したい場合はIngressリソースが必要です。その名前からわかるように、このKubernetesリソースはクラスター外からクラスター内のサービスへトラフィックをルーティングすることを担当します。通常は複数のサービスを公開せずに、アプリケーションのエントリポイントを制限します。

次のコマンドを実行することにより、Ingressで使用できるあらゆるリソースを取得できます。

```
kubectl get ingress
```

出力はリスト2.7のようになるはずです。

リスト2.7　アプリケーションのIngressリソースの一覧

```
NAME                          CLASS   HOSTS   ADDRESS     PORTS   AGE
conference-frontend-ingress   nginx   *       localhost   80      84m
```

そして詳細を確認するために、Ingressリソースをほかのリソースタイプと同様に説明できます。

```
kubectl describe ingress conference-frontend-ingress
```

出力は、リスト2.8のようになるはずです。

096　Kubernetesで実践するPlatform Engineering

> **リスト 2.8　Ingress リソースの詳細を確認している様子**
>
> ```
> Name:              conference-frontend-ingress
> Labels:            app.kubernetes.io/managed-by=Helm
> Namespace:         default
> Address:           localhost
> Ingress Class:     nginx
> Default backend:   <default>
> Rules:
>   Host       Path  Backends
>   ----       ----  --------
>   *
>              /     frontend:80 (10.244.1.6:8080,10.244.2.9:8080)
> ```
> ① '/' に向かうあらゆるトラフィックは、frontend:80 のServiceに送信される
> ```
> Annotations:       meta.helm.sh/release-name: conference
>                    meta.helm.sh/release-namespace: default
>                    nginx.ingress.kubernetes.io/rewrite-target: /
> Events:            <none>
> ```

Chapter 2

　見てのとおり、IngressはトラフィックをルーティングするためにService名も使用しています。これを動作させるには本書でのKinDクラスターの作成時のように、Ingressコントローラーが必要です。クラウドプロバイダーで稼働させている場合は、Ingressコントローラーをインストールする必要があるかもしれません。

　次のスプレッドシートは、使用できるさまざまなIngressコントローラーの選択肢を追うために作成されたコミュニティーリソースです。

https://docs.google.com/spreadsheets/d/191WWNpjJ2za6-nbG4ZoUMXMpUK8KlCIosvQB0f-oq3k/edit#gid=907731238

　Ingressでは、公開する必要がある各Serviceへのトラフィックをリダイレクトするために単一のエントリポイントを設定し、パスベースのルーティングを使用できます。リスト2.8での前のIngressリソースは、/に送信されるすべてのトラフィックをフロントエンドのServiceに送信します。注意点としてIngressルールは簡単なものであり、このレイヤーではビジネスロジックのルーティングを追加する必要はありません。

Chapter 2　クラウドネイティブアプリケーションの課題　　097

2.3.7　内部のサービスのトラブルシューティング

　動作しないサービスをデバッグやトラブルシューティングするために、内部のサービスに通信が必要な場合があります。そのような場合では、kubectl port-forwardコマンドを使用できます。kubectl port-forwardコマンドでは、Ingressリソースを使用してクラスター外に公開されていないサービスに一時的に通信できます。例えば、フロントエンドを経由せずにアジェンダサービスと通信するには次のコマンドを使用できます。

```
kubectl port-forward svc/agenda-service 8080:80
```

　次の出力（リスト 2.9）を確認し、コマンドを中断していないことを確認する必要があります。

リスト 2.9　kubectl port-forwardにより、デバッグのためにServiceを公開できるようになる様子

```
Forwarding from 127.0.0.1:8080 -> 8080
Forwarding from [::1]:8080 -> 8080
```

　そしてブラウザ、異なるタブまたはほかのツールでcurlを使用し、公開されたアジェンダサービスと通信するためにhttp://localhost:8080/service/infoに接続します。次のリストは、アジェンダサービス情報エンドポイントをcurlする方法を示しています。別途インストールする必要があるjqの助けを借りて、きれいでカラフルなJSONペイロードを出力できます。

リスト 2.10　ポートフォワードを使用して、curl localhost:8080がアジェンダサービスへ通信する様子

```
> curl -s localhost:8080/service/info | jq --color-output
{
  "Name": "AGENDA",
  "Version": "1.0.0",
  "Source": "https://github.com/salaboy/platforms-on-k8s/tree/main/
             conference-application/agenda-service",
  "PodName": "conference-agenda-service-deployment-7cc9f58875-28wrt",
  "PodNamespace": "default",
```

098　　Kubernetesで実践するPlatform Engineering

```
  "PodNodeName": "dev-worker3",
  "PodIp": "10.244.2.2",
  "PodServiceAccount": "default"
}
```

　本節では、Kubernetesの主要なリソースを調査しました。これは、Kubernetes内でアプリケーションのコンテナを稼働させるために作成されます。これらのリソースとその関係を説明することにより、問題の発生時に対処できるようになります。

　日常的な運用には`kubectl`コマンドラインツールが最適ではない場合があります。さまざまなダッシュボードを使用してKubernetesワークロードを調査し、管理できます。例えば、k9s[11]、Kubernetesダッシュボード[12]、Skooner[13]があります。

2.4　クラウドネイティブアプリケーションの課題

　モノリスアプリケーションでは、何か問題が発生すると全体が完全に停止してしまいます。それと比べて、クラウドネイティブアプリケーションはあるサービスが停止しても異常終了することはありません。クラウドネイティブアプリケーションはエラーが発生することを前提に設計されており、もしエラーが発生した場合でも重要な機能を提供し続けるでしょう。アプリケーションに接続できないよりは、問題修正中で機能劣化しているサービスの方がまだよいです。本節ではKubernetes内でいくつかのサービスの設定を変更し、さまざまな状況下でアプリケーションがどのように動作するかを理解します。

　場合によってはアプリケーション／サービス開発者は、回復力のあるサービスを構築する必要があります。そして、Kubernetesやインフラストラクチャーがいくつかの懸念を解決するでしょう。

　本節では、クラウドネイティブアプリケーションに関する最も一般的な課題のいくつかを説明します。アプリケーションの構築と提供の時になってからではなく、何が問題になるかを事前に

※11　https://k9scli.io/
※12　https://kubernetes.io/docs/tasks/access-application-cluster/web-ui-dashboard/
※13　https://github.com/skooner-k8s/skooner

把握しておくことは有益です。これは網羅的な一覧ではありません。広く知られている問題に直面したとしても、立ち往生しないための第一歩です。以降の項ではカンファレンスアプリケーションを例に挙げ、これらの課題を詳細に説明します。

- **ダウンタイムは許されない**
  Kubernetes上でクラウドネイティブアプリケーションを構築し、稼働させているとする。依然として、アプリケーションのダウンタイムに悩まされているのであれば、使用する技術スタックの利点を十分に活用できていないということである
- **組み込まれたサービスの回復力**
  ダウンストリームのサービスは停止するだろう。これに備えておく必要がある。Kubernetesは動的なサービスディスカバリーに役立つ。しかし、アプリケーションの回復力を高めるためにはそれだけでは不十分である
- **アプリケーションのステートに対処することは簡単ではない**
  Kubernetesがサービスを効率的にスケールアップとスケールダウンできるように、各サービスのインフラストラクチャーの要件を理解しなければならない
- **不整合なデータの処理**
  マイクロサービスアプリケーションの動作の一般的な問題として、データが1カ所に保存されずに分散する傾向がある。アプリケーションはさまざまなサービスがさまざまなステートを持つような状況にも、対処する準備をしておく必要がある
- **アプリケーションがどのように動作しているかを理解する**
  アプリケーションがどのように動作し、期待どおりに機能しているのかを明確に理解することは、問題の発生時にすぐに原因を突き止めるために不可欠である
- **アプリケーションセキュリティーとID管理**
  ユーザーとセキュリティーへの対処は、いつも後回しにされる。分散型アプリケーションの場合、誰がいつ何ができるかを定義することにより、これらの側面を明確にドキュメント化し、早い段階で実装しておく。これはアプリケーション要件を洗練させることに役立つだろう

最初の課題から始めましょう。まずは、ダウンタイムを防ぐ方法からです。

2.4.1　ダウンタイムは許されない

　Kubernetesを使用して、サービスのレプリカを簡単にスケールアップ／ダウンできます。稼働中のコンテナの新しいコピーを構築することにより、プラットフォームがサービスをスケールアップするという前提があります。この仮説に基づいてサービスが設計されている場合に、スケールアップ／ダウンは非常に便利な機能です。では、レプリケーションに対応していないサービスの場合や使用できるレプリカがないサービスの場合はどうなるのでしょうか？

　フロントエンドサービスをスケールアップし、2つのPodを稼働させてみましょう。そのためには、次のコマンドを実行します。

```
kubectl scale --replicas=2 deployments/conference-frontend-deployment
```

　何らかの理由で稼働中のレプリカの1つで停止や障害が起こった場合、Kubernetesは2つのレプリカが確実に常時稼働するようにするために、別のレプリカを起動しようとします。図2.17は、ユーザーにトラフィックを提供する2つのフロントエンドレプリカを示しています。

図2.17　フロントエンドのコンテナのレプリカを2つ稼働させる。これにより、アプリケーションは障害に耐え、また処理できるリクエスト数を増加させられるようになる

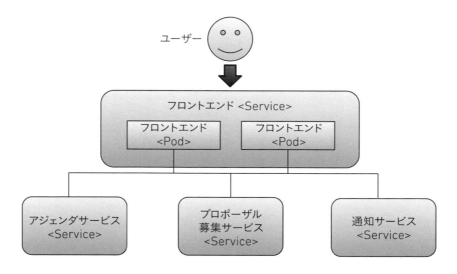

フロントエンドアプリケーションの2つのPodのうちで1つを削除することにより、Kubernetesの自己修復機能をすぐに検証できます。次のコマンドを実行することにより、リスト2.11と2.12のように検証できます。

リスト 2.11　2つのレプリカが稼働することを確認する様子

```
> kubectl get pods
NAME                                                   READY   STATUS       RESTARTS      AGE
conference-agenda-service-deployment-<ID>              1/1     Running      7 (92m ago)   100m
conference-c4p-service-deployment-<ID>                 1/1     Running      7 (92m ago)   100m
conference-frontend-deployment-<ID>                    1/1     Running      0             25m
conference-frontend-deployment-<ID>                    1/1     Running      0             25m
conference-kafka-0                                     1/1     Running      0             100m
conference-notifications-service-deployment-<ID>       1/1     Running      7 (91m ago)   100m
conference-postgresql-0                                1/1     Running      0             100m
conference-redis-master-0                              1/1     Running      0             100m
```

2つのPodのうちで1つのIDをコピーし、削除します。

```
> kubectl delete pod conference-frontend-deployment-c46dbbb9-ltrgs
```

次にPodを再び一覧表示します（リスト2.12）。

リスト 2.12　停止すると、すぐに新しいレプリカが自動的に作成される様子

```
> kubectl get pods
NAME                                                   READY   STATUS             RESTARTS      AGE
conference-agenda-service-deployment-<ID>              1/1     Running            7 (92m ago)   100m
conference-c4p-service-deployment-<ID>                 1/1     Running            7 (92m ago)   100m
conference-frontend-deployment-<NEW ID>                0/1     ContainerCreating  0             1s
conference-frontend-deployment-<ID>                    1/1     Running            0             25m
conference-kafka-0                                     1/1     Running            0             100m
conference-notifications-service-deployment-<ID>       1/1     Running            7 (91m ago)   100m
conference-postgresql-0                                1/1     Running            0             100m
conference-redis-master-0                              1/1     Running            0             100m
```

稼働中のPodが1つだけであることをKubernetes（具体的にはReplicaSet）が検知すると、ただちに新しいPodを作成することを確認できます。この新しいPodが作成されて稼働するまでの間、2つ目のPodが稼働するまで、リクエストに応答するのは1つのレプリカのみです。この仕組みは少なくとも2つのレプリカがユーザーのリクエストに確実に応答するようにします。図2.18では、リクエストに応答するPodが1つ残っているためアプリケーションは相変わらず動作していることがわかります。

図2.18　Podの1つに障害が発生した場合、Kubernetesは自動的にそのPodを強制終了して再作成する。少なくともほかの実行中のコンテナはリクエストに応答し続けられる

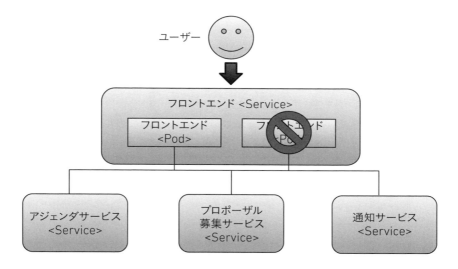

　レプリカが1つしかなく、稼働中のPodを停止させたとしましょう。その場合、新しいコンテナを作成し、リクエストを処理できる状態になるまでアプリケーションにダウンタイムが発生します。次の手順でレプリカを1つに戻せます。

```
> kubectl scale --replicas=1 deployments/conference-frontend-deployment
```

　これを検証してみてください。frontend-podで使用できるレプリカのみを削除します。

```
> kubectl delete pod <POD_ID>
```

図 2.19 はユーザーからのリクエストを受信する frontend-pod が存在しないため、アプリケーションが動作しなくなったことを示しています。

図2.19　1つのレプリカが再起動されると、ユーザーのリクエストに応答するバックアップが存在しない。ユーザーのリクエストを処理できるレプリカがない場合、ダウンタイムを体験することになる。これは回避したい問題である

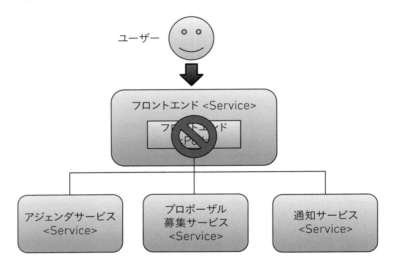

Podの削除後、ブラウザを再読み込みしてアプリケーションに接続できることを検証してください。ブラウザ[14]に 503 Service Temporarily Unavailable と表示されるはずです。これは、Ingressコントローラー（簡略化のため、前の図には表示されていません）がフロントエンドのServiceの後ろで稼働しているレプリカを見つけられないためです。しばらく待機すると、アプリケーションが再び使用できるようになります。図 2.20 は、フロントエンドのServiceへのトラフィックルーティングを担当していたNGINX Ingressコントローラーが503Service Temporarily Unavailableを返却したことを示しています。

---

[14] http://localhost

図2.20　1つのレプリカが再起動されると、ユーザーリクエストに応答するバックアップが存在しなくなる

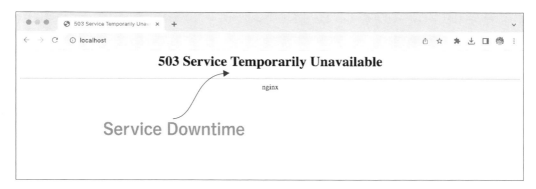

このエラーメッセージは厄介です。なぜなら、アプリケーションが再起動し完全に機能するまで約1秒かかるためです。もしエラーメッセージが表示されなかった場合は、ダウンタイムをシミュレートするために、`kubectl scale --replicas=0 deployments/conference-frontend-deployment`を実行し、フロントエンドサービスのレプリカ数を0にスケールダウンしてみましょう。

フロントエンドサービスはユーザー向けのサービスであるため、これは期待どおりの動作です。このサービスが停止するとユーザーはどんな機能も使用できなくなります。そのため、複数のレプリカを推奨します。この観点から、アプリケーションの主なゴールはダウンタイムを回避することであるため、フロントエンドサービスはアプリケーション全体で最も重要なサービスであると言えます。

要約すると、クラスターの外部に公開されているユーザー向けサービスにはとくに注意する必要があります。ユーザーインターフェースやAPIであるかにかかわらず、必要とするレプリカ数を確実に持つようにしてください。これは受信リクエストを処理するために必要です。開発以外のほとんどのユースケースでは、レプリカを1つだけにすることは避けましょう。

2.4.2　組み込まれたサービスの回復力

しかし、ほかのサービスが停止した場合はどうなるでしょうか？　例えば、アジェンダサービスは採択されたプロポーザルのすべての一覧をカンファレンス参加者に表示することを担当します。アジェンダ一覧はアプリケーションの主要なページに表示されているため、このサービスも非常に重要です。では、サービスをスケールダウンしてみましょう。

```
kubectl scale --replicas=0 deployments/conference-agenda-service-deployment
```

図 2.21 はいずれかのサービスが誤作動を起こしても、アプリケーションがどのように動作し続けられるかを示しています。

図 2.21　アジェンダサービスにはPodが存在しない。サービスが機能していない場合でも、ユーザーは制限された機能でアプリケーションに接続し続けられるはずである

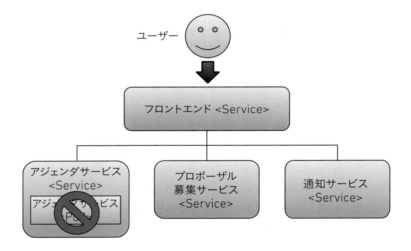

このコマンドの実行後、コンテナは停止してサービスはリクエストに応答するコンテナがいません。ブラウザでアプリケーションを再読み込みすると、図 2.22 に示すようにキャッシュされたレスポンスが表示されるはずです。

図2.22　アジェンダサービスのレプリカが1つも稼働していない場合、フロントエンドはキャッシュされた入力項目をユーザーに表示する

　見てのとおり、アプリケーションは相変わらず稼働していますがアジェンダサービスは現在使用できません。バックオフィスセクションのデバッグタブを確認すると、アジェンダサービスが正常に稼働していないことがわかるはずです（図2.23）。

図2.23　デバッグモードの場合、バックオフィスには異常なサービスが表示されるはず

Chapter 2　クラウドネイティブアプリケーションの課題　　107

このようなシナリオに備えて、アプリケーションを準備できます。この場合、フロントエンドには、少なくともユーザーに何かを表示するためのキャッシュレスポンスがあります。何らかの理由でアジェンダサービスが停止した場合でも、ユーザーは少なくともアプリケーションのほかのサービスとセクションを使用できます。アプリケーションの観点からは、エラーをユーザーに伝播しないことが重要です。アジェンダサービスが復旧するまでプロポーザル募集フォームなど、ほかのアプリケーションサービスを継続して使用できるはずです。

Kubernetes内で稼働させるサービスの開発時はとくに注意する必要があります。なぜなら、サービスは下流サービスによって発生したエラーを処理する責務を担うためです。これは、エラーやサービスの停止がアプリケーション全体の停止につながらないことを保証するために重要です。キャッシュレスポンスなどの簡単な仕組みにより、アプリケーションの回復力が向上します。また、すべてのサービスを停止させる心配をすることなく、これらのサービスを段階的にアップグレードできるようになります。カンファレンスのシナリオの場合、アジェンダの入力項目を定期的にキャッシュするCronJobがあれば十分でしょう。ダウンタイムは許されないことを忘れないでください。

ここで話を変えましょう。まずは、アプリケーションでステートをどのように操作するかについてです。また、拡張性の観点から、アプリケーションのサービスがステートをどのように処理するかを理解することがいかに重要であるかについてです。拡張性を説明するため、次にデータの整合性についてを検証します。

2.4.3 アプリケーションのステートに対処することは簡単ではない

アジェンダサービスを再び拡大し、レプリカを1つ作成しましょう。

```
> kubectl scale --replicas=1 deployments/conference-agenda-service-deployment
```

これまでにプロポーザルを作成した場合、アジェンダサービス再開すると採択されたプロポーザルがアジェンダページに再表示されることに気付くでしょう。なぜなら、アジェンダサービスとプロポーザル募集サービスがすべてのプロポーザルとアジェンダ項目を外部データベース（PostgreSQLとRedis）に保存するためです。ここでいう外部とは、Podのメモリの外側とい

う意味です。アジェンダサービスを2つのレプリカにスケールアップすると何が起こるでしょうか？ リスト2.13を見てください。

リスト2.13　アジェンダサービスの2つレプリカを稼働させている様子

```
> kubectl scale --replicas=2 deployments/conference-agenda-service-deployment
NAME                                                   READY   STATUS    AGE
conference-agenda-service-deployment-<ID>              1/1     Running   2m30s
conference-agenda-service-deployment-<ID>              1/1     Running   22s
conference-c4p-service-deployment-<ID>                 1/1     Running   150m
conference-frontend-deployment-<ID>                    1/1     Running   8m55s
conference-kafka-0                                     1/1     Running   150m
conference-notifications-service-deployment-<ID>       1/1     Running   150m
conference-postgresql-0                                1/1     Running   150m
conference-redis-master-0                              1/1     Running   150m
```

図2.24はアジェンダサービスが2つのレプリカを同時に稼働させていることを示しています。

図2.24　2つのレプリカで多くのトラフィックを処理できるようになった。フロントエンドの転送するリクエストは、使用できる2つのレプリカによって応答できる。これにより、アプリケーションはより多くの負荷を処理できるようになる

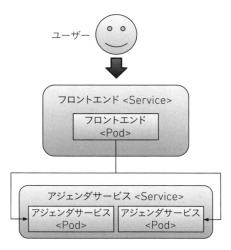

ユーザーのリクエストを処理するレプリカが2つあります。フロントエンドはリクエスト対象として2つのインスタンスを持つでしょう。Kubernetesは2つのレプリカ間で負荷分散を行いますが、アプリケーションはリクエストがどのレプリカに送信されるかを管理できません。使用しているデータベースはPodの外でステートを保存します。そのため、アプリケーションの需要に応じてレプリカのPodをスケーリングできます。図2.25は、アプリケーションのステートを保存するためにアジェンダサービスがRedisに依存し、また同じ目的のためにプロポーザル募集がPostgreSQLを使用していることを示しています。

図2.25　データに依存した両方のサービスは永続的な保存領域を使用する。ステート保存を外部のコンポーネントに委譲することにより、サービスをステートレスにしスケーリングを容易にする

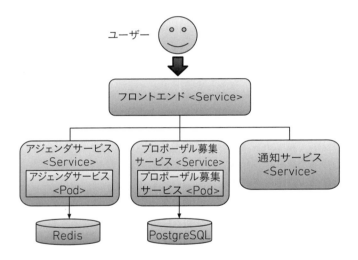

この手法の制限事項の一つは、データベースがデフォルト設定で対応するデータベースのコネクション数です。レプリカをスケールアップし続ける場合は常にデータベースコネクションプール設定をレビューし、データベースがすべてのレプリカによるあらゆる接続を確実に処理できるようにしてください。ただし、ここでは学習のためにデータベースが存在せず、アジェンダサービスがすべてのアジェンダをインメモリで保持しているといった状況を仮定します。アジェンダサービスのPodがスケーリングアップし始めた場合、アプリケーションはどのように動作するでしょうか？ 図 2.26 は、アプリケーション内にインメモリでデータを持つという仮説的な状況を示しています。

図2.26 アジェンダサービスがステートをインメモリで保持した場合、何が起こるだろう？ ステートがインメモリで保持されている場合、レプリカ間での共有は非常に困難である。そのため、サービスのスケーリングは困難になる

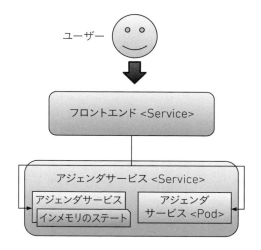

　これらのサービスをスケールアップすることにより、あるアプリケーションのサービスに設計上の問題が見つかりました。アジェンダサービスはステートをインメモリで保持しており、それがKubernetesのスケーリング機能に影響を与えます。このようなシナリオの場合、Kubernetesがリクエストを異なるレプリカに分散させるとリクエストを処理したレプリカ次第で、フロントエンドサービスは異なるデータを受信することになります。

　既存のアプリケーションをKubernetesで実行する場合、アプリケーションがインメモリでどれだけのデータを保持しているかを深く理解する必要があります。なぜなら、どのようにアプリケーションをスケールアップするかに影響するためです。HTTPセッションを保持し、スティッキーセッション（リクエストを特定のアプリケーションレプリカにルーティングし続ける機能）を必要とするウェブアプリケーションでは複数のレプリカで動作するように、HTTPセッションのレプリケーションを設定する必要があります。これは、キャッシュのようなインフラストラクチャーレイヤーでより多くのコンポーネントを設定する必要があるかもしれません。

　顧客のサービス要件を理解することはデータベース、キャッシュ、メッセージブローカーなどのインフラストラクチャー要件の計画と自動化に役立ちます。アプリケーションが複雑になればなるほど、これらのインフラストラクチャーコンポーネントへの依存度も高くなります。

前述のように、アプリケーションの Helm Chart の一部として Redis と PostgreSQL をインストールしました。これは、基本的にはよい考えではありません。なぜなら、データベースやメッセージブローカーのようなツールは、運用チームが特別な注意を払わなければならないためです。運用チームは Kubernetes 内でこれらのサービスを稼働させないことを選択できます。4 章でこのトピックをさらに掘り下げ、Kubernetes とクラウドプロバイダー内で動作するインフラストラクチャーの操作方法を詳しく説明します。

2.4.4　不整合なデータの処理

PostgreSQL のようなリレーショナルデータベースや Redis のような NoSQL でデータを保存しても、さまざまな保存場所に不整合なデータが存在するという問題は解決しません。これらの保存場所はサービス API によって隠蔽する必要があります。そのため、サービスの処理データが整合性を持つことを検査する仕組みが必要です。分散システムでは結果整合性を説明する場合がよくあります。これは、最終的にはシステムが結果整合性を持つことを意味します。最終的な整合性は、全く整合性がないよりはまだよいです。この例ではプロポーザル募集サービスで採択されたかどうかを確認するために、検査の簡単な仕組みを構築できます。この仕組みでは、アジェンダサービスで受け付けた発表を時々（1 日 1 回を想定）検査します。もしプロポーザル募集サービス（C4P）で承認されていない応募がある場合はアラートを発火させ、またはカンファレンス主催者に電子メールを送信できます（図2.27）。

図2.27　整合性の検査は、CronJobとして稼働させられる。ステートが整合していることを確認するために、アプリケーションのサービスを一定間隔で検査する。例えば、(1) では毎日深夜に、(2) のアジェンダサービスにリクエストを送信する。公開セッションが (3) のプロポーザル募集サービスで採択されたことを検査する。対応する通知が (4) の通知サービスによって送信されたことを検査する

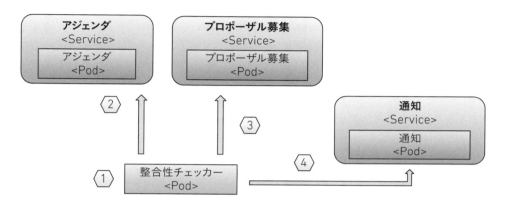

　図2.27から、整合性の問題を修正することがどのくらい重要であるかに応じて、CronJob (1) が一定期間ごとに実行されることがわかります。次に、アジェンダサービス (2) の公開APIに問い合わせます。これの目的は、採択されたプロポーザルが一覧表示されていることを検査し、また一覧表示とプロポーザル募集サービス (3) の採択済みリストを比較することです。最後に、不整合が見つかれば通知サービス (4) の公開APIを使用して、電子メールを送信できます。

　このアプリケーションを設計するための簡単なユースケースを考えてみてください。ほかにどのような検査が必要でしょうか？　すぐに思いつくのは、不採択と採択のプロポーザルに電子メールが正しく送信されたことを検査することです。このユースケースでは、電子メールは非常に重要です。採択と不採択の発表者に確実に電子メールを送信する必要があります。

2.4.5 アプリケーションがどのように動作しているかを理解する

分散システムは複雑な生き物です。分散システムの動作を初めから完全に理解しておけば、問題の発生時に時間を節約できます。監視、トレーシング、テレメトリーのコミュニティーでは、任意の時点での動作を理解するために役立つ解決手法の開発が強く求められています。

OpenTelemetry コミュニティー[※15]はKubernetesとともに進化してきました。現在では、サービスがどのように動作しているかを監視するために必要なツールのほとんどを提供できます。同コミュニティーのウェブサイトには、ソフトウェアのパフォーマンスと動作を理解する分析のためにテレメトリーデータ（メトリクス、ログ、トレーシング）を収集、作成、エクスポートを使用できると記載されています。図2.28では、一般的なユースケースを示しています。このユースケースでは、すべてのサービスがレジストリーにメトリクス、トレーシング、ログを送信し、情報を集約します。これにより、ダッシュボードにテレメトリーデータを表示したり、ほかのツールで使用できたりするようになります。

図2.28　すべてのサービスからのオブザーバビリティーを1カ所に集約する。これにより、アプリケーションを稼働させ続けるという役割を担うチームで、認知負荷を緩和する

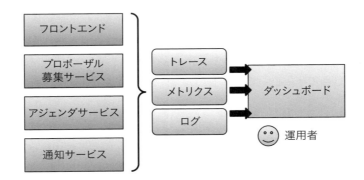

重要なこととして、OpenTelemetryはソフトウェアの動作とパフォーマンスの両方に焦点を当てています。なぜなら、それらの両方がユーザーとユーザー体験に影響を与えるためです。動作の観点から、アプリケーションが想定どおりに動作していることを確認したいです。どのサービスがほかのサービスやインフラストラクチャーを呼び出し、タスクを実行しているかを理解する必要があります。

※15　https://opentelemetry.io/ja/

PrometheusとGrafanaの使用により、サービスのテレメトリーを確認できるようになります。また、ドメイン固有のダッシュボードを構築し、特定のアプリケーションレイヤーのメトリクスを強調表示できるようになります。例えば図2.29に示すように、時間経過に伴うプロポーザルの採択数と不採択数を比較できます。

図2.29　PrometheusとGrafanaによるテレメトリーデータの監視

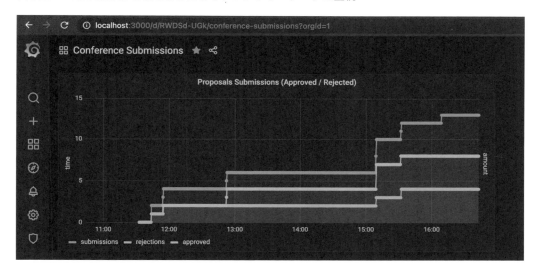

　パフォーマンスの観点から、サービスがサービスレベルアグリーメント（SLA）を確実に遵守する必要があります。これは、リクエストに応答するための時間が短いことを意味します。もしサービスの一つが正常に動作せず、通常よりも時間がかかる場合はそれを知りたくなるでしょう。

　トレーシングでは内部の運用とパフォーマンスを理解するために、サービスを変更する必要があります。OpenTelemetryは、簡単に差し込める計装ライブラリーをほとんどの言語で提供しており、サービスのメトリクスとトレースを外部化できます。図2.30は、OpenTelemetryのアーキテクチャーを示しています。ここでは、OpenTelemetry Collectorが各アプリケーションエージェントからだけでなく、共有インフラストラクチャーコンポーネントからも情報を受信していることを確認できます。

図2.30　OpenTelemetryのアーキテクチャーとライブラリー

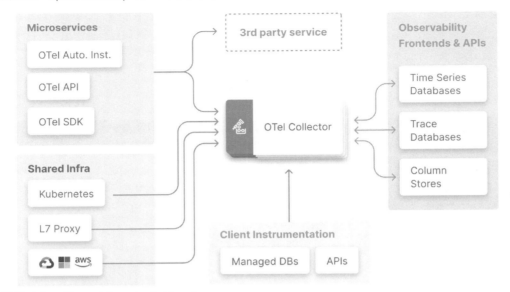

出典：https://opentelemetry.io/docs/

　ここで推奨するのは、ウォーキングスケルトンを構築する場合はOpenTelemetryを確実に組み込むことです。監視を開発プロジェクトの後半まで先延ばしにすると手遅れになり、問題が発生します。そして、どこに原因があるのかを突き止めるために、非常に時間がかかることになります。

2.4.6　アプリケーションセキュリティーとID管理

　ウェブアプリケーションを構築した経験があれば、ID管理（ユーザーアカウント、ユーザーID）と認証認可の提供がかなり大変な作業であることはご存じでしょう。アプリケーション（クラウドネイティブアプリケーションか否かにかかわらず）で障害を発生させる簡単な方法は、想定されていない操作を実施することです。例えば、カンファレンス主催者である場合を除いて、すべてのプロポーザルプレゼンテーションを削除することがあります。

　分散システムでもこれが課題となります。なぜなら、認可とユーザーIDはさまざまなサービスに伝播する必要があるためです。分散アーキテクチャーでは、ユーザーに直接通信できるサービスをすべて公開するのではなく、ユーザーに代わってリクエストを作成するコンポーネントを

用いることが一般的です。例では、フロントエンドサービスがこのコンポーネントに該当します。多くの場合、この外部向けのコンポーネントを外部サービスと内部サービス間の防壁として使用できます。このため、OAuth2プロトコルを使用して認可認証プロバイダーに接続できるように、フロントエンドサービスを設定するのが一般的です。図2.31は、ID管理サービスと通信するフロントエンドサービスを示しています。ID管理サービスは、IDプロバイダー（Google、GitHub、社内LDAPサーバー）に接続する役割があります。これの目的はユーザーの資格情報を検証し、さまざまなサービスでユーザーが何ができて何ができないかを定義するロールやグループのメンバーシップを提供することです。フロントエンドサービスはログインフロー（認証認可）を処理します。それが完了すると、コンテキストのみがバックエンドサービスに伝播されます。

図2.31　ID管理：ロール／グループがバックエンドサービスに伝播される様子

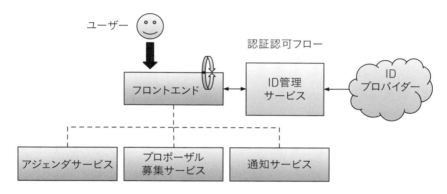

ID管理では、アプリケーションがユーザーやユーザーデータを処理しないことがわかるでしょう。これはGDPRなどの規制に適しています。アプリケーションへのログインのために、ユーザーが別アカウントを作成する必要なく、ソーシャルメディアアカウントを使用できるようになります。これは、通常はソーシャルログインと呼ばれています。

人気の解決手法の中には、Keycloak[16]やZitadel[17]などのOAuth2とID管理の両方を統合したものもあります。これらのオープンソースプロジェクトは、シングルサインオンと高度なID管理をワンストップで提供します。Zitadelの場合、マネージドサービスも提供しています。SSOとID管理のコンポーネントをインフラストラクチャー内にインストールしまた保守したくないときに使用できます。

※16　https://www.keycloak.org/
※17　https://zitadel.com/opensource

トレーシングや監視でも同様です。ユーザーによる使用を計画している場合（遅かれ早かれそうなるでしょう）、シングルサインオンとID管理をウォーキングスケルトンに含めることにより、誰が何をできるかという具体的なことを考えるようになり、ユースケースがさらに洗練されます。

2.4.7　その他の課題

前項までは、クラウドネイティブアプリケーションの構築時に直面する一般的な課題をいくつか取り上げました。しかし、これらがすべてではありません。このアプリケーションの最初のバージョンで障害を発生させる方法をほかに思いつきますか？

本章で議論した課題に取り組むことは役立つでしょう。しかし、継続的に進化し増え続けるサービスからなるアプリケーションをどのように提供するかに関連する課題は、ほかにもあることに注意してください。

2.5　プラットフォームエンジニアリングにリンクする

前節では多くのトピックを取り上げました。Kubernetesアプリケーションのパッケージ化と配布の選択肢をレビューしました。そして、Helmを使用してKubernetesクラスター内にウォーキングスケルトンをインストールしました。アプリケーションを操作することによって機能をテストしました。また最後に、マイクロサービスアプリケーションの構築時にチームが直面するクラウドネイティブの一般的な課題の分析に踏み込みました。

しかし、これらのトピックが本書のタイトル、継続的デリバリー、そしてプラットフォームエンジニアリング全般にどのような関連性があるのか疑問に思うかもしれません。本節では、第1章で紹介したトピックとの関連をより明確に説明します。

まず、Kubernetesクラスターを構築してアプリケーションを稼働させる目的は、Kubernetesが持つ耐障害性とアプリケーションのスケーラビリティ（とくにスケールアップ）の仕組みを確実に活用することにありました。また、アプリケーションを更新し続けている時でも、Kubernetesはダウンタイムなしで稼働させるための構成要素を提供します。これにより、Kubernetesのユーザーであるわれわれはアプリケーションのコンポーネントの新バージョンを

より頻繁にリリースできるようになります。なぜなら、アプリケーションの更新中にアプリケーション全体を停止しなくてよいためです。第8章ではさまざまなリリース戦略を実装するために、Kubernetesに組み込まれた仕組みをどのように拡張できるのかを確認します。

顧客にソフトウェアを継続的にリリースするために、Kubernetesが提供する機能を使用しない場合、注意する必要があります。ほとんどの場合にこれの原因は、Kubernetes以前の古い慣習が障害になっていること、自動化が不十分であることです。またはサービス間で約束した仕様が明確に定義されておらず、依存関係のあるサービスが独立してリリースされるのを妨げている場合もあります。このトピックは今後の章でも何度か説明します。なぜなら、これは継続的デリバリーの実践を改善する時の基本原則であり、またプラットフォームエンジニアリングチームが優先する必要がある事項でもあるためです。

本章では、アプリケーションのデプロイに必要な設定ファイルを隠蔽するパッケージマネージャーを使用して、クラウドネイティブアプリケーションのインストール方法を確認しました。これらの設定ファイル（YAMLファイルで表現または記述されるKubernetesリソース）は、アプリケーションのトポロジーを説明し、各アプリケーションのサービスの使用コンテナへのリンクを含みます。また、これらのYAMLファイルは各サービスを設定するための環境変数など、各サービスの設定も持ちます。これらの設定ファイルをパッケージ化し、バージョン管理することにより、さまざまな実行環境で新しいアプリケーションのインスタンスを簡単に作成できるようになります。これは第4章で説明します。

どのようなコード設定がソフトウェアの信頼性をより提供することに役立つのか、という継続的デリバリーの側面をより深く理解したい場合があるでしょう。その場合は、Christie Wilson氏の書籍『Grokking Continuous Delivery』[18]を強く推奨します。

実際に触って遊べるアプリケーションを用意し、Kubernetesに組み込まれた仕組みを取り上げる必要がありました。そのため、どんなKubernetesクラスター（ローカルで実行されているか、クラウドプロバイダー内で実行されているかにかかわらず）にも簡単にデプロイできるパッケージ化済みのアプリケーションから始めることを意識的に決定しました。作業には、2つの段階を用意しています。まだ取り上げていませんが、1つ目はどんなKubernetesクラスター内に

※18　Christie Wilson『Grokking Continuous Delivery』Manning Publications（2022）（日本語版『入門継続的デリバリー』オライリー・ジャパン（2024））

Chapter 2　クラウドネイティブアプリケーションの課題　119

もデプロイできるアプリケーションのパッケージを作成します。2つ目は図2.32に示すように、このアプリケーションを特定のクラスター（このクラスターは実行環境であり、また開発環境かもしれません）内で稼働させます。

図2.32　構築とパッケージ化から実行環境内での稼働までに至るアプリケーションのライフサイクル

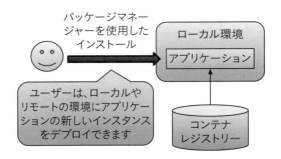

　ローカル環境で実行したステップはクラスターの大きさと場所に関係なく、いずれのKubernetesクラスターでも動作することを理解することが重要です。各クラウドプロバイダーには独自のセキュリティーとIDの仕組みがあります。しかし、アプリケーションのHelm Chartをクラスターにインストールした時に作成したKubernetes APIとリソースは同じになるでしょう。Helmのテンプレート機能を使用して、対象の環境に合わせてアプリケーションを微調整（例えば、リソース消費とネットワーク設定）すれば、どんなKubernetesクラスターに対するデプロイも簡単に自動化できます。

　次に進む前に、明確にしておくことがあります。それはアプリケーションのインスタンスの設定を開発者に押し付けることにより、開発者が時間を有効活用できなくなるかもしれないことです。また、ユーザーや顧客が使用している本番環境を開発者が使用することは、最適ではないかもしれません。開発者には新機能の構築とアプリケーションの改善に集中してほしいです。図2.33は開発者が構築する成果物の構築、公開、デプロイに関わるあらゆるステップをどのように自動化する必要があるのかを示しています。これにより、新バージョンの準備を終えた時に彼らは手動でパッケージ化し、配布し、デプロイしなくともよくなります。代わりに、アプリケーションに機能を追加することに注力できるようになります。これが本章の主な焦点です。

図2.33　開発者は機能の構築に注力でき、その一方でプラットフォームチームは変更後のプロセス全体を自動化する必要がある様子

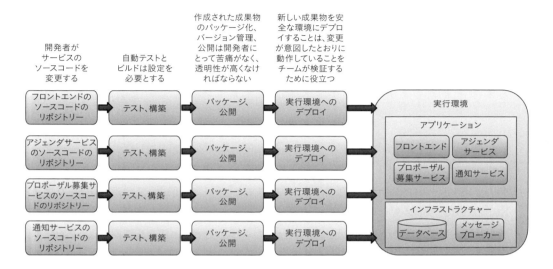

　ソースコードの変更からKubernetesクラスター内でのソフトウェア稼働までの道のりを自動化するために、ツールを使用できます。これを理解することは、開発者が最も得意とする新機能のコーディングに注力できるようにするための基本原則です。取り組んでいくもう1つの大きな違いは、クラウドネイティブアプリケーションは静的ではないということです。前述の図で確認できるとおり、静的なアプリケーション定義はインストールしません。新バージョンのサービスが使用できるようになったら、リリースし、デプロイします。

　手動でアプリケーションをインストールすると、問題が起こりがちです。Kubernetesクラスター内において手動で設定を変更することにより、アプリケーションの現在のステートをさまざまな環境でどのように再現すればよいのかわからないという状況に陥りかねません。そのため、第3章と第4章ではパイプラインと呼ばれるものを使った自動化を説明します。

　次章ではサービスの新バージョンを提供するためのパイプラインを使って、マイクロサービスアプリケーションのより動的な側面を取り上げます。第4章では、KubernetesベースのGitOpsツールを使用して、実行環境をどのように管理できるのかを探求します。

本章のまとめ

- ローカル Kubernetes クラスターとリモート Kubernetes クラスターのどちらを選定するかは、慎重に検討する必要がある
  - Kubernetes KinD を使用して、アプリケーションを開発するためのローカル Kubernetes クラスターを実行できる。主要な欠点は、クラスターがローカルリソース（CPU とメモリ）によって制限されること、またマシンの本当のクラスターではない
  - クラウドプロバイダーにアカウントを持ち、リモート Kubernetes クラスターであらゆる開発を実施できる。この手法の主要な欠点は、ほとんどの開発者がリモートで作業することに慣れていないこと、また誰かがリモートリソースの料金を支払わなければならないことである
- Helm のようなパッケージマネージャーは、Kubernetes アプリケーションのパッケージ化、配布、インストールに役立つ。本章では、1 つのコマンドラインを使用して、アプリケーションを Kubernetes クラスター内にインストールした
- アプリケーションにより、どんな Kubernetes リソースが作成されるかを理解する。これにより、問題の発生時にアプリケーションがどのように動作するか、また現実のシナリオではどのような特別な考慮が必要なのかを知ることができる
- 非常に簡単なアプリケーションであっても、1 つずつ取り組まなければならない課題に直面するだろう。これらの課題をあらかじめ知っておくことは、正しい考え方でサービスを計画し、設計するために役立つ
- ウォーキングスケルトンは、管理された実行環境内でさまざまなシナリオや技術を検証するために役立つ。本章では、次の動作検証をしてきた
  - アプリケーションのサービスをスケールアップし、スケールダウンすることにより、問題の発生時にアプリケーションがどのように動作するかを直接確認できる
  - ステートを保持することは困難である。効率的に保持するためには、専用のコンポーネントが必要になるだろう
  - サービスに少なくとも 2 つのレプリカがあるとダウンタイムを最小限に抑えられる。ユーザー向けのコンポーネントが常に稼働していることを確認することは、たとえ問題が発生してもユーザーがアプリケーションの一部を操作できることを保証する
  - 問題の発生時に対処するためのフォールバックや組み込みの仕組みを備えておくことにより、アプリケーションの回復力が増す
- URL リンク先の段階的なチュートリアルに従った場合、ハンズオン形式でさまざまなことを体験してきたことになる。それはローカル Kubernetes クラスターの構築、アプリケーションのインストール、サービスのスケールアップとスケールダウン、そして最も重要なこととして、アプリケーションが期待どおりに稼働しているかどうかの検査である

122　Kubernetes で実践する Platform Engineering

Platform Engineering on Kubernetes

Chapter 3

サービスパイプライン：
クラウドネイティブ
アプリケーションの構築

Service pipelines: Building cloud-native applications

本章で取り上げる内容

- クラウドネイティブアプリケーションを提供するためのコンポーネントを発見する
- サービスパイプラインを作成し、標準化する利点を学ぶ
- Tekton、Dagger、GitHub Actionsを使用してクラウドネイティブアプリケーションを構築する

　前章では、4つのサービスで構成される簡単なマイクロサービスのカンファレンスアプリケーションをインストールし、操作しました。本章では、パイプラインの概念を提供の仕組みとして使用し、各コンポーネントを継続的に提供するために必要なことを取り上げます。本章では、これらの各サービスをどのように構築し、パッケージ化し、リリースし、そして組織の実行環境で稼働させられるように公開できるのかを実践的に説明します。

　本章ではサービスパイプラインの概念を紹介します。成果物が稼働できる状態になるまでの間に、ソースコードからソフトウェアを構築するためにサービスパイプラインはさまざまなステップを通過します。本章は次の2つの主要なセクションに分かれています。

　クラウドネイティブアプリケーションを継続的に提供するために何が必要でしょうか。

サービスパイプライン

- **サービスパイプラインとは何か**

- **サービスパイプラインの実践で使用されているもの**

    - Kubernetes内でネイティブに動作するパイプラインエンジンのTekton

    - パイプラインをコード化し、あらゆる場所で稼働できるDagger

    - Tekton、Dagger、GitHub Actionsのいずれを使用する必要があるか？

> パイプラインエンジンとは、CI / CD パイプラインを実行するツールを指します。ほかに挙げられるツールとして、GitLab CI / CD、Jenkins、Argo などもあります。

3.1　クラウドネイティブアプリケーションを継続的に提供するために何が必要か

　Kubernetesを使用した作業時に、コンテナとKubernetes内でのコンテナ稼働方法に関する多くの稼働要素やタスクに対して、チームは役割を持ちます。これらの追加のタスクを手に入れるにはお金がかかります。チームは各サービスを稼働させ続けるために必要なステップを自動化し、最適化する方法を学ぶ必要があります。運用チームの役割であったタスクは、今では各サービスを開発する担当チームの役割になりつつあります。新しいツールと新しい手法により、開発者はサービスを開発し、稼働させ、保守する力を手に入れられるようになります。本章で説明するツールはあらゆるタスクを自動化できるように設計されており、このタスクにはソースコードからKubernetesクラスター内で稼働するサービスになるまでを含みます。本章では、ソフトウェアのコンポーネント（アプリケーションのサービス）をサービスの稼働する複数の実行環境に提供する、その仕組みを説明します。ただし、ツールの説明前に本書で直面する課題を簡単に説明しておきましょう。

　クラウドネイティブアプリケーションを構築して提供することは、チームが現在取り組む必要がある重要な課題です。

- **アプリケーションのさまざまな構成要素の構築時に各チーム間で意思疎通を実施する**
    これにはチーム間の調整が必要である。また、サービスの担当チームが他チームの進捗やサービス改善力を妨げないように、サービスを確実に設計することも必要である

- **稼働中のほかのあらゆるサービスで障害や停止を発生させることなく、サービスのアップグ**

124　Kubernetesで実践するPlatform Engineering

レードを支える必要がある

継続的デリバリーを実現したい場合、アプリケーション全体が停止することに恐れずにサービスを個別に更新する必要がある。新バージョンの後方互換性をどのくらい確保するか、またビッグバンアップグレードの回避のために新バージョンと旧バージョンを並行稼働させられるのかどうかをこのチームは考える

・**サービスごとに複数の成果物を保存し、公開する。これは、さまざまなリージョンにあるかもしれない実行環境から使用し、ダウンロードできる**

クラウド環境で作業している場合、すべてのサーバーはリモートにある。そして、各サーバーが成果物を取得できるように、作成されたあらゆる成果物は使用できる状態である必要がある。オンプレミス環境で作業している場合、これらの成果物を保存するあらゆるリポジトリーは社内でプロビジョニングし、設定し、保守する必要がある

・**開発、テスト、Q&A、本番といったようなさまざまな目的に合わせてさまざまな実行環境を管理し、プロビジョニングする**

開発とテストの取り組みの速度を上げたい場合、開発者とチームはこれらの実行環境をオンデマンドでプロビジョニングできるはずである。実際の本番環境にできるだけ近い実行環境を作成することにより、エラーが本番ユーザーに影響を与える前にエラーの検出時間を大幅に節約できるだろう

　前章で確認したとおり、クラウドネイティブアプリケーションでの作業時の主要なパラダイムシフトはアプリケーションに単一のコードベースが存在しないことです。 チームはサービス上で独立して作業できます。しかし、マイクロサービスなシステムでの作業の複雑さを補うためには新しい手法が必要です。新しいサービスをシステムに追加するたびにチームが不安になり時間を浪費している場合、やり方が間違っています。サービス追加やリファクタリングの時にチームが安心感を得るためには、エンドツーエンドの自動化が必要です。通常は、この自動化はパイプラインによって実行されます。図3.1に示すように、これらのパイプラインはサービスを構築し、稼働させるために必要なことを説明します。通常はサービスを人の介入なしに稼働させられます。

図3.1 ソースコードを実行環境で稼働させられる成果物に変換するために、パイプラインという概念を使用する

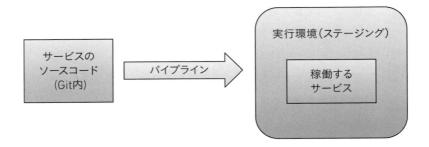

　新しいサービスの作成を自動化し、ID管理に新規ユーザーを追加するパイプラインを作成できます。しかし、これらのパイプラインは具体的に何をしているのでしょうか？　パイプラインはゼロから作成する必要があるのでしょうか？　これらのパイプラインを開発プロジェクトでどのように実装するのでしょうか？　これを達成するには1つ以上のパイプラインが必要でしょうか？

　3.2節ではパイプラインの使用に焦点を当てています。パイプラインは同じ結果を得るためにコピー、共有、複数回実行できる手法を作成します。パイプラインはさまざまな目的で作成できます。また、一般的には順に実行されるステップ群として定義し、期待どおりの出力を作成します。出力に基づいてパイプラインはさまざまなグループに分類できます。

　ほとんどのパイプラインツールにより、特定のジョブやスクリプトを実行するタスクの集合（ステップ、ジョブとも呼ばれる）として、パイプラインを定義できるようになります。稼働テスト、コードの場所間コピー、ソフトウェアのデプロイ、仮想マシンのプロビジョニング、ユーザーの構築など、これらのステップでは何でも実行できます。

　パイプライン定義は、パイプラインエンジンと呼ばれるコンポーネントによって実行されます。このパイプラインエンジンは各タスクを実行する新しいパイプラインのインスタンスを作成するために、パイプライン定義を読み込む役割を担っています。一連の流れの中で各タスクは順番に実行されていくでしょう。各タスクの実行により、後続のタスクと共有できるデータが作成されるでしょう。パイプラインのいずれかのステップでエラーが発生した場合、パイプラインは停止します。そして、パイプラインの状態はエラー（失敗）として表示されるでしょう。エラーが発

生していない場合、パイプラインの実行（パイプラインのインスタンスとも呼ばれる）は成功として表記できます。パイプライン定義と実行が成功したかどうか次第で、期待どおりの出力が作成されたかどうかを確認する必要があります。

　図3.2で、パイプラインエンジンがパイプライン定義を読み込み、さまざまなインスタンスを構築していることが確認できます。インスタンスは、出力に対してさまざまなパラメーターを設定できます。例えば、パイプラインインスタンス1は正常に終了しています。しかし、パイプラインインスタンス2は定義に組み込まれたタスクのいずれかが失敗しています。パイプラインインスタンス3は実行中です。

図3.2　パイプライン定義は、パイプラインエンジンによって複数回インスタンス化できる。そして、実行する必要があることを説明する。パイプラインエンジンは、パイプラインのインスタンスを作成する。これはパイプライン定義に組み込まれたタスクを実行する。実行するタスク次第でこれらのパイプラインのインスタンスは失敗し、または長時間実行されることがある。ユーザーは、特定のパイプラインのインスタンスとタスクの状態をパイプラインエンジンにいつでも問い合わせられる

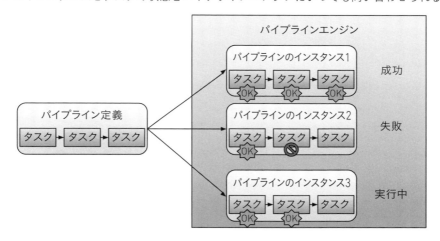

　これらのパイプライン定義を使用すれば、期待どおりに多くのさまざまな自動化手法を作成できます。また、特定の手法をパイプラインエンジン上に作成するツール、またはユーザー体験を簡素化するためにパイプラインエンジンを操作する複雑さを隠蔽するツールを見つけることが一般的です。以降の節ではさまざまなツールを説明します。例えば、低レイヤーで柔軟性のあるツール、提供側の推奨する構成が組まれた高レイヤーのツール、特定のシナリオを解決できるように設計されたツールです。

しかし、これらの概念やツールはクラウドネイティブアプリケーションを提供する場合にどのように適用されるのでしょうか？　クラウドネイティブアプリケーションでは、ソフトウェアのコンポーネント（サービス）の構築方法、パッケージ化方法、リリース方法、公開方法、それらをどこにデプロイする必要があるかについて非常に具体的な期待を抱いています。クラウドネイティブアプリケーションを提供するという文脈では、主に2種類のパイプラインを定義できます。

- **サービスパイプライン**
  これらのサービスはソフトウェア成果物の構築、単体テスト、パッケージ化、配布（通常は成果物リポジトリーへの配布）を処理する
- **実行環境パイプライン**
  これらはステージング、テスト、本番などの実行環境のあらゆるサービスのデプロイと変更を処理する。また、通常はデプロイする必要があるものを信頼できる情報源から使用する

本章ではサービスパイプラインに焦点を当てます。一方で、第4章ではGitOpsと呼ばれるより宣言的手法を用いて、実行環境パイプラインを定義するために役立つツールに焦点を当てます。

構築プロセス（サービスパイプライン）とデプロイプロセス（実行環境パイプライン）を分離することにより、顧客に新バージョンを提供するチームにより多くの管理権限を与えられます。サービスパイプラインと実行環境パイプラインは、さまざまなリソース上でさまざまな期待を伴って実行されます。以降の節では、サービスパイプラインで一般的に定義されるステップを詳細に説明します。第4章では実行環境パイプラインに期待することを取り上げます。

3.2　サービスパイプライン

　サービスパイプラインはサービスの成果物を構築し、パッケージ化し、配布するために必要な
あらゆるステップを定義し、実行します。これにより、実行環境に成果物をデプロイできるよう
になります。サービスパイプラインは、新しく作成したサービスの成果物のデプロイに役割を持
ちません。しかし、新バージョンのサービスが使用できるようになったことを関係者に通知する
役割を持つはずです。

　サービスの構築方法、パッケージ化方法、リリース方法を標準化すれば、さまざまなサービス
に対して同じパイプライン定義を共有できます。各チームに各サービスのさまざまなパイプライ
ンを定義させることは避けましょう。なぜなら、ほかのチームによってすでに定義、テスト、改
善されたものを各チームがおそらく再発明することになるためです。相当量のタスクが必要にな
ります。次の規約に従うことにより、プロセス全体にかかる時間を緩和できます。

　サービスパイプラインという名前は、アプリケーションの各サービスがパイプラインを持つこ
とを指します。パイプラインは特定のサービスにとって必要なタスクを説明します。サービスが
類似し、類似した技術スタックを使用している場合、パイプラインも似たものになることは当然
です。これらのサービスパイプラインの主要な目的の一つは、どんな人的介入も必要とせずに
サービスを稼働させるために、詳細情報を十分に含むことです。また、パイプライン内のすべて
のタスクをエンドツーエンドで自動化することです。

　サービスパイプラインは、サービスを作成する開発チームとそのサービスを本番環境で稼働さ
せる運用チーム間のコミュニケーションを改善する仕組みとして使用することができます。開発
チームは、構築しようとしているコードに何らかの問題が発生した場合でも、パイプラインを実
行、通知してくれることを期待しています。エラーが発生しない場合、パイプラインの実行の一
部とし1つ以上の成果物が作成されることを期待します。運用チームは作成された成果物が本番
環境に確実にリリースできる状態にするために、これらのパイプラインにあらゆる検査を追加で
きます。ポリシー、適合性の検査、署名、セキュリティースキャンのほかに、本番環境で稼働す
るための期待水準に達していることを検証するような要件をこれらの検査に組み込めます。

モノリスアプリケーションのように、アプリケーション全体（サービスの集合）のための単一のパイプラインを作成することを考えたくなるかもしれません。しかし、各サービスを好きなペースで独立的に変更するという目的を損ないます。サービス群に対して単一のパイプラインが定義されている状況は避けましょう。それはサービスの独立的なリリース力を妨げるためです。

3.3　時間を節約できる規約

サービスパイプラインにはその構造と範囲に提供側の推奨があるはずです。これらの明確な方針や規約のいくつかに従うことにより、チームは細かい詳細を定義しなくともよくなります。また、これらの規約を試行錯誤によって発見できるようになります。次の手法は有効なことが証明されています。

- **トランクベース開発**
  この手法の考え方として、ソースコードリポジトリーのmainブランチにあるものを常にリリースできる状態にしておく。このブランチの構築とリリースプロセスで問題を発生させる変更はマージしない。マージする変更がリリースできる状態にある場合にのみ、マージする。この手法にはfeatureブランチの使用も組み込まれている。これにより、開発者はmainブランチで問題を発生させることなく、新機能を開発できるようになる。新機能とテストの完了時、レビューとマージのために開発者はプルリクエスト（Pull Request、PR）をほかの開発者に送信できる。また、mainブランチに何かをマージするとき、サービス（そして関連するあらゆる成果物）の新しいリリースを自動的に作成できる。これはmainブランチに各新機能がマージされるたびに、これを継続的にリリースする。各リリースは整合性があり、テストが完了している。そのため、この新しいリリースをアプリケーション内のほかのあらゆるサービスが存在する実行環境にデプロイできる。この手法により、サービス担当チームはほかのサービスに不安になることなく前進し、継続的にリリースできるようになる
- **ソースコードと設定管理**
  ソフトウェアのさまざまな操作手法と作成中のソフトウェアを稼働させるために必要な設定がある。サービスとマイクロサービスアプリケーションの説明時、2つの異なる考え方がある
- **1つのサービス、1つのリポジトリー、1つのパイプライン**
  構築、パッケージ化、リリース、デプロイする必要があるサービスのソースコードとすべての設定は同じリポジトリーで管理する。これにより、サービスの担当チームはほかのサービ

スのソースコードを気にすることなく、好きなペースで変更をプッシュできるようになる。
Dockerイメージの作成方法を説明する`Dockerfile`とKubernetesクラスター内にサービ
スをデプロイするために必要なKubernetesマニフェストは、同じリポジトリーに配置する
ことが一般的なプラクティスである。これらの設定には、サービスの構築とパッケージ化時
に使用するパイプライン定義を組み込むべきである

・**モノリポジトリー**

モノリポジトリーを使用する。単一のリポジトリーを使用し、リポジトリー内のさまざまな
ディレクトリに異なるパイプラインを設定する。この手法は有効だが、チームがプルリクエ
ストのマージを互いに待機することにより、チームが互いに妨げ合うことがないようにする
必要がある

・**コンシューマー駆動契約テスト**

サービスは、ほかのサービスに対してテストを実行するために仕様を使用する。個々のサー
ビスを単体テストするときに、ほかのサービスが稼働していなくともよいはずである。コン
シューマー駆動契約を作成することにより、各サービスはほかのAPIに対してその機能を検
証できる。ダウンストリームのサービスがリリースされた場合、新しい仕様がアップスト
リームのあらゆるサービスと共有される。これにより、サービスは新バージョンに対してテ
ストを実行できるようになる

　私はJez Humble氏とDavid Farley氏の『Continuous Delivery』、またChristie Wilson氏の
『Grokking Continuous Delivery』の書籍2冊を推奨します。

・Jez Humble, David Farley『Continuous Delivery: Reliable Software Releases through
Build, Test, and Deployment Automation』（Addison-Wesley Professional、2010、日
本語版『継続的デリバリー：信頼できるソフトウェアリリースのためのビルド・テスト・デ
プロイメントの自動化』KADOKAWA、2012）
・Christie Wilson『Grokking Continuous Delivery』（Manning Publications、2022、日本
語版『入門継続的デリバリー』オライリー・ジャパン、2024）

　これらの書籍で紹介されているツールのほとんどにより、効率的な提供に関するプラクティス
を実装できるようになります。これらのプラクティスと規約を考慮した場合のサービスパイプラ
インの役割を次節で紹介します。サービスパイプラインは、ソースコードを1つまたは複数の成
果物群に変換します。これは実行環境にデプロイできます。

3.4 サービスパイプラインの構造

　この定義を念頭に置き、Kubernetes内で稼働させるクラウドネイティブアプリケーションのために、サービスパイプラインにどのようなタスクを組み込むべきかを説明しましょう。

- **ソースコードリポジトリーのmainブランチ（ソースバージョン管理システム、現在はGitリポジトリー）の変更通知を受け取るために登録する**
  ソースコードに変更があった場合、新しいリリースを作成する必要がある。サービスパイプラインを実行することにより、新しいリリースを作成する。通常、新しい変更が提出されたかどうかを検査するWebhookやプル型の仕組みを使用して、これは実装される

- **リポジトリーからソースコードをクローンする**
  サービスを構築するために、ソースコードをマシンにクローンする必要がある。このマシンは、ソースコードを構築またはコンパイルし、実行できるバイナリ形式に変換するツールを持つ

- **リリース予定の新バージョン用に新しいタグを作成する**
  トランクベース開発に基づいて、変更が発生するたびに、新しいリリースを作成できる。これは、デプロイされているものと各リリースに組み込まれた変更を理解するために役立つだろう

- **ソースコードを構築し、テストする**
  - 構築プロセスの一環として、ほとんどのプロジェクトでは単体テストを実行する。単体テストが失敗した場合には、構築プロセスを中断させる
  - 技術スタック次第で、このステップのために使用できるツールが必要になるだろう。例えば、コンパイラ、依存関係、静的解析ツール（静的ソースコード解析ツール）などがある
  - CodeCovのようなツールがある。これはテストにより、どのくらいのソースコードが網羅されるのかを測定する。また、カバレッジの閾値が満たされない場合、変更がマージされるのを防ぐ
  - セキュリティースキャナは、アプリケーションの依存関係の脆弱性を評価するために使用されます。新しいCVE（共通脆弱性識別子）が見つかった場合、依存関係の変更を中断させる

- **バイナリの成果物を成果物リポジトリーに公開する**

  これらのバイナリが、ほかのシステムと次のパイプラインのステップで確実に使用できるようにする必要がある。このステップでは、バイナリの成果物をネットワーク上のさまざまな場所にコピーする。この成果物は、リポジトリーで作成されたタグと同じバージョンを共有するだろう。また、バイナリからそれの元になるソースコードまでの追跡可能性を提供する

- **コンテナイメージを構築する**

  クラウドネイティブなサービスを構築する場合、コンテナイメージを構築する必要がある。今日の最も一般的な方法は、Dockerやその他のコンテナ代替品の使用である。例えば、このステップでソースコードリポジトリーに配置すべきものがある。それは、構築する必要があるコンテナイメージとコンテナイメージ構築の仕組み（ビルダー）を定義する`Dockerfile`である。CNCF Buildpacks[1]のようなツールを使用すれば`Dockerfile`が不要になり、コンテナの構築プロセスを自動化できる。さまざまなプラットフォーム用に多くのコンテナイメージを作成する必要があるため、適切なツールの使用が不可欠である。リリースされたサービスでは、例えば`amd64`と`arm64`のプラットフォームのために1つ以上のコンテナイメージが必要になるかもしれない。本書で紹介するあらゆる例は、これらの2つのプラットフォーム向けに構築されている

- **コンテナレジストリーにコンテナイメージを公開する**

  サービスのソースコード構築時に作成したバイナリの成果物を公開した。これと同じ方法で、ほかのユーザーが使用できるレジストリーにコンテナイメージを公開する必要がある。このコンテナイメージは、リポジトリーで作成したタグと公開したバイナリに対して同じバージョンである。コンテナイメージの実行時にどのソースコードが実行されるのかを確認するために、これは役立つ

- **Kubernetes Deployment用のYAMLファイルを静的解析し、検証し、任意でパッケージ化する（Helmをここで使用できる）**

  Kubernetes内でこれらのコンテナを稼働させている場合、Kubernetesクラスターへのコンテナのデプロイ方法を定義するKubernetesマニフェストを管理、保存、バージョン管理する必要がある。Helmなどのパッケージマネージャーを使用している場合、バイナリとコンテナイメージで使用されているバージョンと同じバージョンで、パッケージをバージョン管理できる。YAMLファイルのパッケージ化に関する私のルールは次のとおりである。もし、サービスをインストールしようとする人が十分に多い場合（オープンソースプロジェクト、

---

[1]　https://buildpacks.io/

グローバルに分散した大規模組織など）、YAMLファイルをパッケージ化してバージョン管理したくなるかもしれない。もしチームや実行環境が少ない場合、おそらくパッケージ化ツールを使用せずにYAMLファイルを配布できる

- **（任意）これらのKubernetesマニフェストをレジストリーに公開する**

  Helmを使用している場合は、これらのHelmパッケージ（Chartという）をレジストリーにプッシュすることになる。これにより、ほかのツールでこれらのChartを取得できるようになる。そして、任意の数のKubernetesクラスターにデプロイできるようになる。第2章で確認したとおり、これらのHelm ChartはOCIコンテナイメージとしてコンテナレジストリーに配布できる

- **関係者に新バージョンのサービスを通知する**

  ソースからサービス実行までの自動化を試みる場合がある。その場合、サービスパイプラインは新バージョンへのデプロイを待機するすべての関連サービスに通知を送信できる。これらの通知として、ほかのリポジトリーへのプルリクエスト、イベントバスへのイベント、これらのリリースの関連チームへの電子メールなどがあるだろう。プル型も有効である。この手法では与えられた成果物で新バージョンが使用できるようになったかどうかを確認するために、エージェントが成果物リポジトリー（またはコンテナレジストリー）を常に監視する

　図3.3は、前述の箇条書きで説明したステップを一連のステップ群として示しています。ほとんどのパイプラインツールには、どのステップが実行されるかを確認できる視覚的な機能があるでしょう。

図3.3 サービスパイプラインは、複数の実行環境で稼働できる成果物を作成するために必要なあらゆるステップを自動化する。サービスパイプラインは、ソースコードの変更によって起動されることがほとんどである。しかし、作成した成果物を特定の実行環境にデプロイする役割を担当していない。サービスパイプラインは、ほかのコンポーネントに新バージョンを通知できる

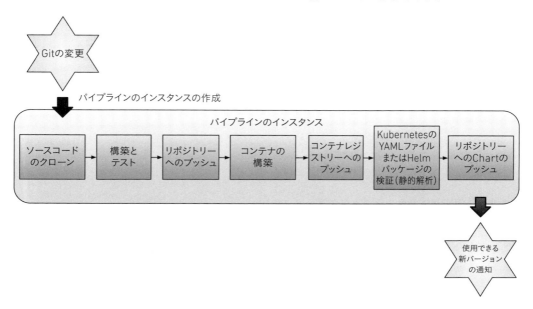

　このパイプラインの出力は、サービスを稼働させるための実行環境にデプロイできる成果物群です。サービスは特定の実行環境に依存しない方法で構築し、パッケージ化する必要があります。サービスは実行環境で動作するほかのサービスに依存できます。依存先としてデータベースのようなインフラストラクチャーコンポーネント、メッセージブローカー、ほかのダウンストリームのサービスがあります。

　これらのパイプラインを実装するために使用するツールにかかわらず、次の特性を考慮する必要があります。

- 変更に基づいてパイプラインが自動的に実行される（トランクベース開発に従う場合、リポジトリーのmainブランチの変更ごとにパイプラインのインスタンスが1つ作成されます）
- パイプラインの実行は、成功または失敗の状態を明確なメッセージで通知するだろう。このメッセージには簡単な方法が組み込まれている。例えば、パイプラインがなぜ失敗したのか、どこで失敗したのか、また各ステップの実行にどれだけの時間がかかったのかを確認する

- 各パイプライン実行には一意なIDが割り当てられていて、パイプラインを実行するために使用されたパラメーターやログを調査するために使用できる。これにより、問題のトラブルシューティングに使用されたセットアップを再現できるようになる。この一意なIDを使用して、パイプライン内のあらゆるステップで作成されたログを調査できる。また、パイプライン実行を説明することにより、作成されたあらゆる成果物とそれらが公開された場所を特定できるはずだ
- またパイプラインは手動で起動し、特別な状況に合わせてさまざまなパラメーターを設定できる。例えば、作業中のfeatureブランチをテストするような状況がある

それでは、どのようなサービスパイプラインが現実的なのかを掘り下げていきましょう。

3.4.1　現実的なサービスパイプライン

現実的には、リポジトリのmainブランチに変更をマージするたびにサービスパイプラインが実行されるでしょう。トランクベース開発に従う場合、次のように動作するはずです。

- mainブランチに変更をマージするとき、このサービスパイプラインが実行される。そして、最新のコードベースを使用して成果物群を作成する。 サービスパイプラインが成功した場合、成果物をリリースできる。 常にリリースできる状態にしておくために、mainブランチの上で稼働するサービスパイプラインを毎回成功させる必要がある。何らかの理由でこのパイプラインが失敗した場合、サービスの担当チームはできるだけ早く問題を修正することに焦点を移す必要がある。言い換えれば、サービスパイプラインで問題を発生させるようなコードをmainブランチにマージする必要はない。また、そのためにfeatureブランチでパイプラインを実行する必要がある
- ブランチ内の変更をmainブランチ上でビルド、テスト、リリースできることを検査するために各featureブランチでは非常に類似したパイプラインが実行されるはずだ。現代の実行環境では、GitHubのプルリクエストという概念がこれらのパイプラインを実行するために使用される。その目的は、任意のプルリクエストのマージ前に、パイプラインが変更を検証することを確認するためである
- 一般的には機能群をmainブランチにマージした後、常にリリースできる状態にあることがわかっている。そのため、サービス担当チームは新しいリリースへのタグ付けを決定する。Gitでは、新しいタグ（固有のコミットへのポインタ）をmainブランチに基づいて作成する。

一般的に、タグ名はパイプラインが作成する成果物のバージョンを表すために使用される

　図3.4は、mainブランチ用に設定されたパイプラインとプルリクエスト作成時のみfeatureブランチを検証する汎用パイプラインを示しています。これらのパイプラインの複数のインスタンスを起動し、新しい変更を継続的に検証できます。

図3.4　主要なブランチと機能ブランチのサービスパイプライン

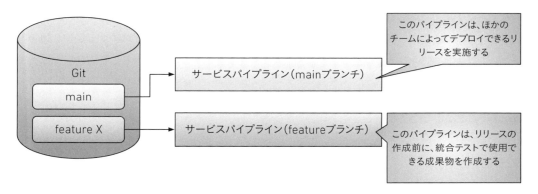

　図3.4に示されているサービスパイプラインは、最も一般的なステップです。このステップは、mainブランチに何かをマージするたびに、毎回実行する必要があります。パイプラインにはいくつか種類があり、このパイプラインはさまざまな状況に応じて実行する必要があります。さまざまなイベントがパイプラインの実行を開始できます。さまざまな目的のために、わずかに異なるパイプラインを作成できます。

- **featureブランチでの変更を検証する**
  このパイプラインは、mainブランチのパイプラインと同じステップを実行できる。ただし、作成する成果物にはブランチ名を組み込むべきである。組み込む場所として、バージョンあるいは成果物の名前の一部があるかもしれない。変更のたびにパイプラインを実行することにより、料金が高額になる。パイプラインの実行が必ずしも必要ではないかもしれないため、いつ実行するかは需要に基づいて判断する必要がある
- **プルリクエストの検証**
  このパイプラインはプルリクエストが有効であること、そして最近の変更で成果物を作成できることを検証する。通常、パイプラインの結果はプルリクエストのマージ担当のユーザー

に通知される。また、パイプラインが失敗している場合はマージを防げる。このパイプライ
ンはmainブランチにマージされたものが有効であり、またリリースできることを検証する
ために使用される。プルリクエストを検証することはfeatureブランチ変更のたびにパイプ
ラインを実行しないために、優れた選択肢になるだろう。開発者が構築システムからフィー
ドバックを得る準備ができたら、パイプラインを起動するプルリクエストを作成できるよう
になる。開発者がプルリクエストを変更した場合、パイプラインは再起動されるだろう

　これらのパイプラインにはわずかな差異や最適化が追加されています。それにもかかわらず、
パイプラインの動作や成果物はほとんど同じです。これらの規約と手法はパイプラインに依存し
ます。このパイプラインは作成されたサービスが実行環境にデプロイできることを検証するため
に、テストを十分に実行します。

3.4.2　サービスパイプラインの要件

本項では、サービスパイプラインが動作するために必要なインフラストラクチャーの要件、またパイプラインが動作するために必要なソースリポジトリーの内容を説明します。

サービスパイプラインが動作するために必要なインフラストラクチャー要件から始めましょう。

- **ソースコード変更の通知に関するWebhook**
  まず、サービスのソースコードのGitリポジトリーにWebhookを登録する。これにより、新しい変更が主要なブランチにマージされたときに、パイプラインのインスタンスを作成できる
- **使用できる成果物リポジトリー、またバイナリの成果物をプッシュするための有効な資格情報**
  ソースコードが構築されると、あらゆる成果物が保存されている成果物リポジトリーに新しく作成した成果物をプッシュする必要がある。そのためには、新しい成果物をプッシュするために有効な資格情報を成果物リポジトリーに設定する必要がある
- **コンテナレジストリーと新しいコンテナイメージをプッシュするために有効な資格情報**
  バイナリの成果物をプッシュする必要があるのと同様に、Dockerコンテナを配布する必要がある。これにより、サービスの新しいインスタンスをプロビジョニングしたいときに、Kubernetesクラスターがイメージを取得できるようになる。このステップを完了するためには有効な資格情報を持つコンテナレジストリーが必要である
- **Helm Chartリポジトリーと検証済みの資格情報**
  KubernetesマニフェストはHelm Chartとしてパッケージ化し、配布できる。Helmを使用している場合、これらをプッシュするためにHelm Chartリポジトリーと有効な資格情報が必要である

図3.5は、パイプラインのインスタンスが通信する最も一般的な外部システムを示しています。Gitリポジトリー、成果物リポジトリー、コンテナレジストリーがあります。これらのパイプラインを保守するチームは、正しい資格情報を設定する必要があります。さらに、パイプラインが実行されている場所からこれらのコンポーネントに（ネットワークの観点で）通信できるようにする必要があります。

図3.5 実行中のパイプラインには、多くのインフラストラクチャーが必要である。これにはサービスとリポジトリーを保守すること、ユーザーと資格情報を作成すること、そしてこれらのサービス（リポジトリー）がリモートから使用できる状態であることを確認することが含まれる

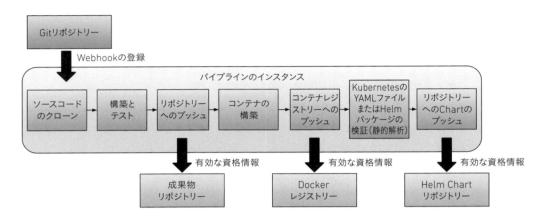

サービスパイプラインが機能するためには、サービスのソースコードを含むリポジトリーが`Dockerfile`、コンテナイメージを作成する方法、Kubernetes内にサービスをデプロイするために必要なKubernetesマニフェストを含むべきです。

図3.6は、サービスのソースコードリポジトリーのディレクトリー構成例を示しています。このリポジトリーにはソース（src）ディレクトリがあり、このソースディレクトリはバイナリー形式にコンパイルされるあらゆるファイルを含みます。`Dockerfile`はサービス用のコンテナイメージを構築するために使用されます。Helm Chartディレクトリーは、Helm Chartを作成するためのあらゆるファイルを含みます。これはKubernetesクラスター内にサービスをインストールするために配布できます。サービスごとにHelm Chartを作成するか、またはあらゆるアプリケーションのサービスのために単一のHelm Chartを作成するかを選択できます。

また、図3.6は、Helm Chartの定義を組み込んだサービス構成でもあります。サービスを個別にパッケージ化し、配布するためにこれは役立ちます。Kubernetesクラスター内でサービスを構築し、パッケージ化し、実行するために必要なあらゆるものを含める場合があります。その場合、新しいサービスのリリースを作成するために、mainブランチが変更されるたびに、サービスパイプラインを実行する必要があります。

図3.6　サービスのソースコードリポジトリーは、サービスパイプラインが動作するためのあらゆる設定を持つ必要がある

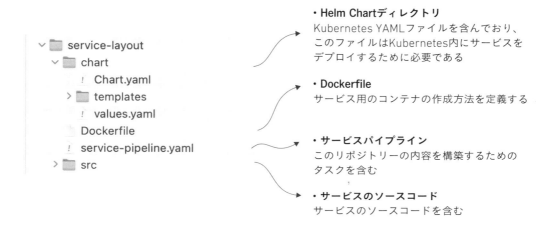

　まとめると、サービスパイプラインはソースとそれに関する成果物を構築し、実行環境にこれをデプロイする役割を担います。前述のとおり、サービスパイプラインは作成されたサービスを本番環境にデプロイする役割は担っていません。実行環境パイプラインの役割は次章で取り上げます。

3.4.3　サービスパイプラインに関する明確な方針、制限、妥協

　サービスパイプラインの作成に万能な手法は存在しません。現実的には要件次第で妥協する必要があります。Tekton、Dagger、GitHub Actionsなどのツールの説明前に、私が目にしたチームが苦労している実用的な側面に触れておきます。サービスパイプライン設計時の簡易的な考慮事項を一覧表示します。

　サービスパイプラインの開始と終了の定義時に厳格なルールや明確な方針を避けます。例えば、前節で述べたように必ずしもサービスをHelm Chartとしてパッケージ化する必要はないかもしれません。　サービスを単独でインストールしたい状況はそれほどない場合があります。例えば、サービスがほかのサービスに大きく依存している場合です。その場合、ステップをサービスパイプラインから削除し、サービスリポジトリーからChartの定義を削除することは大きな意味があるかもしれません。

コンポーネントと成果物のライフサイクルを理解します。サービスの変更頻度とその依存関係次第でサービスパイプラインを互いにひも付け、一連のサービスを同時に構築できます。サービスパイプラインの関係を対応付け、これらのサービスの運用チームの需要を理解します。これにより、サービスパイプラインを作成するうえでの適切な粒度がわかります。例えば、稼働中のサービスの新バージョンに対して、チームが新しいコンテナイメージをリリースし続けられます。しかし、さまざまなチームはHelm Chartの頻度とリリースを管理でき、このHelm Chartはあらゆるアプリケーションのサービスをバンドルします。

組織に最適なものを選択します。ビジネス上の優先事項に基づいて、エンドツーエンド自動化を最適化します。重要なサービスがリリースとデプロイの遅延の原因となっている場合があります。その場合、ほかのサービスの調査前にサービスパイプラインを準備し、完全に機能させることに注力します。汎用的な手法を作成しても意味がありません。単一のサービスの80%で組織が苦労していたとしても、汎用的な手法がその苦労を見つけるまでに時間がかかるかもしれません。

必要になるまで不要なステップは作成しないようにします。Kubernetesマニフェストをパッケージ化し、配布するためのツールとしてHelmを強く推奨してきました。しかし、それが唯一の方法であるとは提案していません。広く採用されているツールの例としてHelmを紹介しました。ただし、Kubernetesマニフェストをパッケージ化し、配布しなくともよい状況があるかもしれません。その場合、サービスパイプラインはそのようなステップを持つべきではありません。もし必要になった場合、ステップを組み込むためにサービスパイプラインを拡張できます。

それでは、この分野のツールをいくつか確認してみましょう。

3.5 サービスパイプラインの実践

　世の中にはいくつかのパイプラインエンジンがあります。例えばGitHub Actions[2]があり、これは完全なマネージドサービスです。また、いくつかの有名なCI（継続的インテグレーション）マネージドサービスがあり、このCIはアプリケーションのサービスを構築しパッケージ化するための多くの機能を提供します。

　以降の項では、TektonとDaggerという2つのプロジェクトを検討します。これらのプロジェクトは、クラウドネイティブアプリケーションを扱うためのツールを提供します。第6章で確認するように、これらのツールによりプラットフォームチームは長い時間をかけて構築した組織固有の知識をパッケージ化し、配布し、再使用できるようになります。Tekton[3]は、Kubernetesのためのパイプラインエンジンとして設計されました。Tektonは汎用的なパイプラインエンジンです。そのため、Taketonを使用してどんなパイプラインでも作成できます。一方で、Dagger[4]と呼ばれる新しいプロジェクトはあらゆる場所で実行できるように設計されています。本書では、GitHub Actions、Tekton、Daggerを比較します。

3.5.1 Tektonの実践

　Tektonは、当初GoogleのKnativeプロジェクト[5]の一部として作成されました。Knativeの詳細は第8章で説明します。Tektonは当初、Knative Buildと呼ばれていました。しかし、後にKnativeから分離されて独立したプロジェクトとなりました。Tektonの主な特徴は、Kubernetes内で動作するクラウドネイティブなパイプラインエンジンであることです。本項では、Tektonを使用してサービスパイプラインを定義する方法を説明します。

　Tektonにはタスクとパイプラインという2つの主要な概念があります。Tektonではパイプラインエンジンはコンポーネント群であり、これは`Task`と`Pipelines`というKubernetesリソースを実行できます。Tektonは、本書で取り上げたほとんどのKubernetesプロジェクトと同様に、Kubernetesクラスターにインストールできます。https://tekton.dev/docs/

※2　https://github.com/features/actions
※3　https://tekton.dev/
※4　https://dagger.io/
※5　https://knative.dev/

Chapter 3　サービスパイプライン：クラウドネイティブアプリケーションの構築　　143

concepts/overview/ で、公式ドキュメントページを確認することを強く推奨します。これは、Tektonのようなツールの使用価値を説明しています。

　このリポジトリーには段階的なチュートリアル群が含まれています。https://github.com/salaboy/platforms-on-k8s/tree/main/chapter-3/tektonで、Tektonのクラスターへのインストール方法と `tekton/hello-world/` ディレクトリーの例を確認することにより、チュートリアルを始められます。

　TaskとPipelinesというカスタムリソースを使用して、Tektonをインストールできます。これらはKubernetes APIの拡張機能であり、Tektonのタスクとパイプラインを定義します。Tektonをインストールすると、Tektonダッシュボードとtkn CLI（コマンドラインインターフェース）ツールもインストールできるようになります。

　Tektonリリースをインストールすると、`tekton-pipelines`という新しい名前空間を確認できます。この名前空間にはパイプラインコントローラー（パイプラインエンジン）、パイプラインWebhookリスナーがあります。このパイプラインWebhookリスナーは、Gitリポジトリーなどの外部ソースから来るイベントを監視するために使用されます。

　TektonでのTaskは、リスト3.1に示されているように、通常のKubernetesリソースに似ています。

リスト3.1　簡単なTekton Taskの定義

```
apiVersion: tekton.dev/v1
kind: Task
metadata:
 name: hello-world-task    ① metadata.nameで定義されたリソースの名前は、Taskの定義名を表します
spec:
  params:
   - name: name
     ② Taskの定義に設定できるパラメーターを定義するために、parameterセクションを使用できます
     type: string
     description: who do you want to welcome?
     default: tekton user
  steps:
   - name: echo
```

144　Kubernetesで実践するPlatform Engineering

```
image: ubuntu  ③ このTaskにはUbuntuというDockerイメージが使用されます
command:
  - echo  ④ この場合のコマンド引数(args)はHello Worldの文字列です。注意点として、より複雑なコマ
args:          ンドのために引数を一覧で渡せます
  - "Hello World: $(params.name)"
       ⑤ この場合のコマンド引数(args)はHello World: $(params.name)の文字列です。これはTaskのパラメー
         ターとして使用されます
```

　このリポジトリーではTaskの定義、またクラスター内でこれを稼働させるための段階的な
チュートリアルを確認できます[6]。

　この例から派生してどのコンテナを使用し、どのコマンドを実行するかを柔軟に定義できます。
そのため、実行したいことをTaskとして作成できます。Taskを定義した後、`kubectl apply
-f task.yaml` でクラスターにこのTaskを適用し、Tektonで使用できるようにします。ファ
イルをKubernetes内に適用することにより、クラスター内でTektonのコンポーネントとして
使用できるようになります。しかし、Taskはまだ実行されません。

　このTaskを実行したい場合、複数回実行できます。Tektonでは次のようなTaskRunリソー
スを作成する必要があります。

リスト3.2　Taskの実行は、Taskの定義のインスタンスを表します

```
apiVersion: tekton.dev/v1
kind: TaskRun
metadata:
  name: hello-world-task-run-1
spec:
  params:
  - name: name
    value: "Building Platforms on top of Kubernetes reader!"
     ① このTaskRunで特定のパラメーター値を定義できます
  taskRef:
    name: hello-world-task
② 実行したいTaskの定義名を参照する必要がある。注意点として、この名前は、定義するTaskリソースごとに一意である
```

※6　https://github.com/salaboy/platforms-on-k8s/blob/main/chapter-3/tekton/hello-world/hello-world-task.yaml

Chapter 3　サービスパイプライン：クラウドネイティブアプリケーションの構築　　145

TaskRunリソースは、https://github.com/salaboy/platforms-on-k8s/blob/main/chapter-3/tekton/hello-world/task-run.yamlで確認できます。

このTaskRunをクラスターに適用する場合（`kubectl apply -f taskrun.yaml`）、パイプラインエンジンがこのTaskを実行します。リスト3.3のTaskRunリソースからTekton Taskを確認できます。

リスト3.3　TaskRunのすべてのインスタンスを取得します

```
> kubectl get taskrun
NAME                      SUCCEEDED    STARTTIME    COMPLETIONTIME
hello-world-task-run-1    True         66s          7s
```

稼働中のすべてのPodを一覧表示する場合、リスト3.4に示されているように各TaskがPodを作成していることに気付くでしょう。

リスト3.4　TaskRunsに関連するすべてのPodを一覧表示します

```
> kubectl get pods
NAME                            READY    STATUS      AGE
NAME                            READY    STATUS      AGE
hello-world-task-run-1-pod      0/1      Init:0/1    2s
```

TaskRunsにはPodがあります。リスト3.5のように、Taskが何を実行しているかを確認するためにログを追跡できます

リスト3.5　Pod名を使用してTaskRunのログを確認する

```
kubectl logs -f hello-world-task-run-1-pod
Defaulted container "step-echo" out of: step-echo, prepare (init)
Hello World: Building Platforms on top of Kubernetes reader!
```

初めてTekton TaskRunを実行しました。おめでとうございます！ しかし、単一のTaskでは全く面白くありません。複数のTaskをつなげられる場合、サービスパイプラインを作成できます。この簡単な例からどのようにTekton Pipelineを作成するのかを説明しましょう。

3.5.2　Tekton Pipeline

Taskは役立ちます。Pipelineを使用してこれらのTaskをつなぐ時、Tektonは面白くなります。

Pipelineはこれらのタスクを特定の順番で集めたものです。次のPipelineでは事前に定義したTaskの定義を使用しています。メッセージを表示し、URLからファイルを取得し、そのコンテンツを読み込みます。それをHello World Taskに転送し、メッセージを表示します。

図3.7は、3つのTekton Taskで構成される簡単なTekton Pipelineを示しています。

図3.7　Hello World Taskを使用した簡単なTekton Pipeline

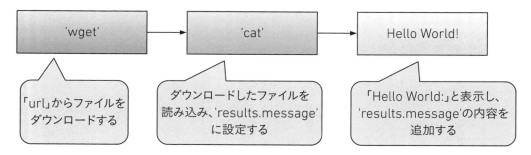

この簡単なPipelineでは、Tekton Hubから既存のTask定義（`wget`）を使用しています。このTaketon Hubは、一般的なTaskをホストするコミュニティーリポジトリーです。Tektonの柔軟性を示すために、`cat`というTaskをPipeline内にインラインで定義します。最終的に、前項で定義したHello World Taskを使用します。

Tektonで定義された簡単なサービスパイプライン（`hello-world-pipeline.yaml`）を説明します。膨大な内容のYamlですが大丈夫です。リスト3.6を確認してください。

リスト 3.6 Pipeline定義

```
apiVersion: tekton.dev/v1
kind: Pipeline
metadata:
  name: hello-world-pipeline
  annotations:
    description: |
      Fetch resource from internet, cat content and then say hello
spec:
  results:
```

① Pipelineリソースは、パイプラインに期待する配列結果を定義できる。実行時に、Taskはこれらの結果の値を設定できる

```
  - name: message
    type: string
    value: $(tasks.cat.results.messageFromFile)
  params:
```

② Taskと同様に、このPipelineの実行時に、ユーザーによって設定されるパラメーターを定義できる。Pipelineのこれらのパラメーターは、必要に応じて各Taskに転送できる

```
  - name: url
    description: resource that we want to fetch
    type: string
    default: ""
  workspaces:
```

③ PipelineとTaskにより、Tektonワークスペースを使用して、永続的な情報を保存できるようになる。これは、Task間で情報を共有するために使用できる。各Taskはコンテナ内で実行される。そのため、情報を共有するための永続ストレージ使用は簡単にセットアップできる

```
  - name: files
  tasks:
  - name: wget
    taskRef:
```

④ 作成していないTaskを参照する。このPipelineのPipelineRunの作成前に、このTask定義を確実にインストールする必要がある

```
      name: wget
    params:
    - name: url
      value: "$(params.url)"
    - name: diroptions
      value:
        - "-P"
    workspaces:
    - name: wget-workspace
      workspace: files
  - name: cat
```

148　Kubernetesで実践するPlatform Engineering

```
    runAfter: [wget]
    workspaces:
    - name: wget-workspace
      workspace: files
    taskSpec:
```

⑤ 必要に応じてPipeline内にTaskをインラインで定義できる。これによりPipelineのファイルは複雑になる。しかし、ほかのTaskをつなぎ合わせるだけのTaskが役立つ場合もある。このTaskの唯一の目的は、ダウンロードしたファイルの内容を読み取り、ファイルを受け入れないHello World Taskで文字列として使用できるように変換することである

```
      workspaces:
      - name: wget-workspace
      results:
        - name: messageFromFile
          description: the message obtained from the file
      steps:
      - name: cat
        image: bash:latest
        script: |
          #!/usr/bin/env bash
          cat $(workspaces.wget-workspace.path)/welcome.md |
NAME                                              READY   STATUS   AGE
➥tee /tekton/results/messageFromFile
  - name: hello-world
    runAfter: [cat]
    taskRef:
      name: hello-world-task
```

⑥ また、クラスターにhello-world-task定義をインストールする必要がある。kubectl get tasksを実行すれば、どのTaskを使用できるのかをいつでも確認できる

```
    params:
      - name: name
        value: "$(tasks.cat.results.messageFromFile)"
```

⑦ Hello World Taskの値を提供するために、Tektonのテンプレートの強力な仕組を使用できる。"cat" Taskの結果を参照している

完全なPipeline定義は、https://github.com/salaboy/platforms-on-k8s/blob/main/chapter-3/tekton/hello-world/hello-world-pipeline.yamlで確認できます。

Pipeline定義の適用前に、**wget** Tekton Taskをインストールする必要があります。このTaskはTektonコミュニティーによって作成され、保守されています。

Chapter 3　サービスパイプライン：クラウドネイティブアプリケーションの構築　149

```
kubectl apply -f
➡https://raw.githubusercontent.com/tektoncd/catalog/main/task/wget/0.1/
wget.yaml
```

Tektonに認識させるには、このPipelineリソースをクラスターに適用する必要があります。

```
kubectl apply -f hello-world-pipeline.yaml
```

Pipeline定義で確認できるとおり、`spec.tasks`フィールドにはTaskの配列が含まれています。これらのTaskは事前にクラスターにデプロイされている必要があります。Pipeline定義ではこれらのTaskを実行する順番が定義されています。これらのTask参照は例にあるように、自身のTaskでもTekton Catalogから取得したものでもよいです。Tekton Catalogは再使用できるコミュニティー管理のTask定義を含むリポジトリーです。

同様に、実行にはTaskRunが必要です。そのためパイプラインを実行したい時に、次のリストのようにPipelineRunを作成する必要があります。

リスト3.7　PipelineRunは、パイプラインのインスタンス（実行）を表します

```
apiVersion: tekton.dev/v1
kind: PipelineRun
metadata:
  name: hello-world-pipeline-run-1
spec:
  workspaces:
```

① PipelineRunの作成時、Pipeline定義で定義されたワークスペースを実際のストレージにバインドする必要がある。この場合、PipelineRunが使用するストレージとして、1MBを要求するVolumeClaimが作成される

```
    - name: files
      volumeClaimTemplate:
        spec:
          accessModes:
          - ReadWriteOnce
          resources:
```

```
        requests:
           storage: 1M
   params:
   - name: url
```

② Pipelineのパラメーターurlには、どんなURLでも設定できる。しかし、PipelineRunのコンテキストからアクセスできる（つまり、URLに到達でき、ファイアウォール裏にない）必要がある

```
     value:
➡ "https://raw.githubusercontent.com/salaboy/salaboy/main/welcome.md"
   pipelineRef:
     name: hello-world-pipeline
```

③ Taskの場合と同様に、このPipelineRunで使用するPipeline定義の名前を指定する必要がある

PipelineRun リソースは、https://github.com/salaboy/platforms-on-k8s/blob/main/chapter-3/tekton/hello-world/pipeline-run.yamlで確認できます。

このファイルを`kubectl apply -f pipeline-run.yaml`でクラスターに適用します。この時、Tekton は Pipeline 定義で定義されたすべての Task を実行することにより、Pipeline を実行します。この Pipeline の実行時、Tekton は各 Task に 1 つの Pod と 3 つの TaskRun リソースを作成するでしょう。Pipeline は Task を調整します。言い換えれば、TaskRun を作成します。

TaskRun が作成されパイプラインが正常に実行されたことを確認するには、リスト 3.8 を確認してください。

リスト3.8　Pipeline実行からTask実行を取得します

```
> kubectl get taskrun
NAME                                      SUCCEEDED STARTTIME COMPLETIONTIME
hello-world-pipeline-run-1-cat            True      109s      104s
hello-world-pipeline-run-1-hello-world    True      103s      98s
hello-world-pipeline-run-1-wget           True      117s      109s
```

各TaskRunに関して、TektonはPodを作成しました（リスト3.9）。

リスト3.9　Pipelineに属するすべてのTaskRunが終了したことを確認します

```
> kubectl get pods
NAME                                          READY   STATUS       AGE
hello-world-pipeline-run-1-cat-pod            0/1     Completed    11s
hello-world-pipeline-run-1-hello-world-pod    0/1     Completed    5s
hello-world-pipeline-run-1-wget-pod           0/1     Completed    19s
```

リスト3.10のように、hello-world-pipeline-run-1-hello-world-podのログを確認し、Taskが何を出力したかを確認します。

リスト3.10　最後のTaskからログを取得します

```
> kubectl logs hello-world-pipeline-run-1-hello-world-pod
Defaulted container "step-echo" out of: step-echo, prepare (init)
Hello World: Welcome, Internet traveler! Do you want to learn more about
Platforms on top of Kubernetes? Check this repository: https://github.
com/salaboy/platforms-on-k8s
```

Tekton DashboardではTask、TaskRun、Pipeline、PipelineRunを常に確認できます。クラスターにTekton Dashboardをインストールした場合、利用するには最初に稼働させておく必要があります。

```
> kubectl port-forward -n tekton-pipelines
➡services/tekton-dashboard 9097:9097
```

図3.8は、Tekton Dashboardのユーザーインターフェースを示しています。このダッシュボードではTaskとPipelineの定義を調査できます。新しいTaskとPipelineを起動して、各Taskが出力するログを調査できます。

152　　Kubernetesで実践するPlatform Engineering

図3.8　Tekton DashboardでPipelineRunを実行する様子

　必要に応じて段階的なチュートリアルを次のリポジトリーで確認できます。このリポジトリーには、KubernetesクラスターへのTektonのインストール方法とサービスパイプラインの実行方法があります。
https://github.com/salaboy/platforms-on-k8s/blob/main/chapter-3/tekton/hello-world/README.md

　チュートリアルの最後には複雑なパイプラインへのURLリンクを確認でき、これは各カンファレンスアプリケーションのサービス用に定義したものです。これらのパイプラインは複雑です。なぜなら外部サービスの使用、成果物やコンテナイメージを公開するための資格情報、クラスター内で特権的な処理の実行権限が必要であるためです。詳細に興味がある場合はチュートリアルのこのセクションを確認してください。
https://github.com/salaboy/platforms-on-k8s/tree/main/chapter-3/tekton#tekton-for-service-pipelines

3.5.3　Tektonの利点と追加機能

確認してきたようにTektonは非常に柔軟性が高く、高度なパイプラインを作成できます。また、ほかには次のような機能があります。

- Task間でデータを共有するためにインプットとアウトプットを対応づけられる
- PipelineやTaskを起動するイベントを受信するイベントトリガーを受信できるようにする
- コマンドラインツールをターミナルから使用して、TaskやPipelineを簡単かつ対話的に操作できる
- わかりやすいダッシュボードを使用してPipelineやTaskの実行を監視できる（図3.9）

図3.9　Pipelineを監視するユーザーインターフェースであるTekton Dashboard

図3.9はTekton Dashboardを示しており、パイプラインの実行を視覚化できます。Tektonは、Kubernetes上で動作するように構築されていることを思い出してください。そのため、ほかのKubernetesリソースと同様に`kubectl`を使用してパイプラインを監視できます。しかし、技術的に詳しくないユーザーにとってはユーザーインターフェースに勝るものはありません。

しかし、Tektonでサービスパイプラインを実装する場合、かなりの時間を費やすことになるでしょう。これにはTask、Pipeline、インプットとアウトプットの対応づけ方法、Gitリポジトリーのためのイベントリスナーの定義、各Taskで使用するDockerイメージの定義が必要です。これらのPipelineと関連リソースを作成し、保守することには時間と労力が必要になるかもしれません。そのため、Tektonでは共有できるTekton Catalogを定義する取り組みを開始しました（Pipelineとリソースは今後のリリースで計画されている）。Tekton Catalogは https://github.com/tektoncd/catalogで使用できます。

Tekton Catalogの助けを借りれば、Catalogで定義されたTaskを参照するPipelineを作成できます。前項では、このCatalogからダウンロードしたwgetTaskを使用しました。wgetTaskの完全な説明は、https://hub.tekton.dev/tekton/task/wgetで確認できます。したがって、それらを定義することについて不安になる必要はありません。https://hub.tekton.dev を確認することにより、Task定義を検索できるようになります。また、これらのTaskをPipelineにインストールし、使用するための詳細なドキュメントも提供できるようになります（図3.10）。

Tekton HubとTekton Catalogにより、ユーザーや企業のコミュニティーが作成したTaskやPipelineを再使用できます。Tektonの概要ページ[7]では、Tektonの利点、Tektonを使用するべき人や理由が整理されています。

※7 https://tekton.dev/docs/concepts/overview/

図3.10 Tekton HubはTaskとPipeline定義を共有し、再使用するためのポータルである

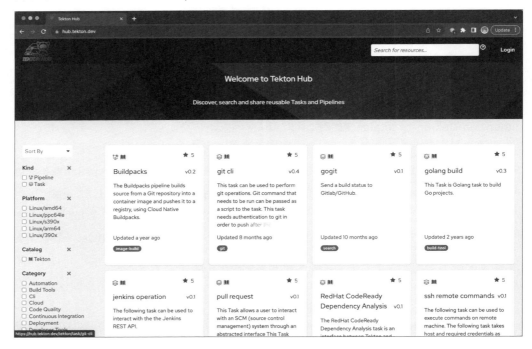

　Tektonは、クラウドネイティブ分野ではかなり成熟したプロジェクトです。しかし、いくつかの課題があります。

　Kubernetesクラスター内でTektonを実行できるようにインストールし、保守する必要があります。アプリケーションのワークロードのすぐそばでPipelineを実行することは望ましくないです。別のクラスターが必要かもしれません。

　Tekton Pipelineをローカルで実行する簡単な方法はありません。開発時はKubernetesクラスターを使用し、手動でPipelineを実行します。

　TaskとPipelineを定義し作成するために、Kubernetesについて知っておくべきです。

Tektonは条件処理を提供します。しかし、YAMLのできることやKubernetesの宣言的手法の使用によって制限されています。

これらの問題の一部を軽減するために作成されたCNCFプロジェクトDaggerに話題を変えましょう。DaggerはTektonに取って代わるものではありません。このツールは複雑なパイプラインの構築時に発生する日常的な課題を解決するために、さまざまな手法を提供します。

3.5.4　Daggerの実践

Dagger[8]は開発者が好きなプログラミング言語を使用してパイプラインを構築でき、このパイプラインはどこでも実行できるという目的で誕生しました。Daggerはパイプラインを実行するためのコンテナランタイムのみに依存しています。このパイプラインはさまざまなプログラミング言語を使用して定義できます。Daggerは現在、Go、Python、TypeScript、JavaScript SDKに対応しています。さらに、Daggerは新しい言語へと対応範囲を広げています。

DaggerはKubernetesだけに焦点を当てていません。プラットフォームチームは開発チームがKubernetesの宣言的で強力な特性を最大限に活用できるようサポートする必要があります。また開発チームが生産性を高め、適切なツールを使って効率よく開発できる環境を整えることも求められます。本項ではDaggerとTektonを比較します。この比較ではDaggerがより適している状況、またほかのツールを補完できる状況を説明します。

Daggerを始めるときは、以下のサイトを確認することをお勧めします。

- **Daggerドキュメント**：https://docs.dagger.io
- **Daggerクイックスタート**：https://docs.dagger.io/648215/quickstart/
- **Dagger GraphQLのプレイグラウンド**：https://play.dagger.cloud

DaggerはTektonと同様にパイプラインエンジンを持ちます。しかし、このエンジンはローカルでもリモートでも動作でき、環境全体にわたって統一されたランタイムを提供します。DaggerはKubernetesと直接統合されていません。つまり、Kubernetes CRD（Custom

---

※8　https://dagger.io/

Resource Definitions）やYAMLは関係ありません。これらのパイプラインの作成と維持を担当するチームのスキルや好み次第では、このことは重要です。

　Daggerではコードを書くことにより、パイプラインを定義します。そのため、コードのパッケージ化ツールを使用してこれらのパイプラインを配布できます。例えば、パイプラインがGoで実装されている場合、ほかのチームが実装したパイプラインやタスクをインポートするためにGoモジュールを使用できます。Javaを使用する場合は再使用を促すパイプラインライブラリーをパッケージ化し、配布するためにMavenやGradleを使用できます。

　図3.11は次のことを示しています。まずはDagger SDKを使用して、開発チームがどのようにパイプラインを実装できるのかということです。次に、DockerやPodManなどのOCIコンテナランタイムでこれらのパイプラインを実行するために、Daggerエンジンをどのように使用できるのかということです。ローカル開発環境（Docker for MacやWindowsをインストールしたノートパソコン）で、継続的インテグレーション環境あるいはKubernetes内であっても、パイプラインを実行する場所は問いません。これらのパイプラインは同様に動作します。

図3.11　パイプラインを実装するために好きなプログラミング言語とツールを使用する様子

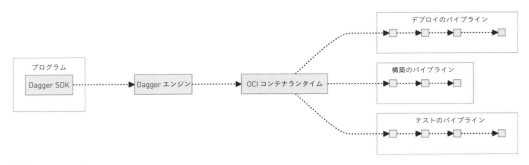

出典：dagger.io

　Daggerのパイプラインエンジンはパイプライン内で定義されたタスクをオーケストレーションし、各タスクの実行必要なコンテナランタイムが要求するものを最適化する役割を担います。Daggerのパイプラインエンジンの大きな利点は、パイプラインの実行方法を最適化できるように設計されていることです。多くのサービスを1日に何度も構築していると想像してみてください。CPUを常に稼働させるだけではありません。成果物をダウンロードするたびにトラフィック量が増加し、コストが高くなります。パイプラインがクラウドプロバイダー上で実行されてい

る場合、使用量に応じて課金されます。そのため、コストがさらに高くなります。

　Tektonと同様に、パイプラインの各タスク（ステップ）を実行するためにDaggerはコンテナを使用します。パイプラインエンジンは以前の実行結果をキャッシュし、リソースの消費を最適化します。また、同じ入力を使用してすでに実行されたタスクを再実行しないようにします。さらに、ローカルやリモートにあるノートパソコン／ワークステーションで、あるいはKubernetesクラスター内であってもDaggerエンジンを稼働できます。

　DaggerをTektonを含めたほかのツールと比較すると、開発者としては自分が慣れ親しんだプログラミング言語でパイプラインをコーディングできる柔軟性が気に入ります。新しいツールを学ぶ必要がなく、コードの作成、バージョン管理、共有が簡単にできる点が開発者にとって魅力です。

　Hello World の例を見る代わりに、Daggerのサービスパイプラインがどのようなものなのかを見てみましょう。 Dagger Go SDK を使用してサービスパイプラインがどのように定義されるのかを説明します。 次のコードスニペットはサービスパイプラインを示しており、このパイプラインは各サービスで実行する最終的なゴールを定義します。`buildService`、`testService`、`publishService` 関数を見てください。これらの関数は各サービスを構築し、テストし、公開する処理をコード化しています。リスト3.11のとおり、Daggerが調整するコンテナ内の処理を実行するために、これらの関数はDaggerクライアントを使用します。

リスト3.11　Daggerを使用してGoアプリケーションがタスクを定義する様子

```go
func main() {
  var err error
  ctx := context.Background()
  if len(os.Args) < 2 {
    ...)
  }
  client := getDaggerClient(ctx)
  defer client.Close()
  switch os.Args[1] {
    case "build":
      if len(os.Args) < 3 {
```

Chapter 3　サービスパイプライン：クラウドネイティブアプリケーションの構築　159

```
      panic(...)
    }
    _, err = buildService(ctx, client, os.Args[2])

  case "test":
    err = testService(ctx, client, os.Args[2])
  case "publish":
    pv, err := buildService(ctx, client, os.Args[2])

    err = publishService(ctx, client, os.Args[2], pv, os.Args[3])
  case "all":
    pv, err := buildService(ctx, client, os.Args[2])
    err = testService(ctx, client, os.Args[2])
    err = publishService(ctx, client, os.Args[2], pv, os.Args[3])
  default:
    log.Fatalln("invalid command specified")
}
```

service-pipeline.goの定義はhttps://github.com/salaboy/platforms-on-k8s/blob/main/conference-application/service-pipeline.goで確認できます。

go run service-pipeline.go build notifications-serviceを実行することにより、Daggerはコンテナを使用して、Goアプリケーションのソースコードを構築します。また、コンテナレジストリーにプッシュする準備ができたコンテナを作成します。リスト3.12のbuildService関数を確認すると、サービスのソースコードを構築していることがわかります。この場合では、バイナリーを作成するために対象プラットフォーム（amd64とarm64）の一覧をループします。バイナリーが作成されたらDaggerクライアントのclient.Container関数を使用して、コンテナが作成されます。各ステップをプログラムで定義しているため、（client.CacheVolumeを使用して）後続の構築用にキャッシュする必要があるものを定義できます。

160　Kubernetesで実践するPlatform Engineering

リスト 3.12　タスク：Go コードが Dagger の組み込み関数を使用する様子

```go
func buildService(ctx context.Context,
                  client *dagger.Client,
                  dir string) ([]*dagger.Container, error) {
  srcDir := client.Host().Directory(dir)
  platformVariants := make([]*dagger.Container, 0, len(platforms))
  for _, platform := range platforms {
    ctr := client.Container()
    ctr = ctr.From("golang:1.20-alpine")
    // mount in our source code
    ctr = ctr.WithDirectory("/src", srcDir)
    ctr = ctr.WithMountedCache("/go/pkg/mod", client.CacheVolume("go-mod"))
    ctr = ctr.WithMountedCache("/root/.cache/go-build",
    ➥ client.CacheVolume("go-build"))
    // mount in an empty dir to put the built binary
    ctr = ctr.WithDirectory("/output", client.Directory())
    // ensure the binary will be statically linked and thus executable
    // in the final image
    ctr = ctr.WithEnvVariable("CGO_ENABLED", "0")
    // configure go to support different architectures
    ctr = ctr.WithEnvVariable("GOOS", "linux")
    ctr = ctr.WithEnvVariable("GOARCH", architecture(platform))
    // build the binary and put the result at the mounted output directory
    ctr = ctr.WithWorkdir("/src")
    ctr = ctr.WithExec([]string{"go", "build","-o", "/output/app",".",})
    // select the output directory
    outputDir := ctr.Directory("/output")
    // create a new container with the output and the platform label
    binaryCtr := client.Container(dagger.ContainerOpts{Platform:
platform}).
                      WithEntrypoint([]string{"./app"}).
                      WithRootfs(outputDir)
    platformVariants = append(platformVariants, binaryCtr)
  }
  return platformVariants, nil
}
```

Chapter 3　サービスパイプライン：クラウドネイティブアプリケーションの構築　　161

これらのパイプラインはGoで書かれており、Goアプリケーションを構築します。ただし、ほかの言語で構築して必要なツールを使用してもよいです。各タスクはコンテナです。Daggerとオープンソースコミュニティーは、あらゆる基本的な構成要素を作成します。しかし、サードパーティーや社内／レガシーシステムと統合するために、各組織はドメイン固有のライブラリーを作成する必要があります。開発者に焦点を当てることによって、これらの統合を作成するためにDaggerは適切なツールを選定させます。プラグインを書かなくともよく、ほかのライブラリーと同様に配布できるコードを書いてください。

いずれかのサービスのパイプラインを実行してみてください。または、https://github.com/salaboy/platforms-on-k8s/blob/main/chapter-3/dagger/README.mdで確認できる段階的なチュートリアルに従ってみてください。パイプラインを2回実行する場合、ほとんどのステップがキャッシュされているため、2回目の実行はほぼすぐに完了します。

Tektonとは対照的に、Kubernetesクラスター内ではなくローカルでDaggerパイプラインを実行しています。これには利点があります。例えば、このパイプラインを実行してテストするために、Kubernetesクラスターは必要ありません。また、リモートからのフィードバックを待たなくともよいです。開発者はGitリポジトリーに何か変更をプッシュする前に、ローカルのコンテナランタイム（DockerやPodmanなど）や統合テストを使用して、パイプラインを実行できます。フィードバックを素早く得ることにより、開発をより速く進められるようになります。

しかし、リモート環境にこれをどのように移せばよいのでしょうか？　リモートにあるKubernetesクラスター上でこのパイプラインを実行したい場合はどうでしょうか？　安心してください。すべて同じように動作します。リモートにあるDaggerパイプラインエンジンがパイプラインを実行するでしょう。このリモートのパイプラインエンジンはKubernetes内で実行されていようと、マネージドサービスとして実行されていようと、どこで実行されようと問題ありません。パイプラインの動作とパイプラインエンジンによって提供されるキャッシュの仕組みは同様に動作します。図3.12は、DaggerパイプラインエンジンをKubernetes内にインストールして同じパイプラインを実行した場合に、実行がどのように進むのかを示しています。

162　**Kubernetesで実践するPlatform Engineering**

図3.12 リモートにあるDaggerパイプラインエンジンを設定する。このとき、Dagger SDKはリモートにあるパイプラインを実行するためのコンテキストを収集し、送信する

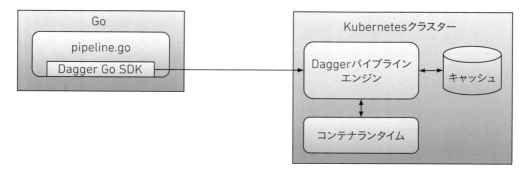

　Daggerパイプラインエンジンを Kubernetes クラスター、仮想マシン、その他のコンピューティングリソースなどのリモート環境にインストールします。このとき、リモート環境に接続し、Daggerパイプラインエンジンを実行できます。Dagger Go SDKは、リモートにあるパイプラインのタスクを実行するために必要なあらゆるコンテキストをローカル環境から取得し、それをDaggerパイプラインエンジンに送信します。パイプラインのために、アプリケーションのソースコードをオンラインに公開することについて、不安にならなくともよいです。

　Kubernetes上でDaggerのパイプラインを実行する方法は、この段階的なチュートリアルを確認してください。
https://github.com/salaboy/platforms-on-k8s/blob/main/chapter-3/dagger/README.md#running-your-pipelines-remotely-on-kubernetes

　見てのとおり、Daggerは永続ストレージ（キャッシュ）を使用してパフォーマンスを最適化するために、あらゆる構築とタスクをキャッシュします。そして、パイプラインの実行時間を短縮します。運用チームはKubernetes内にDaggerをデプロイし、実行します。このチームは組織が実行しているパイプラインに基づいて、どのくらいのストレージが必要かを追跡する必要があります。

　本項では、Daggerを使用してサービスパイプラインを作成する方法を確認してきました。DaggerはTektonとさまざまな点で異なっています。YAMLを使用してパイプラインを実装しなくともよく、対応しているどんなプログラミング言語でもパイプラインを実装できます。また同

じコードを使用して、ローカルまたはリモートにあるパイプラインを実行できます。そして、アプリケーションで使用しているツールと同じものを使用して、パイプラインを配布できます。

Kubernetesの観点から見てみます。DaggerはKubernetesとは独立したプロジェクトであるため、Daggerを使用するとほかのKubernetesリソースと同様にパイプラインを管理するというKubernetesネイティブのアプローチから外れることになります。十分なフィードバックや要望があれば、Daggerコミュニティーがその方向に拡大していく可能性もあると考えています。

プラットフォームエンジニアリングの観点から見てみます。チームは既知のツールを使用して複雑なパイプライン（とタスク）を作成し、配布できます。これらのパイプラインはどんな場所でも同様に実行されるため、非常に柔軟な手法です。この柔軟性のおかげで、プラットフォームチームはコストやリソースに基づいて効率的にパイプラインを実行する場所を決めることができます。一方で開発者は常にローカルでパイプラインを実行して開発作業を行えるため、従来の開発作業が複雑になることもありません。

3.5.5 Tekton、Dagger、GitHub Actionsのどれを使うべきだろうか？

ここまで見てきたように、中立的なパイプラインを構築するためにTektonとDaggerは基本的な構成要素を提供します。言い換えればTektonとDaggerを使用して、サービスパイプラインとほとんどのパイプラインを構築できます。TektonではKubernetesのリソースベースの手法、拡張性、自己修復機能を使用します。Kubernetesリソースの管理と監視などのほかのKubernetesツールとTektonを統合するために、Kubernetesネイティブのリソースは非常に役立ちます。Kubernetesリソースモデルを使用してTekton PipelineとPipelineRunsをKubernetesリソースとして操作し、あらゆる既存のツールを再使用できます。

Daggerではよく知られたプログラミング言語やツールを使用してパイプラインを定義し、これらのパイプラインをどこでも（リモートにある場合と同様に、ローカルにあるワークステーションでも）稼働させられます。これにより、TektonとDaggerはプラットフォーム構築者が使用できる完璧なツールになり、開発チームが使用できるパイプラインを構築できます。

一方、GitHub Actionsなどのマネージドサービスも使用できます。ここで説明したあらゆるCNCFプロジェクトのGitHub Actionsを使用して、サービスパイプラインがどのように設定さ

れているかについて説明します。例えば、https://github.com/salaboy/platforms-on-k8s/blob/main/.github/workflows/notifications-service-service-pipelines.yamlで通知サービスのサービスパイプラインを確認できます。

このGitHub Action のパイプラインはサービスを構築するために**ko-build**を使用し、また新しいコンテナイメージをDocker Hub にプッシュします。注意点として、このパイプラインではテストは実行しません。サービス用のコードが変更されたかどうかを検査するために、独自のステップ[※9]を使用します。サービスのソースコードに変更があった場合のみ、サービスを構築し、Docker Hubにプッシュします。

GitHub Actionsを使用する利点は、実行するインフラストラクチャーを保守しなくともよく、またこれらのパイプラインを実行するマシンに（ボリュームが十分に小さい場合に）コストを支払わなくともよいことです。しかし、多くのパイプラインを実行しており、またこれらのパイプラインがデータ集約型である場合、GitHub Actionsはコストが高くなるでしょう。

コストや業界規制が理由で、クラウド上でパイプラインを実行できないことがあります。TektonとDaggerは複雑なパイプラインを構成し、実行するためのあらゆる構成要素を提供します。これにより、これらのツールは真価を発揮します。Daggerは、コストと実行時間の最適化に焦点を当てています。これはTektonやその他のパイプラインエンジンにも適用される予定です。

重要なこととして、TektonとDaggerはGitHubと統合できます。例えば、GitHubリポジトリーへのコミットに反応させるために、Tekton Triggers[※10]を使用します。また、GitHub Action内でDaggerを実行できます。これにより、開発者はGitHub Actionsのパイプラインと同じものをローカルで実行できるようになります。ただし、そのままでは簡単には実行できません。

今、複数の実行環境にデプロイする準備ができた成果物と設定があります。実行環境パイプラインによる継続的デプロイメントとして、GitOpsを説明します。

※9　https://github.com/salaboy/platforms-on-k8s/blob/main/.github/workflows/notifications-service-service-pipelines.yaml#L17
※10　https://github.com/tektoncd/triggers/blob/main/docs/getting-started/README.md

Chapter 3　サービスパイプライン：クラウドネイティブアプリケーションの構築　　165

3.6　プラットフォームエンジニアリングにリンクする

　プラットフォーム構想の一環として自動化された方法でサービスを構築できるように、チームを支援する必要があるしょう。チーム間でサービスを構築しパッケージ化する方法を標準化することに関して、ほとんどの場合に決定が必要です。プラットフォームチームは、チームがローカルで使用できる手法を提供できます。または、Git リポジトリーへの変更のプッシュ前にテストできる適切な実行環境を作成できます。これらの場合に、チームが自信を持って作業を進めるために必要な速度とフィードバックループが向上します。リポジトリーのmainブランチがリリースできない状態にある場合、プルリクエストを検証してチームに警告するためにセットアップが別途必要になるかもしれません。

　GitHub Actions（またその他のマネージドサービス）は人気のある手法です。しかし、プラットフォームエンジニアリングチームは予算やその他のプラットフォーム全体での決定（Kubernetes APIの統一など）に基づいて、さまざまなツールやサービスを選定するかもしれません。

　本書のデモと段階的なチュートリアル[11] は、開発プロジェクトとは大きく異なるかもしれないことを意識して選定しました。まず、本書で示したプロジェクトの複雑性はかなり低いです。しかし、将来的な改訂を支えるために組織し、バージョン管理されたリソースを保持します。あらゆるアプリケーションのサービスのソースコードは、簡単なディレクトリ構造で保持されています。アプリケーションのあらゆるソースコードを同じリポジトリーにまとめることは、サービスパイプラインの形に影響を与えます。

　提供されたサービスパイプラインは（TektonとDaggerの両方を使用して）ユーザーが構築したいリポジトリーのディレクトリをパラメーターとして受け取ります。プルリクエスト上にパイプラインを起動するWebhookを設定する場合は、実行するサービスパイプラインを確認するために変更場所をフィルタリングする必要があります。これによりセットアップ全体の複雑さが増します。前項で提案したように、代わりの手法としてサービスごとにリポジトリーを1つ作成します。これにより、サービスごとの独自のサービスパイプライン定義（汎用タスクを再使用できる）と簡単なWebhook定義を持てるようになります。同時に変更が加えられた場合に、実行

※11　https://github.com/salaboy/platforms-on-k8s/tree/main/chapter-3

するものを正確に把握できるようになります。サービスごとにリポジトリーが1つあることの主要な問題は作業量です。なぜなら、新しいサービスを追加するたびに新しいリポジトリーを作成しなければならず、また開発者がそれを使用できるように整備しなければならないためです。

加えて、プラットフォームチームはどこからどこまでがパイプラインであるかということを決断する必要があります。ここで挙げた例ではサービスパイプラインは変更の提出時に開始し、また各サービスのコンテナイメージの公開後に終了します。ウォーキングスケルトンサービスのサービスパイプラインは個々のサービスのHelmChartをパッケージ化せず、公開もしません。図3.13は、例で定義されたサービスパイプラインの役割を示しています。

図3.13　サービスパイプラインとアプリケーションパイプラインには異なるライフサイクルがある

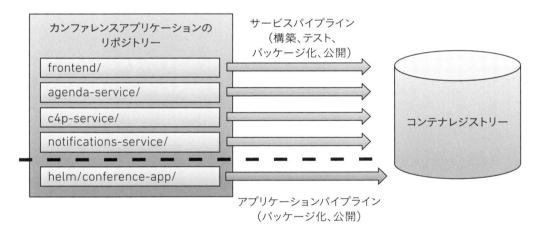

サービスごとにHelm Chartを作成することがよい考えなのか、またはやり過ぎなのかを自問する必要があります。これらの成果物を使用する人を明確に理解しておくべきです。チームのための戦略を見つけるために、次の質問に答えてみましょう。

サービスを個別にデプロイするのでしょうか？　それとも、常にまとめてデプロイするのでしょうか？　サービスをどのくらいの頻度で変更しますか？　より頻繁に変更されるサービスはありますか？　これらのサービスをデプロイするチームはいくつありますか？　個別にサービスをデプロイする多くのユーザーとオープンソースコミュニティーが使用する成果物を作成していますか？

本章で提供する例では、カンファレンスアプリケーションのHelm Chartをパッケージ化して公開するために、アプリケーションレベルのパイプラインが別に提供されています。

　この判断の理由は単純です。なぜならアプリケーションをクラスターにインストールし、それを可能にする簡単な方法が必要だったためです。クラスターにアプリケーションをインストールするためにHelmを使用したくない場合があります。その場合、`helm template`コマンドの出力をエクスポートし、`kubectl`を使用してその出力を適用できます。この判断の背景にあるもう一つの重要な要因は、Helm Chartとアプリケーションのサービスのライフサイクルです。アプリケーションの形はそれほど変わりません。サービスを追加し、または削除する必要がある場合のみ、Helm Chartの定義は変更されるかもしれません。しかし、サービスのコードは頻繁に変更されます。そのため、これらのサービスの担当チームが変更を追加し続けられるようにしたいです。

　図3.14は、サービスパイプラインの2つの補完的な手法を示しています。開発者の実行環境で稼働しているサービスは素早いフィードバックループを提供します。また、リモートで稼働しているサービスは成果物を作成し、この成果物はチームが異なる環境に同じアプリケーションをデプロイするために使用するでしょう。

図3.14　ローカルとリモートのサービスパイプライン

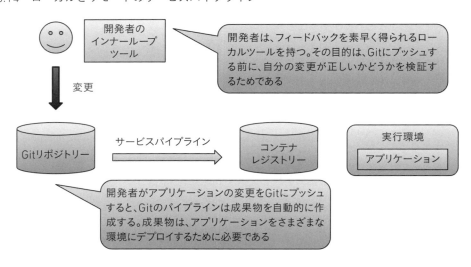

最後に、本書ではGitHub Actionsを使用して接続した設定以外に、Gitリポジトリーから Webhookに接続するための設定例は提供されていません。正しいトークンを取得させ、複数の Gitプロバイダーでこれを設定することは複雑ではありません。しかし、説明するには多くページが必要でしょう。これらの仕組みを使用するチームは、サービスパイプラインに必要な資格情報の操作について不安にならなくともよいです。プラットフォームチームは開発チーム（またその他のチーム）がサービスに接続するために、資格情報の使用を自動化します。これは彼らのワークフローを高速化するために必須です。

本章のまとめ

- サービスパイプラインは、複数の実行環境にデプロイできる成果物をソースコードから作成する方法を定義する。ソフトウェア成果物の構築とリリースをチームがより効率的に標準化するために、トランクベース開発と1サービス=1リポジトリーのプラクティスは役立つ

- チームとアプリケーションのために機能するものを見つける必要がある。あらゆる状況に適応する万能な手法はない。妥協する必要がある場合もある

- アプリケーションのサービスはどのくらいの頻度で変更するのか？　また、サービスパイプラインの開始と終了を定義するために、それらを実行環境にどのようにデプロイするのか？　これらの質問に回答することは役立つ

- TektonはKubernetesのために設計されたパイプラインエンジンである。Tektonを使用して独自のパイプラインを設計できる。また、Tekton Catalogを使用して、公開されたあらゆる共有タスクとパイプラインを使用できる。クラスターにTektonをインストールし、パイプラインを作成し始められる

- Daggerにより、好きなプログラミング言語を使用してパイプラインを実装し、配布できる。これらのパイプラインは開発者のノートパソコンなど、あらゆる実行環境で実行できる

- GitHub Actionsのようなツールは非常に便利である。しかし、コストが高くなるかもしれない。タスクを構築し、配布するために、プラットフォーム構築者は柔軟性を提供するツールを調査する必要がある。このツールはほかのチームが再使用でき、企業のガイドラインに従う。チームがローカルでパイプラインを実行できるようにすることは大きな利点である。なぜなら、開発者体験とフィードバックの時間を改善することになるためである

- 次の段階的チュートリアルに従った場合、ハンズオン形式の体験を得られる。このハンズオンではTektonとDaggerを使用してサービスパイプラインを作成し、実行できる

Platform Engineering on Kubernetes

実行環境パイプライン：クラウドネイティブアプリケーションのデプロイ

Chapter

4

Environment pipelines: Deploying cloud-native applications

本章で取り上げる内容

- 生成された成果物を実行環境にデプロイする
- 実行環境パイプラインとGitOpsを活用して実行環境を管理する
- Argo CDとHelmを使用してソフトウェアを効率的に提供する

　この章では実行環境パイプラインの概念を紹介します。サービスパイプラインで作成された成果物を、本番環境に至るまでのすべての実行環境にデプロイするために必要な手順を説明します。クラウドネイティブの分野で登場したGitOpsと呼ばれる一般的な手法について見ていきます。この手法を学ぶことで、Gitリポジトリを使用した実行環境の定義や設定を行うことができるようになります。最後に、Kubernetes上でアプリケーションを管理するためのGitOps手法を実装したArgo CDについて見ていきます。この章は主に3つの節に分かれています。

- 実行環境パイプライン
- 実行環境パイプラインの実践
- サービスパイプラインと実行環境パイプライン

Chapter 4　実行環境パイプライン：クラウドネイティブアプリケーションのデプロイ　171

4.1 実行環境パイプライン

　私たちはサービスを好きなだけ構築し、新しいバージョンを生成できます。しかし、これらのバージョンがさまざまな実行環境に自由に行き渡りテストされ、最終的に顧客によって利用される段階に至らない場合、組織はスムーズなエンドツーエンドのソフトウェアデリバリーを実現するのに苦労するでしょう。実行環境パイプラインは環境の設定と維持を担当します。

　一般的に企業は目的に応じてさまざまな実行環境を持ちます。例えば、開発者が最新バージョンのサービスをデプロイできるステージング環境、手動テストが行われる品質保証（Quality Assurance：QA）環境、実際のユーザーがアプリケーションとやり取りする1つ以上の本番環境などです。これら（ステージング、QA、本番）の環境は単なる例に過ぎません。環境の数に厳しい制限を設けるべきではありません。図4.1はあるリリースがさまざまな環境を経て本番環境に到達し、そこでユーザーに公開される様子を示しています。

図4.1　リリースされたサービスが異なる実行環境に行き渡る様子

　開発、ステージング、QA、本番の各環境には、それぞれ実行環境パイプラインが設けられます。これらのパイプラインは、各環境の稼働状態と構成情報を常に一致させる役割を持ちます。環境構成（どのサービスをどのバージョンでデプロイするかを含む）はリポジトリで管理されており、実行環境パイプラインはこのリポジトリを唯一のソースとして利用します（図4.2）。

図4.2 サービスを異なる環境に昇格させることは環境設定を更新することを意味する

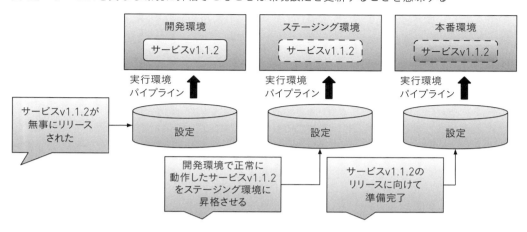

　この手法を使用する場合、各実行環境には独自の設定リポジトリーがあります。新しくリリースされたバージョンを昇格させるには実行環境の設定リポジトリーを変更して新しいサービスを追加するか、新しくリリースされたバージョンに向けて設定を更新する必要があります。一部の組織では、機密性の高いすべての環境設定を1つのリポジトリーにまとめて保存しています。これにより、機密性の高い設定の読み取りと変更に必要な資格情報を一元化できます。

　これらの設定変更は自動化することも手動で操作することもできます。本番環境のような、より慎重に扱う必要がある環境ではサービスを追加または更新する前に、さまざまな関係者の承認が必要になる場合があります。

　しかし、実行環境パイプラインの起源はどこでしょうか？　また、なぜ以前は聞きなじみがなかったのでしょうか？　実行環境パイプラインがどのようなものかについて詳しく説明する前に、そもそもなぜこれが重要なのかについて背景を少し説明します。

4.1.1 以前はどのように機能していて、現在ではどうなったのか?

従来、新しい環境を作成することは難しく、コストもかかるものでした。オンデマンドで新しい環境を作成することは、次の2つの理由からできませんでした。第一に、アプリケーションの開発環境とエンドユーザー向けのアプリケーション実行環境は完全に異なるものでした。CPU性能に限らない実行環境間の違いは、アプリケーションの実行を担当する運用チームに大きなストレスを与えました。環境の能力に応じて、予期していなかったアプリケーションの設定を微調整する必要がありました。第二に、複雑なセットアップのプロビジョニングと設定を自動化するためのツールが主流になりました。コンテナとKubernetesの助けを借りてこれらのツールがクラウドプロバイダー間でどのように設計され機能するかについて標準化が行われ、開発者が選択したプログラミング言語を使用してインフラストラクチャーをコード化したり、Kubernetes APIに基づいて定義を作成したりできるようになりました。

クラウドネイティブアプリケーションの台頭以前は、新しいアプリケーションまたはアプリケーションの新しいバージョンをデプロイするには、サーバーをシャットダウンしていくつかのスクリプトを実行し、複数のバイナリーをコピーしてから新しいバージョンを実行してサーバーを再起動する必要がありました。サーバーが再起動した後、アプリケーションが起動に失敗する可能性がありました。そうなると、さらに設定の調整が必要になる場合があります。多くの設定はサーバー自体に手動で行われていたため、変更の内容や理由を覚えて追跡するのが困難だったのです。

これらのプロセスを自動化する一環として、Jenkins[1]（非常に人気のあるパイプラインエンジン）のようなツールやスクリプトが新しいバイナリのデプロイを簡素化するために使用されました。そのため、運用担当者は手動でサーバーを停止してバイナリーをコピーする代わりに、デプロイしたい成果物のバージョンを定義したJenkinsジョブを実行できます。そして、Jenkinsがジョブを実行し運用担当者に出力を通知します。このアプローチには主に2つの利点がありました。

- Jenkinsのようなツールは環境の資格情報にアクセスできるため、運用担当者が手動でサーバーに接続することを回避できる
- Jenkinsのようなツールはすべてのジョブの実行とパラメーターをログに記録するため、実

※1　https://www.jenkins.io/

行内容と結果を追跡できるようになる

　Jenkins などのツールを使った自動化は、新しいバージョンを手動でデプロイするよりも大幅に改善された方法でした。しかし、ソフトウェアが開発およびテストされた環境とは完全に異なる固定的な環境があるなど、まだいくつかの問題がありました。異なる実行環境間の差異を減らすためには、環境の構築方法、OSのバージョン、そして物理マシンや仮想マシン（Virtual Machine：VM）にインストールするソフトウェアの設定を定義する必要がありました。仮想マシンはこの課題に大きく貢献しました。それは、同じ設定を持つ複数の仮想マシンを簡単に作成できるためです。

　開発者にこれらの仮想マシンを提供することもできます。しかし、今度は新しい問題が発生します。仮想マシンを管理、実行、保守および保管するための新しいツールが必要になります。仮想マシンを実行したい複数の物理マシンがある場合、運用チームが手動で各サーバーにある VM を起動することは望ましくありません。したがって、物理コンピューターのクラスターで複数の VM を監視および実行するためにハイパーバイザーが必要になります。

　Jenkins などのツールと仮想マシン（ハイパーバイザー付き）の使用は大幅な改善でした。自動化を実装したことから、運用担当者は設定を手動で変更するためにサーバーまたはVMにアクセスする必要がなくなりました。そして、実行環境は事前に定義された設定で作成されました。Ansible[2] や Puppet[3] のようなツールは、これらの概念の上に構築されています。

　図4.3は、アプリケーションをホストする仮想マシンを作成するように設定された Jenkins ジョブを示しています。ただし、注目してほしいのはこれらの仮想マシンはオペレーティングシステム全体をホストしていることです。そのオペレーティングシステムにバンドルされているすべてのツールが、アプリケーションと並行して実行されています！

※2　https://www.ansible.com/
※3　https://www.puppet.com/

図4.3　Jenkinsジョブまたはスクリプトは命令的な方法でデプロイする方法の運用知識を隠蔽し、何をする必要があるかを段階的に定義する。これは複雑なタスクであり、保守および変更が難しく、使用しているツールに固有である。一方、仮想マシンはリソース集約型であり、クラウドプロバイダー間で移植できない

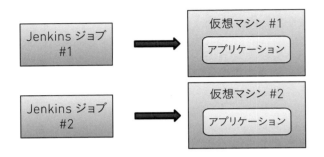

このアプローチは業界でまだ一般的ですが、例えば次のように改善の余地が多くあります。

- Jenkins ジョブとスクリプトは命令的であり、何をする必要があるかを段階的に指定する。これには大きな欠点がある。何かが変更された場合（例えば、サーバーがなくなったり、サービスに対する認証にさらにデータが必要になったりした場合）、パイプラインのロジックは失敗し手動で更新しなければならない
- VMは重い。VMを起動するたびにオペレーティングシステムの完全なインスタンスが起動する。オペレーティングシステムのプロセスの実行自体にはビジネス価値はない。クラスターが大きければ大きいほど、オペレーティングシステムのオーバーヘッドはより大きくなる。VMの要件により、開発者の環境でVMを実行できない場合がある
- 環境の設定は隠されており、バージョン管理されていない。多くの環境設定とデプロイ方法については、Jenkins のようなツールの内部でコード化されている。それにより、複雑なパイプラインが制御不能になる傾向があり、変更によるリスクが非常に高くなる。また、新しいツールやスタックへの移行が非常に困難になる
- クラウドプロバイダーによってVMの作成方法は異なっており、標準化されていない。これにより、ベンダーロックインされる可能性がある。例えば、Amazon Web Servicesで作成したVMをGoogle CloudやMicrosoft Azureで実行することはできないだろう

チームは最新のツールを使用してこれにどのように取り組んでいるのでしょうか？　答えは簡単です。現在はKubernetesやコンテナが存在し、コンテナや広く採用されているKubernetes APIに頼ることで、VMやクラウドプロバイダーの移植性から生じるオーバーヘッドを解決することを目指しています。また、Kubernetesが提供する構成要素によって、新しいアプリケーションのデプロイや設定の変更時にサーバーを停止しなくてもよくなります。Kubernetesを使用すればアプリケーションでダウンタイムが発生することはないはずです。

ただし、Kubernetesだけではクラスター自体の設定プロセスを解決できません。設定に変更を適用する方法、すなわちクラスターにアプリケーションをデプロイするにあたって必要となるプロセスやツールも重要となります。GitOps という言葉を聞いたことはありますか？

GitOps とは何でしょうか。また、実行環境パイプラインとどのように関係しているのでしょうか？　次項でその質問に答えます。

4.1.2　GitOps とは何か、実行環境パイプラインとどのように関係しているのか？

Jenkins のようなツールにすべての運用知識をコード化すると維持、変更、追跡が難しくなるため、別のアプローチが必要です。

GitOps という用語は、CNCFのGitOpsワーキンググループ[4] によって定義されています。これは Git を信頼できる情報源として使用して、環境とアプリケーションの設定を従来の命令的とは対照的に、宣言的に作成、維持および適用するプロセスを定義しています。OpenGitOpsは、GitOpsの文脈で考慮する必要がある4つの中核となる原則を定義しています。

- **宣言的**：GitOps によって管理されるシステム[5] は、その望ましい状態を宣言的に[6]表現する必要がある。これはKubernetesマニフェストを使用することで適応できる。なぜなら、Kubernetesが調整する宣言型リソースを使用して、デプロイする必要があるものやその設定方法を定義することになるためである
- **バージョン管理とイミュータブル（不変）**：望ましい状態は不変性とバージョン管理を徹底

※4　https://opengitops.dev/
※5　https://github.com/open-gitops/documents/blob/v1.0.0/GLOSSARY.md#software-system
※6　https://github.com/open-gitops/documents/blob/v1.0.0/GLOSSARY.md#declarative-description

し、完全なバージョン履歴を保持する方法で保存される[7]。OpenGitOps イニシアチブでは、必ずしも Git の使用を前提としていない。定義が保存され、バージョン管理され、不変であれば GitOps と見なすことができる。これにより、例えばバージョン管理され不変である S3 バケットにもファイルを保存することが可能になる

- **自動的なプル**：ソフトウェアエージェントは望ましい状態の宣言をソースから自動的に取得する。GitOps ソフトウェアは、変更を自動化された方法で定期的にソースから取得する。ユーザーは変更がいつ取得されるかを気にする必要はない
- **継続的な調整**：ソフトウェアエージェントは、システムの状態を継続的に[8]監視し望ましい状態を適用[9]しようとする。望ましい状態を適用し設定の差分から実行環境を監視する役割を担うコンポーネントがあるため、この継続的な調整は実行環境とデリバリープロセス全体の回復力を構築するのに役立つ。調整が失敗した場合、GitOps ツールは問題を通知し目的の状態が達成されるまで変更の適用を試み続ける

環境とアプリケーションの設定を Git リポジトリーに保存することで、加えた変更を追跡およびバージョン管理できます。Git のおかげで、これらの変更が期待どおりに動作しない場合、変更を簡単にロールバックできます。GitOps は、設定の保管とこれらの設定がアプリケーションが実行されるコンピューティングリソースにどのように適用されるかを対象としています。

GitOps は Kubernetes の文脈で作られた言葉です。しかし設定管理ツールは以前から存在しており、このアプローチは新しいものではありません。むしろ、GitOps はこれらの今までのアプローチを洗練したものであり、Kubernetes に限らず、あらゆるソフトウェア運用に適用できます。インフラストラクチャーをコードとして管理するためのクラウドプロバイダーツールの人気の高まりにより Chef[10]、Ansible[11]、Terraform[12]、Pulumi[13]などのツールは運用チームに愛されています。これらのツールを使用すると、複数のクラウドリソースの設定方法を定義し、再現可能な方法でそれらを一緒に設定できるためです。新しい実行環境が必要な場合、Terraform スクリプトまたは Pulumi アプリを実行するだけで実行環境が起動して実行されます。これらのツールは Kubernetes クラスターを作成するためにクラウドプロバイダーの API

---

[7]　https://github.com/open-gitops/documents/blob/v1.0.0/GLOSSARY.md#state-store
[8]　https://github.com/open-gitops/documents/blob/v1.0.0/GLOSSARY.md#continuous
[9]　https://github.com/open-gitops/documents/blob/v1.0.0/GLOSSARY.md#reconciliation
[10]　https://www.chef.io
[11]　https://www.ansible.com/
[12]　https://www.terraform.io/
[13]　https://www.pulumi.com/

178　**Kubernetesで実践するPlatform Engineering**

と通信する機能も備えているため、クラスター作成を自動化できます。

　GitOps では設定を管理し、Kubernetes クラスターにアプリケーションをデプロイする標準的な方法として Kubernetes API に依存します。GitOps では、Git リポジトリーを実行環境の内部設定（Kubernetes YAML ファイル）の信頼できる情報源として使用することで、Kubernetes クラスターを手動で操作する必要性をなくし、設定の差分やセキュリティーの問題を回避できます。GitOps ツールを使用する場合、ソフトウェアエージェントは信頼できる情報源（この例ではGit リポジトリー）から定期的に取得し、また実行環境を常に監視して継続的な調整ループを提供します。GitOps ツールは、リポジトリーで表現された望ましい状態を実行環境で確実に実現しようとします。

　実行環境パイプラインを実行することで、Git リポジトリーに保存されている同じ設定を使用して任意の Kubernetes クラスターを再設定できます。図4.4は、これらの部分がどのように組み合わさっているかを示しています。左側には、Kubernetes クラスターや環境のアプリケーションインフラストラクチャーを含むクラウドリソースを作成できる Infrastructure as Code ツールがあります。環境がセットアップされると、GitOps アプローチを使用する実行環境パイプラインは Git に保存されている設定がクラスターと同期していることを定期的に確認しながら、環境のすべての設定を対象の Kubernetes クラスターに同期できます。

図4.4 Infrastructure as Code、GitOps および実行環境パイプラインが連携して動作する様子。Infrastructure as Code ツールは、再現可能な方法でクラウドリソースを作成するスクリプトを実行する。これらのツールを使用すると、すべて同じ環境になるように Kubernetes クラスターを作成できる。GitOps ツールは宣言的設定を継続的に調整するために、実行環境パイプラインを実行する。この宣言的設定は、バージョン管理されたイミュータブルなリポジトリーで保管される

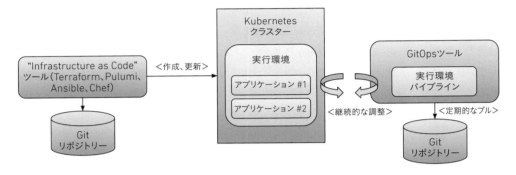

インフラストラクチャーとアプリケーションの関心を分離することにより、実行環境パイプラインでは必要なときに実行環境を容易に再現および変更できます。Gitを信頼できる情報源として利用することで、必要に応じてインフラストラクチャーとアプリケーションの変更をロールバックできます。また、重要なこととして、Kubernetes APIの使用によって実行環境の定義が宣言的手法で表現されるようになりました。これにより、設定が適用される状況や環境（コンテキスト）が変わっても、その変更を柔軟にサポートできるようになります。また、望ましい状態を達成するための具体的な手順や処理は、Kubernetesが自動的に管理・実行してくれます。

図4.5は、運用チームが環境設定を含む Git リポジトリーにのみ変更を加え、その後にこの設定が対象の環境と同期するようにパイプラインが実行されるという一連のやり取りを示しています。

図4.5　Git リポジトリーの設定を使用してクラスターの状態を定義する（GitOps）。実行環境パイプラインは Git リポジトリーの設定の変更を監視し、新しい変更が検出されるたびにそれらの変更をインフラストラクチャー（Kubernetes クラスター）に適用する。このアプローチに従うことで、Git のコミットを元に戻すことによりインフラストラクチャーの変更をロールバックできる。別のクラスターに対して同じパイプラインを実行するだけで、環境の設定を正確に複製することもできる

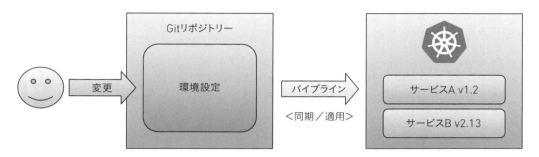

　実行環境パイプラインを使用し始めると、実行環境の設定を手動で変更したり、修正したりするのをやめることを目指し、すべてのやり取りはこれらのパイプラインによって排他的に行われます。具体的な例を挙げると、運用担当者はKubernetes クラスターに `kubectl apply -f` や `helm install` を実行する代わりに、クラスターにインストールする必要があるものの定義と設定を持つ Git リポジトリーの内容に基づいて、これらのコマンドを実行する役割を担います。

　理論的には Git リポジトリーを監視し、変更に反応する運用担当者がいれば十分ですが、実際は環境にデプロイされるものを完全に制御するために一連の手順が必要です。したがって GitOps をパイプラインとして考えると、環境設定が変更されるたびにトリガーされるこれらのパイプラインに、特定のシナリオでは追加の手順を加える必要があることを理解できます。

　現実のシナリオでよく見られるより具体的なツールを使用して、これらの手順を見てみましょう。

4.1.3　実行環境パイプラインに含まれる手順

どの環境にどんなアプリケーションをデプロイする場合でも、実行環境パイプラインには通常、一連の定義済みの手順が含まれています。図4.6は、これらの手順をシーケンスとして示しています。ほとんどの場合、これらの手順はスクリプト内で定義されるか、各手順が正しく実行されたことをチェックする役割を担うツールにコード化されるためです。これらの手順の詳細を掘り下げてみましょう。

- **設定の変更への対応：**
  これはポーリングまたはプッシュによって行うことができる
  - **変更のポーリング：**
    コンポーネントはリポジトリをプルし、最後にチェックしてから新しいコミットがあったかどうかを確認できる。新しい変更が検出された場合、新しい実行環境パイプラインのインスタンスが作成される
  - **Webhookを使用した変更のプッシュ：**
    リポジトリがWebhookをサポートしている場合、リポジトリは実行環境パイプラインに同期する新しい変更があることを通知できる。GitOpsの原則は自動的なプルとされている。これはWebhookを使用できるが、設定変更の更新を取得するためにWebhookのみに頼るべきではないことを意味するのを忘れないこと

図4.6　Kubernetes環境の実行環境パイプライン

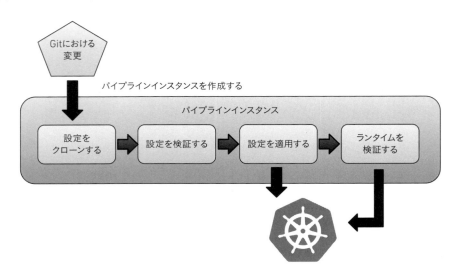

- **環境の望ましい状態を含むリポジトリーからソースコードをクローンする**：この手順では、環境の設定を含むリモート Git リポジトリーから設定を取得する。Git などのツールは、リモートリポジトリーとローカルにあるものとの差分のみを取得する

- **望ましい状態を実行環境に適用する**：これには通常、新しいバージョンの成果物をインストールするために `kubectl apply -f` または `helm install` コマンドを実行することが含まれる。`kubectl` と `helm` を備えた Kubernetes は洗練されていて、変更箇所を認識して差分のみを適用する。パイプラインがローカルですべての設定にアクセス可能になると、一連の資格情報を使用してこれらの変更を Kubernetes クラスターに適用する。セキュリティーの観点から、パイプラインがクラスターに対して持つアクセス権を悪用されないように調整できることを知っておこう。これにより、サービスがデプロイされているクラスターへのアクセス権を各チームメンバーから削除することもできる

- **変更が適用された状態が Git リポジトリー内で記述されているものと一致することを確認する（設定の差分に対処する）**：変更が実行中のクラスターに適用されたら、以前のバージョンに戻す必要があるかどうかを特定するために、サービスの新しいバージョンが起動して実行されていることを確認する必要がある。履歴はすべて Git に保存されているため、変更を元に戻すのは非常に簡単である。以前のバージョンを適用するには、リポジトリーの前のコミットを見るだけである

- **ワークロードが期待どおりに動作していることを検証する**：設定が正しく適用されたら、デプロイされたアプリケーションが期待どおりに動作していることを検証する必要がある

　実行環境パイプラインを機能させるには変更を環境に適用できるコンポーネントが必要であり、正しいアクセス資格情報を使用して適切に設定する必要があります。このコンポーネントの主な目的は、誰もクラスターと手動でやり取りして環境の設定を変更しないようにすることです。このコンポーネントのみが環境の設定を変更し、新しいサービスをデプロイし、バージョンをアップグレードし、実行環境からサービスを削除することを許可されます。実行環境パイプラインが機能するには、次の2つの考慮事項を満たす必要があります。

　望ましい環境の状態を含むリポジトリーには、環境を正常に作成および設定するために必要なすべての設定が含まれている必要があります。

Chapter 4　実行環境パイプライン：クラウドネイティブアプリケーションのデプロイ　　183

環境が実行される Kubernetes クラスターはパイプラインによって状態を変更できるように、適切な資格情報で設定する必要があります。

　実行環境パイプラインという用語は、各環境に関連付けられたパイプラインがあるという事実を指します。アプリケーションのデリバリーには通常、複数の環境（開発、ステージング、本番）が必要なため、それぞれに対して実行されているコンポーネントのデプロイとアップグレードを行うパイプラインがあります。このアプローチだとその環境のリポジトリーにプルリクエストを送信することで、異なる環境間でのサービスの昇格が実現できます。パイプラインは対象のクラスターの変更を反映します。

4.1.4　実行環境パイプラインの要件および異なるアプローチ

　では、これらの環境のリポジトリーの内容はどのようなものでしょうか？　図4.7に示すように、環境リポジトリーの内容は環境に存在する必要があるサービスの定義だけです。その後、実行環境パイプラインはこれらの Kubernetes マニフェストを対象のクラスターに適用するだけです。

図4.7　環境設定オプション

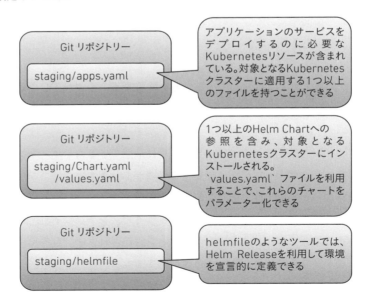

最初のオプション（シンプルなレイアウト）は、すべての Kubernetes YAML ファイルを Git リポジトリーに保存し、実行環境パイプラインが設定されたクラスターに対して `kubectl apply -f *` を使用するだけです。このアプローチはシンプルですが、大きな欠点が1つあります。サービスリポジトリーに各サービスの Kubernetes YAML ファイルがある場合、環境リポジトリーにもそれらのファイルが重複して保存され、同期が取れなくなる可能性があります。複数の環境があると仮定すると、すべてのコピーを同期した状態に維持する必要がありますが、これは難しい場合があります。

2番目のオプション（Helm Chart の使用）は、クラスターの状態を定義するために Helm を使用しているため少し複雑です。Helm の依存関係を使用して、環境に存在すべきすべてのサービスを依存関係として含む親Chartを作成できます。そうすれば、実行環境パイプラインは `helm update .` を使用してChartをクラスターに適用できます。このアプローチで気に入らないのは、変更ごとに1つの Helm リリースを作成し、サービスごとに個別のリリースがないことです。このアプローチではHelm の依存関係を使用して各サービスの定義をフェッチするため、このアプローチの前提条件はすべてのサービスを Helm Chart としてパッケージ化することです。

3番目のオプションは、環境の設定を定義するために特別に設計された `helmfile`[14]プロジェクトを使用することです。`helmfile` を使用すると、クラスターに存在する必要がある Helm リリースを宣言的に定義できます。これらの Helm リリースは、クラスターに必要な Helm リリースを含む `helmfile` を定義して `helmfile sync` を実行すると作成されます。

これらのアプローチまたはほかのツールを使用するかどうかにかかわらず、期待されることは明確です。設定を含むリポジトリー（環境ごとに1つのリポジトリーまたは環境ごとに1つのディレクトリ）があり、パイプラインは設定を取得しツールを使用してクラスターに適用する役割を担います。

複数の環境（ステージング、QA、本番）を持つことは一般的であり、テストや日々の開発タスクを実行するためのオンデマンドの環境をチームが作成できるようにすることもできます。図4.8に示すように namespace ごとに1つの環境のアプローチを使用する場合、環境へのアクセ

※14　https://github.com/helmfile/helmfile

スを分離してセキュリティーを確保するのに役立つため、環境ごとに別のGitリポジトリーを持つのが一般的です。このアプローチはシンプルですが、Kubernetesクラスターに十分な分離を提供しません。KubernetesのNamespaceは、クラスターの論理的な分割のために設計されているためです。この場合、ステージング環境は本番環境とクラスターリソースを共有します。

図4.8 Kubernetes namespaceごとに1つの環境のアプローチ。1つの戦略として、異なる環境にnamespaceを使用するというものがある。これにより、パイプラインがサービスを異なる環境にデプロイするために必要な設定が簡素化されるが、namespaceは強力な分離を保証しない

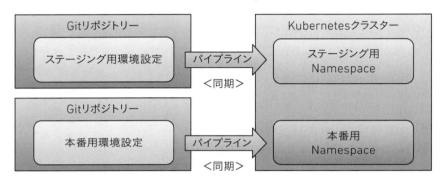

　別の手段として、環境ごとに完全に新しいクラスターを使用することができます。主な違いは、分離とアクセス制御です。環境ごとにクラスターを用意することで、これらの環境でデプロイおよびアップグレードできるユーザーとコンポーネントを厳密に定義し、マルチリージョンセットアップやその他のスケーラビリティーの問題など、ステージングおよびテスト環境で持つ必要がなさそうな異なるハードウェア設定を各クラスターに設定できます。異なるクラスターを使用することで、異なる環境を異なるクラウドプロバイダーがホストできるマルチクラウドセットアップも目指すことができます。

　図4.9は、開発環境では各チームがnamespaceを作成することでnamespaceアプローチを使用し、その後ステージング環境と本番環境用に分離されたクラスターを活用する方法を示しています。ここでの考えは、ステージングクラスターと本番クラスターをできるだけ同じように設定して、異なる環境にデプロイされたアプリケーションが同じように動作するようにすることです。

図4.9　要件に基づく異なる環境設定。より現実的なアプローチでは日常的な作業を行う複数のチームで同じクラスターを使用し、ステージングや本番などのより慎重に扱う必要がある環境はそれぞれのクラスターや設定を保存する Git リポジトリーを分離して使用できる。サービスを新しい環境に昇格するには、対応する Git リポジトリーにプルリクエストを送信する必要がある

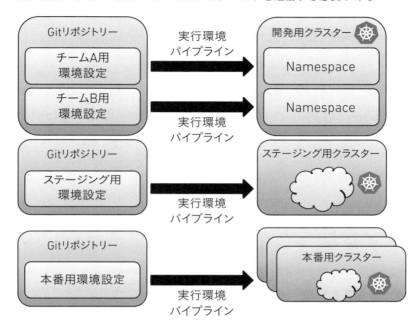

　さて、これらのパイプラインを実装するにはどうすればよいでしょうか？　これらのパイプラインを Tekton を使用して実装する必要があるでしょうか？　次のセクションでは、実行環境パイプラインのロジックとベストプラクティスを継続的デプロイメント用の非常に特殊なツールにエンコードした Argo CD[15] について見ていきます。

※15　https://argo-cd.readthedocs.io/en/stable/

4.2 実行環境パイプラインの実践

　前節で説明した実行環境パイプラインは、Tekton や Dagger を使用して実装できます。これは Jenkins X[16] のようなプロジェクトで行われていますが、今日では実行環境パイプラインの手順は Argo CD[17] のような継続的デプロイメント用に専門化されたツールにエンコードされています。

　サービスパイプラインとは対照的に、使用する技術スタックに応じて成果物を構築するために特化したツールが必要な場合があります。Kubernetes の実行環境パイプラインは、GitOps の傘下で昨今では十分に標準化されています。すべての成果物がサービスパイプラインによって構築および公開されていることを考慮して、まずはその環境にデプロイされるサービスも含めて環境設定を Git リポジトリーに配置して作成する必要があります。

　Argo CD は提供側の推奨する構成が組まれている一方で、柔軟性のある GitOps 実装を提供します。環境にソフトウェアをデプロイするために必要なすべての手順を Argo CD に委任します。Argo CD は（複数の）実行環境の設定を含む Git リポジトリーを監視し、定期的に現行のクラスターに設定を適用できます。これにより対象のクラスターとの手動のやり取りを排除でき、Git が情報源になるため設定の差分を減らすことができます。

　Argo CD などのツールを使用すると、環境にインストールしたい内容を宣言的に定義できます。さらに、Argo CD は問題発生時やクラスターが同期されていない場合に通知する役割を果たします。Argo CD は単一のクラスターに限定されないため、クラウドプロバイダーが異なる場合だとしても別のクラスター内に環境を作ることができます。図 4.10 は、各環境の設定を維持するための信頼できる情報源として異なる Git リポジトリーを使用して、Argo CD が異なるクラスター上のさまざまな環境を管理していることを示しています。

※16　https://jenkins-x.io/
※17　https://argo-cd.readthedocs.io/en/stable/

図4.10 Argo CD は、Git から実行中のクラスターへの環境、設定を同期する

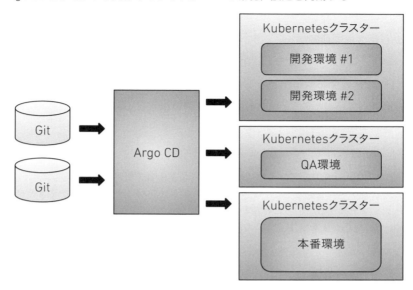

サービスごとに個別のサービスパイプラインがあるのと同じように、環境を設定するために別々のリポジトリー、ブランチまたはディレクトリーを用意できます。Argo CD は環境の設定を同期するために、リポジトリーまたはリポジトリー内のディレクトリーの変更を監視できます。

この例ではKubernetes クラスターに Argo CD をインストールし、GitOps アプローチを使用してステージング環境を設定します。そのために、情報源として機能する Git リポジトリーが必要です。これにより、https://github.com/salaboy/platforms-on-k8s/blob/main/chapter-4/README.md にある段階的なチュートリアルに沿うことができます。

Argo CD のインストールについては、https://argo-cd.readthedocs.io/en/stable/getting_started/ にある入門ガイドを参考にすることをお勧めします。このガイドではArgo CD が機能するために必要なすべてのコンポーネントをインストールするため、このガイドが終わる頃にはステージング環境を稼働させるために必要なものがすべてそろっているはずです。また、`argocd` CLI（コマンドラインインターフェース）のインストールについても説明しています。これは時として非常に便利なツールです。次のセクションではユーザーインターフェースに焦点を当てますが、CLI を使用して同じ機能にアクセスできます。Argo CD には環境とアプリケーションの状態を監視し、問題があるかどうかをすばやく見つけるための非常に便利なユーザーイ

ンターフェースが付属しています。

このセクションの主な目的は、2.2節で行ったことを複製することです。そこではアプリケーションをインストールしてやり取りしましたが、ここではGit リポジトリーを使用して設定される環境のプロセスを完全に自動化することを目的としています。ここでも Argo CD が既製の Helm 連携を提供しているため、Helm を使用して環境設定を定義します。

NOTE
Argo CD では、本紙で使用している命名規則とは異なる命名を使用しています。Argo CD では、環境ではなくアプリケーションを設定します。図4.11では、ステージング環境を表すために Argo CD アプリケーションを設定していることがわかります。Helm Chart に含めることができるものに制限がないため、Helm Chart を使用してこの環境に Conference アプリケーションを設定します。

4.2.1　Argo CD アプリケーションの作成

Argo CD のユーザーインターフェースにアクセスすると、画面の左上隅に [+ New App] ボタンが表示されます（図4.11）。

図4.11　Argo CD ユーザーインターフェース - 新しいアプリケーションの作成

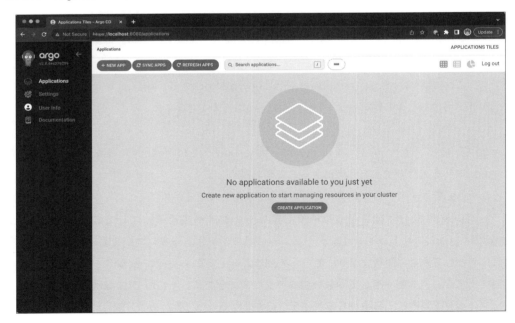

図4.12に示すように、ボタンを押すとアプリケーション作成フォームが表示されます。名前を追加し、Argo CDアプリケーションが配置されるプロジェクトを選択しましょう（ここでは`default`プロジェクトを選択します）。さらに、`Auto-Create Namespace`オプションをチェックします。

図4.12　新しいアプリケーションのパラメーター、手動同期、名前空間の自動作成

　クラスター内の新しいNamespaceと実行環境を関連付けます。これによりKubernetesのRBAC（ロールベースアクセス制御）の仕組みを使用して、管理者がそのNamespace内のKubernetesリソースを変更できるようになります。Argo CDを使用することで開発者がアプリケーションの設定を誤って変更したり、設定の変更をクラスターに手動で適用したりしないようにしたいことを忘れないでください。Argo CDは、Gitリポジトリーで定義されたリソースを同期します。では、そのGitリポジトリーはどこにあるのでしょうか？　それこそが次に設定する必要があるものです（図4.13）。

図4.13　Argo CD アプリケーションの設定リポジトリー、リビジョン、パス

SOURCE

Repository URL

https://github.com/salaboy/platforms-on-k8s   GIT ▾

Revision

HEAD   Branches ▾

Path

chapter-4/argo-cd/staging

前述のように、https://github.com/salaboy/platforms-on-k8s/ リポジトリー内のディレクトリを使用してステージング環境を定義します。このリポジトリーをフォークして（以降はフォーク先の URL を使用します）環境設定に加えたい変更を行う必要があります。環境設定を含むディレクトリは、chapter-4/argo-cd/staging/ の下にあります。図4.14 に示すように、異なるブランチやタグを選択することもでき設定の出どころや設定の進化をきめ細かく制御できます。

図4.14　設定の宛先。この例では、Argo CD がインストールされているクラスター

DESTINATION

Cluster URL

https://kubernetes.default.svc   URL ▾

Namespace

staging

次のステップでは、Argo CD がこの環境設定をどこに適用するかを定義します。Argo CD を使用して異なるクラスターの環境をインストールして同期できますが、この例では Argo CD を

インストールした Kubernetes クラスターと `staging` 名前空間を使用します。Argo CD にこの名前空間を作成してもらうオプションがあります。またはクラスターと異なる名前空間のアクセス許可を設定するときに、手動で作成することもできます。

　最後に、類似した環境で同じ設定を再利用することはよくあるため、Argo CDではこのインストールに固有のさまざまなパラメーターを設定できます。今私たちはHelmを使用しており、Argo CD ユーザーインターフェースが入力したリポジトリー／パスのコンテンツをスキャンしてくれるよううまくできているため、Argo CD はHelm Chartを扱っていることを認識します。仮に Helm Chart を使用していない場合、設定スクリプトのパラメーターとして環境変数を設定できます（図4.15）。

図4.15　ステージング環境用の Helm 設定パラメーター

　図4.15でわかるように、Argo CD は提供したリポジトリーパス内の空の values.yaml ファイルも識別しました。values.yaml ファイルにパラメーターがある場合、ユーザーインターフェースはそれらを解析して検証のために表示します。VALUES テキストボックスにさらにパラメーターを追加して、ほかのChart（またはサブChart）設定をオーバーライドできます。

　これらすべての設定を提供した後、フォームの上部にあるCREATEボタンを押す準備ができました。Automatic Syncオプションを選択したため、Argo CD はアプリケーションを作成して変更を自動的に同期します（図4.16）。

Chapter 4　実行環境パイプライン：クラウドネイティブアプリケーションのデプロイ　　193

図4.16 アプリケーションが作成され、自動的に同期された

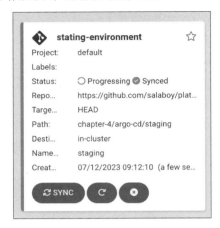

アプリケーションをクリックするとアプリケーションの詳細が表示され、図4.17に示すようにアプリケーションに関連付けられているすべてのリソースの状態が表示されます。

図4.17 ステージング環境は正常で、すべてのサービスが実行されている

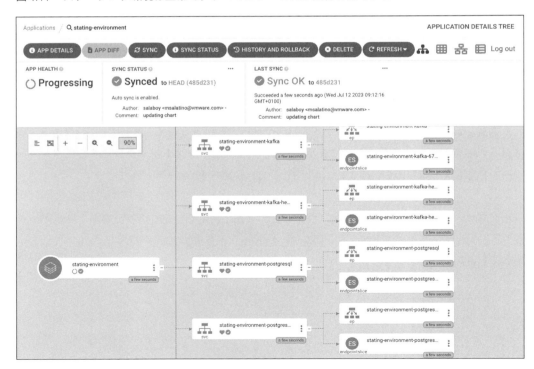

ローカルクラスターまたは実際の Kubernetes クラスターに環境を作成している場合は、アプリケーションにアクセスして操作する必要があります。ここまでに達成したことを振り返ってみましょう。

- Kubernetes クラスターに Argo CD をインストールした。提供された Argo CD ダッシュボード（ユーザーインターフェース）を使用して、ステージング環境用の新しい Argo CD アプリケーションを作成した
- GitHub でホストされている Git リポジトリーにステージング環境の設定を作成した。Helm Chart 定義を使用して、Conference アプリケーションサービスとその依存関係（Redis、PostgreSQL、Kafka）を設定する
- この設定を Argo CD をインストールしたクラスター内の名前空間（`staging`）に同期した
- とくに重要なのは、対象のクラスターに対する手動操作が不要になった点だ

この設定を機能させるには、Helm Chart（およびその内部の Kubernetes リソース）の成果物が対象のクラスターからプルできるようになっていることを確認する必要があります。段階的なチュートリアル[18]に沿って Argo CD を実際に使用し、このツールがどのように機能するか、チームがアプリケーションを複数の環境に継続的にデプロイするのにどのように役立つかを理解することを強くお勧めします。

4.2.2　変更に GitOps 方式で対処する

ここで、ユーザーインターフェース（`frontend`）の開発を担当するチームが新機能を導入することにしたと想像してください。チームは、`frontend` リポジトリーにプルリクエストを作成します。このプルリクエストが `main` にマージされると、チームはサービスの新しいリリースを作成することができます。リリースプロセスには、リリース番号を使用したタグ付き成果物の作成工程を挟む必要があります。これらの成果物の作成は前のセクションで見たように、サービスパイプラインの責任です。図4.18はこの場合、Argo CD がステージング設定リポジトリーから設定の変更をどのように同期するかを示しています。

※18　https://github.com/salaboy/platforms-on-k8s/tree/main/chapter-4

Chapter 4　実行環境パイプライン：クラウドネイティブアプリケーションのデプロイ　　195

図 4.18　Argo CD でステージング環境を設定するコンポーネント

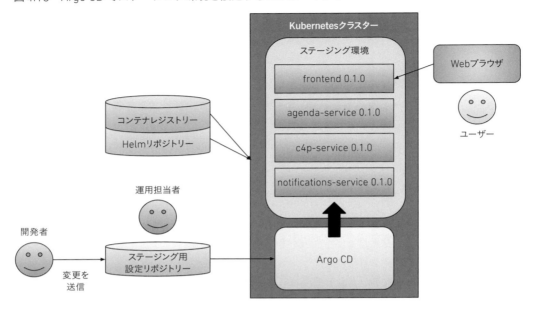

　リリースされた成果物ができたら、環境を更新できるようになりました。GitHub リポジトリーにプルリクエストを送信することで、ステージング環境を更新できます。このプルリクエストは Argo CD アプリケーションの設定に使用した main ブランチにマージする前にレビューできます。環境設定リポジトリーの変更は通常、次に関するものになります。

- **サービスのバージョンのアップデートまたはリバート**
  今回の例では、1 つ以上のサービスの Chart バージョンを変更するだけで対応可能である。あるサービスを以前のバージョンにロールバックする場合、環境 Chart 内のバージョン番号をリバートするか、最初にバージョンを上げたコミットをリバートするだけでよい。なお、コミットをリバートする方法が常に推奨される。これは、以前のバージョンにロールバックする際、古いバージョンが正しく動作するために必要な設定変更が含まれている可能性があるためである

- **サービスの追加または削除**
  新しいサービスを追加するのは少し複雑だ。Chart の参照とサービスの設定パラメーターの両方を追加する必要があるためである。これを機能させるには、Chart 定義が Argo CD インストールによってアクセス可能である必要がある。サービスの Chart が利用可能で、設定

パラメーターが有効であると仮定する。その場合、次回Argo CDアプリケーションを同期すると、新しいサービスが環境にデプロイされる。サービスの削除はより簡単である。これは環境のHelm Chartから依存関係を削除した時点で、サービスは環境から削除されるためである

・**Chartパラメーターの微調整**

場合によってはサービスのバージョンを変更せず、パフォーマンスやスケーラビリティーの要件、監視設定、または一連のサービスのログレベルに対応するためにアプリケーションのパラメーターを微調整することもあるだろう。これらの変更もバージョン管理され、新機能やバグ修正と同様に扱う必要がある

クラスターにアプリケーションをインストールするために Helm を手動でインストールする場合と比較すると、違いにすぐに気付くでしょう。まず、開発者がノートパソコン上に環境設定を持っている可能性があり、環境を別の場所から再現するのが非常に難しくなります。バージョン管理システムを使用して追跡されていない環境設定への変更は失われ、これらの変更が現行のクラスターで機能しているかどうかを確認する方法はありません。設定の差分は、追跡およびトラブルシューティングがはるかに困難です。

Argo CD を使用したこの自動化されたアプローチは、より高度なシナリオへの入り口となり得るでしょう。例えば、プルリクエストのプレビュー環境を作成して（図4.19）、変更がマージされて成果物がリリースされる前に変更をテストできます。

図4.19 イテレーション高速化のためのプレビュー環境

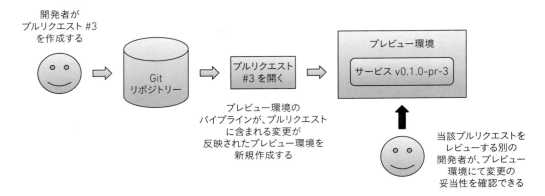

プレビュー環境の使用により、迅速に反復できるようになります。またチームが変更をプロジェクトのmainブランチにマージする前に、それを検証できるようになります。さらにプルリクエストがマージされると、自動的にプレビュー環境がクリーンアップされる仕組みを簡単に実装できるようになります。

NOTE
Argo CDとHelmの使用にあたって詳細に触れておくべきことがもう一つあります。Helm Chartsを手動で使う場合、Helmはクラスター上のChartを更新するたびにリリースリソースを作成しますが、Argo CDはこのHelmの機能を使いません。Argo CDはHelmテンプレートを使用してKubernetesリソースのYAMLをレンダリングし、その出力を `kubectl apply` を使用して適用するアプローチを取ります。このアプローチはすべてがGitでバージョン管理されているという事実に依存しており、YAMLのさまざまなテンプレートエンジンの統一を可能にします。これはいくつかのセキュリティー上の利点に加えて、Argo CDでの差分表示を可能にする鍵となります。これにより、Argo CDによって管理されるべきリソースと別のコントローラーによって管理される可能性のある要素を指定できます。

最後に、全体をまとめるためにサービスパイプラインと実行環境パイプラインがどのように相互作用して、コードの変更から新しいバージョンを複数の環境にデプロイするまでのエンドツーエンドの自動化を提供するかを見てみましょう。

4.3 サービスパイプラインと実行環境パイプライン

サービスパイプラインと実行環境パイプラインがどのように接続するかを見てみましょう。これら2つのパイプライン間の接続は変更の提出およびマージ時にパイプラインがトリガーされるため、Gitリポジトリへのプルリクエストを介して行われます（図4.20）。

図4.20 サービスパイプラインは、プルリクエストを介して実行環境パイプラインをトリガーできる

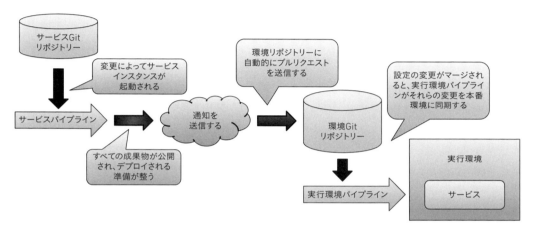

開発者は新しい機能を完成させると、リポジトリのmainブランチにプル／変更リクエストを作成します。このプル／変更リクエストは、専用のサービスパイプラインによってレビューおよびビルドできます。この新しい機能がリポジトリのmainブランチにマージされると、サービスパイプラインの新しいインスタンスがトリガーされます。このインスタンスは、新しいリリースとサービスの新しいバージョンをKubernetesクラスターにデプロイするために必要なすべての成果物を作成します。第3章で見たように、これにはコンパイルされたソースコードを含むバイナリ、コンテナイメージおよびHelmなどのツールを使用してパッケージ化できるKubernetesマニフェストが含まれます。

サービスパイプラインの最後のステップとして、通知ステップを挟むことができます。このステップは実行中のサービスの新しいバージョンが利用可能であることを、関心のある環境に通知できます。この通知は通常、環境のリポジトリへの自動化されたプルリクエストです。またはアーティファクトリポジトリを監視（または通知をサブスクライブ）して新しいバージョンが検出されたら、設定された環境にプルリクエストが作成されます。

環境リポジトリーに作成されたプルリクエストは、専用の実行環境パイプラインによって自動的にテストできます。サービスパイプラインで行ったのと同じ方法で、リスクの低い環境ではこれらのプルリクエストを人間の介入なしで自動的にマージできます。

　このフローを実装することで、開発者がバグの修正と新機能の作成に集中できるようになります。これらは自動的にリリースされ、リスクの低い環境に昇格されます。新しいバージョンがステージングなどの環境でテストされ、これらの新しいバージョンまたは設定が問題を引き起こしていないことがわかったら、本番環境の設定を含むリポジトリーにプルリクエストを作成できます。

　環境が機密性の高いものであればあるほど、必要なチェックと検証が多くなります。図4.21に示すように新しいサービスのバージョンを本番環境に昇格する場合、提出されたプルリクエストで導入された変更を検証およびテストするために新しいテスト環境が作成されます。それらの検証が完了したら、プルリクエストをマージして実行環境パイプラインの同期をトリガーするために手動の承認が必要です。

図4.21　本番環境への変更の昇格

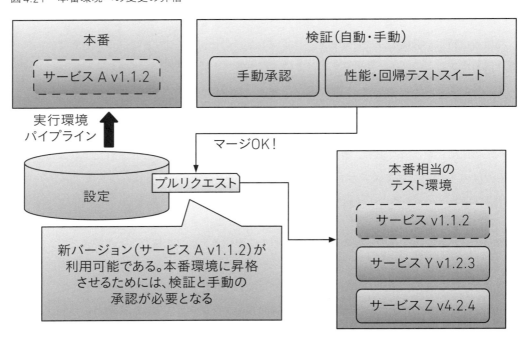

実行環境パイプラインは、さまざまな環境にソフトウェアをリリースおよび昇格するための組織の要件をコード化するために使用する仕組みです。この章では、Argo CD のようなツールが私たちのために何ができるかを見てきました。次に、単一の Argo CD インストールで十分かどうか、誰がそれを管理して安全に維持するのかを評価する必要があります。Argo CD をカスタムのフックポイントで拡張する必要がありますか？　ほかのツールと統合する必要がありますか？　これらの質問については第6章で検討します。この章を終える前に、実行環境パイプラインと Argo CD のようなツールがプラットフォームエンジニアリングのストーリーにどのように適合するかを見てみましょう。

4.4　プラットフォームエンジニアリングにリンクする

プラットフォームエンジニアリングの観点から見ると、GitOps アプローチの提供はさまざまな環境を設定するチームにますます普及が進んでいます。Argo CD のようなツールの人気により、Git などのバージョン管理システムで環境設定を保存および操作することに多くの人が慣れてきました。プラットフォームエンジニアリングチームがこれらのツールのインストール方法、保守方法および設定方法をチームに学ばせることなく、チームはこの手法を使用できるようになります。

プラットフォームは環境リポジトリーの作成を自動化し、適切なチームがサービスを昇格するための設定を読み取って書き込むアクセス権を持っていることを確認できます。これらのプラットフォームの利用者は環境とやり取りする方法を知っていることが期待されますが、プラットフォームによって提供されるツールがどのように機能するか、またはそれらがどのように設定されているかを知る必要はありません。例えば、開発環境では GitOps アプローチがうまく機能しない場合があります。一部の開発チームはクラスターへの直接アクセスを望むため、プラットフォームは必要に応じてこのアクセスを許可するのに十分な柔軟性が必要だからです。

4.3 節で説明したように、ソフトウェア成果物を作成するためにサービスパイプラインと実行環境パイプラインは連携して動作します。また、実行環境間で成果物を移動させます。サービスパイプラインと実行環境パイプラインの両方は、ゴールデンパスとして知られているものを実装するために整備する重要なメカニズムです。プラットフォームが成熟するほど、新しいソフトウェアリリースがソースから本番環境へと移動し、エンドユーザー（顧客）によって検証される方法を自動化するための実行環境パイプライン間の調整が不可欠になります。これらのゴールデ

ンパスは、顧客がアクセスできる本番環境にチームが生成している変更を移動するために自動化されたワークフローです。図4.22は、アプリケーションのゴールデンパスが高レベルでどのように見えるかを示しています。

図4.22　新しいリリースを本番環境に昇格するには何が必要か？

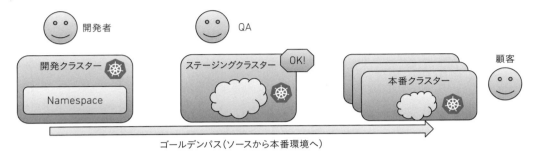

　開発環境で生成されたソフトウェアを本番クラスターに移行し、そのクラスターで顧客が単一のサービスを使用できるようにするために、いくつのサービスパイプラインと実行環境パイプラインを実行する必要があるかを考えてみてください。デプロイが期待どおりに動作するように、これらのパイプラインはどのように連携して接続するのでしょうか？　このプロセス全体でどれだけの手動検証が必要でしょうか？　そして最も重要なのはチームがこれらの複雑なやり取りをすべて心配しなくてもよいように、何を自動化できるでしょうか？

　これまでにアプリケーションをKubernetesクラスターにインストールする方法、アプリケーションサービスをコンテナにビルドしてパッケージ化する方法、およびこれらのサービスをKubernetesクラスターにデプロイするために必要な設定ファイルをパッケージ化して配布する方法について説明してきました。この章ではGitOpsアプローチを使用して、このアプリケーションが稼働するさまざまな実行環境を管理する方法について説明しました。図4.23にすべての要素を一目で確認できるようにまとめました。

図4.23　GitOps を追加して複数の環境を管理する

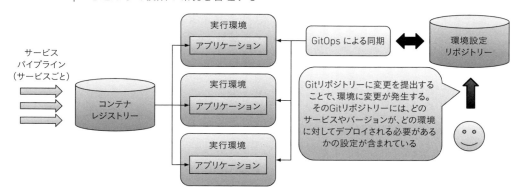

　ゴールデンパス（第6章で詳しく説明）について深く掘り下げる前に、次の章ではアプリケーションをさまざまな環境にデプロイするときに直面するもう一つの課題であるアプリケーションインフラストラクチャーについて説明します。

本章のまとめ

- 実行環境パイプラインは、ソフトウェア成果物を本番環境にデプロイする役割を担う。実行環境パイプラインは、チームがアプリケーションの稼働するクラスターを直接操作することを回避する。また、エラーと設定ミスを減らします。実行環境パイプラインは、設定の更新後に実行環境が完全に動作していることを検査するべきである

- Argo CD などのツールを使用すると、各環境の内容を Git リポジトリーに定義できる。これは環境設定の信頼できる情報源として使用される。Argo CD は環境が実行されているクラスターの状態を追跡し、クラスターに適用された設定に差分がないことを確認する

- チームは環境設定が保存されているリポジトリーにプルリクエストを提出することで、環境で実行されているサービスのバージョンをアップグレードまたはダウングレードできる。チームまたは自動化されたプロセスはこの変更を検証でき、承認およびマージされると変更が本番環境に反映される。問題が発生した場合、Git リポジトリーへのコミットを元に戻すことで変更をロールバックできる

- 段階的なチュートリアルに従い、Argo CD を使用して GitOps アプローチに基づいたアプリケーションワークロードをデプロイする方法に関する実践的な経験を積んだ

Platform Engineering on Kubernetes

Chapter 5

マルチクラウド（アプリケーション）インフラストラクチャー

Multi-cloud (app) infrastructure

本章で取り上げる内容

- クラウドネイティブアプリケーションのインフラストラクチャーの定義と管理
- インフラストラクチャーの構成要素の管理における課題の特定
- CrossplaneによるKubernetesに基づくインフラストラクチャーの管理方法の習得

　前章まではウォーキングスケルトンをインストールして、各コンポーネントをサービスパイプラインを使ってビルドし、それらを実行環境パイプラインを使用してさまざまな実行環境にデプロイする方法を学びました。しかし今、大きな課題に直面しています。それはアプリケーションインフラストラクチャーの管理です。つまりアプリケーションサービスだけでなく、それらのサービスが正常に稼働するために必要なコンポーネント（データベース、メッセージブローカー、ID管理ソリューション、メールサーバーなど）も運用・保守する必要があります。多くのツールはオンプレミス環境でのインストールの自動化や、さまざまなクラウドプロバイダーでのコンポーネントのプロビジョニングをサポートしています。この章ではKubernetes方式でそれを行う1つのツールに焦点を当てます。この章は主に3つの節に分かれています。

- Kubernetesにおけるインフラストラクチャー管理の課題
- Crossplaneを使用した宣言型インフラストラクチャー
- ウォーキングスケルトンのインフラストラクチャー

Chapter 5　マルチクラウド（アプリケーション）インフラストラクチャー　　205

それでは始めましょう。アプリケーションインフラストラクチャーの管理がなぜそんなに難しいのでしょうか？

5.1　Kubernetesにおけるインフラストラクチャー管理の課題

第1章で紹介したウォーキングスケルトンのようなアプリケーションを設計する際、ビジネス目標の達成には直接関係しない特定の課題に直面します。アプリケーションのサービスを支えるインフラストラクチャーコンポーネントをインストールして設定し、保守することは大がかりな作業です。適切な専門知識を持つ、適切なチームによって慎重に計画する必要があります。

これらのコンポーネントはアプリケーションインフラストラクチャーに分類され、通常は社内で開発されたものではないデータベースやメッセージブローカー、ID管理ソリューションなどのサードパーティー製のものが含まれます。現代のクラウドプロバイダーが成功している大きな理由の1つとして、これらのコンポーネントの提供と保守に優れており、開発チームがアプリケーションのコア機能の構築に集中できるようになることでビジネスに価値をもたらしている点が挙げられます。

ここで重要なのは、アプリケーションインフラストラクチャーとハードウェアインフラストラクチャーを区別することです。本書ではハードウェアのプロビジョニングに関しては扱わず、アプリケーションの領域に焦点を当てます。パブリッククラウドを使用している場合、プロバイダーがハードウェア関連のすべての問題を解決することを前提とします。また、オンプレミスの場合は専用のチームがハードウェアの削除、追加、保守を担当するでしょう。

一般的にアプリケーションインフラストラクチャーをプロビジョニングするには、クラウドプロバイダーのサービスが利用されます。このアプローチには、従量課金制、スケールに応じた簡単なプロビジョニング、自動メンテナンスなどの多くの利点があります。しかし、その時点でクラウドプロバイダー固有のツールや方法に依存することになります。例えば、クラウドプロバイダーでデータベースやメッセージブローカーを作成すると、Kubernetesの領域から飛び出してしまいます。これによりクラウドプロバイダーのツールと自動化メカニズムに依存するようになり、ビジネスとクラウドプロバイダーの間に強い依存関係が生まれることになります。

まずはアプリケーションインフラストラクチャーのプロビジョニングと保守に関する課題を見ていきましょう。これによりチームが適切な計画とツール選択を行えるようになります。

- **コンポーネントをスケーリングするように設定する**

  各コンポーネントを適切に設定するためには、それぞれの専門知識が必要である（データベース、メッセージブローカー、機械学習の専門知識など）。また、アプリケーションサービスがどのようにコンポーネントを使用するかということや、利用可能なハードウェアのことについても深く理解しておく必要がある。これらの設定はバージョン管理されて監視されるべきであり、新しい環境を素早く構築して問題を再現したり、アプリケーションの新バージョンをテストしたりするために役立つ

- **長期的にコンポーネントを維持管理する**

  データベースとメッセージブローカーは、パフォーマンスとセキュリティーを向上させるために常にリリースやパッチが行われる。この絶え間ない変化により、運用チームはアプリケーション全体を停止させることなく新しいバージョンにアップグレードし、データを安全に保たなければならない。この複雑さには、コンポーネントを提供するチームと利用するチーム間で多くの調整と影響分析が必要である

- **クラウドプロバイダーのサービスはマルチクラウド戦略に影響を与える**

  クラウド固有のアプリケーションインフラストラクチャーとツールに依存する場合、開発者がサービスの開発やテストに必要なコンポーネントを自分たちでプロビジョニングできる方法を見つける必要がある。またインフラのプロビジョニングを抽象化し、アプリケーションが直接クラウド固有のツールに依存することなく必要なインフラを定義できる方法が求められる

興味深いことに、これらの課題は分散アプリケーションが登場する前から存在していました。インフラコンポーネントの設定やプロビジョニングは常に困難で、たいていの開発者からは遠い存在でした。しかし、クラウドプロバイダーがこれらの課題を以前よりも開発者にとって身近なものにしました。開発者がより自律的に作業し迅速に反復できるようにしている点で、素晴らしい仕事をしています。Kubernetesを使用する場合、より多くの選択肢がありますがそのトレードオフを理解することが重要です。次のセクションでは、Kubernetes内でアプリケーションインフラストラクチャーを管理する方法について見ていきます。通常では推奨されませんが、特定のシナリオでは実用的でコストが抑えられることもあります。

Chapter 5　マルチクラウド（アプリケーション）インフラストラクチャー　207

5.1.1 アプリケーションインフラストラクチャーの管理

アプリケーションインフラストラクチャーは興味深い分野になっています。コンテナの台頭により、開発者は数コマンドでデータベースやメッセージブローカーを起動できるようになりました。これは通常の開発目的には十分です。Kubernetesの世界ではこれがHelm Chartsに変換され、コンテナを使ってデータベース（リレーショナルデータベースやNoSQL）、メッセージブローカー、ID管理ソリューションなどを構成してプロビジョニングします。第2章で触れたように、ウォーキングスケルトンアプリケーションには4つのサービス、2つのデータベース（Redisと PostgreSQL）およびメッセージブローカー（Kafka）が含まれ、これらすべてが1つのコマンドでインストールされました。

ウォーキングスケルトンではアジェンダサービス用にRedis NoSQLデータベースのインスタンス、プロポーザル募集サービス用にPostgreSQLデータベースのインスタンス、KafkaクラスターのインスタンスをすべてHelm Chartを使用してプロビジョニングしています。現在利用可能なHelm Chartの数は目覚ましいものがあり、Helm Chartのインストールが進むべき道であると考えるのは非常に簡単です。今回使用したHelm ChartはすべてBitnami Helm Chartリポジトリーで入手可能です[1]。

第2章で説明したように、状態を保持するサービスをスケールしたい場合はデータベースなどの特殊なコンポーネントをプロビジョニングする必要があります。アプリケーション開発者はどの種類のデータベースが最適かを、保存するデータの構造や要件に基づいて選択します。図5.1は、ウォーキングスケルトンアプリケーションのサービスがどのようなインフラストラクチャーコンポーネントに依存しているかを示しています。

※1　https://bitnami.com/stacks/helm

208　　Kubernetesで実践するPlatform Engineering

図5.1　サービスとアプリケーションインフラストラクチャーコンポーネントの依存関係

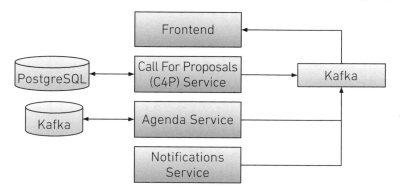

　これらのコンポーネント（PostgreSQL、Redis、Kafka）をKubernetesクラスター内でセットアップするプロセスには、次の手順が含まれます。

- プロビジョニングするコンポーネントに適したHelm Chartを探す。ウォーキングスケルトンの場合、PostgreSQL[※2]、Redis[※3]、Kafka[※4]はBitnami Helm Chartリポジトリーにある。Helm Chartが見つからないがプロビジョニングするコンポーネントのDockerコンテナがある場合は、デプロイメントに必要な基本的なKubernetesの構成を定義した後、独自のChartを作成できる
- 要件に合うChartの設定とパラメーターを調査する。各Chartはさまざまなユースケースに合わせて調整できる各パラメーター群を公開している。ChartのWebサイトを確認し、設定可能なパラメーターを把握する。また、運用チームやDBAと協力して最適なデータベース設定を検討する。これは開発者だけでどうにかできるものではない。この分析にはKubernetesの専門知識も必要である。コンポーネントが Kubernetes内でHA（高可用性）モードで動作できることを確認するためである
- `helm install`を使用してChartをKubernetes クラスターにインストールする。`helm install`を実行すると、コンポーネントのデプロイ方法が記述されたKubernetesマニフェスト（YAMLファイル）群がダウンロードされる。次に、HelmはこれらのYAMLファイルをクラスターに適用する。第2章（2.2節）でインストールしたカンファレンスアプリケー

[※2] https://bitnami.com/stack/postgresql/helm
[※3] https://bitnami.com/stack/redis/helm
[※4] https://bitnami.com/stack/kafka/helm

ションのHelm Chartでは、すべてのアプリケーションインフラストラクチャーのコンポーネントがChartの依存関係として追加される
- 新しくプロビジョニングされたコンポーネントに接続するようにサービスを設定する。これは、新しくプロビジョニングされたインスタンスのURLと接続用の資格情報をサービスに提供することで実現できる。データベースの場合、リクエストを処理するデータベースURLと場合によってはユーザー名とパスワードが含まれる。ここで注目すべきは、アプリケーションが対象となるデータベースに接続するために何らかのドライバーを必要とすることです。これについては第8章で詳しく説明する
- バックアップを行い、フェイルオーバーメカニズムが期待どおりに機能することを確認しながら長期的にコンポーネントを維持管理する

図5.2はこれらのアプリケーションインフラストラクチャーコンポーネントをインストールし、アプリケーションサービスに接続するために必要な手順を示しています。

図5.2　PostgreSQL Helm Chartを使用した新しいPostgreSQLインスタンスのプロビジョニング。#1 Kubernetesクラスター内のNamespaceにHelm Chartをインストールする。#2 ChartはPostgreSQLインスタンスをプロビジョニングするために、StatefulSetやDeploymentなどのKubernetesリソースを作成する。#3 サービスは新しく作成されたインスタンスに接続する必要がある。接続は手動で行うか、資格情報と接続方法の詳細を含むKubernetes Secretを参照することで実現できる

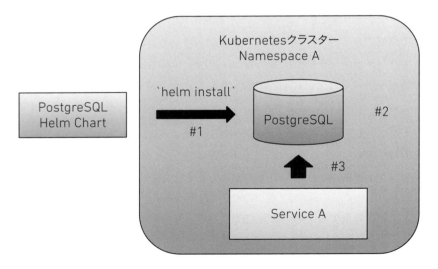

Helm Chartを使用する場合、いくつかの注意点とコツがあります。

- 変更したいパラメーターをChartで設定できない場合は、`helm template`を使用して Helm Chartのテンプレートを生成し、その出力を手動で変更する方法がある。必要なパラメーターを追加または変更してから、最終的に`kubectl apply -f`を使用してコンポーネントをインストールできる。または、Chartリポジトリーにプルリクエストを送信することもできる。すべてのパラメーターが最初から公開されているわけではなく、コミュニティーのフィードバックを基に拡張されることがよくある。そのような場合は遠慮なくメンテナーに連絡する。どのような変更を加えるにしても、Chartの内容は維持され、文書化される必要がある。`helm template`を使用すると、新しいバージョンが利用可能になったときに Chartをアップグレードできる Helm リリース管理機能が失われる
- 多くのChartは、スケーリングに対応したデフォルト設定が組み込まれている。これは、デフォルトのデプロイメントが高可用性を想定していることを意味する。結果として、Chartのインストール時に、KinDやMinikubeを使用している開発者のラップトップなどの環境では利用できない可能性があるほどのリソースを消費する。多くのChartは、開発環境やリソースが限られた環境向けの設定も用意している
- データベースをKubernetesクラスター内にインストールする場合、各データベースコンテナ（pod）は基盤となるKubernetesノードのストレージにアクセスする必要がある。データベースの場合はスケーラブルなストレージが必要となるため、Kubernetes外の高度な設定が必要になることもある

　例えば、ウォーキングスケルトンでは Redis の Helm Chart で**architecture**パラメーターを `standalone` に設定しています（実行環境パイプラインの設定とアジェンダサービスの Helm Chartの values.yamlファイルで確認できます）。これにより、ラップトップ、ワークステーションなど、リソースが限られている環境で実行しやすくなります。ただし、この設定は Redis の可用性に影響を与えます。デフォルトの設定ではマスターと2つのスレーブが作成されます。しかし、`standalone`設定では単一のレプリカのみが実行されるため、障害耐性が低下します。

Chapter 5　マルチクラウド（アプリケーション）インフラストラクチャー　　211

5.1.2　新しくプロビジョニングされたインフラストラクチャーへのサービスの接続

Chartをインストールしてもアプリケーションサービスが自動的にRedis、PostgreSQL、Kafkaのインスタンスに接続されるわけではありません。接続に必要な設定をサービスに提供する必要があります。また、データベースなどのコンポーネントの起動に必要な時間も考慮する必要があります。

図5.3は通常、接続がどのように行われるかを示しています。ほとんどのChartはKubernetes Secretを自動的に作成します。Secretは、アプリケーションのサービスが接続するにあたって必要となるあらゆる情報を管理しています。

図5.3　Secretを使用して、プロビジョニングされたリソースにサービスを接続する。#1 サービスを実行するためにKubernetes Deploymentが作成される。このDeploymentはPodを起動するテンプレートを含み、環境変数を使ってPodを構成する。#2 Deploymentのテンプレートを元にPodが作成される。このテンプレートには、データベース接続情報を含むKubernetes Secretが指定されている。#3 Pod内で動作するコンテナは、環境変数を使ってデータベースインスタンスに接続するための準備を行う必要がある

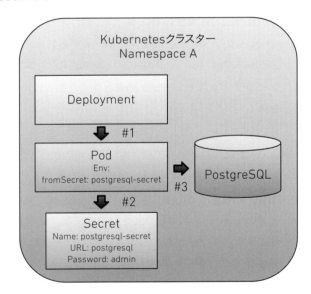

これらのアプリケーションインフラストラクチャーコンポーネントの資格情報を保存する方法として、Kubernetes Secretの利用が一般的です。ウォーキングスケルトンに使用しているRedis と PostgreSQL のHelm Chart は、接続に必要な詳細を含む新しい Kubernetes Secret を作成します。これらのHelm Chart は、インスタンスが実行される場所（URL）として使用される Kubernetes Service も作成します。

プロポーザル募集（Call for Proposals / C4P）サービスをPostgreSQLインスタンスに接続するには、プロポーザル募集サービス（`conference-c4p-service-deployment`）の Kubernetes Deploymentに適切な環境変数があることを確認する必要があります（リスト5.1）。

リスト5.1　アプリケーションインフラストラクチャー（PostgreSQL）に接続するための環境変数

```
- name: KAFKA_URL
  value: <KAFKA SERVICE URL>
- name: POSTGRES_HOST
  valueFrom:
    secretKeyRef:
      name: <POSTGRESQL SECRET NAME>
      key: postgres-url
- name: POSTGRES_PASSWORD
  valueFrom:
    secretKeyRef:
      name: <POSTGRESQL SECRET NAME>
      key: postgres-password
```

太字はChartをインストールしたときに動的に生成されたパスワードと、Chartによって作成された PostgreSQL Kubernetes Serviceである DB エンドポイント URL を使用する方法を強調しています。別のChartリリース名を使用した場合、DB エンドポイントは異なります。

同様の構成が Agenda サービス（`conference-agenda-service-deployment`）と Redis に適用されます（リスト5.2）。

リスト5.2　アプリケーションインフラストラクチャー（Redis）に接続するための環境変数

```
- name: KAFKA_URL
```

Chapter 5　マルチクラウド（アプリケーション）インフラストラクチャー　　213

```
      value: <KAFKA SERVICE URL>
  - name: REDIS_HOST
    valueFrom:
      secretKeyRef:
        name: <REDIS SECRET NAME>
        key: redis-url
  - name: REDIS_PASSWORD
    valueFrom:
      secretKeyRef:
        name: <REDIS SECRET NAME>
        key: redis-password
```

　以前と同様に、Redis Helm Chart をインストールするときに生成される Kubernetes Secretからパスワードを取得します。Secret名は使用するHelm Chartリリースの名前に由来します。REDIS_HOST は、使用した `helm release` 名に依存するChartによって作成される Kubernetesサービスの名前から取得されます。アプリケーションのすべてのサービスに対して、サービスがKafkaに接続できるように KAFKA_URL 環境変数を設定する必要があります。アプリケーションインフラストラクチャーコンポーネントの異なるインスタンスを構成することで、プロビジョニングとメンテナンスをほかのチームやクラウドプロバイダーに委任することができます。

5.1.3　Kubernetes Operatorを使用する必要はあるか？

　現在、Kubernetesクラスター内には4つのアプリケーションサービス、2つのデータベース、メッセージブローカーが存在しています。信じられないかもしれませんが、現在あなたは、アプリケーションのニーズに応じて保守やスケールすべき7つのコンポーネントの責任者です。アプリケーションのサービスを作成したチームは、それぞれのサービスの保守やアップグレードに詳しいかもしれませんが、データベースやメッセージブローカーの保守やスケーリングに関しては専門的な知識を持っていないかもしれません。

　サービスの需要によっては、これらのデータベースとメッセージブローカーについての助けが必要になる場合があります。アジェンダサービスへのリクエストが殺到し、Deploymentのレプリカ数を200にスケールアウトすることにしたとします。その際、Redisには200個のPodが接続できるだけのリソースが必要になります。とくにカンファレンスが進行中で読み取りリクエ

ストが多くなるような場面においては、Redisクラスターはレプリカからデータを読み込むことができるため、負荷を分散できる利点があります。

図5.4は、アプリケーションのサービスに対する高い需要が発生した場合の典型的な例を示しています。このとき、アプリケーションサービスのレプリカ数を増やすことに気を取られ、PostgreSQLインスタンスの設定や構成を確認・変更しないままスケーリングを試みることがあります。このような状況では、アプリケーションのサービスがスケール可能であったとしても、PostgreSQLインスタンスが適切に設定されていない場合、200以上の同時接続をサポートできずにボトルネックとなってしまいます。

図5.4　アプリケーションインフラストラクチャーはサービスのスケール方法に応じて構成される必要がある。#1 あるサービスの需要が急増した場合、レプリカ数を増やす誘惑に駆られるかもしれない。この場合、ReplicaSetを使用してレプリカ数を増やすことができ、KubernetesのDeploymentはそれについて異議を唱えることはない。クラスターに十分なリソースがあれば、レプリカは問題なく作成される。#2 アプリケーションインフラストラクチャーが適切に構成されていない場合、Deploymentをスケールアップしてもデータベースのポッドがスケールされないため、データベース接続プールの枯渇やデータベースPodの過負荷など、多くの問題が発生する可能性がある

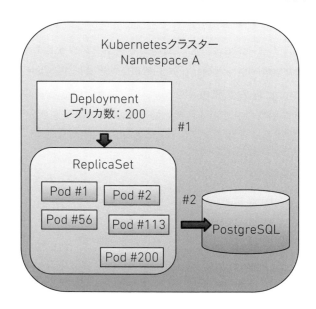

アプリケーションインフラストラクチャーをHelmでインストールする場合、Helmはそれらのコンポーネントのヘルスチェックを行わず、単にインストールを実行するだけであることに注意が必要です。現在、Kubernetesクラスター内にコンポーネントをインストールするための代替手段として、Operatorと呼ばれるものが一般的に使用されています。通常、アプリケーションインフラストラクチャーに関連付けられることが多く、インストールされたコンポーネントを監視するよりアクティブなコンポーネントを提供します。例えば、Zalando PostgreSQL Operator[5]がその一例です。Zalando PostgreSQL OperatorはPostgreSQLデータベースの新しいインスタンスをプロビジョニングするために設計されていますが、以下のようなメンテナンス機能も実装しています。

- Postgresクラスターの変更時のローリングアップデート（マイナーバージョンの迅速なアップデートを含む）
- Podを再起動せずに現状のボリュームのサイズを変更（AWS EBS、PVC）
- PGBouncerを使用したデータベース接続プーリング
- 高速なインプレースメジャーバージョンアップグレードをサポート

Kubernetes Operatorは一般的に特定のコンポーネントに関連する運用タスクをカプセル化する。例えばこのケースではPostgreSQLに関連する運用タスクを自動化します。Operatorを使用することで単なるコンポーネントのインストールにとどまらず、より多くの機能が追加されます。この際、Operator自体の管理やメンテナンスも必要になる点に留意が必要です。各Operatorは提供側の推奨のフローがあるため、使用するOperatorを選定する際にはチームがそのフローを研究し、管理方法を学習する必要があります。

クラスター内でこれらのインフラストラクチャーコンポーネントを運用する予定がある場合、それらのコンポーネントの管理、保守、スケーリングを適切に行うための専門知識を社内で持っていることが重要です。

次の節では、クラウドおよびオンプレミスのリソースを宣言的なアプローチでプロビジョニングし、アプリケーションインフラストラクチャーコンポーネントの運用を簡素化することを目指す、オープンソースプロジェクトについて見ていきます。

※5　https://github.com/zalando/postgres-operator

5.2　Crossplaneを使用した宣言型インフラストラクチャー

　Kubernetes内部にHelmを使用してアプリケーションインフラストラクチャーコンポーネントをインストールするのは、とくに大規模アプリケーションやユーザー向け環境では最適ではありません。その理由は、これらのコンポーネントや高度なストレージ構成などの要件を維持するのが、チームにとって非常に複雑になる可能性があるためです。

　クラウドプロバイダーはインフラストラクチャーのプロビジョニングを可能にする点で素晴らしい仕事をしていますが、いずれもKubernetesの枠外にあるクラウドプロバイダー固有のツールに依存しています。

　この節では、CNCFのプロジェクトであるCrossplane[6]という別のツールを紹介します。Crossplaneは、Kubernetes APIおよび拡張ポイントを活用し、Kubernetes APIを使用して宣言的に実際のインフラストラクチャーをプロビジョニングできるようにします。CrossplaneはKubernetes APIに依存して複数のクラウドプロバイダーをサポートしており、既存のKubernetesツールとの相性も非常によいです。

　Crossplaneの機能と拡張方法を理解することでクラウドプロバイダーにロックインされずに、マルチクラウドアプローチを構築してクラウドネイティブアプリケーションやその依存関係を異なるプロバイダーで実行できます。CrossplaneはKubernetesと同じ宣言的なアプローチを採用しているため、デプロイおよび保守しようとするアプリケーションを高レベルで抽象化できます。

　Crossplaneを利用するためには、まずKubernetesクラスターにCrossplaneのコントロールプレーンをインストールする必要があります。公式ドキュメント[7]や、5.3節で紹介されている段階的なチュートリアルに従ってインストールを進めてください。

　しかし、Crossplaneのコアコンポーネントだけでは十分に機能しません。利用するクラウドプロバイダーに応じて、1つ以上のCrossplaneプロバイダーをインストールして構成する必要があります。それでは、Crossplaneプロバイダーがどのような機能を提供しているのか見ていきましょう。

※6　https://crossplane.io/
※7　https://docs.crossplane.io/

5.2.1　Crossplaneプロバイダー

　Crossplaneは、Crossplaneプロバイダー[8]と呼ばれるコンポーネントをインストールすることでKubernetesの機能を拡張します。これらのプロバイダーはクラウドプロバイダー固有のサービスと連携し、私たちの代わりにクラウドリソースをプロビジョニングする役割を担います。図5.5はGoogle CloudプロバイダーとAWSプロバイダーをインストールすることで、Crossplaneが両方のクラウド上にリソースをプロビジョニングできるようになる様子を示しています。

図5.5　Google CloudプロバイダーとAWSプロバイダーがインストールされたCrossplane

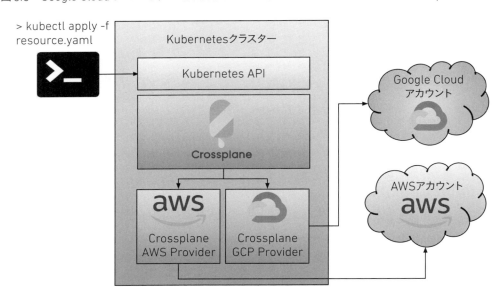

　Crossplaneプロバイダーをインストールすることで、Kubernetes APIの機能を拡張して外部リソース（例えばデータベース、メッセージブローカー、バケットなど）をKubernetesクラスター外で、クラウドプロバイダー上にプロビジョニングできます。Crossplaneは主要なクラウドプロバイダー（Google Cloud、AWS、Azureなど）をカバーする複数のプロバイダーを提供しています。各プロバイダーはCrossplaneのGitHub組織[9]で確認できます。

　一度Crossplaneプロバイダーをインストールすれば、プロバイダー固有のリソースを宣言的に作成できます。つまり、Kubernetesリソースとして作成し、`kubectl apply -f`で適用す

---

[8] https://docs.crossplane.io/v1.12/concepts/providers/
[9] https://docs.crossplane.io/latest/concepts/providers/

ることができ、さらにそれらの定義をHelm Chartにパッケージ化したり、実行環境パイプラインを使用したりできます。

例えば、Crossplane GCP プロバイダーを使用してGoogle Cloud上にバケットを作成するには、リスト5.3のように定義します。

リスト5.3　Google Cloudバケットリソースの定義

```
cat <<EOF | kubectl create -f -
apiVersion: storage.gcp.upbound.io/v1beta1
```
① apiVersionとkindの両方が Crossplane GCP プロバイダーによって定義されている。サポートされているすべてのリソースタイプは Crossplane プロバイダーのドキュメントで確認できる
```
kind: Bucket
```
② CrossplaneがインストールされているKubernetesクラスターでバケットリソースを作成することで、Crossplaneがこのリソースをクラウド上にプロビジョニングし、監視を行うようリクエストしている
```
metadata:
  generateName: crossplane-bucket-
  labels:
    docs.crossplane.io/example: provider-gcp
spec:
```
③ 各リソースタイプにはリソースを設定するための各パラメーター群がある。この場合、バケットをUSに作成することを指定している。リソースごとに異なる設定が公開されている
```
  forProvider:
    location: US
  providerConfigRef:
    name: default
EOF
```

このように、Kubernetes APIを通じてクラウド固有のリソースをプロビジョニングできるのは大きな進歩です。しかし、Crossplaneの機能はこれだけにとどまりません。例えばクラウドプロバイダー上でデータベースをプロビジョニングする際、そのプロビジョニング自体は多くのタスクの一部に過ぎません。ネットワークやセキュリティー設定、ユーザーの資格情報、その他のクラウドプロバイダー特有の設定が必要です。ここで登場するのがCrossplane Compositionです！

Chapter 5　マルチクラウド（アプリケーション）インフラストラクチャー　219

5.2.2 Crossplane Composition

Crossplaneは、プラットフォームチームとアプリケーションチームという2つの異なる役割を支援することを目的としています。プラットフォームチームは、クラウドプロバイダー固有のコンポーネントのプロビジョニングに精通しており、アプリケーションチームはアプリケーションの要件を理解し、インフラの観点から何が必要かを把握しています。このアプローチの面白い点は、Crossplaneを使用するとプラットフォームチームが複雑なクラウドプロバイダー固有の設定を定義し、それをアプリケーションチーム向けに簡略化されたインターフェースとして公開できることです。

現実には、単一のコンポーネントを作成するだけで済むことはほとんどありません。例えば、データベースインスタンスをプロビジョニングする場合、アプリケーションチームは新しく作成されたインスタンスにアクセスするために適切なネットワークおよびセキュリティーの設定も必要とします。このように複数のコンポーネントをつなげて組み合わせることができるのは非常に便利です。これらの抽象化とインターフェースの簡略化を実現するために、CrossplaneはComposite Resource Definition（XRD）と Composite Resource（XR）の2つの概念を導入しました。

図5.6は、Crossplane XRDを使用してさまざまなクラウドプロバイダーの抽象化を定義する方法を示しています。プラットフォームチームはGoogle CloudやAzureに非常に精通している可能性があるため、特定のアプリケーションに対してどのリソースを連携させるかを定義する責任を負います。一方、アプリケーションチームは簡単なリソースインターフェースを介して、必要なリソースをリクエストします。しかし、抽象化はチーム間での役割と責任を明確にするためには役立つものの複雑です。そのため、Crossplane Compositionの力を理解するために、具体的な例を見てみましょう。

図5.6　Crossplane Composite Resource による Resource Composition の抽象化

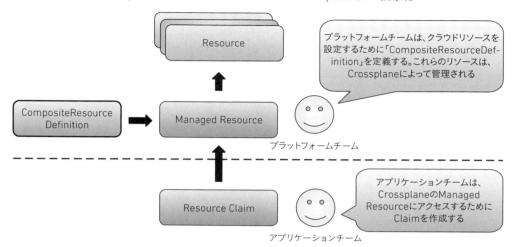

　図5.7は、アプリケーションチームがシンプルなPostgreSQLリソースを作成して、Google CloudでCloudSQLインスタンス、ネットワーク構成、バケットをプロビジョニングする方法を示しています。アプリケーションチームはどのリソースがどのクラウドプロバイダーで作成されるかには関心がなく、ただ自分たちのアプリケーションがPostgreSQLインスタンスに接続できることに関心があります。

図5.7 Crossplane Compositionを使用したGoogle CloudでのPostgreSQLインスタンスのプロビジョニング

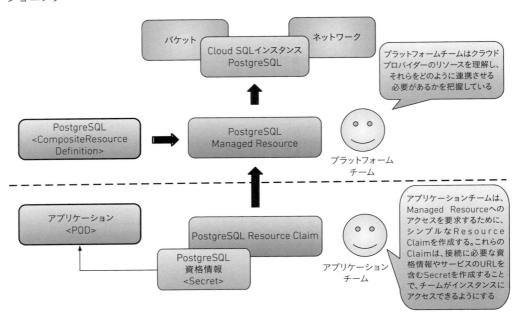

　これは図5.7の`Secret`ボックスにつながります。これはCrossplaneが作成するKubernetes Secretを表し、アプリケーションのPodがプロビジョニングされたリソースに接続するために使用します。Crossplaneは、アプリケーションが新しく作成されたリソースに接続するために必要なすべての情報を含むKubernetes Secretを作成します。このSecretには通常、アプリケーションが接続するために必要なURL、ユーザー名、パスワード、証明書などが含まれます。プラットフォームチームはCompositeResourceを定義するときに、Secretに含める内容を定義します。次の項では、カンファレンスアプリケーションに実際のインフラストラクチャーを追加するときにこれらの`CompositeResourceDefinition`がどのように見え、そしてそれを適用してアプリケーションに必要なすべてのコンポーネントを作成する方法を詳しく見ていきます。

5.2.3　Crossplaneコンポーネントと要件

Crossplaneプロバイダーおよび`CompositeResourceDefinition`を扱うには、Crossplaneのコンポーネントがどのように連携して異なるクラウドプロバイダー内でこれらのコンポーネントをプロビジョニングおよび管理するかを理解する必要があります。

本項ではCrossplaneが機能するために必要なものと、Crossplaneコンポーネントが`CompositeResource`をどのように管理するかについて説明します。まず、CrossplaneをKubernetesクラスターにインストールする必要があります。これはアプリケーションが実行されるクラスターでも、Crossplaneが実行される別のクラスターでもかまいません。このクラスターには`CompositeResourceDefinition`を理解し、クラウドプラットフォーム上でリソースをプロビジョニングするための十分な権限を持つCrossplaneコンポーネントが含まれます。

図5.8　Google Cloud での Crossplane

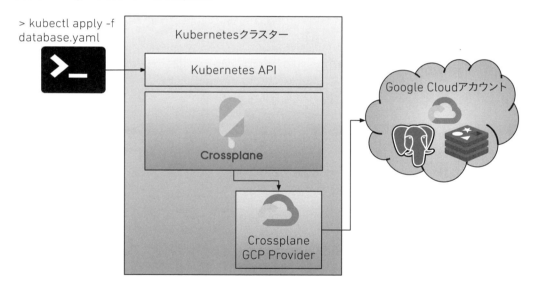

図5.8は、Kubernetes クラスターの内部にインストールされた Crossplane を示しています。Crossplane GCP プロバイダーがインストールされ、PostgreSQL および Redis インスタンスをプロビジョニングするのに十分な権限を持つ Google Cloud アカウントを使用するように構成されています。つまり、場合によってはクラウドプロバイダーでリソースを作成するための管理者アクセス権が必要になります。

図5.8をGoogle Cloudで動かすには、クラウドプロバイダーで次の設定が必要です。

Google CloudでRedisインスタンスを作成するには：
- Google Cloudプロジェクトで redis.googleapis.com APIを有効にする必要がある
- Memorystore for Redisリソースに対する管理者権限（roles/redis.admin）も必要である

Google CloudでPostgreSQLインスタンスを作成するには：
- Google Cloudプロジェクトで sqladmin.googleapis.com APIを有効にする必要がある
- Cloud SQLリソースに対する管理者権限（roles/cloudsql.admin）も必要である

利用可能な各Crossplaneプロバイダーは、機能するための特定のセキュリティー設定とリソースを作成したいクラウドプロバイダー内のアカウントを必要とします。Crossplaneプロバイダーがインストールおよび構成されると（この場合はGCPプロバイダー）、このプロバイダーによって管理されるリソースの作成を開始できます。各プロバイダーが提供するリソースは次のドキュメントサイトで確認できます。

https://doc.crds.dev/github.com/crossplane/provider-gcp（図5.9）

図5.9　Crossplane GCP でサポートされているリソース

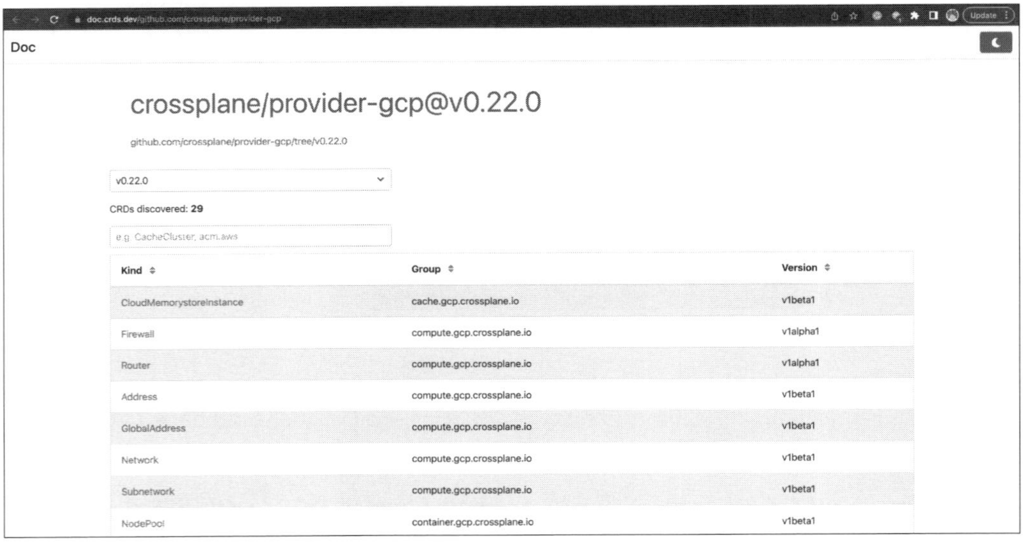

図5.9でわかるように、GCP プロバイダーのバージョン0.22.0はGoogle Cloudでリソースを作成するための29の異なる CRD（カスタムリソース定義）をサポートしています。Crossplane は、これらの各リソースを管理対象リソースとして定義しています。Crossplane プロバイダーがこれらの各管理対象リソースの一覧表示、作成、変更をできるようにする必要があります。

5.3節では、さまざまな Crossplane プロバイダーと Crossplane Compositionを使用して、アプリケーションのクラウドまたはローカルリソースをプロビジョニングする方法について説明します。技術的な側面に入る前に、Kubernetes 領域のツールを使用するときに探るべきCrossplane のコアの動作について見てみましょう。

5.2.4　Crossplane の動作

Kubernetes クラスターに Helm コンポーネントをインストールする場合とは対照的に、Crossplane を使用してクラウドプロバイダー固有の API とやり取りし、クラウドインフラストラクチャー内にリソースをプロビジョニングします。これにより、これらのリソースに関連する保守タスクとコストが簡素化されるはずです。もう一つの重要な違いは、Crossplane プロバイダー（この場合は GCP プロバイダー）が作成された管理対象リソースを監視することです。これらの管理対象リソースは、Helm を使用してインストールされたリソースと比較していくつかの利点があります。管理対象リソースには明確に定義された動作があります。Crossplane の管理対象リソースに期待できることは次のとおりです。

- **ほかの Kubernetes リソースと同様に表示される**
  Crossplane の管理対象リソースは単なる Kubernetes リソースである。つまりKubernetes ツールを使用して、これらのリソースの状態を監視およびクエリーできる
- **継続的な調整**
  管理対象リソースが作成されると、プロバイダーは継続的に監視し、リソースが存在し正常に動作していることを確認する。そしてプロバイダーはKubernetesリソースに状態を報告する。管理対象リソース内で定義されたパラメーターは望ましい状態（信頼できる情報源）と見なされ、Crossplane プロバイダーはこれらの設定をクラウドプロバイダーのリソースに適用するように動作する。繰り返しになりますが、標準の Kubernetes ツールを使用して状態の変化を監視して修復フローをトリガーできる

- **不変のプロパティ**

  プロバイダーは、ユーザーがクラウドプロバイダーでプロパティを手動で変更した場合にそれを報告する役割を果たす。この狙いは、定義された内容とクラウドプロバイダーで実行されている内容との設定の差分を回避することである。その場合、状態は管理対象リソースに報告される。Crossplane はクラウドプロバイダーのリソースを削除しないが、アクションを取れるように通知する。Terraform[10] などのほかのツールは、リモートリソースを自動的に削除して再作成する

- **遅延初期化**

  管理対象リソースの一部のプロパティは任意にできる。つまり、各プロバイダーがこれらのプロパティのデフォルト値を選択する。このような場合 Crossplane はデフォルト値でリソースを作成し、選択された値を管理対象リソースに設定する。これにより、リソースを作成するために必要な設定が簡素化され、通常はユーザーインターフェースでクラウドプロバイダーによって定義されたわかりやすいデフォルトが再利用される

- **削除**

  管理対象リソースを削除すると、クラウドプロバイダーはすぐにアクションをトリガーする。ただし、管理対象リソースはリソースがクラウドプロバイダーから完全に削除されるまで保持される。クラウドプロバイダーでの削除中に発生する可能性のあるエラーは、管理対象リソースのステータスフィールドに追加される

- **既存のリソースのインポート**

  Crossplane は、必ずしもリソースを作成する必要はない。Crossplane がインストールされる前に作成されたコンポーネントの監視を開始する管理対象リソースを作成できる。これは、管理対象リソースに特定の Crossplane アノテーション`crossplane.io/external-name`[11] を使用することで実現できる

　Crossplane、Crossplane GCP プロバイダーおよび管理対象リソース間の相互作用を要約するために、図5.10 を見てみましょう。

※10　https://www.terraform.io/
※11　https://docs.crossplane.io/latest/guides/import-existing-resources/

図5.10 Crossplaneでの管理対象リソースのライフサイクル

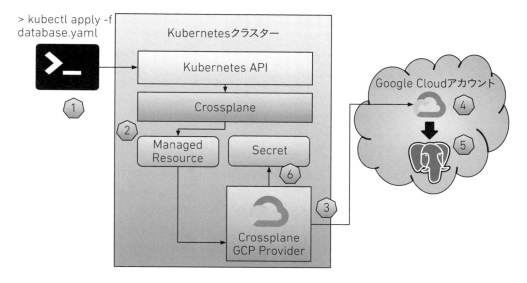

次の点は、図5.10で観察されるシーケンスを示しています。

1. まずはリソースを作成する必要がある。Kubernetes リソースを作成するには任意のツールを使用できる。ここでは`kuebctl`は単なる例である
2. 作成されたリソースが Crossplane 管理対象リソースである場合、GCP Crossplane プロバイダーがピックアップして管理する CloudSQLInstance リソースを想像してみよう
3. リソースを管理するときに実行する最初のステップは、インフラストラクチャー（つまり、構成された Google Cloud アカウント）にリソースが存在するかどうかを確認することである。存在しない場合、プロバイダーはインフラストラクチャーにリソースを作成するように要求する。必要な SQL データベースの種類など、リソースに設定されたプロパティに応じて適切な SQL データベースがプロビジョニングされる。例として、PostgreSQL データベースを選択したと想像してみよう
4. クラウドプロバイダーはリクエストを受信した後、リソースが有効になっている場合は管理対象リソースで構成されたパラメーターを使用して新しい PostgreSQL インスタンスを作成する
5. PostgreSQL のステータスは管理対象リソースに報告される。つまり、`kubectl`またはその他のツールを使用してプロビジョニングされたリソースのステータスを監視できる。Crossplane プロバイダーはこれらを同期し続ける

6. データベースが稼働したら Crossplane プロバイダーはシークレットを作成して、アプリケーションが新しく作成されたインスタンスに接続するために必要な資格情報とプロパティを保存する

　Crossplane は、PostgreSQL インスタンスのステータスを定期的にチェックして管理対象リソースを更新します。

　Kubernetes の設計パターンに従うことで、Crossplane はコントローラーによって実装された調整サイクルを使用して外部リソースを追跡します。それでは実際の動作を見てみましょう！
　次の節では、ウォーキングスケルトンアプリケーションで Crossplane をどのように使用できるかを検討します。

5.3　ウォーキングスケルトンのインフラストラクチャー

　この節ではCrossplane を使用して、Conference アプリケーションのインフラストラクチャーをプロビジョニングする方法を抽象化します。Google Cloud、AWS、Azure などのクラウドプロバイダーにアクセスできない可能性があるため、Crossplane Helm プロバイダーと呼ばれる特別なプロバイダーを使用します。この Crossplane Helm プロバイダーを使用すると、Helm Chartをクラウドリソースとして管理できます。ここで説明しているのは Crossplane の構成要素により、ユーザーが簡素化されたKubernetesリソースを使用してリソースを要求できるようにする方法です。このKubernetesリソースは、ローカルまたは別のクラウドリソース（別のクラウドプロバイダーでホストされている）をプロビジョニングします。

　Conference アプリケーションにはRedis、PostgreSQL、Kafka のインスタンスが必要です。アプリケーションの観点から見ると、これらの3つのコンポーネントが利用可能になればすぐにそれらに接続でき、準備完了です。これらのコンポーネントがどのように構成されるかは、運用チームの責任です。

　第2章でインストールした Conference アプリケーションの Helm Chartには、インストール時に設定できる条件付きの値を使用して Helm の依存関係として Redis、PostgreSQL、Kafka のインストールが含まれていました。Helm Chartでこれがどのように接続されているかを簡単に見てみましょう。

228　　Kubernetesで実践するPlatform Engineering

https://github.com/salaboy/platforms-on-k8s/blob/main/conference-application/helm/conference-app/Chart.yaml#L13

Conference Helm Chartにはリスト5.4に示すように、Redis、PostgreSQL、Kafka Chartの依存関係が含まれています。

リスト5.4　Helm Chartの依存関係を持つ Conference アプリケーション

```
apiVersion: v2
description: A Helm chart for the Conference App
name: conference-app
version: v1.0.0
type: application
icon: https://www.salaboy.com/content/images/2023/06/avatar-new.png
appVersion: v1.0.0
home: http://github.com/salaboy/platforms-on-k8s
dependencies:
```
① Helm Chartには依存関係をいくつでも含めることができる。これにより、複雑な構成が可能になる
```
- name: redis
```
② 各依存関係には、Chart名、それがホストされているリポジトリー（ここでは oci:// 参照も使用できることに注意すること）、およびインストールするChartのバージョンが必要である
```
  version: 17.11.3
  repository: https://charts.bitnami.com/bitnami
  condition: install.infrastructure
```
③ カスタムの条件を定義して、Chartをインストールするときにこの依存関係を注入するかどうかを決定できる
```
- name: postgresql
  version: 12.5.7
  repository: https://charts.bitnami.com/bitnami
  condition: install.infrastructure
- name: kafka
  version: 22.1.5
  repository: https://charts.bitnami.com/bitnami
  condition: install.infrastructure
```

　この例では、すべてのアプリケーションインフラストラクチャーの依存関係がアプリケーションレベルで定義されています（Chart.yaml ファイルの dependencies セクション）。ただし、サービスごとに1つの Helm Chartを持ち、内部で独自の依存関係を定義することは可能です。

Chapter 5　マルチクラウド（アプリケーション）インフラストラクチャー　　**229**

この種のChartの依存関係は、1つのコマンドで必要なすべてのコンポーネントを使用してアプリケーション全体をインストールしたい開発チームにとって便利です。それでも、より大規模なシナリオではアプリケーションサービスからすべてのアプリケーションインフラストラクチャーの関心事を切り離したいと考えています。幸いなことにConference アプリケーションのHelm Chartではこれらのコンポーネントの依存関係をオフにできるため、さまざまなチームによってホストおよび管理される Redis、PostgreSQL、および Kafka インスタンスを接続できます（図5.11）。

図5.11　アプリケーションインフラストラクチャーに Helm Chartの依存関係を使用する

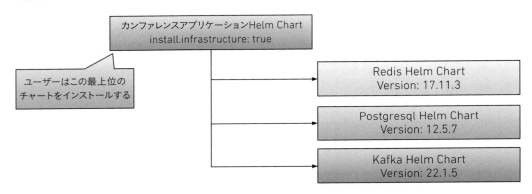

　アプリケーションのインフラストラクチャーコンポーネントを要求する人とプロビジョニングする人を分離することで、これらのコンポーネントがいつ更新され、バックアップされ、または障害が発生した場合にどのように復元する必要があるかを、異なるチームが制御および管理できるようになります。Crossplane を使用することでチームがオンデマンドでこれらのデータベースを要求できるようになり、アプリケーションのサービスに接続できます。次のセクションで使用するメカニズムの重要な側面は、要求したコンポーネントをローカル（Crossplane Helm プロバイダーを使用して）、またはリモートで Crossplane クラウドプロバイダーを使用してプロビジョニングできることです。これがどのようなものか見てみましょう。Crossplane Compositionをインストール、構成および作成するための段階的なチュートリアルに従うことができます。
https://github.com/salaboy/platforms-on-k8s/tree/main/chapter-5

この例ではKinD クラスターを作成し、開発目的で Crossplane Helm プロバイダーを使用し
てオンデマンドでアプリケーションインフラストラクチャーを要求できるように Crossplane を
構成します。本番環境では、同じ要求がスケーラブルなクラウドリソースを介して満たされます。
より具体的には、簡素化されたインターフェースを使用して Redis、PostgreSQL および Kafka
インスタンスを要求できるようにします。

　Conference アプリケーションの例では、プラットフォームチームは2つの異なる概念を作成
することにしました。

- **データベース：Redis や PostgreSQL などの NoSQL および SQL データベース**
- **メッセージブローカー：Kafka などの管理対象および非管理対象のメッセージブローカー**

　Crossplane と Crossplane Helm プロバイダーをインストールした後、プラットフォーム
チームは2つの Kubernetes リソースを定義する必要があります。

- **Crossplane Composite Resource Definitions（XRD）**
  チームに公開するリソースを定義する。この例では、Database と MessageBroker である。
  これらの Composite Resource Definitions は、複数のCompositionが実装できるイン
  ターフェースを定義する
- **Crossplane Composition**
  Crossplane Compositionを使用すると、一連のリソースマニフェストを定義できる。
  Compositionを Composite Resource Definition にリンクし、その XRD を実装できる。
  そうすることで、ユーザーが XRD 定義のリソースから新しいリソースを要求すると、
  Composition内のすべてのコンポーズされたリソースマニフェストがクラスターに作成さ
  れる。同じ XRD を実装する複数のComposition（例えば、異なるクラウドプロバイダー用）
  を提供し、リソースのラベルを使用してどのCompositionを起動するかを選択できる

　最初は混乱するように聞こえるかもしれませんが、これらの概念を実際に見てみましょう。
データベースの Crossplane Composite Resource Definition[12]をリスト5.5で見てみましょ
う。

※12　https://github.com/salaboy/platforms-on-k8s/blob/main/chapter-5/resources/compositions/app-database-postgresql.yaml

リスト5.5　Database Composite Resource Definition

```
apiVersion: apiextensions.crossplane.io/v1
kind: CompositeResourceDefinition
metadata:
  name: databases.salaboy.com
```
① すべての Kubernetes リソースと同様に、CompositeResourceDefinition には一意の名前が必要である
```
spec:
  group: salaboy.com
```
② この CompositeResourceDefinition は、groupとkindが必要な新しいタイプのリソースを定義する
```
  names:
    kind: Database
```
③ ユーザーが要求できる新しいリソースタイプは Database である。ユーザーが新しいデータベースを要求できるようにしたいためである
```
    plural: databases
    shortNames:
      - "db"
      - "dbs"
  versions:
  - additionalPrinterColumns:
    - jsonPath: .spec.parameters.size
      name: SIZE
      type: string
    - jsonPath: .spec.parameters.mockData
      name: MOCKDATA
      type: boolean
    - jsonPath: .spec.compositionSelector.matchLabels.kind
      name: KIND
      type: string
    name: v1alpha1
    served: true
    referenceable: true
    schema:
      openAPIV3Schema:
        type: object
        properties:
          spec:
            type: object
            properties:
              parameters:
```

232　Kubernetesで実践するPlatform Engineering

④ 定義している新しいリソースでは、カスタムパラメーターも定義できる。この例では、デモンストレーションの目的でのみ、size と mockData の2つを定義している

```
            type: object
            properties:
              size:
                type: string
              mockData:
                type: boolean
            required:
            - size
        required:
```

⑤ Kubernetes API サーバーはすべてのリソースを検証できるため、必要なパラメーターとそのタイプ、およびその他の検証を定義できる。これらのパラメーターが指定されていないか無効な場合、Kubernetes API サーバーはリソース要求を拒否する

```
        - parameters
```

Database という新しいタイプのリソースを定義しました。これには、設定可能な2つのパラメーター size と mockData が含まれています。ユーザーは、size パラメーターを設定することで、そのインスタンスにどれだけのリソースを割り当てるかを定義できます。データベースインスタンスに必要なストレージ容量やレプリカ数を気にする代わりに、可能な値のリスト（small、medium、large）からサイズを指定するだけで済みます。mockData パラメーターを使用すると、必要に応じてインスタンスにデータを挿入するメカニズムを実装できます。これはできることの一例に過ぎませんが、これらのインターフェースを定義し、チームにとって意味のあるパラメーターを決めるのはあなた次第です。

この XRD を実装する Crossplane Compositionがどのように見えるかを、リスト5.6で見てみましょう。

リスト5.6　キー／バリューデータベースの Crossplane Composition

```
apiVersion: apiextensions.crossplane.io/v1
kind: Composition
metadata:
  name: keyvalue.db.local.salaboy.com
```

① Composition resourceにも一意の名前が必要である

```
  labels:
```

② 各Compositionに対してラベルも定義できる。これらを使用して、要求された Database リソースとCompositionを照合する

Chapter 5　マルチクラウド（アプリケーション）インフラストラクチャー　　233

```
      type: dev
      provider: local
      kind: keyvalue
spec:
  writeConnectionSecretsToNamespace: crossplane-system
  compositeTypeRef:
```

③ compositeTypeRef プロパティを使用して、Database CompositeResourceDefinition をこのCompositionにリンクしている

```
    apiVersion: salaboy.com/v1alpha1
    kind: Database
  resources:
  - name: redis-helm-release
```

④ resources 配列の中で、このCompositionがプロビジョニングするすべてのリソースを定義できる。ここで複数のリソースを持つことはよくある。この例では、Crossplane Helm プロバイダーで定義された Release タイプの単一のリソースを構成している

```
    base:
      apiVersion: helm.crossplane.io/v1beta1
      kind: Release
      metadata:
        annotations:
          crossplane.io/external-name: # patched
      spec:
        rollbackLimit: 3
        forProvider:
          namespace: default
          chart:
```

⑤ Release リソースに定義された値を提供する必要がある。この場合は、Crossplane Helm プロバイダーを使用してインストールする Helm Chartの詳細である。ご覧のとおり、Bitnami がホストする Redis Helm Chartを指している

```
            name: redis
            repository: https://charts.bitnami.com/bitnami
            version: "17.8.0"
          values:
            architecture: standalone
        providerConfigRef:
```

⑥ providerConfigRef を使用すると、異なる Crossplane Helm プロバイダーの構成をターゲットにすることができる。つまり、異なるターゲットクラスターを指す異なる Helm プロバイダーを持つことができ、このCompositionはどれを使用するかを選択できる。わかりやすくするために、このCompositionはローカルの Helm プロバイダーインストールのデフォルトの構成を使用する

```
          name: default
    patches:
```

⑦ 複数のリソースを接続しているため、リソースにパッチを適用してそれらが連携するように構成したり、要求されたリソースのパラメーターを適用したりできる。これらのメカニズムで何ができるかの詳細については、Crossplane のドキュメントを確認すること

```
        - fromFieldPath: metadata.name
          toFieldPath: metadata.annotations[crossplane.io/external-name]
          policy:
            fromFieldPath: Required
        - fromFieldPath: metadata.name
          toFieldPath: metadata.name
          transforms:
            - type: string
              string:
                fmt: "%s-redis"
      readinessChecks:
```

⑧ 各Compositionに対して、リソースのステータスにフラグを立てる条件を定義できる。この例では、Helm Release リソースのステータス .atProvider.state プロパティが deployed に設定されている場合、Compositionを準備完了としてマークする。複数のリソースをプロビジョニングしている場合、Compositionを定義する人はこの条件が何であるかを定義する必要がある

```
        - type: MatchString
          fieldPath: status.atProvider.state
          matchString: deployed
```

このCompositionでは、**Database** 要求を一連のリソースと結びつけています。この場合は、Kubernetes クラスターにインストールした Crossplane のデフォルトの Helm プロバイダーを使用して Redis Helm Chartをインストールしています。図5.12は、同じデータベースタイプに対する2つのユーザー要求を示しています。

図5.12　Crossplane Composition と Composite Resource Definition の連携

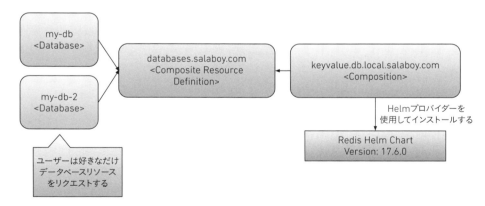

この Helm Chartは Crossplane がインストールされているのと同じ Kubernetes クラスターにインストールされることに注意しなくてはなりません。しかし、適切な資格情報を持つ Helm プロバイダーを設定すれば、完全に別のクラスターに Chart をインストールすることもできます。

段階的なチュートリアル[13]では、3つの Composite Resource Definitions と 3つの Composition をインストールします。これらがインストールされると、図5.12に示すように新しいデータベースとメッセージブローカーを要求でき、要求ごとに Composition で定義されたすべてのリソースがプロビジョニングされます。わかりやすくするために、キー／バリューデータベースの Composition は単に Redis をインストールしますが、作成できるリソースの数に制限はありません（使用可能なハードウェアまたは割り当てを除く）。

Database リソースは、クラスターが理解する別の Kubernetes リソースであり、リスト5.7 のようになります。

リスト5.7　チームは新しいデータベースインスタンスを要求するためにデータベースリソースを作成する

```
kind: Database
metadata:.  name: my-db-keyavalue  ① リソースに一意の名前を付ける
spec:
  compositionSelector:
    matchLabels:  ② matchLabelsを使って適切なCompositionを選択する
      provider: local
      type: dev
      kind: keyvalue
  parameters:  ③ Databaseリソースクレームで必要とされるパラメーターを設定する必要がある
    size: small
    mockData: false
```

この Database リソースのスキーマは、Crossplane の `CompositeResourceDefinition` の中で定義されています。`spec.compositionSelector.matchLabels` が Composition に使用されているラベルと一致することに注目してください。このメカニズムを使用すると、同じ

※13　https://github.com/salaboy/platforms-on-k8s/tree/main/chapter-5

Database定義に対して別のCompositionを選択できます。

　段階的なチュートリアルに沿って進めている場合は、複数のリソースを作成し、Crossplane
の公式ドキュメントを参照して、smallやmockDataのようなパラメーターの実装方法を理解
してください。これらの値はまだ使用されておらず、デモンストレーション目的でのみ提供され
ています。

　これらのメカニズムの真の力は、同じインターフェース（Composite Resource Definition）
に対して異なるComposition（実装）がある場合に発揮されます。例えばリスト5.8に示すよう
に、プロポーザル募集サービス用にPostgreSQLインスタンスをプロビジョニングするための別
のCompositionを作成できます。PostgreSQLのCompositionは Redis の場合と同様に見えま
すが、PostgreSQL helm chartをインストールする点が異なります。

リスト5.8　SQLデータベースのCrossplaneComposition

```
apiVersion: apiextensions.crossplane.io/v1
kind: Composition
metadata:
  name: sql.db.local.salaboy.com
```
① Compositionを区別できるように一意の名前を付ける必要がある。これにより、Redisに使用したkeyvalueComposition
と区別できる
```
  labels:
    type: dev
    provider: local
    kind: sql
```
② このCompositionを説明するために別のラベルを使用しているが、providerは以前と同じであることに注意すること
```
spec:
  ...
  compositeTypeRef:
    apiVersion: salaboy.com/v1alpha1
    kind: Database
  resources:
    - name: postgresql-helm-release
      base:
        apiVersion: helm.crossplane.io/v1beta1
        kind: Release
        spec:
```

Chapter 5　マルチクラウド（アプリケーション）インフラストラクチャー　　237

```
        forProvider:
          chart:    ③ Bitnamiがホストする PostgreSQL Helm Chart をインストールする
            name: postgresql
            repository: https://charts.bitnami.com/bitnami
            version: "12.2.7"
        providerConfigRef:
          name: default
        ...
```

このCompositionを使用してPostgreSQLインスタンスを作成する方法を見てみよう。リスト5.9に示すように、PostgreSQLインスタンスの作成は以前にRedisで行ったことと非常によく似ている。

リスト5.9　実装を選択するためのkind: sql ラベルを持つDatabase リソース

```
apiVersion: salaboy.com/v1alpha1
kind: Database
metadata:
  name: my-db-sql    ① PostgreSQLデータベースに使用される一意の名前である
spec:
  compositionSelector:
    matchLabels:
      provider: local
      type: dev
      kind: sql    ② 以前に定義したCompositionと一致するように、"sql"ラベルを使用する
  parameters:
    size: small
    mockData: false
```

ラベルを使用して、Database リソースに対してどのCompositionがトリガーされるかを選択しているだけです。図5.13は、これらの概念の実際の動作を示しています。kindラベルの値に基づいて、どのようにラベルが正しいCompositionを選択するかに注目してください。

238　Kubernetesで実践するPlatform Engineering

図5.13　ラベルを使用したCompositionの選択

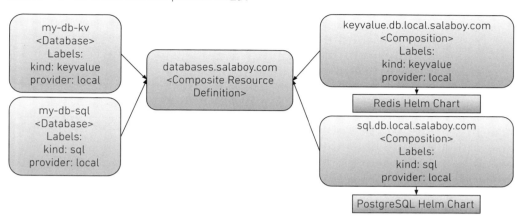

　やりました！　データベースを作成できます！　しかし、もちろん、これで終わりではありません。クラウドプロバイダーへアクセスできる場合は、クラウドプロバイダー内にデータベースインスタンスを作成するCompositionを提供できます。これこそがCrossplaneが真価を発揮するところです。

　Google Cloudを例に挙げると、Google Cloudのクラウドリソースを使用するCompositionの場合、Crossplaneの公式ドキュメント[※14]で説明されているように、Crossplane GCPプロバイダーをインストールして適切に設定する必要があります。

※14　https://docs.crossplane.io/latest/getting-started/provider-gcp/

図5.14 ラベルを使用して異なるプロバイダーを選択

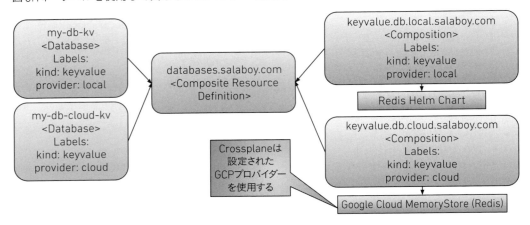

ラベルを目的のCompositionと一致させることで、異なるプロバイダーを選択できます。図5.14のラベルを変更することで、ローカルのHelmプロバイダーやGCPプロバイダーを使用してRedisインスタンスをインスタンス化できます。

NOTE
このサンプルのAWSCompositionについては、Crossplane AWSプロバイダー[15]を使用してコミュニティーが提供しているものを確認してください。

そして、Google Cloudでプロビジョニングされる新しいデータベースリソースの作成は、リスト5.10のようになります。

リスト5.10 新しいSQLデータベースのリクエスト

```
apiVersion: salaboy.com/v1alpha1
kind: Database
metadata:
  name: my-db-cloud-sql   ① リソースの一意の名前は、これまでに使用したものとは異なる必要がある
spec:
  compositionSelector:
```

※15 https://github.com/salaboy/platforms-on-k8s/tree/main/chapter-5/aws

```
    matchLabels:
      provider: gcp
```

② providerラベルは、provider: gcpでラベル付けされたCompositionを選択する。つまり、このラベルを使用してデータ
ベースをプロビジョニングする場所を選択する

```
      type: dev
      kind: sql
```

③ kindラベルを使用するとプロビジョニングするデータベースの種類を選択できる

```
  parameters:
    size: small
    mockData: false
```

データベースやその他のアプリケーションインフラストラクチャーコンポーネントがどこでプロビジョニングされていても、いくつかの規則に従うことで、アプリケーションのサービスを接続できます。リソース名（例えば、`my-db-cloud-sql`）を使用して、サービスディスカバリーに使用されるKubernetesサービスを特定できます。また、作成されたシークレットを使用して、接続に必要な資格情報を取得できます。

段階的なチュートリアルでは、メッセージブローカー用の`CompositeResourceDefinition`と Kafka Helm chart をインストールするCompositionも提供しています。これは、次のURLで見つけることができます。
https://github.com/salaboy/platforms-on-k8s/blob/main/chapter-5/resources/compositions/app-messagebroker-kafka.yaml

この例で考慮すべき本当に重要な点は、Google CloudがマネージドのKafkaサービスを提供していないことです。このため、アプリケーションをGoogle Cloudにデプロイする際には、Kafkaを別のものに置き換えるか、Google Cloudのコンピュート上でそれをインストールし管理するか、あるいはサードパーティーのサービスを利用することになります。AWSの例では、利用可能なKafkaのマネージドサービスがあるため、アプリケーションコードを変更する必要はありません。それでも、これらのインフラストラクチャーサービスへの接続方法を抽象化できれば素晴らしいと思いませんか？　これについては第7章で詳しく説明します。

図5.15はHelmを使用してローカルでプロビジョニングするか、クラウドプロバイダーによって管理されるkey/valueデータベース用のComposite Resource Definitionを提供することがいかに簡単かを示しています。しかし、Kafkaの場合はサードパーティーのサービスと統合した

Chapter 5　マルチクラウド（アプリケーション）インフラストラクチャー　　241

り、Kafka インスタンスを管理するチームを持つことが必要になったりするため、少し複雑になります。

図5.15　Composition はアプリケーションで利用可能なクラウドサービスを定義するようチームに求める

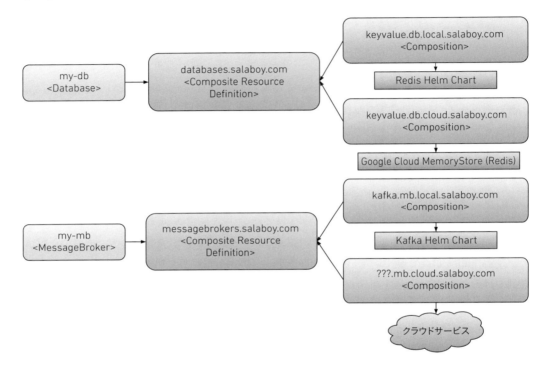

　Kafka や Google Cloud のほかにも、チームはクラウドプロバイダー間でインフラストラクチャーを扱うための戦略を必要とします。あるいは少なくとも、このような状況にどう対処するかについて意識的な選択をする必要があります。アプリケーションのサービスの観点から、Kafka を Google PubSub に置き換えることにした場合、同じサービスの 2 つのコピーを維持しますか？　一方には Kafka の依存関係が含まれ、もう一方には Google PubSub に接続するための Google Cloud SDK が含まれます。Google PubSub のみを使用すると、Google Cloud 以外でアプリケーションを実行する機能が失われます。

5.3.1 新しくプロビジョニングされたインフラストラクチャーとサービスを接続する

新しいデータベースやメッセージブローカーのリソースを作成すると、Crossplaneは特定の
クラウドプロバイダー内でプロビジョニングされたコンポーネントのステータスに対するこれら
のKubernetesリソースのステータスを監視し、それらを同期させ、望ましい設定が適用される
ようにします。つまり、Crossplaneはデータベースとメッセージブローカーが稼働しているこ
とを確認します。何らかの理由でそれが変更された場合、Crossplaneはリクエストした構成が
稼働するまでリクエストした構成を再適用しようとします。

KinDクラスターにアプリケーションがデプロイされていない場合はPostgreSQL、Redis、
Kafkaをインストールせずにデプロイできます。第2章で見たように、これは1つのフラグ
`install.infrastructure=false`を設定することで無効にできます。

```
> helm install conference oci://docker.io/salaboy/conference-app
➥--version v1.0.0 --set install.infrastructure=false
```

CrossplaneとConferenceアプリケーションを実際に体験するために、https://github.com/
salaboy/platforms-on-k8s/tree/main/chapter-5にある段階的なチュートリアルを確認する
ことを強くお勧めします。学習の最良の方法は実践することです！

このコマンドを実行するだけでは、Helmによってコンポーネント（Redis、PostgreSQL、
Kafka）がプロビジョニングされることはありません。さらに、アプリケーションのサービスは
CrossplaneのCompositionを使用して作成したRedis、PostgreSQL、Kafkaインスタンスへ
の接続先を知りません。サービスが接続先を認識するように、アプリケーションChartにさらに
パラメーターを追加する必要があります。まずはリスト5.11のように、クラスターで利用可能
なデータベースを確認します。

リスト5.11　すべてのデータベースリソースをリストアップ

```
> kubectl get dbs
NAME               SIZE    KIND      SYNCED  READY   COMPOSITION
my-db-keyavalue    small   keyvalue  True    True    keyvalue.db.local.salaboy.com
my-db-sql          small   sql       True    True    sql.db.local.salaboy.com
```

チュートリアルではMessageBrokerの作成方法も説明しており、リスト5.12のようにその
インスタンスも1つあることを確認します。

リスト5.12　すべてのMessageBrokerリソースを一覧表示

```
> kubectl get mbs
NAME          SIZE     KIND     SYNCED    READY    COMPOSITION
my-mb-kafka   small    kafka    True      True     kafka.mb.local.salaboy.com
```

リスト5.13は、データベースインスタンスとメッセージブローカーのKubernetesポッドを
示しています。

リスト5.13　アプリケーションインフラストラクチャーのポッド

```
> kubectl get pods
NAME                             READY    STATUS    RESTARTS    AGE
my-db-keyavalue-redis-master-0   1/1      Running   0           25m
my-db-sql-postgresql-0           1/1      Running   0           25m
my-mb-kafka-0                    1/1      Running   0           25m
```

Podと一緒に、4つのKubernetes Secretが作成されました。そのうちの2つはCrossplane
Compositionで使用するHelmリリースの保存先で、残りの2つはアプリケーションがデータ
ベースに接続するための新しいデータベースのパスワードを含んでいます（リスト5.14を参照）。

Kubernetes secret

リスト5.14　データベースへの接続に必要な資格情報を含むKubernetes Secret

```
NAME                                    TYPE                 DATA    AGE
my-db-keyavalue-redis                   Opaque               1       26m
my-db-sql-postgresql                    Opaque               1       25m
sh.helm.release.v1.my-db-keyavalue.v1   helm.sh/release.v1   1       26m
sh.helm.release.v1.my-db-sql.v1         helm.sh/release.v1   1       25m
sh.helm.release.v1.my-mb-kafka.v1       helm.sh/release.v1   1       25m
```

データベースをプロビジョニングした後、デフォルトのネームスペースで利用可能なサービスを確認しましょう。リスト5.15をご覧ください。

リスト5.15　新しいインフラストラクチャーに接続するためのカスタムvalues.yamlファイル

```
> kubectl get services
NAME                             TYPE        CLUSTER-IP      PORT(S)
kubernetes                       ClusterIP   10.96.0.1       443/TCP
my-db-keyavalue-redis-headless   ClusterIP   None            6379/TCP
my-db-keyavalue-redis-master     ClusterIP   10.96.49.121    6379/TCP
my-db-sql-postgresql             ClusterIP   10.96.129.115   5432/TCP
my-db-sql-postgresql-hl          ClusterIP   None            5432/TCP
my-mb-kafka                      ClusterIP   10.96.239.45    9092/TCP
my-mb-kafka-headless             ClusterIP   None            9092/TCP
```

データベースとメッセージブローカーのサービス名とシークレットがわかったので、conferenceアプリケーションChartを設定してRedis、PostgreSQL、Kafkaをデプロイせず、適切なインスタンスに接続するように構成できます。次のコマンドを実行します。

```
> helm install conference oci://docker.io/salaboy/conference-app
➥--version v1.0.0 -f app-values.yaml
```

コマンドですべてのパラメーターを設定する代わりに、Chartに適用する値をファイルで指定しています。この例では、app-values.yamlファイルはリスト5.16のようになります。

リスト5.16　Helm Chartのカスタマイズされたvalues.yamlファイル

```
install:
  infrastructure: false
```
① Redis、PostgreSQL、KafkaのHelmの依存関係を無効にする。これらのコンポーネントは、アプリケーションをインストールするときにインストールされない
```
frontend:
  kafka:
    url: my-mb-kafka.default.svc.cluster.local
```

Chapter 5　マルチクラウド（アプリケーション）インフラストラクチャー　　245

> ② 作成したKafkaクラスターに接続するために、アプリケーションサービスのすべてで作成されたKubernetesサービスを使用する。RedisとPostgreSQLでも同じアプローチが使用される

```
agenda:
  kafka:
    url: my-mb-kafka.default.svc.cluster.local
  redis:
    host: my-db-keyavalue-redis-master.default.svc.cluster.local
    secretName: my-db-keyavalue-redis
c4p:
  kafka:
    url: my-mb-kafka.default.svc.cluster.local
  postgresql:
    host: my-db-sql-postgresql.default.svc.cluster.local
    secretName: my-db-sql-postgresql
```

> ③ RedisとPostgreSQLの両方で、Composite Resourceによって Kubernetes Secret が作成される。Helm Chartはシークレットから資格情報を取得する方法を理解しているため、シークレット名のみを指定する必要がある

```
notifications:
  kafka:
    url: my-mb-kafka.default.svc.cluster.local
```

この app-values.yaml ファイルでは PostgreSQL、Redis、Kafkaの Helm の依存関係をオフにするだけでなく、新しくプロビジョニングされたデータベースに接続するために必要な変数もサービスに設定しています。データベースが異なるネームスペースまたは異なる名前で作成された場合、`kafka.url`、`postgresql.host`、`redis.host` にはサービスの完全修飾名のnamespaceを適切に含める必要があります。例えば、`my-db-sql-postgresql.default.svc.cluster.local` （`default`はnamespace）のようになります。

図5.16は、Crossplaneで作成されたアプリケーションインフラストラクチャーに接続するカンファレンスアプリケーションサービスを示しています。開発者の領域とプラットフォームチームの境界はさらに明確になります。というのも、プラットフォームチームが慎重に設定したオプションを持つインフラストラクチャーをシンプルなインターフェースで提供し、開発者はその利用が関心の対象になるからです。

図5.16　異なるチームが協力してそれぞれの作業に集中できるようにする

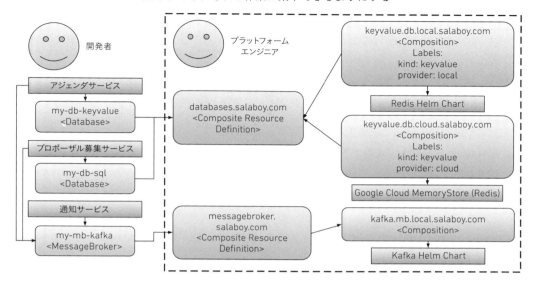

このような取り組みによって、アプリケーションのサービスの開発に責任を負わないチームに、アプリケーションインフラストラクチャーの定義、設定、実行の責任を分割することができます。サービスは使用しているデータベースや、いつアップグレードする必要があるかを気にせずに、独立してリリースできます。開発者はクラウドプロバイダーのアカウントや、異なるリソースを作成するアクセス権があるかどうかを心配する必要はありません。したがって、まったく異なるスキルセットを持つ別のチームがCrossplaneのCompositionを作成し、Crossplaneプロバイダーを設定することができるのです。

また、Kubernetesのリソースを使用して、アプリケーションインフラストラクチャーのコンポーネントを要求できるようになりました。これにより実験やテストのためのセットアップを作成したり、アプリケーションの新しいインスタンスをすばやく設定したりできます。これは、開発者としての私たちがこれまでのやり方を変える大きな転換点です。以前は、クラウドプロバイダーやほとんどの企業はデータベースやチケットシステムにアクセスし、別のチームにリソースのプロビジョニングを依頼する必要があり、それには数週間かかることがありました。

ここまでで達成したことをまとめると、次のようになります。

- PostgreSQLやRedisなどのローカルおよびクラウド固有のコンポーネント、Kafkaなどの メッセージブローカーをプロビジョニングする方法とこれらの新しいインスタンスにアクセ スするために必要なすべての設定を抽象化した
- KubernetesAPIに依存しているため、クラウドプロバイダーに依存しないアプリケーショ ンチーム向けのシンプルなインターフェースを公開した
- 最後に、Crossplaneによって作成されたKubernetes Secretに依存することで、新しく作 成されたインスタンスに接続するために必要なすべての詳細を含むアプリケーションサービ スを新しくプロビジョニングされたインスタンスに接続した

CrossplaneのCompositionのようなメカニズムを使用して、より高いレベルの抽象化を作成 する場合、チームがセルフサービスのアプローチで利用できるドメイン固有の概念を作成するこ とになります。CrossplaneのCompositionを使用してCrossplaneのComposite Resourceを 作成することで、プロビジョニングするリソース（およびどのクラウドプロバイダーで）を知っ ているデータベースとメッセージブローカーの概念を作成しました。

NOTE

このセクションで説明したすべての手順をカバーする段階的なチュートリアルは、https://github. com/salaboy/platforms-on-k8s/tree/main/chapter-5 で確認できます。

5.4 プラットフォームエンジニアリングにリンクする

1つ留意しておくべきことがあります。私たちが議論してきたようなツール（Crossplane、ArgoCD、Tektonなど）をすべての開発者が理解したり前向きに利用してくれることは期待できません。これらのツールがもたらす複雑さを軽減する方法が必要です。第1章でGoogle Cloudを見たときに述べたように、プラットフォームはユーザーの認知負荷を軽減することを目的としています。Google Cloudやほかのプラットフォームでは、プラットフォームとやり取りするユーザーは内部で何が起こっているのか、どのようなツールが使われているのか、もしくはプラットフォーム全体の設計を理解する必要はありません。

Crossplaneは、プラットフォームチームと開発チーム（つまり利用者）の両方にサービスを提供するために作られました。両者は優先順位、関心事、スキルが異なります。適切な抽象化（XRD）を作成することで、プラットフォームチームは開発チームがニーズに応じて設定できるシンプルなリソースを公開でき、その裏側ではクラウドリソースのグループを作成して連携させる複雑なCompositionが設定されています。また、ラベルとセレクターを使用することで異なるCompositionを選択でき、異なるクラウドプロバイダーでインフラストラクチャーを作成できます。しかし、要求を作成するチームのユーザーエクスペリエンスは同じままです。CrossplaneはKubernetes APIを拡張することで、ワークロードの管理方法とクラウドプロバイダー全体でアプリケーションインフラストラクチャーを管理する方法を統一します。言い換えれば、KubernetesクラスターにCrossplaneをインストールするとクラスターのデプロイと実行だけでなく、ワークロードに使用するのと同じツールを使用してクラウドリソースのプロビジョニングと管理も行うことができるのです。

Crossplaneがもたらすメリットはたくさんありますが、いくつかの欠点と課題にも備える必要があります。Crossplaneを検討しているプラットフォームチームにはHashicorp のTerraform や Pulumi など、クラウドリソースをプロビジョニングできる一般的な選択肢がほかにもあります。CrossplaneはTerraformよりもずっと新しく、Kubernetesに特化しているため、プラットフォームチームはKubernetesに全面的に投資する必要があります。Kubernetesクラスターの管理に慣れていないチームは、最初はCrossplaneのようなツールを難しく感じるでしょうからKubernetesのスキルを上げる必要があります。

Chapter 5　マルチクラウド（アプリケーション）インフラストラクチャー　　249

プラットフォームチームは、CrossplaneやTerraformのようなツールを使用するかどうかを決断しなければなりません。私のお勧めは、使用しているツールをKubernetes APIにどの程度合わせたいかを考えることです。理論的には、アプリケーションを管理するのと同じ方法でインフラストラクチャー（クラウドリソース）を管理できるのは理にかなっています。しかし、これらのコンポーネントを管理・維持するチームにとっても意味のあるものでなければなりません。ここ数年、クラウドネイティブの分野ではオブザーバビリティー、セキュリティー、運用の成熟度が大幅に向上しています。ますます多くのチームが、大規模なKubernetesの管理と運用に慣れてきています。そのようなチームにとって、Crossplaneは素晴らしい追加機能になるでしょう。既存のKubernetesオブザーバビリティースタック、ポリシー適用ツール、ダッシュボードなどとうまく連携できるからです。

　Crossplaneのように柔軟なツールを使うと、クラウドプロバイダーを超えた新しい可能性が開けます。プラットフォームチームにはより多くのオプションが用意されていますが、それは逆効果になる可能性もあります。しかし、1つ明らかな利点があります。適切な抽象化を使用すればプラットフォームは柔軟になり、コンシューマーインターフェースは変更されません。同時に、プラットフォームチームは以前の決定を反復し、裏側で新しい実装を提供することができます。

　図5.17は、Crossplaneを使用することで開発チームが利用できるセルフサービスの抽象化を提供する方法を示しています。開発チームはデータベース、メッセージブローカー、IDサービス、アプリケーションに必要なほかの内部または外部サービスを要求することができます。しかし、アプリケーションの観点から何が必要なのでしょうか？　以前に提供したKafkaの例を考えてみてください。KafkaからGoogle PubSubに移行する場合、アプリケーションで何を変更する必要があるのでしょうか？

図5.17 開発者はこれらすべてのプラットフォームサービスを利用するために何が必要か？

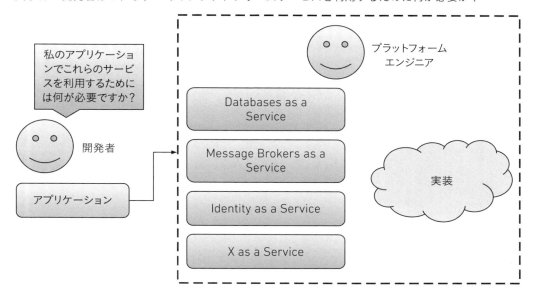

　ここまでで、シンプルなアプリケーションをクラスターにインストールすることから、GitOpsアプローチを使用してサービスを構築してデプロイすること、そして今ではアプリケーションインフラストラクチャーを宣言的にプロビジョニングすることまで、多くのことを取り上げてきました。図5.18は、GitOpsアプローチを使用して、環境内で実行する必要があるサービス／アプリケーションと、アプリケーションサービスにプロビジョニングして接続する必要があるクラウドリソースを定義できることを示しています。

図5.18 宣言的なGitOpsアプローチを使用したアプリケーションインフラストラクチャーのプロビジョニング

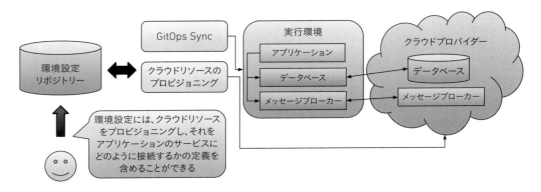

パイプラインやその他のツールが実行されているのと同じクラスターでアプリケーションを実行するのはあまり意味がないので、すべてをプラットフォームにまとめる時が来ました。Kubernetes上のプラットフォームはどのようなものでしょうか？ チームがプラットフォームを構築しようとするときに直面する主な課題は何でしょうか？ それを知る方法は1つしかありません。Kubernetes上にプラットフォームを構築してみましょう！

本章のまとめ

- クラウドネイティブアプリケーションは各サービスが異なる永続ストレージ、メッセージ送信用のメッセージブローカー、その他のコンポーネントを必要とする可能性があるため、実行にはアプリケーションインフラストラクチャーに依存する

- クラウドプロバイダー内でアプリケーションインフラストラクチャーを作成するのは簡単で多くの時間を節約できますが、その後はクラウドプロバイダーのツールとエコシステムに依存することになる

- クラウドに依存しない方法でインフラストラクチャーをプロビジョニングするには、Kubernetes APIやCrossplaneのようなツールを活用する必要がある。これにより、基盤となるクラウドプロバイダーを抽象化し、Crossplane Compositionを使ってプロビジョニングすべきリソースを定義できる

- Crossplaneは主要なクラウドプロバイダーをサポートしている。クラウドプロバイダー上で実行されていない可能性のあるサードパーティーのツール(Kubernetes APIを使用して管理したいレガシーシステムなど)を含む、ほかのサービスプロバイダー向けに拡張することができる

- Crossplane Composite Resource Definitionを使用することで、アプリケーションチームがセルフサービスのアプローチを使用してクラウドリソースを要求するために使用できるインターフェースを作成する。段階的なチュートリアルに従った場合は、Crossplaneを使用してマルチクラウドアプローチでアプリケーションインフラストラクチャーをプロビジョニングする方法について実践的な経験を積むことができる

Chapter 5　マルチクラウド(アプリケーション)インフラストラクチャー　253

Platform Engineering on Kubernetes

Chapter

Kubernetes上に
プラットフォームを
構築しよう

6

Let's build a platform on top of Kubernetes

本章で取り上げる内容

- Kubernetesでプラットフォームが提供すべき機能の特定
- マルチクラスターとマルチテナントのセットアップにおける課題を学ぶ
- Kubernetes上のプラットフォームがどのようなものかを見る

これまでプラットフォームエンジニアリングとは何か、なぜKubernetesの文脈でプラットフォームを考える必要があるのか、チームがCNCF Landscapeからどのようにツールを選択しなければならないのかを見てきました（第1章）。次に、Kubernetes上でアプリケーションをどのように実行するか（第2章）、どのように構築・パッケージ化・デプロイするか（第3章と第4章）、そして、これらのアプリケーションが機能するために必要なほかのサービスにどのように接続するか（第5章）を見極めました。この章ではこれらをすべて組み合わせて、プラットフォームのウォーキングスケルトンを作成します。前章で紹介したオープンソースプロジェクトと新しいツールを使用して、プラットフォームを作成する際に直面する課題を解決します。本章は3つの主要な節に分かれています。

- プラットフォームAPIの重要性
- Kubernetesプラットフォームのアーキテクチャー、そしてマルチテナンシとマルチクラスターの課題がある中でどのようにしてスケーラブルなプラットフォームを設計できるか
- プラットフォームのウォーキングスケルトンの紹介とKubernetes上でプラットフォームを

Chapter 6　Kubernetes上にプラットフォームを構築しよう　255

構築する方法の習得

まずはプラットフォームAPIの定義をすることがプラットフォーム構築の最初のステップである理由を考えていきましょう。

6.1　プラットフォームAPIの重要性

第1章では、Google Cloudなどの既存のプラットフォームがクラウドアプリケーションを構築・運用するチームに提供する主要な機能について触れました。これらをKubernetes上で構築するプラットフォームと比較することは重要です。なぜなら、Kubernetes上に構築するプラットフォームはクラウドプロバイダーと共通の目標と機能を共有する一方で、私たちの組織のドメインにより近いためです。

プラットフォームは私たちが設計・作成・保守するソフトウェアにほかなりません。ほかの優れたソフトウェアと同様に、プラットフォームはチームの新しいシナリオを支援して自動化を提供することでチームの効率を高め、ビジネスをより成功させるためのツールを提供するように進化します。ほかのソフトウェアと同様に、まず着目すべきはプラットフォームのAPIです。APIは最初に取り組むべき範囲を示し、プラットフォームがユーザーに提供する契約とその動作を定義します。

図6.1は、プラットフォームAPIが開発者などのプラットフォームの利用者にとって主要な入り口であることを示しています。これらのAPIはチームが必要なものをセルフサービスで入手できる場を提供しつつ、プラットフォームがユーザーに提供するツールや意思決定、サポートするワークフローやゴールデンパスの複雑さを隠蔽する必要があります。

256　Kubernetesで実践するPlatform Engineering

図6.1 プラットフォームエンジニアリングチームはプラットフォームAPIに責任を持つ

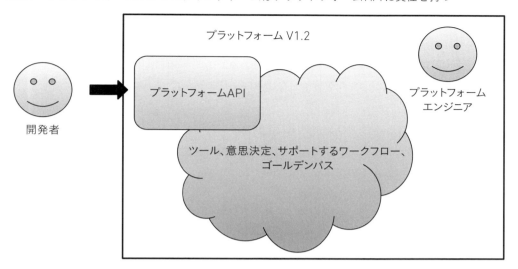

　プラットフォームAPIは重要です。なぜなら優れたAPIは、開発チームがプラットフォームのサービスを利用する際の手間を軽減するからです。プラットフォームAPIが適切に設計されていればCLI、SDK、ユーザーインターフェースなどのより目的に合ったツールを作成して、プラットフォームサービスの利用を支援できます。

　独自のドメイン固有のAPIをプラットフォーム用に構築する場合、一度に1つの問題に取り組むことから始めることができ、APIやインターフェースを拡張していけます。そうすることでより多くのワークフローへの対応ができ、さらには異なるチームにも対応していけるようになります。カバーすべきワークフローを理解して初期のプラットフォームAPIのダッシュボードを用意できれば、プラットフォームの導入を促進するためのさらなるツールを開発することが可能です。

　具体例を用いて説明すると、開発チームが新しい開発環境をリクエストできるようにする機能をAPIで提供するといったことが考えられます。あなたの組織内においても同様の例が考えられるでしょう。

6.1.1 開発環境のリクエスト

プラットフォームが開発チームの作業効率を高める一般的なシナリオの一例として、新しい機能に取り組む際に必要なものすべてを提供することが挙げられます。プラットフォームエンジニアリングチームは開発チームが何に取り組むのか、必要なツールは何か、そして成功のためにほかにどのようなサービスが必要かを理解しなければなりません。

プラットフォームエンジニアリングチームが開発チームの要件を理解したら、必要に応じて新しい開発環境をプロビジョニングするための API を定義できます。これらの API の裏側では、リクエストを行ったチームが接続を行うために、プラットフォームにはアクセス権限を作成、設定および付与する仕組みが備わっています。

例えばカンファレンスアプリケーションを拡張する開発チームがいる場合、プラットフォームエンジニアリングチームは作業および変更のテストを行うための稼働中のアプリケーション環境を確保する必要があります。この独立したアプリケーションインスタンスには、データベースやその他のインフラストラクチャーコンポーネントも必要になります。さらに高度なユースケースとしてはモックデータ（テスト用のダミーデータ）をアプリケーションにロードして、事前にデータが設定された状態で変更をテストしたり、変更を検証するための適切なツールを使用できるようにしたりすることが挙げられます。図6.2は、開発チームとプラットフォームのやり取りを示しています。

258　Kubernetesで実践するPlatform Engineering

図6.2　プラットフォームと開発チームとのやり取り。#1 開発チームは必要な数だけ開発環境をプラットフォームAPIにリクエストできる。#2 プラットフォームには、開発チームが作業するために必要なすべてのコンポーネントとツールをプロビジョニングする方法が組み込まれている。#3 プラットフォームは新しくプロビジョニングされた環境にアクセスできるように、開発チームに権限を与える必要がある

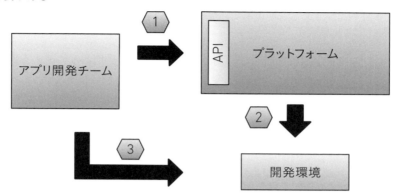

　前述のように開発環境はあくまで一例であり、必要なツールはチームによって異なります。例えば、データサイエンティストのチームにとっては開発環境よりもデータの収集、処理や機械学習モデルのトレーニング用のツールが重要となるでしょう。

　この一連の流れをKubernetesで実装することは簡単ではありません。このシナリオを実装するには次の要素が必要になります。

- 開発環境のリクエストを理解する新しいAPIの作成
- チームにとって開発環境が何を意味するのかを定義する仕組み
- コンポーネントやツールのプロビジョニングと設定をする仕組み
- チームが新しくプロビジョニングされた環境に接続できるようにする仕組み

　このシナリオを実現するにはいくつか選択肢があります。Kubernetesのカスタム拡張を作成したり、開発環境に特化したツールを使用したりするなどです。しかし具体的な実装へと進む前に、このシナリオにおけるプラットフォームAPIの設計を定義しましょう。

　プラットフォームAPIは、オブジェクト指向プログラミング（OOP）でのインターフェースのようなものであり、インターフェースを具現化するクラスが、実際の具体的な動作を提供します。

開発環境のプロビジョニングのために、`Environment`と呼ばれる非常にシンプルなインターフェースを定義できます。このインターフェースはユーザー（開発チーム）とプラットフォーム間の契約を表しており、新しい開発環境をリクエストするためのリソースを作成する形で使われます。この契約にはチームが要求している環境の種類を定義するためのパラメーターや、特定の要求のためにチューニングする必要のあるオプションとパラメーターを含めることができます。

　図6.3は最もシンプルな定義を示しています。この定義には環境名と作成する環境のタイプ（この例では`development`環境）が含まれます。さらにインストールするアプリケーションに基づいて、利用するチーム自身がインフラコンポーネントをインストールするかどうかを決めるカスタム設定も含めることができます。このように、プラットフォーム利用者にとって意味のあるパラメーターを環境定義に追加してリクエストをカスタマイズできます。

図6.3　プラットフォームAPIで定義されたEnvironmentリソース

この`Environment`インターフェースには、環境の具体的な実装の詳細を含めないようにすることが重要です。つまり、プラットフォームの利用者に対して環境の構築方法に関する複雑さを隠す抽象化レイヤーとして機能させるのです。これらのリソースがシンプルであるほどプラットフォームの利用者にとってよいのです。プラットフォームは、どの環境を作成するかを決める際にEnvironment Typeパラメーターを使用できます。そして、私たちがプラットフォームの仕組みを進化させるにつれて新しいタイプを組み込むことができます。

　必要なインターフェースが明確になったら、チームが設定できるパラメーターを徐々に追加していくことが可能です。例えば、環境でデプロイするサービスの特定の機能をパラメーター化することが考えられ、アプリケーションのインフラを作成するかどうか、または既存のコンポーネントに接続するかどうかを指定したい場合に有用です。図6.4では、プラットフォームがサービスに必要なアプリケーションインフラをインストールする必要がある環境の定義を示しています。さらに、フロントエンドサービスのデバッグ機能を有効化する機能も追加しています。チームがパラメーター化したい内容に応じて可能性は無限に広がります。プラットフォームチームは何が

可能で何が不可能かを制御できます。Environmentインターフェースを拡張して、より多くのユースケースをカバーすると図6.4のようになります。

図6.4　アプリケーションのサービスの有効化／無効化を行う拡張されたEnvironmentリソース

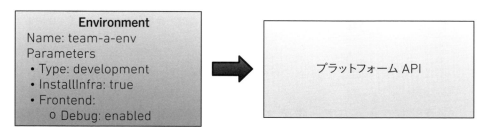

リスト6.1に示されているように、プラットフォームAPIを実装するためにはEnvironmentリソースをJSONやYAMLを使用して定義するのがわかりやすいです。

リスト6.1　JSON形式のEnvironment定義

```
{
  "name": "my-dev-env",
  "parameters":{
    "type": "development",
    "installInfra": true,
    "frontend": {
      "debug": "true",
    }
  }
}
```

インターフェースが定義されたら、これらの環境をプロビジョニングするための具体的な実装を行うのが順当な流れになります。しかし実装に入る前に、これらの環境を実装するための仕組みをどこに置くかを決める際に直面する2つの主要な課題について説明する必要があります。

NOTE

これらのインターフェースを構築する際、私たちはユーザー体験をデザインしています。プラットフォームエンジニアリングの観点から、これらのインターフェースはチームがプラットフォームとやり取りする方法をシンプルにするために構築しているレイヤーと考えてください。しかし、同時にこのインターフェースだけがプラットフォームとやり取りする唯一の方法にしたいわけではないことを認識することも重要です。技術的に経験のあるチームは、基盤となるレイヤーやツールに直接アクセスできるべきです。

6.2　プラットフォームアーキテクチャー

本節では、プラットフォームをどのように設計するかについて説明します。プラットフォームを構築する際には、プラットフォームチームは難しい選択を迫られる課題に直面することになります。本節では、どのツールを使って複雑なリソースをプロビジョニングしているかを開発チームが気にせずに作業を行えるようにするために、どのようにプラットフォームを設計するかを考えます。

カンファレンスアプリケーションのワークロードをすでに Kubernetes 上でデプロイしているので、プラットフォームサービスも Kubernetes 上で実行するのが理にかなっているように思えます。しかし、ワークロードのすぐ隣でプラットフォームサービスやコンポーネントを実行するでしょうか。おそらくそうではないでしょう。少し立ち止まって考えてみましょう。

組織が Kubernetes を採用している場合、すでに複数の Kubernetes クラスターを扱っている可能性が高いです。第4章で説明したように、組織にはすでに本番環境、ステージング環境、QA 環境などが存在している可能性があります。開発チームに本番環境に近い環境で作業してもらいたい場合は、Kubernetes クラスターを提供しなければなりません。

図6.5は、組織内の典型的な Kubernetes クラスターの分布を示しています。多くの小規模なクラスターが、開発目的で短期間に作成される可能性があります。ステージングやテスト目的には、一つ以上の中規模クラスターが使用されます。これらのクラスターはパフォーマンステストや大規模な結合テストを実行するために利用されることが多いため、同じ状態を保つ傾向にあります。最後に、本番ワークロードを実行するために1つ以上の大規模クラスターが作成されます。使用するリージョンの数によっては、地理的に分散された複数の本番クラスターが必要になる場

合があります。これらのクラスターの構成は静的であり変更されることはありません。開発および テスト用のクラスターとは対照的に、本番クラスターはSite Reliability Engineeringチームによって管理され、クラスターとそこで稼働しているアプリケーションの可用性を24時間365日保証しています。

図6.5　開発者に独自の環境を提供したい場合の環境クラスター

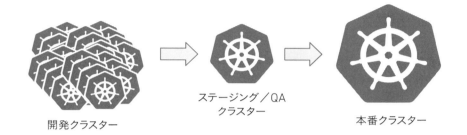

本番クラスターとステージング／QAクラスターは慎重に扱い、実際のトラフィックに対応できるように強化する必要がありますが、開発環境はより一時的で、開発チームのラップトップ上で実行されることもあります。もちろん、これらの環境でプラットフォーム関連のツールを実行したくはありません。その理由は単純です。Crossplane、Argo CD、Tektonなどのツールがアプリケーションのワークロードとリソースを競合することを避けるためです。また、プラットフォームツールの脆弱性がアプリケーションのセキュリティーに影響を及ぼすリスクを防ぐためでもあります。

Kubernetes上にプラットフォームを構築する際、チームはプラットフォーム固有のツールを実行するための特別なクラスターを1つまたは複数作成する傾向があります。用語はまだ標準化される必要がありますが、プラットフォーム全体のツールをインストールするためのプラットフォームクラスターや管理クラスターを作成することが、ますます一般的になっています。

図6.6は、プラットフォームクラスターを分離することでプラットフォーム機能を実装するために必要なツールをインストールすると同時に、ワークロードが実行される環境を制御するための一連の管理ツールを構築する方法を示しています。

図6.6 環境を管理するプラットフォームツールを備えたプラットフォームクラスター

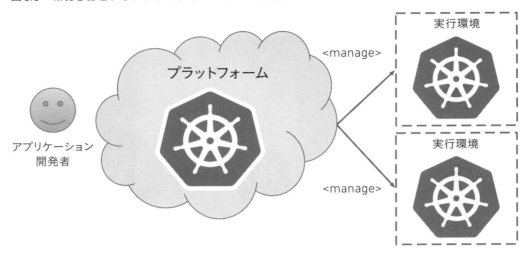

　これらのツールをインストールするための分離された場所ができたので、プラットフォームAPIやツールをこのクラスター上で稼働させ、ワークロードクラスターに負荷をかけずに管理をすることもできます。Kubernetes APIを再利用または拡張して、プラットフォームAPIとしても機能するようにするのは素晴らしいことではないでしょうか。この手法にはメリットとデメリットがあります。例えば、プラットフォームAPIにKubernetesの慣習と動作に従ってほしい場合、プラットフォームはKubernetesの宣言的な性質を踏襲し、バージョニング、リソースモデルなどのKubernetes APIが従うすべてのベストプラクティスを活用できます。このAPIは、Kubernetesを知らないユーザーにとっては複雑すぎるかもしれません。あるいは組織が新しいAPIを作成する際に、Kubernetesのスタイルと一致しないほかの標準に従っている可能性があります。プラットフォームAPIにKubernetes APIを再利用する場合、これらのAPIで動作するように設計されたすべてのCNCFツールが自動的にプラットフォームとも連携します。プラットフォームは自動的にエコシステムの一部になります。ここ数年、Kubernetes APIをプラットフォームAPIとして採用するチームが増えている傾向が見られます。Kubernetes APIにどの程度依存するかはプラットフォームエンジニアリングチームが決定する必要があり、常にトレードオフがあります。

図6.7は、プラットフォームにおいてKubernetes APIを採用することで、CNCFやクラウドネイティブエコシステムのツールを活用することができることを示しています。同時に、企業が独自のAPI基準や標準に従ったAPIを公開することも可能です。6.3節でも説明するようにこの2つは排他的ではなく、両方存在することに大きな意味があります。

図6.7　企業固有のAPIによって補完されたKubernetesベースのプラットフォームAPI

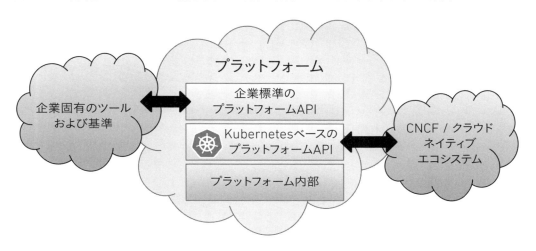

　プラットフォームAPIにKubernetes APIを採用しても、企業の標準に従ったAPIを構築する妨げにはなりません。KubernetesベースのAPIレイヤーを構築することで、CNCFとクラウドネイティブ空間で作成された素晴らしいツールにアクセスできます。KubernetesベースのAPIの上に企業標準と適合性チェックに従う別のレイヤーを作成し、既存のほかのシステムとの統合をより容易にします。

　前述の例を踏まえると、Kubernetesを拡張して環境作成のリクエストを理解し、それに基づいて環境をどのようにプロビジョニングするかを定義する仕組みを提供することができます。

　図6.8はKubernetesリソースを使って環境を定義する方法を示しており、このリソースがKubernetes APIサーバーに送信され、拡張機能がインストールされたAPIサーバーは新しい環境の定義を受け取ると実行すべきアクションを理解します。

図6.8 環境を理解し、プラットフォームAPIとして機能するようにするためのKubernetesの拡張

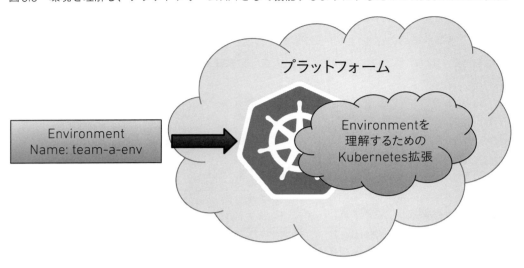

原則として、これは良さそうで実現可能に見えます。それでも、これらのKubernetes拡張機能を実装してプラットフォームAPIとプラットフォームツールの中心的なハブとして機能させる前に、プラットフォーム実装が答えようとする質問を理解する必要があります。これらのシナリオでチームが直面する主要なプラットフォームの課題を見てみましょう。

6.2.1　プラットフォームの課題

　複数のKubernetesクラスターを扱う場合、遅かれ早かれそれらのクラスターと関連するすべてのリソースを管理しなければなりません。では、これらのリソースを管理するには何が必要でしょうか？　根底にある問題を理解するための第一歩は、プラットフォームのユーザーが誰であるかを理解することです。外部の顧客向けにプラットフォームを構築しているのか、それとも社内チーム向けなのか？　彼らのニーズは何か、そして隣人を煩わせることなく自律的に運用するためにはどの程度の分離が必要でしょうか？　成功するためにはどのような安全策が必要でしょうか？

　すべてのユースケースに対してこれらの質問に答えることはできませんが、1つ確かなことがあります。それはプラットフォームのツールとワークロードを分離する必要があるということです。われわれのプラットフォームには、各テナントの期待に基づいてテナントの境界を明確に設

定する必要があります。これらのテナントが顧客であろうと社内チームであろうと関係ありません。プラットフォームユーザーに対して、テナントモデルと保証について明確な期待値を設定し、プラットフォームが提供するリソースの制限について理解してもらう必要があります。

　私たちが構築するプラットフォームは、これらのすべての決定を反映する必要があります。次の2つの節ではプラットフォームチームが早期に行う必要がある2つの一般的な決定、すなわち（1）複数のクラスターの管理と（2）分離とマルチテナントについて考察します。

6.2.2　複数のクラスターの管理

　私たちが構築するプラットフォームは、チームが利用可能な環境を管理して把握する必要があります。さらに重要なのは、チームが必要なときに自分たちの環境をリクエストできるようにすることです。

　Kubernetes APIをプラットフォームAPIとして利用して環境をリクエストすることで、第4章で扱ったArgo CDなどのツールを使用して環境設定をKubernetesクラスターに同期させることができます。クラスターと環境の管理は、プラットフォームクラスターと同期する必要があるKubernetesリソースの管理に過ぎません。

　図6.9は、前章でカンファレンスアプリケーションに対して2つのツール（Crossplaneと Argo CD）を使用していましたが、ここではプラットフォーム全体のリソース管理という文脈で使用する例を示しています。

　Argo CDやCrossplaneのようなツールをプラットフォームクラスター内で組み合わせることで、第4章で紹介した実行環境パイプライン技術を促進します。これは、アプリケーションレベルのコンポーネント同期を行うのと同様に、高レベルのプラットフォームの問題を管理するために使用します。この場合、Crossplaneのようなツールがクラウドプロバイダーで完全な環境をプロビジョニングするのに役立ちます。

図6.9　環境とクラスター管理のためにGitOpsとCrossplaneを組み合わせる

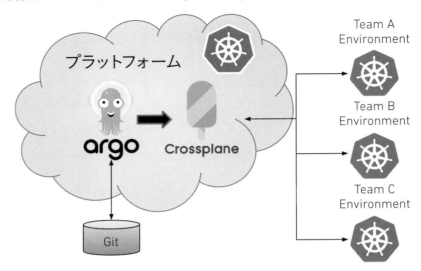

　前の図からわかるように、プラットフォームの構成自体はより複雑になります。プラットフォームが管理する環境やリソースを保管するための信頼できるソース（Gitリポジトリー）が必要になるからです。また、Crossplaneがさまざまなクラウドプロバイダーに接続してリソースを作成できるようにするため、HashiCorp Vaultのようなシークレットストアにアクセスする必要もあります。言い換えれば、2つの新たな懸念事項があります。まずはプラットフォームで作成されるリソースの構成を含む1つ以上のGitリポジトリーを定義し、設定してアクセス権を付与する必要があります。次に、クラウドプロバイダーのアカウントとその資格情報を管理し、プラットフォームクラスターがこれらのアカウントにアクセスして使用できるようにしなければなりません。

　ワークロードと同様にGitOps手法の活用、資格情報とユーザーの管理、適切な抽象化／APIの公開を行ってすべてのプラットフォームリソースを管理できれば、プラットフォームの成果物は単なる開発および継続的デリバリーの実践の拡張に過ぎなくなります。

　6.3節の例ではこれらのすべてを設定することに焦点を当てていませんが、チームの要件に応じてより高度なセットアップを実験するプレイグラウンドを提供しています。

チームのニーズに応じて優先順位を付け、どの構成が意味を持つかを理解することをお勧めします。その点についてもう少し掘り下げてみましょう。

6.2.3　分離とマルチテナント

テナント（チーム、社内外の顧客）の要件によっては、彼らが同じプラットフォーム内で作業しているときに互いに干渉しないように、さまざまな分離レベルを作成する必要があるかもしれません。

マルチテナントは、Kubernetesエコシステムにおける複雑なトピックです。Kubernetes RBAC（ロールベースのアクセス制御）、Kubernetes Namespace、異なるテナントモデルを念頭に設計された複数のKubernetes Controllerを使用すると、同じクラスター内でテナント間の分離レベルを定義するのが難しくなります。

Kubernetesの採用に乗り出す企業は、分離に関して次のアプローチのいずれかを取る傾向があります。

- **Kubernetes Namespace**

  長所

  - Namespaceの作成は非常に簡単で、ほとんどオーバーヘッドがない
  - Namespaceの作成は安価である。Kubernetesがクラスター内のリソースを分離するために使用する論理的な境界に過ぎないためである

  短所

  - Namespace間の分離は非常に基本的で、ユーザーが割り当てられたNamespaceの外の可視性を制限するにはRBACロールが必要になる。また、Resource Quotaを定義して、1つのNamespaceがクラスターのすべてのリソースを消費しないようにする必要がある
  - 単一のNamespaceへのアクセスを提供するには、管理者やほかのすべてのテナントが使用しているのと同じKubernetes APIエンドポイントへのアクセスを共有する必要がある。これによりクラスター全体のリソースのインストールなど、クライアントがクラスターで実行できる操作が制限される
  - すべてのテナントが同じKubernetes APIサーバーとやり取りするため、各テナントの

規模とニーズに応じて問題が発生する可能性がある

- 同じKubernetes APIサーバーを共有すると、クラスター全体でインストールできるリソースが制限される。例えば、同じ拡張機能の2つの異なるバージョンをインストールすることはできない

- **Kubernetesクラスター**

  長所

  - 異なるクラスターとやり取りするユーザーは完全な管理者権限を持ち、必要なツールを自由にインストールできる
  - クラスター間の完全な分離があり、異なるクラスターに接続するテナントは同じKubernetes APIサーバーのエンドポイントを共有しない。各クラスターはスケーラビリティーと復元力に関して異なる設定にできる。これにより、要件に基づいて異なるテナントのカテゴリーを定義できる

  短所

  - この手法はコストがとてもかかる。Kubernetesを実行するためのコンピューティングリソースに対して支払う必要があるからである。クラスターを作成すればするほど、Kubernetesの実行にかかる金額が増える
  - チームが自分たちでクラスターを作成（または要求）できるようになると、複数のKubernetesクラスターの管理が複雑になる。使用されなくなったゾンビクラスターが出現し始め、貴重なリソースを無駄にする
  - 複数のKubernetesクラスター間でリソースを共有し、ツールをインストールして保守することは、とても困難で労力を必要とする

私の経験に基づくと、チームは本番環境やパフォーマンステストなどの重要な環境には分離されたKubernetesクラスターを作成します。これらの環境は通常、運用チームやSREチームのみが管理します。開発チームが利用するようなテストや日々の開発タスクのためのより一時的な環境の場合、Namespaceを複数持つ大きなクラスターを使用するのが一般的です。

これら2つの選択肢の間で決定するのは難しいですが、重要なのはどちらか一方に過度に依存しないことです。チームによって要件が異なる場合があるため、次の節ではプラットフォームがこれらの決定を抽象化し、チームがニーズに応じてさまざまな設定にアクセスできるようにする方法について見ていきます。

これらの決定を下すプラットフォームチームへ私がお勧めするのは、ある解決策から別の解決策に移行できるようなプラクティスを構築し、整備することです。Namespaceの分離のような単純な解決策から始めるのは非常に一般的ですが、しばらくすると大量のNamespaceを持つ単一のクラスターでは不十分になり、より堅牢な計画が必要になります。この決定を簡単にするには、利用者がKubernetes APIにアクセスする必要があるかどうかを考えてください。もしアクセスが不要であれば、Google Cloud Run[1]、Azure Container Apps[2]、AWS App Runner[3]のような手法の検討をお勧めします。これにより、チームはオーケストレーター APIにアクセスする必要なくコンテナを実行できます。

6.3　プラットフォームのウォーキングスケルトン

本節では、社内チームが開発環境を作成できるシンプルなプラットフォームの構築について説明します。チームはカンファレンスアプリケーションをKubernetesクラスターにデプロイしているため、彼らに同じ開発者体験を提供したいと考えています。

NOTE
段階的なチュートリアルに従って、このプラットフォームのウォーキングスケルトンをインストールして操作することができます[4]。

これを実現するために、以前使用したCrossplaneのようなツールを利用してKubernetesが開発環境を理解できるように拡張します。その後、vcluster[5]というプロジェクトを使用して、チーム向けに小規模なKubernetesクラスターをプロビジョニングします。これらのクラスターは分離されており、ほかのチームの作業を気にせずにツールを追加でインストールすることができます。チームはKubernetes APIにアクセスできるため、クラスター上で必要なことを自由に実行でき、複雑な権限をリクエストすることなくワークロードのデバッグが可能です。

※1　https://cloud.google.com/run
※2　https://azure.microsoft.com/en-us/products/container-apps
※3　https://aws.amazon.com/apprunner/
※4　https://github.com/salaboy/platforms-on-k8s/tree/main/chapter-6
※5　https://vcluster.com/

図6.10は、このプロセスがどのように作用するかを示しています。チームはEnvironmentという Kubernetesリソースを作成することで、新しい環境をリクエストできます。プラットフォームはこれらのリソースを受け取り、`vcluster`を使用して小規模なKubernetesクラスターをプロビジョニングします。このウォーキングスケルトンではシンプルにしますが、プラットフォームは複雑です。

図6.10　開発環境をプロビジョニングするためのプラットフォームプロトタイプの構築

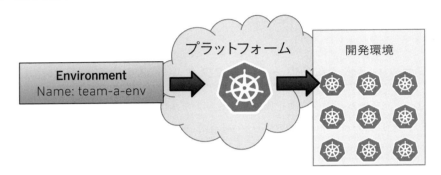

　この例で、独自のKubernetes拡張機能を作成する代わりにあえて既存のツールを使っていることの重要性を強調しておきます。環境を管理するカスタムコントローラーを作成すると、メンテナンスを必要とする複雑なコンポーネントを作成することになります。また、おそらくこの例で示されている仕組みと95%は重複するでしょう。つまり、この例を構築する際にKubernetesカスタムコントローラーは作成されていません。

　この章の冒頭でプラットフォームAPIについて論じたのと同じようにテスト、保守、リリースが必要になるKubernetesのカスタム拡張を作成せずに、これらのAPIをどのように構築できるかを見てみましょう。第5章のデータベースとメッセージブローカーの場合と同様にCrossplane Compositionを使用しますが、今回は環境用のカスタムのCrossplane Composition Resource Definitionを実装します。Environmentリソースをシンプルに保ち、Kubernetesのラベルとセレクターを使って、作成可能なCompositionの中から適切なものを選び、環境をプロビジョニングすることができます。

　図6.11は、環境のプロパティ／ラベルを変更することで、Crossplaneがチームに適したCompositionを選択する方法を示しています。

図6.11 EnvironmentリソースとCrossplane Compositionのマッピング

　Crossplane Compositionは、さまざまなプロバイダーを使用してリソースを一緒にプロビジョニングおよび設定する柔軟性を提供します。第5章で見たように、さまざまな種類の環境に対して複数のComposition（実装）を提供できます。この例ではチームが意図せずにほかのチームのリソースを削除することを避けるために、環境を分離したいと考えています。分離された環境を作成するのにまず思い浮かぶ2つの方法は、環境ごとに新しいNamespaceを作成するか、環境ごとに本格的なKubernetesクラスターを作成することです。

　図6.12は、NamespaceなどのKubernetesリソースを作成するために、別のCrossplaneプロバイダー（Kubernetesプロバイダーと呼ばれる）がどのように使われるかを示しています。本格的なクラスターを作成できるクラウドプロバイダーのCrossplaneプロバイダー（この場合はGoogle Cloud）を使用することと比較されます。クラスターができたら、カンファレンスアプリケーションのHelm Chartをインストールできます。

図6.12 異なる環境のComposition、Namespace、GKEクラスター

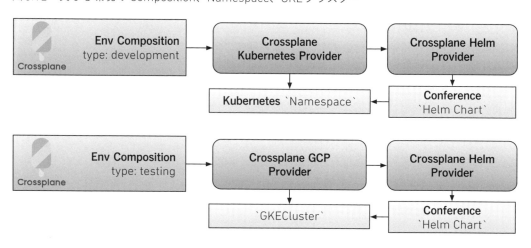

すべての開発チームに対して本格的なKubernetesクラスターを作成するのは過剰かもしれませんが、すべてのチームが同じKubernetes APIサーバーと対話するため、Kubernetes Namespaceではユースケースに十分な分離を提供できない可能性があります。そのため、新しいクラスターを作成するコストをかけずに両方の利点を得るために、Crossplane Helmプロバイダーと`vcluster`を併用します。図6.13は、Crossplane Helmプロバイダーを再利用して`vcluster`を作成する方法を示しています。

図6.13 `vcluster`を使用した、分離された環境の作成

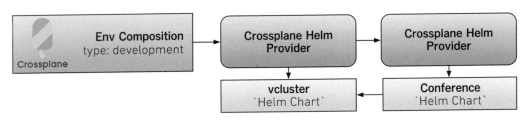

`vcluster`とは何か、そしてなぜCrossplane Helmプロバイダーを使用して`vcluster`を作成するのかと疑問に思うかもしれません。`vcluster`はプラットフォームを構築するために使用できる1つのオプションに過ぎませんが、私はすべてのプラットフォームエンジニアのツールボックスにおける重要なツールだと考えています。

6.3.1　仮想Kubernetesクラスター用のvcluster

私は`vcluster`プロジェクトの大ファンです。Kubernetes上のマルチテナントについて議論している場合、`vcluster`はKubernetes NamespaceとKubernetesクラスターの議論に対する非常に優れた代替手段を提供するため、よく話題に挙がります。

`vcluster`は、既存のKubernetesクラスター（ホストクラスター）内に仮想クラスターを作成することにより、さまざまなテナント間でKubernetes APIサーバーの分離を提供することに重点を置いています。図6.14は、既存のKubernetesクラスター（HOST）内で`vcluster`がどのように機能するかを示しています。

図6.14 vclusterはKubernetes（K8s）APIサーバーでの分離を提供する

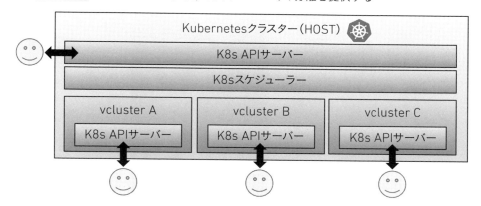

　新しい仮想クラスターを作成することでほかのテナントが何をしているのか、何をインストールしているのかを気にすることなく、必要なことを実行できる分離されたAPIサーバーをテナントと共有できます。各テナントにクラスター全体のアクセスとKubernetes APIサーバーの完全な制御を提供したいシナリオでは、vclusterはこれを実装するためのシンプルな代替手段を提供します。チームにKubernetes APIへのアクセスを提供する必要がない場合は、前述のNamespaceアプローチを使用することをお勧めします。

　vclusterの作成は簡単です。vcluster Helm Chartをインストールすることで新しいvclusterを作成できます。またはvcluster CLIを使用して作成し、それに接続することもできます。

　最後にvcluster、Kubernetes Namespace、Kubernetesクラスターを比較した素晴らしい表がvclusterのドキュメントにあります。すでにチームとこれらのツールの選定について話している場合、この表は明確な言葉で利点とトレードオフを説明しています（図6.15）。

図 6.15　Kubernetes Namespace と vcluster と Kubernetes クラスターの長所と短所

	各テナント個別の Namespace	vcluster	各テナント個別の クラスター
分離	非常に弱い	強い	非常に強い
テナントに付与される アクセス権	非常に制限されている	vcluster管理者	cluster管理者
コスト	非常に安い	安い	高い
リソース共有	簡単	簡単	非常に難しい
オーバーヘッド	非常に低い	非常に低い	非常に高い

　このプロジェクトの詳細とチームがコスト効率の高いクラスターをプロビジョニングするのに
どのように役立つかについては、Webサイト[6]とブログ記事[7]をチェックすることを強くお勧
めします。

　次に、vcluster を使用する新しい環境を作成、接続、作業したいチームのためのプラット
フォームにおけるウォーキングスケルトンがどのようなものかを見てみましょう。

6.3.2　プラットフォームの体験

　GitHub リポジトリー[8]で実装されているプラットフォームにおけるウォーキングスケルトン
は、プラットフォーム API に接続されたチームが新しい環境リソースを作成し、プラットフォー
ムにそれをプロビジョニングするように要求を送信できるようにします。

　図 6.16 は、プラットフォームにおけるウォーキングスケルトンのアーキテクチャーを示して
います。まず、開発チームは新しい開発環境のためにプラットフォーム API にリクエストを作成

※ 6　https://vcluster.com
※ 7　https://www.salaboy.com/2023/06/19/cost-effective-multi-tenancy-on-kubernetes/
※ 8　https://github.com/salaboy/platforms-on-k8s/tree/main/chapter-6

できます。プラットフォームは新しい環境をプロビジョニングします。この場合、Crossplane Helmプロバイダーを使用して新しい仮想クラスター（`vcluster`を使用）を作成し、開発チームが作業を行うためにカンファレンスアプリケーションのHelm ChartをインストールするCrossplane Compositionに従います。次に、開発チームはほかのチームのセットアップを壊すことを恐れずにこの新しい分離された環境に接続できます。

図6.16　アプリケーション開発チームのために分離された環境を作成するためのCrossplaneと`vcluster`の使用

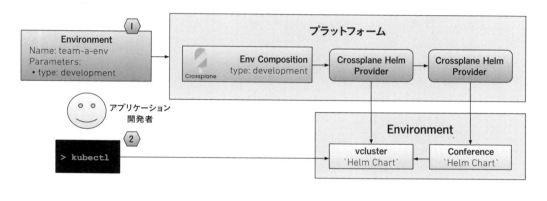

NOTE
すべての一時的な開発環境クラスターをホストするために、大規模なクラスターを用意するのは非常に適しています。プラットフォームのウォーキングスケルトンの構築に使用したツールはそのセットアップを実装するように簡単に設定できますが、単一のローカルKinDクラスター上で実行することを実証するのはかなり難しいです。

プラットフォームクラスターは、環境のプロビジョニング方法を定義するためにCrossplaneとCrossplane Compositionを使用します。Crossplane CompositionをローカルのKubernetesクラスター上で実行するため（特定のクラウドプロバイダーへのアクセスを必要としない）、ウォーキングスケルトンは`vcluster`を使用して各環境を独自の（仮想）Kubernetesクラスター上にプロビジョニングします。分離されたKubernetesクラスターを持つことでチームはこれらの環境に接続し、環境の作成時にデフォルトでインストールされるカンファレンスアプリケーションで必要な作業を行うことができます。

アプリケーションチームは、kubectlなどのツールを使用して新しい環境を要求するために、プラットフォームAPIに接続する必要があります。ここでいうプラットフォームAPIとは、プラットフォームツール（Crossplaneとvclusterの設定）をホストするKubernetesクラスターになります。ウォーキングスケルトンでは環境リソースをプラットフォームAPIに送信すると、プラットフォームがチームが接続できる新しいvclusterをプロビジョニングします。リスト6.2は、Kubernetes APIサーバーに送信できる環境リソース定義を示しています。

リスト6.2　Kubernetesリソースとしての環境定義

```
apiVersion: salaboy.com/v1alpha1
kind: Environment
metadata:
  name: team-a-dev-env     ① 作成したい環境の名前
spec:
  compositionSelector:
    matchLabels:
      type: development     ② 環境の種類はラベルを使用して定義される
    parameters:
```
③ パラメーターは特定のユースケースに応じてカスタマイズされる。チームが設定できるようにしたい内容に合わせて、チームが環境を要求する際に、より多くのパラメーターを微調整できるように繰り返し定義できる
```
        installInfra: true
```

これらはKubernetesリソースであるため、チームはリスト6.3に示すようにkubectlを使用してこれらのリソースを照会できます。

リスト6.3　環境リソースの一覧表示

```
> kubectl get environments
NAME             CONNECT-TO           TYPE           INFRA READY
team-a-dev-env team-a-dev-env-jp7j4 development    true  True
```

環境の準備ができたらチームはそれに接続できるようになります。vclusterを使用しているため、それに接続することはほかのKubernetesクラスターに接続することと同じです。幸いなことに、vclusterは私たちの生活を楽にしてくれるのでCLIを使用してアクセストークンを設定できます。

次のコマンドを実行すると作成されたばかりの**vcluster**インスタンスに接続し、Crossplane Compositionによってインストールされたカンファレンスアプリケーションをホストします。

```
vcluster connect team-a-dev-env-jp7j4 --server https://localhost:8443 -- zsh
```

NOTE
`vcluster connect`を実行すると、新しいクラスターコンテキストに接続されます。つまり、すべてのPodとNamespaceを一覧表示するとこの新しいクラスターで利用可能なリソースのみが表示されます。例えば、Crossplaneリソースは表示されません。

ウォーキングスケルトンの自然な拡張は、Crossplane Compositionを使用して、クラウドプロバイダー上でKubernetesクラスターを生成する環境を作成することです。Argo CDを使用してGitリポジトリー内でこれらの環境リソースを管理することも自然な前進です。このような場合、開発チームがプラットフォームAPIに直接接続する必要があるのとは対照的に、チームは検証して自動的にマージできるリポジトリーにプルリクエストを送信することで新しい環境を要求できます。

段階的なチュートリアル[9]は、カスタムのプラットフォーム管理ユーザーインターフェースアプリケーションをデプロイすることで終了します。このプラットフォーム管理アプリケーションにより、チームはKubernetesプラットフォームAPIに接続せずにプラットフォーム機能を利用できます。これは一般にClick Opsと呼ばれています。クラウドプロバイダーが行うように、複雑なYAMLファイルや長いコマンドをチームが書くことを避けようとしているからです。このアプリケーションはRESTエンドポイントやユーザーインターフェースによって提供される機能を公開し、プラットフォームの内部動作を知る必要があるアプリケーションチームの認知負荷を削減します。図6.17は、プラットフォームポータルの管理インターフェース（これはカンファレンスアプリケーションの一部ではありません）を示しています。

※9 https://github.com/salaboy/platforms-on-k8s/tree/main/chapter-6

Chapter 6　Kubernetes上にプラットフォームを構築しよう　279

図6.17　プラットフォーム管理ユーザーインターフェースにより、チームはプラットフォームの Kubernetes APIに接続せずに環境を作成および管理できる

　このプラットフォーム管理アプリケーションは、REST要求を送信することですべてのアクションを実行するためのRESTエンドポイントも公開します。これは、さらなる自動化と既存システムとの統合に使用できます。

　要約すると、ウォーキングスケルトンはプラットフォームユーザーにさまざまな対話方法を提供します。まず、Crossplaneを使用して開発環境を作成するなどのプラットフォームワークフローを有効にするためにKubernetes APIを拡張します。次に拡張されたKubernetes APIを使用したくない、または使用できないチームのために、ユーザーインターフェースと簡素化されたRESTエンドポイントを提供します。これらの簡素化されたREST API、SDK、CLIはチームが環境を管理するために作成できます。

　両方のオプションを常に利用できることには価値があります。可能な場合は、Kubernetes APIとクラウドネイティブエコシステムの力を使用することをお勧めしますが、必要に応じて認知負荷を減らし、企業のAPI標準に従うための簡素化されたオプションを用意することも重要です。

この章を締めくくる前に、一緒に見てきたすべてのトピックとプロジェクトを振り返りましょう。これらすべてのツールと構成は、プラットフォームエンジニアリングとどのように関連しているのでしょうか？　どのコンポーネントを誰が担当するのでしょうか？　そして次に何が来るのでしょうか？

6.4　プラットフォームエンジニアリングにリンクする

　これまで、分散アプリケーションを構築する際に直面するさまざまな課題に取り組むオープンソースプロジェクトを探ってきました。これらのツールのほとんどはビジネスアプリケーションや機能を構築するために通常は必要とされるスキルと知識を必要とするため、アプリケーション開発者に焦点を当てていません。すべてのツールの共通点はKubernetesであり、ほとんどの場合でプロジェクトはワークロードの実行以外のタスクを実行するためにKubernetesを拡張しています。このセクションではこれらすべてのプロジェクトが責任、契約、期待を明確にするためにどのように組み合わさるかを要約したいと思います。

　これらすべての例を遠くから見ると、プラットフォームチームと開発チームの2種類のチームがあります。これら2つのチームには異なる責任があり、仕事をするために異なるツールが必要です。これまで見てきたことから、プラットフォームチームは以下の責任を負います。

- ITサービス、クラウドリソース、ツールに関連する異なるチームのニーズを理解する
- 資格情報やさまざまなリソースへのアクセスを容易にする
- ほかのチームが必要なものを得るための自動化を図る

開発チームは次の責任を負います。

- 顧客向けのアーキテクチャーと技術スタックを定義する
- 顧客向けの機能を作成する
- ビジネスの運営方針を継続的に改善するために新しいバージョンをリリースする

　これらの責任は、同様に管理できるソフトウェア成果物に具体化されます。図6.18は、プラットフォームウォーキングスケルトンに使用した成果物を示しています。段階的なチュートリアルに含まれていないツールは破線で描かれています。

図6.18　プラットフォームのウォーキングスケルトンのツール、構成、サービス

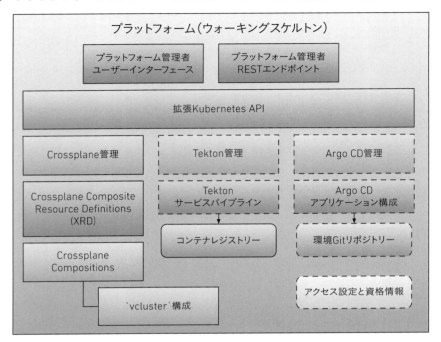

　ご覧のとおり、非常に単純なプラットフォームでもプラットフォームチームは、開発チームが利用するために高可用性である必要があるさまざまなツールを管理および運営しています。資格情報や秘匿情報の管理には焦点を当てていませんが、これはプラットフォームチームが早い段階で直面する問題です。external-secretsプロジェクト[10]やHashiCorpのVault[11]などのツールを使用すると、資格情報の管理と保存がはるかに簡単で集中化されます。この複雑さのレベルは歴史的に2つの実装シナリオにつながってきました。

- プラットフォームエンジニアリングのカスタマイズ性や運用性は限られている代わりにアプリケーション開発者に素晴らしい体験を与えてくれるソリューションを購入するシナリオ（例：Heroku、CloudFoundry）
- スクリプト言語（BASH、Pythonなど）、宣言型インフラストラクチャー言語（Crossplane、Terraform、Chef、Ansible）、ワークフローエンジン（Argo CD Workflows、CircleCI、GitHub Actions）を含む、一連の基本ツールや技術を用いてソリューションを構築するシナリオ

※10　https://github.com/external-secrets/external-secrets
※11　https://www.vaultproject.io/

最近、前者のシナリオを可能にする新しいツールが爆発的に増えています（例：Vercel、Fly. io）。しかし、多くの組織にとって、これらのソリューションはビジネスプロセスやコンプライアンス要件を完全に管理するには不十分でした。この課題に対応するため、内部向けのカスタムソリューションを構築するコストを下げることに、より焦点が当てられています。例えば、Kratix[12]というプロジェクトがあり、これは内部チーム向けに体験をサービスとして提供するための定義と実装を最適化するフレームワークです。

Kratixはアプリケーションユーザー体験ではなく、プラットフォーム構築体験を中心に設計されています。Kratixのようなフレームワークを使用すれば専門家が一貫性を保ちながら、サービスとして機能を提供できる内部マーケットプレイスを実現できます。これは、Crossplaneの Compositionで探求したものと似ています。

外部ツールを使用するか独自のツールを構築するかに関わらず、プラットフォームエンジニアリングチームはプラットフォーム構築のために使用するプロジェクトのナレッジベースを構築しなければなりません。また、ほかのチームがツールを使用している状態であれば、変更点をまとめるためのリリースプロセスを設けなければなりません。

この本の例のリポジトリー[13]と同様に、プラットフォームエンジニアリングチームはプラットフォームが機能するために必要なすべてのツールとリソースをインストールし、再作成するためのすべての構成ファイルを管理する必要があります。

NOTE

理想的にはKubernetesと同様に、コントロールプレーン（インストールしたツール）がダウンするとしても、チームは作業を続けることができるはずです。私たち（プラットフォームエンジニアリングチームとして）は弾力性のあるプラットフォームを構築し、何かがうまくいかない場合でもチームと彼らが行っている重要な作業をブロックしないようにする必要があります。構築するプラットフォームはソフトウェアのデリバリーを高速化する必要がありますが、チームの成功のための重要なパスにあってはなりません。言い換えれば、プラットフォームを迂回する方法が常にあるべきです。つまり、チームがプラットフォームで使用しているツールの一部に直接アクセスしたい場合、そうできるようにする必要があります。

※12　https://www.kratix.io/
※13　https://github.com/salaboy/platforms-on-k8s/

この章で構築したウォーキングスケルトンは、さまざまなユーザーが作業して統合するためのさまざまなレイヤーを提供します。チームがプラットフォームのツールを理解している場合は、完全な柔軟性と制御のためにプラットフォームクラスターのKubernetes APIにアクセスできます。また、提供されたユーザーインターフェースとRESTエンドポイントを使用して、ほかのシステムと統合することもできます。図6.19は、プラットフォームウォーキングスケルトン、プラットフォームAPIによって公開される定義済みのワークフローをチームに提供する方法、およびプラットフォームチームによって内部で実装されるツールと動作を示しています。

　プラットフォームチームには、プラットフォームの取り組みの一環として使用を計画している各ツールの道のり（Journey）を文書化することを強く推奨します。なぜなら、チームメンバーにこれらの決定に関する事情をよく説明することは、ここで説明したようなプラットフォームを維持する上でたいてい最も難しい側面だからです。

図6.19　プラットフォームの責任と境界

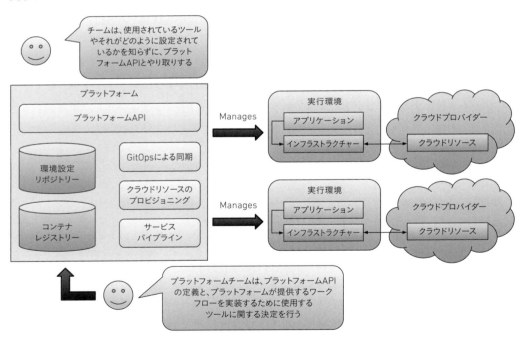

以降の章では、チームの環境を作成するときにプラットフォームが提供すべきいくつかの中核的な機能を探ります。開発チームがソフトウェアをより効率的に提供するためには、どのような機能を提供できるでしょうか？　第7章では、リリース戦略とチームが実験とソフトウェアのリリースをより多く行えるようにするためになぜそれが重要なのかを説明します。第8章では、アプリケーションのすべてのサービスに提供する必要がある共通の懸念事項と、これらのメカニズムを開発者に提供するためのさまざまなアプローチについて説明します。

本章のまとめ

- Kubernetes上にプラットフォームを構築することは、さまざまな要件を持つチームにサービスを提供するためにさまざまなツールを組み合わせる複雑なタスクである

- プラットフォームは、ビジネスアプリケーションと同様のソフトウェアプロジェクトである。主要なユーザーが誰になるかを理解して明確なAPIの定義から始めることが、プラットフォームの構築方法に関するタスクの優先順位付けの鍵となる

- 複数のKubernetesクラスターの管理とテナントの分離への対処は、プラットフォームチームがプラットフォーム構築の過程の早い段階で直面する2つの主要な課題である

- プラットフォームウォーキングスケルトンは、クラウドネイティブの道のりを加速するために何を構築できるかを内部チームに実証するのに役立つ

- Crossplane、Argo CD、vcluster などのツールを使用すると、プラットフォームレベルでクラウドネイティブのベストプラクティスを促進するのに役立つ。この際、最も重要なこととしてクラウドネイティブリソースの複雑な構成をプロビジョニングして維持するためのカスタムツールと方法を編み出す衝動を避けることが挙げられる

- 段階的なチュートリアルに従った場合、Crossplane や vcluster などのツールをオンデマンドの開発環境のプロビジョニングに使用する実践的な経験を積むことができた。また、本格的なKubernetes APIサーバーとやり取りしなくてよい、またはできないチームの認知負荷を軽減する簡素化されたAPIにも触れた

Platform Engineering on Kubernetes

Chapter

7

プラットフォーム機能 I:
共有アプリケーションの懸念事項

Platform capabilities I: Shared application concerns

本章で取り上げる内容

- クラウドネイティブアプリケーションの95％に必要な要件を学ぶ
- アプリケーションとインフラストラクチャー間の依存を軽減
- 標準 API とコンポーネントで共通の懸念に対処する

　第 5 章では、アプリケーションのサービスに必要なすべてのコンポーネントをプロビジョニングして設定するために、データベースやメッセージブローカーなどの抽象化を作成しました。第 6 章では、これらの仕組みを拡張してプラットフォームのウォーキングスケルトンを構築しました。このプラットフォームにより、チームは新しい開発環境を要求できます。この環境は分離された環境を作成するだけでなく、カンファレンスアプリケーションのインスタンス（およびアプリケーションに必要なすべてのコンポーネント）をインストールしてチームが作業できるようにします。プラットフォームを構築するプロセスを通じてプラットフォームチームの責任と、各ツールがどこに属しているのか、そしてその理由を定義しました。第 6 章の最後には、チームがより多くのソフトウェアを顧客に提供するために必要な機能を持った異なる環境を管理および有効にするために Crossplane、Argo CD、Tekton などのツールをどこで実行するかに関する明確なガイドラインで締めくくりました。

　これまで、開発者にアプリケーションが実行されている Kubernetes クラスターを提供してきました。本章では、開発者にアプリケーションのニーズにより近い機能を提供するための仕組み

Chapter 7　プラットフォーム機能 I：共有アプリケーションの懸念事項　　287

を説明します。これらの機能のほとんどはアプリケーションのインフラストラクチャーのニーズを抽象化するAPIを通じてアクセスされ、プラットフォームチームはアプリケーションコードを更新せずにインフラストラクチャーコンポーネントを改良（更新、再構成、変更）することができます。同時に、開発者はこれらのプラットフォームの機能がどのように実装されているかを知ることなく、またアプリケーションを大量の依存関係で肥大化させることなく使用できます。本章は3つの節に分かれています。

- ほとんどのアプリケーションは95％の時間、何をしているか
- アプリケーションコードをインフラストラクチャーから分離するための標準APIと抽象化
- Dapr（Distributed Application Runtime）を使用したカンファレンスアプリケーションの更新。DaprはCNCFとオープンソースのプロジェクトで、分散アプリケーションの課題に解決策を提供するために作成された

それでは、ほとんどのアプリケーションが何を行っているか分析することから始めましょう。ご安心ください。エッジケースについても説明します。

7.1　ほとんどのアプリケーションは95％の時間、何をしているか

これまでの6章にわたって、ウォーキングスケルトンのカンファレンスアプリケーションを扱いました。Kubernetes上で実行する方法、サービスをデータベース、キーバリューストア、メッセージブローカーに接続する方法を学びました。これらの段階を検討し、ウォーキングスケルトンにこれらの動作を含める十分な理由がありました。カンファレンスアプリケーションのように、多くのアプリケーションには次の機能が必要です。

- **データを送受信するためにほかのサービスを呼び出す**：アプリケーションサービスは単独では存在しない。ほかのサービスを呼び出したり、呼び出されたりする必要がある。サービスはローカルまたはリモートでも存在し、最も一般的な HTTP や GRPC といった異なるプロトコルを使用することができる。カンファレンスアプリケーションのウォーキングスケルトンでは、サービス間通信にHTTPを使用している
- **永続ストレージからデータを保存および読み取る**：これはデータベース、キーバリューストア、S3バケットのようなBLOBストアまたはファイルへの書き込みと読み取りが考えられる。カンファレンスアプリケーションではRedisとPostgreSQLを使用している

288　Kubernetesで実践するPlatform Engineering

- **イベントやメッセージを非同期に発行、処理する**：イベント駆動アーキテクチャーを実装するシステムの通信に非同期メッセージングを使用することは、分散システムでは一般的な手法である。一般的にはKafka、RabbitMQ、クラウドプロバイダーのメッセージングシステムなどのツールを使用する。カンファレンスアプリケーションの各サービスはKafkaを使用してイベントを送受信している
- **サービスに接続するための資格情報へのアクセス**：ローカルまたはリモートであれ、アプリケーションのインフラストラクチャーコンポーネントに接続する場合、ほとんどのサービスはほかのシステムへの認証に資格情報を必要とする。本書では、external-secrets[1]やHashiCorpのVault[2]などのツールについて言及しましたが、より深く掘り下げてはいない

　顧客向けアプリケーションを構築していようと機械学習ツールを構築していようと、ほとんどのアプリケーションはこれらの機能を簡単に利用できるようにすることで恩恵を受けます。そして、複雑なアプリケーションはそれ以上のものを必要としますが、常に複雑な部分と一般的な部分を分離する方法があります。

　図7.1は、サービスの通信と利用可能なインフラストラクチャーの例をいくつか示しています。サービスAはHTTPを使用してサービスBを呼び出しています（このトピックでは、gRPCも同様）。サービスBはデータベースからデータを保存および読み取りするため、接続するには適切な資格情報が必要です。サービスAもメッセージブローカーに接続し、メッセージを送信します。サービスCはメッセージブローカーからメッセージを取得して資格情報を使用してバケットに接続し、受信したメッセージに基づいた計算結果を保存できます。

※1　https://github.com/external-secrets/external-secrets
※2　https://www.vaultproject.io/

図7.1　分散アプリケーションにおける一般的な通信パターン

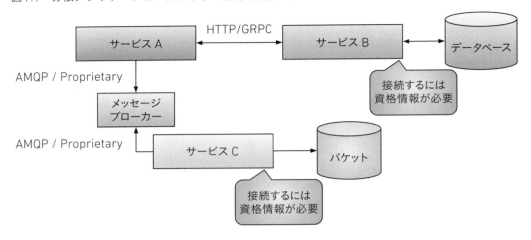

　これらのサービスがどのようなロジックを実装しているかに関わらず、一定の動作を抽出して開発チームが細かいレベルの対応に煩わされたり、プラットフォームレベルで解決できるような横断的な懸念事項についての決断を迫られたりすることなく、使用できるようにします。

　この仕組みを理解するためには、これらのサービスの内部で何が起こっているかを詳しく見る必要があります。すでにご存じかもしれませんが、細かい部分に問題が潜んでいます。高レベルの観点から見れば私たちは図7.1で説明されているようなサービスを扱うことに慣れていますが、ソフトウェアデリバリーパイプラインのベロシティを上げるには、アプリケーションのコンポーネント間の複雑な関係を理解するために1つ下のレベルを考慮する必要があります。アプリケーション開発チームがサービスに必要なさまざまなサービスとインフラストラクチャーを変更しようとするときに直面する課題を簡単に見てみましょう。

7.1.1　アプリケーションとインフラストラクチャーの結合における課題

　幸いなことに、この課題は選択したプログラミング言語に依存しません。データベースやメッセージブローカーに接続したい場合は、アプリケーションコードに何らかの依存関係を追加する必要があります。これはソフトウェア開発業界では一般的ですが、デリバリー速度が遅くなる原因の1つでもあります。

異なるチーム間の連携不足がソフトウェアリリース時の多くのボトルネックの原因となっています。私たちがアーキテクチャーを作成してKubernetesを採用したのは、このボトルネックを解消しより速くしたいからです。私たちはコンテナを使用することで、アプリケーションを実行するためのより簡単で標準的な方法を採用しました。アプリケーションがどの言語で書かれているか、どの技術スタックが使用されているかに関わらず、アプリケーションを含めたコンテナを提供してもらえれば実行できます。アプリケーションを実行するためにマシン（または仮想マシン）にインストールする必要があるOSとソフトウェアへのアプリケーションの依存関係を取り除き、コンテナ内にカプセル化されています。

　残念ながらコンテナ間の関係や結合には取り組んでいません。また、これらのコンテナがローカルまたはクラウドプロバイダーによって管理されているアプリケーションのインフラストラクチャーコンポーネントとどのように通信するかも解決していません。

　これらのアプリケーションがどこでほかのサービスに大きく依存し、チームの変更を妨げ、複雑な調整を迫り結果としてユーザーにダウンタイムをもたらす可能性があるのかについてより詳しく見ていきましょう。先ほどの例を各やり取りに分割することから始めます。

7.1.2　サービス間通信における課題

　あるサービスから別のサービスにデータを送信するにはほかのサービスがどこで実行されているか、どのプロトコルを使用して情報を受信するかを知る必要があります。また分散システムを扱っているため、サービス間のリクエストがほかのサービスに到着することを確認し、予期せぬネットワークの問題やもう一方のサービスが失敗する可能性のある状況に対処する仕組みも必要です。言い換えれば、サービスに回復力を持たせる必要があります。ネットワークやほかのサービスが常に期待どおりに動作すると信頼することはできません。

　サービスAとサービスBを例として深く掘り下げてみます。図7.2では、サービスAがサービスBにリクエストを送信する必要があります。

図7.2　サービス間通信における課題

　それでは、サービスが内部で使用できる仕組みについて詳しく見てみましょう。サービスAがサービスBの仕様（API）に依存しているという点を横に置いて、これが安定して機能するように変更しないままにしておくとします。ほかに何か改善点はあるでしょうか？　前述のとおり、アプリケーション開発チームはサービスAのリクエストがサービスBに確実に到達するように、サービス内に回復力を担うレイヤーを追加する必要があります。これを行う1つの方法は、リクエストが失敗した場合に自動的にリクエストを再試行するフレームワークを使用することです。この機能を実装するフレームワークは、すべてのプログラミング言語で利用できます。`go-retryablehttp`[3]やSpring Boot用の`Spring Retry`[4]などのツールは、サービス間のやり取りに回復力を追加します。これらの仕組みの中には、問題が発生したときにサービスとネットワークに過負荷をかけないようにするための指数バックオフ機能も含まれています。

　残念ながら、技術スタック間で共有される標準ライブラリーですべてのアプリケーションに同じ動作と機能を提供できるものはありません。したがって、`Spring Retry`と`go-retryablehttp`を同様のパラメーターで設定してもサービスが失敗し始めたときに同じように動作することを保証するのは困難です。

---

[3]　https://github.com/hashicorp/go-retryablehttp
[4]　https://github.com/spring-projects/spring-retry

図7.3 サービス間通信におけるリトライの仕組み

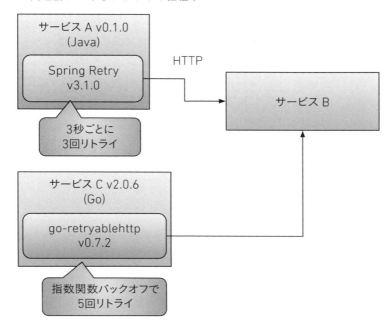

　図7.3は、Javaで書かれたService A が `Spring Retry`ライブラリーを使用してサービスBにリクエストが確認されなかった場合、各リクエスト間に3秒の待ち時間を設けて3回リトライすることを示しています。Goで書かれたサービスCが`go-retryablehttp`ライブラリーを使用し5回リトライするように設定されていますが、問題が発生したときに指数バックオフ（リクエスト間のリトライ期間は固定ではありません。これにより、ほかのサービスが復元してリトライであふれないようにする時間を提供できます）の仕組みを使用します。

　アプリケーションが同じ言語で書かれていて同じフレームワークを使用している場合でも、両方のサービス（AとB）は、依存関係と設定の互換性のあるバージョンを持つ必要があります。サービスAとサービスBの両方にフレームワークのバージョンを設定する場合、それらを連動させることになります。つまり、これらの内部依存関係のバージョンが変更されるたびにほかのサービスの更新を調整する必要があります。これにより、さらなる開発速度の低下を引き起こして調整作業の複雑さを増大させる可能性があります。

> **NOTE**
> 本節では例としてリトライの仕組みを使用しましたが、サーキットブレーカー（回復力のためでもあります）、レート制限、オブザーバビリティーなど、ほかにこれらのサービス間のやり取りに含めたい横断的な懸念事項について考えてみてください。またメトリクスを取得するために、アプリケーションコードを計装するために必要なフレームワークとライブラリーを検討してください。

一方、サービスごとに異なるフレームワーク（およびバージョン）を使用すると、運用チームのトラブルシューティングが複雑になります。アプリケーションに変更を加えることなく、回復力を付与する方法があれば素晴らしくないでしょうか？ この問題に答える前にほかに何が問題なのか見てみましょう。

開発者が見落としがちなのはこれらの通信のセキュリティー面に関することです。サービスAとサービスBは独立しているわけではなく、ほかのサービスが周りにいます。これらのサービスのいずれかが悪意のある者によって侵害された場合、すべてのサービス間で自由な通信を許可しているとシステム全体が安全ではなくなります。この例では、サービスAがサービスBのみを呼び出せることを保証するために適切な仕組みを備えたサービスIDを持つことが非常に重要です（図7.4を参照）。

図7.4　サービスが侵害された場合、システム全体に影響を与える可能性がある

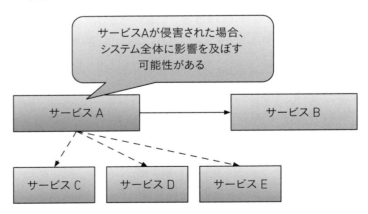

サービスのIDを定義できる仕組みを持つことでどのサービス間の呼び出しが許可されているか、どのプロトコルとポートで通信が許可されているかを定義できます。図7.5は、システムで許可されているサービスとそれらがどのように通信するかを強制するルールを定義することで、

影響範囲（セキュリティー侵害が発生した場合に影響を受けるサービスの数）を削減する方法を示しています

図7.5 システムレベルのルールを定義することによる影響範囲の削減

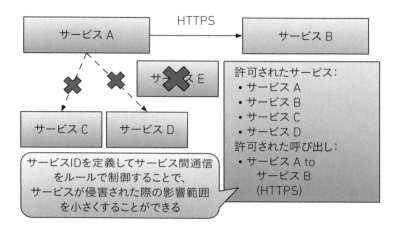

これらのルールを定義して検証するための適切な仕組みを各サービス内に構築することは容易ではありません。そのため、開発者は外部の仕組みがこれらのチェックを実行する担当だろうと考えがちです。

次節で説明するように、サービスIDはサービス間通信だけでなくあらゆる場面で必要なものです。アプリケーションのサービスを変更せずに、システムにサービスIDを簡単に追加する方法があれば素晴らしいと思いませんか？

この質問に答える前に、分散アプリケーションを設計するときにチームが直面するほかの課題を見てみましょう。ほとんどのアプリケーションが行う、状態の保存と読み取りについて話しましょう。

7.1.3 状態の保存／読み取りの課題

アプリケーションは、永続ストレージから状態を保存または読み取る必要があります。これはかなり一般的な要件ですよね？ 処理を行うためにデータが必要であり、アプリケーションがダウンした場合に結果が失われないよう、どこかに保存する必要があります。この例では、図7.6のようにサービスBはデータを読み書きするためにデータベースまたは永続ストレージに接続する必要がありました。

図7.6 状態の保存／読み取りの課題

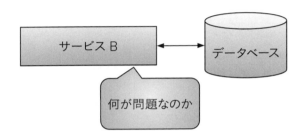

ここで何が問題になるでしょうか？ 開発者はさまざまな種類のデータベース（リレーショナル、NoSQL、ファイル、バケット）に接続し、それらとやり取りすることに慣れています。しかし、チームがサービスの推進を遅くする主な問題点は2つあります。依存関係と資格情報です。

まず、依存関係から見ていきましょう。サービスBがデータベースに接続するにはどのような依存関係が必要でしょうか？ 図7.7は、サービスBがリレーショナルデータベースとNoSQLデータベースの両方に接続していることを示しています。これらの接続を実現するために、サービスBはアプリケーションがこれら2つのデータベースに接続する方法を微調整するために必要な構成に加えて、ドライバーとクライアントライブラリーを含める必要があります。これらの構成はコネクションプールのサイズ（アプリケーションの何個のスレッドがデータベースに同時に接続できるか）、バッファー、ヘルスチェックおよびアプリケーションの動作を変更できるほかの重要な詳細を定義します。

図7.7　データベースの依存関係とクライアントのバージョン

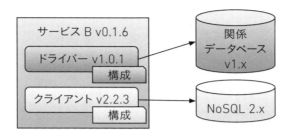

ドライバーとクライアントの構成に加えて、それらのバージョンは実行しているデータベースのバージョンと互換性がある必要があります。ここから課題が始まります。

接続する各ドライバー／クライアントは、接続しているデータベース（リレーショナルまたはNoSQL）に固有のものであることに注意することが重要です。本節では、アプリケーションの要件を満たすために特定のデータベースを使用したと想定しています。各データベースベンダーは、さまざまなユースケースに最適化された独自の機能を持っています。本章では、ベンダー固有の機能を使用しない95％のケースにより関心があります。

アプリケーションのサービスがクライアントAPIを使用してデータベースに接続できれば、やり取りはかなり簡単になります。データを取得するためのSQLクエリやコマンドを送信する場合でも、データベースインスタンスからキーと値を読み取るためにキーバリューAPIを使用する場合でも、開発者は基本的な操作方法を理解しておく必要があります。

同じデータベースインスタンスと通信する複数のサービスがありますか？　それらのサービスは両方とも同じライブラリーと同じバージョンを使用していますか？　これらのサービスは、同じプログラミング言語とフレームワークを使用して記述されていますか？　たとえこれらすべての依存関係を管理できたとしても、それでも開発速度を遅らせる結合があります。運用チームがデータベースのバージョンをアップグレードすることを決定するたびに、このインスタンスに接続する各サービスはその依存関係と構成パラメーターをアップグレードする必要があるかもしれません。最初にデータベースをアップグレードしますか？　それとも依存関係をアップグレードしますか？

資格情報については同様の問題に直面します。HashiCorpのVault[※5]などの資格情報ストアから資格情報を使用するのはかなり一般的です。プラットフォームによって提供されておらず、Kubernetesで管理されていない場合、アプリケーションサービスはアプリケーションのコードから資格情報を簡単に使用するための依存関係を含めることができます。図7.8は、サービスBが特定のクライアントライブラリーを使用して資格情報ストアに接続し、データベースに接続するためのトークンを取得する様子を示してます。

図7.8　資格情報ストアの依存関係

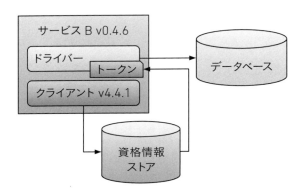

　第2章と第5章では、Secretsを使用してカンファレンスサービスをさまざまなコンポーネントに接続しました。Kubernetes Secrets を使用することで、アプリケーション開発者がこれらの資格情報の取得元を意識する必要がなくなりました。

　そうでなければ、サービスがほかのサービスやこのような方法で依存関係を必要とする可能性のあるコンポーネントに接続する場合、コンポーネントの変更ごとにサービスをアップグレードする必要があります。サービスコードと依存関係のこの結合によりアプリケーション開発チーム、プラットフォームチーム、そしてこれらのコンポーネントを稼働させ続けることを担当する運用チームの間で複雑な調整が必要になります。

　これらの依存関係の一部を取り除くことはできないでしょうか？　開発者からそれらを最新の状態に保つ面倒を取り除くために、これらの懸念事項の一部をプラットフォームチームに移管できないでしょうか？　適切なインターフェースでこれらのサービスを分離すれば、インフラスト

※5　https://www.vaultproject.io/

ラクチャーとアプリケーションを独立して更新できます。

次のトピックに入る前にサービスIDをこのレベルで持つことが、アプリケーションインフラストラクチャーコンポーネントとやり取りする際のセキュリティーの問題を減らすのに役立つ理由について簡単に説明します。図7.9は、同様のサービスIDルールをインフラストラクチャーコンポーネントと通信できるものを検証するために適用する方法を示しています。繰り返しになりますが、もしサービスが侵害された場合でもシステムは影響範囲を最小限に抑えることができます。

図7.9　サービスIDに基づくルールの適用

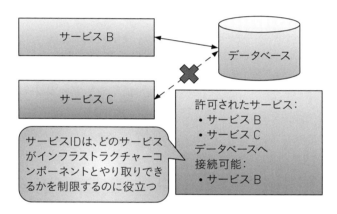

サービスIDは、どのサービスがインフラストラクチャーコンポーネントとやり取りできるかを制限するのに役立つ。

では、非同期の通信についてはどうでしょうか？　解決策を考える前に、これらの課題が非同期メッセージングとどのように関連しているかを見てみましょう。

7.1.4 非同期メッセージングの課題

　非同期メッセージングを使用する場合、送信者（プロデューサー）と受信者（コンシューマー）を分離することが望ましいです。HTTPまたはGRPCを使用する場合、サービスAはサービスBについて知っている必要があり、データのやり取りをするには両方のサービスが稼働している必要があります。非同期メッセージングを使用する場合、サービスAはサービスCについて何も知りません。さらに、サービスAがメッセージをメッセージブローカーに配置するときにサービスCが実行されていない可能性さえあります。図7.10は、サービスAがメッセージをメッセージブローカーに配置することを示しています。後の任意の時点でサービスCはメッセージブローカーに接続し、そこからメッセージを取得できます。

図7.10　非同期メッセージングの通信

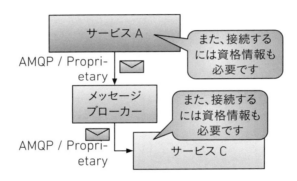

　HTTP / GRPCのサービス間の通信と同様にメッセージブローカーを使用する場合、メッセージを送信したり、受信したりするためにメッセージブローカーの場所を知る必要があります。メッセージブローカーは、アプリケーションがトピックという概念を使ってメッセージをグループ化できるようにするための分離も提供します。サービスは同じメッセージブローカーのインスタンスに接続できますが、異なるトピックからメッセージを送信、処理します。

　メッセージブローカーを使用する場合、データベースで説明したのと同じ問題に直面します。使用することにしたメッセージブローカー、そのバージョンおよび選択したプログラミング言語に応じて、アプリケーションに依存関係を追加する必要があります。メッセージブローカーは、メッセージの送受信にさまざまなプロトコルを使用します。この分野で採用されつつある標準は

CNCFのCloudEvents仕様[※6]です。CloudEventsは大きな進歩ですが、アプリケーション開発者がメッセージブローカーに接続し、通信するための依存関係を追加する手間を省くことはできません。

図7.11は、Kafkaに接続してメッセージを送信するためにKafkaクライアントライブラリーを含むサービスAを示しています。Kafkaのインスタンスに接続するためのURL、ポートおよび資格情報に加えて、Kafkaクライアントはデータベースと同様にクライアントがブローカーに接続するときのクライアントの動作に関する設定情報も受け取ります。サービスCは同じクライアントを使用しますが、異なるバージョンで同じブローカーに接続します。

図7.11　依存関係とAPIの課題

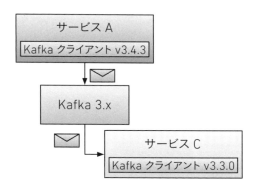

メッセージブローカーは、データベースと永続ストレージの場合と同じ問題に直面します。しかし残念ながらメッセージブローカーの場合、開発者は特定のAPIを学ぶ必要があり、最初はそれほど簡単ではないかもしれません。異なるプログラミング言語を使用してメッセージを送受信することは、メッセージブローカーの特性に関する経験がないチームにとってさらなる課題と認知負荷をもたらします。

データベースと同様に例えばKafkaを選択した場合、Kafkaがアプリケーションの要件に合っているということです。ほかのメッセージブローカーが提供していないKafkaの機能を使用したいかもしれません。繰り返しになりますが、私たちが関心を持っているのはメッセージを交換し、状態を外部に伝え、ほかのサービスに知らせたいという95％のよくあるケースについてで

※6　https://cloudevents.io/

す。これらのケースでは、アプリケーションチームが選択したメッセージブローカーの詳細を学ぶ煩わしさを取り除き、メッセージを発行、処理できるようにすることが目的です。開発者が特定の技術を学ぶために必要な認知負荷を減らすことで、経験の浅い開発者を早くオンボーディングでき、専門家に詳細を任せることができます。データベースと同様にサービスIDを使用してメッセージブローカーに接続し、メッセージの読み取り、書き込みできるサービスを制御できます。ここにも同じ原則が当てはまります。

7.1.5 エッジケースへの対処（残りの5%）

アプリケーションのサービスにライブラリーを追加する理由は、常に複数あります。時にはこれらのライブラリーが、ベンダー固有のコンポーネントや機能にどのように接続するかについて、細かい制御を提供してくれることもあります。また、ライブラリーを追加するのは最も簡単に作業を開始できる方法である場合や、指示されたからである場合もあります。例えば、組織内の誰かがPostgreSQLを使用することを決定し、最も早く接続して使い始める方法はPostgreSQLドライバーをアプリケーションコードに追加することです。私たちは通常、アプリケーションをその特定のPostgreSQLバージョンに結びつけていることに気付きません。エッジケース、つまりベンダー固有の機能を使用する必要があるシナリオの場合には、その特定の機能をデータベースやメッセージブローカーから利用する汎用的な機能とは別の単位としてラップすることを検討してください。

図7.12　一般的なケースとエッジケースのカプセル化

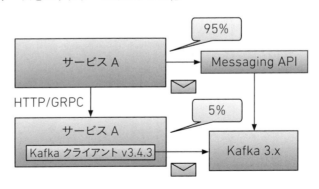

図7.12で非同期メッセージングを例に選びましたが、同じことはデータベースや資格情報ストアにも当てはまります。もし、私たちがサービスの95%を汎用的な機能を使って作業するよ

うに分離してエッジケースを別のユニットとしてカプセル化できれば、新しいチームメンバーが
これらのサービスを修正する際の結合度と認知負荷を減らすことができます。図7.12のサービ
スAはプラットフォームチームが提供するメッセージAPIを使用して、メッセージを非同期で発
行、処理しています。次節では、このアプローチについてより詳しく見ていきます。ここで、よ
り重要なのはKafka固有の機能を使用する必要があるエッジケースが別のサービスとして抽出
されている点です。サービスAは引き続きHTTPやGRPCを使用してこのサービスとやり取りで
きます。メッセージAPIもデータの移動にKafkaを使用していますが、サービスAにとってはそ
れはもはや重要ではありません。なぜなら、簡略化されたAPIがプラットフォーム機能として公
開されているからです。

　これらのサービスを変更する必要がある場合、95％のケースでチームメンバーはKafkaを気
にする必要がありません。メッセージングAPIがアプリケーション開発チームからその懸念を取
り除いてくれるからです。サービスYを変更する際にはKafkaの専門家が必要であり、Kafkaが
アップグレードされた場合、サービスYのコードもアップグレードが必要になります。なぜなら、
サービスYはKafkaクライアントに直接依存しているからです。本書において、プラットフォー
ムエンジニアリングチームは一般的なケースに対してチームの認知負荷を減らすことに重点を置
きつつ、エッジケースや共通の解決策に適合しない特定のシナリオに対して適切なツールを選択
できるようにすることが重要です。

　次節では、これまで議論してきたいくつかの課題に対処するためのアプローチを見ていきます。
ただし、これらは一般的な解決策であり、エッジケースではさらなる手順が必要になる場合があ
ることに注意してください。

7.2 アプリケーションをインフラストラクチャーから分離するための標準API

これらの一般的な機能（データの保存と読み取り、メッセージング、資格情報ストア）をAPIにカプセル化し、開発者がアプリケーション内からこれらのAPIを使用して共通の課題を解決できるようにするのはどうでしょうか。そのためには、プラットフォームチームがアプリケーションのコードを変更する必要のない方法でインフラに接続できるようにする必要があります。図7.13では同じサービスが示されていますが、インフラストラクチャーと通信するために依存関係を追加する代わりに、HTTP / GRPCリクエストを使用しています。

図7.13 プラットフォーム機能としてのAPI

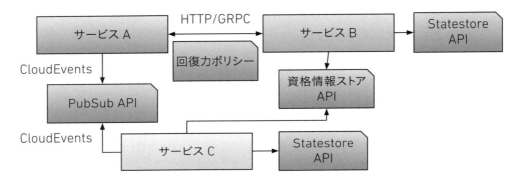

一連のHTTP / GRPC APIを公開し、アプリケーションサービスがそれを利用できるようにしたとします。その場合、アプリケーションコードからベンダー固有の依存関係を取り除き、標準的なHTTPまたはGRPC呼び出しを使用してこれらのサービスを利用できるようになります。

アプリケーションサービスとプラットフォーム機能の分離により、異なるチームが異なる責任を持つことが可能になります。プラットフォームはアプリケーションから独立して改修でき、アプリケーションコードはプラットフォーム機能のインターフェースにのみ依存し、内部で動作するコンポーネントのバージョンには依存しません。図7.14では、アプリケーション開発チームが管理するアプリケーションコード（3つのサービス）とプラットフォームチームが管理するプラットフォーム機能の分離を示しています。

図7.14　アプリケーション開発チームとプラットフォーム機能からの責任の分離

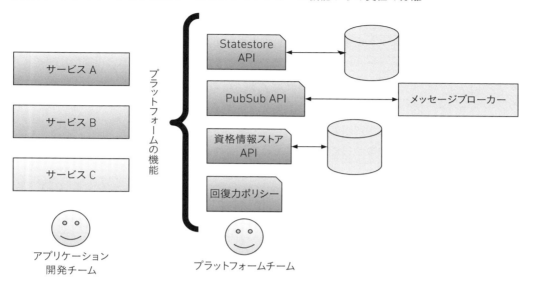

　ここで提案されているようなアプローチを使用する場合、プラットフォームチームはプラットフォーム機能を拡張し、アプリケーション開発チーム向けに新しいサービスを導入できます。さらに重要なことは既存のアプリケーションに影響を与えたり、新バージョンのリリースを強制したりすることなくこれが可能だという点です。これにより、各チームは自身のサービスの機能や使用したいプラットフォームの機能に基づいて、サービスの新バージョンをリリースするタイミングを決定できるようになります。

　このアプローチを採用することでプラットフォームチームは新機能をサービスが利用できるようにし、ベストプラクティスを促進することができます。これらのプラットフォーム機能はすべてのサービスで利用可能なため、標準化を促進してベストプラクティスを透過的に実装できます。各チームは利用可能な機能に基づいて、自分たちの特定の問題を解決するために必要な機能を選択できます。機能が適切にバージョン管理されていれば、各チームは最新バージョンへのアップグレードのタイミングを自分たちで決定できるため、プラットフォームが新バージョンを提供するたびにすべてのチームにアップグレードを強制することなく、それぞれのペースで進めることができます。

仮に、プラットフォームチームがすべてのサービスに対して一貫したフィーチャーフラグ機能を提供することを決定したとします。この機能を使用することで、すべてのサービスはフィーチャーフラグの条件チェックを除いてコードに何も追加することなく、フィーチャーフラグを定義して使用できます。各チームは一貫した方法で自分たちのフラグを管理し、可視化し、オン／オフを切り替えることができます。プラットフォームチームによって導入および管理されるフィーチャーフラグのような機能は、開発者のパフォーマンスに直接影響します。なぜなら、開発者はフィーチャーフラグがどのように扱われるのか（永続性、リフレッシュ、一貫性など）を心配する必要がなく、ほかのサービスと一貫した方法で作業していることが確実だからです。

　図7.15では、プラットフォームチームがフィーチャーフラグのような追加機能をどのように導入できるかが示されており、これによりチームはすべてのサービスでこの新機能を一様に使用できるようになります。新しい依存関係は必要ありません。

図7.15　フィーチャーフラグなどの一貫した、統一された機能を提供することによるチームへの支援

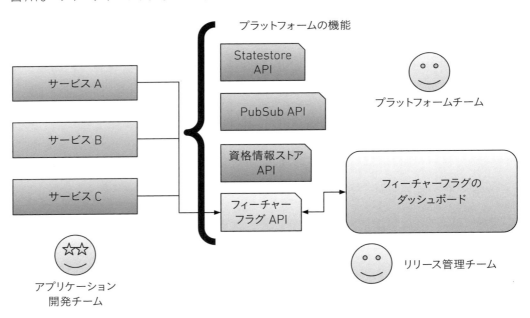

　次に進む前に、1つ注意点があります。前の図で示したように、APIのような機能を外部化する際に直面するいくつかの課題を見てみましょう。

7.2.1 プラットフォーム機能の公開における課題

チームが使用するためにAPIを外部化するには、まずはアプリケーションチームが信頼できる安定した（かつバージョン管理された）仕様が必要です。これらのAPIが変更されると、それらのAPIを使用しているすべてのアプリケーションが壊れ、更新が必要になります。プラットフォームチームは、チームやそのアプリケーションに対して後方互換性を保証する非破壊的変更ポリシーを採用することができます。このようなポリシーを採用することでプラットフォームは利用しやすくなり、プラットフォームのAPIや仕様がチームにとって信頼できるものとなります。

例えば、アプリケーションコードに依存関係を追加してコンテナを使用する主な利点の一つは、ローカル開発の際にDockerまたはDocker Composeを使用してPostgreSQLインスタンスを常に起動し、アプリケーションをローカルで接続できることです。プラットフォームが提供する機能に移行する場合、組織が常にリモートサービスに対して作業できるほど成熟していない限り、チームのためにローカル開発の体験を提供できることを保証する必要があります。

もう一つの大きな違いは、サービスとプラットフォームが提供するAPIとの接続が遅延を引き起こし、デフォルトでセキュリティーを必要とすることです。以前は、PostgreSQLドライバーのAPIを呼び出すことは、アプリケーションと同じプロセス内のローカル呼び出しでした。HTTPSまたは安全なプロトコルがデータベース自体への接続を確立しましたが、その安全な経路をアプリケーションとデータベースの間に設定するのは運用チームの責任でした。

このアプローチを実際のプロジェクトに適用する際に、直面する可能性のあるエッジケースを認識することも重要です。プラットフォーム機能を構築し、チームにそれらを使用するよう促す場合、エッジケースに対して常に回避策を設けておく必要があります。そうすることでチーム（あるいはプラットフォームチーム）が、わずか1％の確率でしか使用されないような不明瞭な機能を考慮するために一般的なケースを複雑にすることを強いられないようにできます。図7.16ではサービスA、B、Cがプラットフォームによって公開された機能APIを使用している様子が示されています。一方、サービスYにはデータベースへの接続方法に関する非常に特定の要件があり、そのサービスを維持管理しているチームはプラットフォーム機能APIを回避してデータベースクライアントを使用してデータベースに直接接続することを決定しました。

エッジケースを別々に扱うことでサービスA、B、Cはプラットフォームコンポーネント（データベース、メッセージブローカー、資格情報ストア）から独立して進化することができますが、

サービスYは接続しているデータベースに強く依存し、特定のクライアントのバージョンを必要とします。これは一見悪いように思えますが実際には許容されることであり、プラットフォーム機能と見なすべきです。公開されたAPIでビジネス上の問題を解決できないチームはプラットフォームを嫌い、ひそかに回避策を見つけるでしょう。優れたプラットフォーム（およびプラットフォームチーム）は幅広いユースケースをカバーするAPIを推進し、アプリケーション開発者のための一般的な機能の実装を解決し促進します。これらのAPIがすべてのチームにとって十分でない場合、エッジケースを文書化し深く理解することでプラットフォームチームが将来のバージョンで実装できる新しいAPIやプラットフォーム機能につながります。

図7.16　エッジケースの取り扱いを無視しないこと

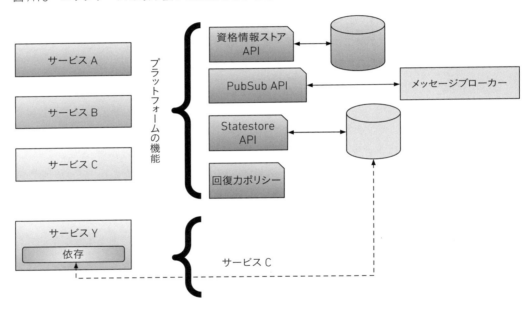

次節では、これらのアイデアを前進させて私たちのほとんどのアプリケーションに必要なプラットフォーム機能を実装するのに役立ついくつかのCNCFイニシアチブについて考察します。

7.3　アプリケーションレベルのプラットフォーム機能の提供

　本節ではほとんどのアプリケーションに必要となるこれらの一般的なAPIを標準化することで、開発チームの時間を節約できる2つのプロジェクトを見ていきます。まずはDaprプロジェクト[7]について、その概要、機能、開発チームとプラットフォームチームにどのように役立つかを考察します。次に、特定のフィーチャーフラグプロバイダーに依存することなく、フィーチャーフラグを定義し使用するための適切な抽象化をアプリケーションに提供するOpenFeature[8]について見ていきます。

　これらの2つのプロジェクトがどのように機能し、アプリケーションレベルのプラットフォーム機能を提供することでお互いを補完するかについて少し理解します。次にこれらのプロジェクトを私たちのカンファレンスアプリケーションにどのように適用できるか、必要な変更、そしてこのアプローチに従うことの利点、さらにエッジケースを示すいくつかの例を見ていきます。まずは、私たちの分散アプリケーションランタイムであるDaprについて見ていきましょう。

7.3.1　Daprの実践

　Daprは、一般的で繰り返し発生する分散アプリケーションの課題を解決するための一貫したAPIセットを提供します。Daprプロジェクトは、過去4年間にわたり、分散アプリケーションが95%の時間で必要とする一般的な課題やベストプラクティスを抽象化するためのAPIセット（Building Blocks）を実装してきました。2019年にMicrosoftによって創設され、2021年にCNCFに寄贈されたDaprプロジェクトはプロジェクトのAPIに対して拡張や改善を行う大規模なコミュニティーが存在し、2023年のCNCFにおいて10番目に成長の早いプロジェクトとなっています。

　Daprは、分散アプリケーションの課題を解決するための具体的なAPIを提供するBuilding Blocksを定義しており、プラットフォームチームが構成できる交換可能な実装も提供します。DaprのWebサイト[9]にアクセスするとService Invocation、State Management、Publish & Subscribe、Secrets Store、Input / Output Bindings、Actors、Configurations

---

[7]　https://dapr.io/
[8]　https://openfeature.dev/
[9]　https://dapr.io

Management、最近ではWorkflowsなど、Building Block APIの一覧を見ることができます。図7.17は、Daprの公式Webサイトでチームが分散アプリケーションを構築するために使用できる現在のBuilding Block APIを説明しています。Daprプロジェクトの詳細については、Daprの概要ページ[※10]を確認してください。

図7.17　分散アプリケーションを構築するためのDaprコンポーネント

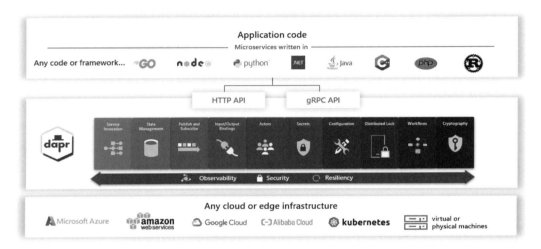

Daprは単にAPIを公開するだけでなくもっと多くのことを行っていますが、本章ではプロジェクトが提供するAPIとアプリケーションやサービスがこれらのAPIを使用できるようにするための仕組みに焦点を当てたいと思います。

本書はKubernetesに関する本なのでKubernetesの文脈でDaprを見ていきますが、DaprはKubernetesクラスタ外でも使用できるため、どこで実行していても分散アプリケーションを構築するための汎用ツールとなります。ちなみに、Daprは現在Azure Container Appsサービス[※11]の一部であり、分散アプリケーションをオートスケールするために別のCNCFプロジェクトであるKEDAと一緒に使用されています。

※10　https://docs.dapr.io/concepts/overview/
※11　https://azure.microsoft.com/en-us/products/container-apps

7.3.2 KubernetesにおけるDapr

DaprはKubernetesの拡張機能またはアドオンとして機能します。Kubernetesクラスターに Daprコントローラーのセット（Daprコントロールプレーン）をインストールする必要があります。図7.18は、DaprがインストールされたKubernetesクラスターにデプロイされたサービスAが示されています。サービスAには2つのアノテーションを付ける必要があります。サービスAには、Daprコントロールプレーンがアプリケーションを認識できるようにするための2つのアノテーションを追加する必要があります。それは、Daprを有効にするための`dapr.io/enabled: "true"`と、DaprのID機能を使用するための`dapr.io/appid "service-a"`です。

Daprがクラスターにインストールされると、クラスターにデプロイされたアプリケーションは Deployment に一連のアノテーションを追加することでDapr APIを利用できるようになります。これにより、Daprコントロールプレーンはアプリケーションが Dapr API を使用したいと理解できるようになります（図7.18参照）。

図7.18　Daprアノテーションを持つアプリケーションを監視するDaprコントロールプレーン

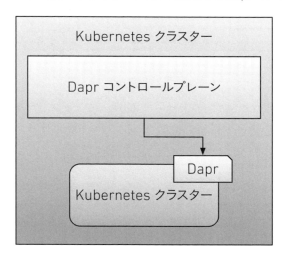

デフォルトでは、DaprはすべてのDapr APIをアプリケーションやサービスに対してサイドカーとして提供します（`daprd`はアプリケーションやサービスの隣で実行されるコンテナです）。サイドカーパターンを使用することで、アプリケーションはlocalhost[※12]でAPIと通信でき、

※12　http://localhost

ネットワークの往復を回避できます。図7.19では、Daprコントロールプレーンが Daprアノテーションが追加されたアプリケーションに daprd サイドカーを追加する方法が示されています。これにより、アプリケーションは構成された Dapr コンポーネントにアクセスできるようになります。

図7.19　Daprサイドカー（daprd）は、アプリケーションにDaprコンポーネントへのローカルアクセスを提供する

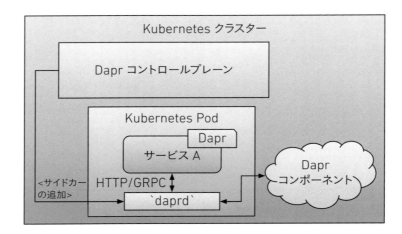

Daprサイドカーがアプリケーションやサービスのコンテナのそばで実行されると、同じPod内で実行されている daprd サイドカーが同じネットワーク空間を共有しているため、アプリケーションは localhost にリクエストを送信することで Dapr API を利用できます（HTTPまたはGRPCを使用）。

Dapr APIを利用するためには、プラットフォームチームがこれらのAPIが機能するための実装（Daprコンポーネントと呼ばれる裏側の仕組み）を構成する必要があります。例えば、アプリケーションやサービスから Statestore Dapr API[13] を使用したい場合、Statestoreコンポーネントを定義して構成する必要があります。

※13　https://docs.dapr.io/operations/components/setup-state-store/

Kubernetes上でDaprを使用する場合、Kubernetesリソースを使用してDaprコンポーネントの仕様を構成します。例えば、RedisでStatestore Daprコンポーネントを構成できます。Daprコンポーネントのリソース定義の例については、リスト7.1を参照してください。

リスト7.1　Dapr Statestoreコンポーネントの定義

```
apiVersion: dapr.io/v1alpha1
kind: Component
metadata:
  name: statestore
spec:
  type: state.redis
  version: v1
  metadata:
  - name: keyPrefix
    value: name
  - name: redisHost

    value: redis-master:6379
  - name: redisPassword

    secretKeyRef:
      name: redis
      key: redis-password
auth:
  secretStore: kubernetes
```

① Statestoreコンポーネントの API はさまざまな実装をサポートしていて、https://docs.dapr.io/reference/components-reference/supported-state-stores/で確認できる。この例では state.redis 実装を設定している

② redisHost を設定することでプラットフォームチームは Redis インスタンスの場所を定義できる。このインスタンスは Kubernetes クラスター内にある必要はなく、アクセス可能な任意の Redis インスタンスにすることができる

③ redisPassword プロパティ(state.redis 実装で必要)はこの例に示すように、パスワードを取得するために Kubernetes Secrets の参照を使用できる

コンポーネントリソースが Kubernetes クラスター内で利用可能な場合、**daprd** サイドカーはその構成を読み取り、Redis インスタンスに接続できます。この例では、アプリケーションの視点からはRedisが使用されているか、Statestoreコンポーネントのほかの実装が使用されているかを知る必要はありません。図7.20ではDaprコンポーネントがどのように接続されているかが示されており、サービスAがStatestoreコンポーネントAPIを使用できるようになっています。この例では、ローカルAPIを呼び出すことでサービスAはRedisインスタンスからデータを保存および読み取ることができるようになります。

Chapter 7　プラットフォーム機能 I：共有アプリケーションの懸念事項　313

図7.20　Daprサイドカーはコンポーネントの構成を使用してコンポーネントのインフラストラクチャーに接続する

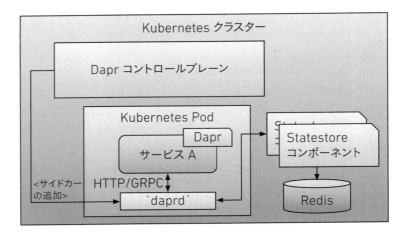

　Daprを使用すると、ローカルまたはセルフホストのRedisインスタンスを利用してアプリケーションを簡単に構築できますが、その後にマネージドRedisサービスを利用するクラウドに移行することも容易です。コードや依存関係の変更は必要なく、異なるDaprコンポーネントの構成を行うだけで済みます。

　異なるアプリケーション間でメッセージを発行、処理したいですか？　その場合、DaprのPubSubコンポーネント[14]を構成してその実装を行うだけで済みます。これにより、サービスはローカルAPIを使用して非同期メッセージを送信できるようになります。すべてのサービス間通信（インフラストラクチャーを含む）のやり取りを回復力のあるものにしたいですか？Daprの回復力ポリシー[15]を使用することで、アプリケーションコード内にカスタムロジックを書く必要がなくなります。

　図7.21は、サービスAとサービスBがほかのサービスを直接呼び出すのではなく、DaprのAPIを使用して互いにリクエストを送信する方法を示しています。これらのAPI（daprdサイドカーを介してトラフィックを送信する）を使用すると、プラットフォームチームは依存関係を追加したりアプリケーションコードを変更したりすることなく、プラットフォームレベルで回復力

[14] https://docs.dapr.io/operations/components/setup-pubsub/
[15] https://docs.dapr.io/operations/resiliency/policies/

に関するポリシーを統一して構成できます。

図7.21 Dapr対応サービスは、サービス間通信と回復力ポリシーを使用できる

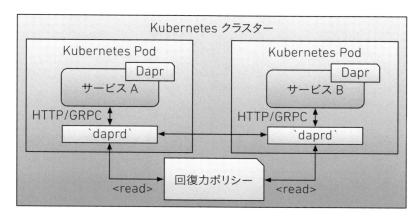

Daprコントロールプレーンは、Daprコンポーネントの使用したいアプリケーションにDaprサイドカー（`daprd`）を追加します。しかし、アプリケーションの観点からはこれがどのように見えるのでしょうか？

7.3.3 Daprとアプリケーション

前節で紹介した例に戻ると、サービスAがStatestoreコンポーネントを使用してRedisのような永続ストレージからデータを保存／読み取りたい場合、アプリケーションコードはシンプルです。使用するプログラミング言語に関係なく、HTTPまたはGRPCリクエストを作成する方法を知っている限りDaprを扱うために必要なすべてがそろっています。

例えばStatestore APIを使用してデータを保存するには、アプリケーションコードは次のエンドポイントにHTTP／GRPCリクエストを送信する必要があります。

```
http://localhost:<DAPR_HTTP_PORT>/v1.0/state/<STATESTORE_NAME>
```

curlを使用するとリクエストは次のようになります。-dは永続化したいデータを示し、3500はデフォルトのDAPR_HTTP_PORTでStatestoreコンポーネントはstatestoreと呼ばれています。

```
> curl -X POST -H "Content-Type: application/json"
➥-d '[{ "key": "name", "value": "Bruce Wayne"}]'
➥http://localhost:3500/v1.0/state/statestore
```

永続化したデータを読み取るには、POSTリクエストを送信する代わりにGETリクエストを書くだけです。curlを使用すると、次のようになります。

```
curl http://localhost:3500/v1.0/state/statestore/name
```

通常、アプリケーション内からcurlを使用することはありません。プログラミング言語のツールを使用してこれらのリクエストを書きます。したがって、Python、Go、Java、.NET、JavaScriptを使用する場合は、人気のあるライブラリーや組み込みの仕組みを使用してこれらのリクエストを書く方法についてチュートリアルを見つけることができます。

もう一つの選択肢は、さまざまなプログラミング言語用に提供されているDapr SDK（ソフトウェア開発キット）を使用することです。アプリケーションにDapr SDKを依存関係として追加することで開発者がHTTPやGRPCリクエストを手動で作成する必要がなくなり、作業が楽になります。この依存関係はオプションであり、作業を速くするための補助として使用されます。この依存関係は、Dapr APIがやり取りしているインフラストラクチャーコンポーネントのいずれにも結びついていないためです。

Dapr SDKを使用した場合のコードの例については、Daprウェブサイトを確認してください。SDKを使用したStatestoreコンポーネントを使用する例は、https://docs.dapr.io/getting-started/quickstarts/statemanagement-quickstart/で確認できます。

316　Kubernetesで実践するPlatform Engineering

APIの抽象化においてDaprに焦点を当てることにしましたが、Daprはそれ以上の機能を提供しています。プラットフォームチームがDaprコンポーネントの実装を交換できることでアプリケーションコードを変更する必要なく、異なるクラウドプロバイダーにアプリケーションを移動できます。デフォルトではシステム全体はオブザーバビリティー[16]、セキュリティー[17]および回復力[18]を備えており、Daprサイドカーがサービス IDとプラットフォームチームによって指定されたルールを強制し、同時にすべてのDapr対応アプリケーションやコンポーネントからメトリクスを抽出します。プラットフォームチームには、分散アプリケーションで直面する一般的な課題を解決するために Daprプロジェクトをお勧めします。カンファレンスアプリケーションをDapr対応にする方法については、本章の7.3.5節を確認してください。次はフィーチャーフラグについて少し話しましょう。

7.3.4　フィーチャーフラグの実践

フィーチャーフラグはチームが新しい機能を含むソフトウェアをリリースする際に、それらの機能をすぐには利用できない状態にすることができます。フィーチャーフラグはチームがサービスやアプリケーションの新バージョンをデプロイし続けることを可能にし、これらのアプリケーションが稼働した後に、企業のニーズに基づいて機能をオン／オフと切り替えることができます。

アプリケーションレベルのAPIと比較してすぐに使用可能な動作で開発者が複雑な機能を直接実装できましたが、フィーチャーフラグは顧客に対して機能をいつ有効にするのかといったビジネス関連の決定を下すほかのチームも有効にできます。

ほとんどの企業はフィーチャーフラグを実装するための仕組みを構築するかもしれませんが、それは専門のサービスやライブラリーにカプセル化されるべき一般的なパターンです。Kubernetesの世界では最も簡単な方法として、ConfigMaps を使用してコンテナをパラメーターで管理する方法が考えられます。コンテナが環境変数を読み取って機能をオンとオフにできるようになれば、準備は整ったも同然です。第2章では、`FEATURE_DEBUG_ENABLED=true`環境変数でこのアプローチを使用しました。

※16　https://docs.dapr.io/operations/observability/
※17　https://docs.dapr.io/operations/security/
※18　https://docs.dapr.io/operations/resiliency/

残念ながらこのアプローチはあまりにも単純すぎて、実際のシナリオには適していません。ま
ず、ConfigMaps の内容が変更された場合、再読み込みのためコンテナを再起動する必要があり
ます。次にさまざまなサービスに多くのフラグが必要になる可能性があるため、フィーチャーフ
ラグを管理するために複数の ConfigMaps が必要になる場合があります。最後に、環境変数を
使用する場合は各フラグのステータス、デフォルト値、タイプを定義する必要があります。単純
な文字列として変数を定義するだけでは済まないからです。

　この問題はよく知られているため、LaunchDarkly[19]やSplit[20]など、フィーチャーフラグを
ホストするためのツールやマネージドサービスを提供している企業がいくつかあります。これら
のサービスを使用することで、チームは技術的な知識がなくてもフィーチャーフラグを簡単に表
示したり、変更したりできるリモートサービスにホストできます。しかしこれらのサービスを使
用する場合、複雑なフィーチャーフラグを取得して評価するために、アプリケーションに依存関
係を追加する必要があります。また、各フィーチャーフラグプロバイダーは異なる機能を提供す
るため、プロバイダーを切り替える際には多くの変更が必要になります。

　OpenFeature[21]は、クラウドネイティブアプリケーションでフィーチャーフラグを使用およ
び評価する方法を統一するためのCNCFイニシアチブです。DaprがStatestore（状態の保存と
読み取り）やPubSub（非同期メッセージブローカー）コンポーネントとの対話方法を抽象化し
ているのと同じ方法で、OpenFeatureは使用するフィーチャーフラグプロバイダーに関係なく、
フィーチャーフラグを使用および評価するための一貫したAPIを提供します。

　本節では、フィーチャーフラグの定義を保持するためにConfigMapを使用するシンプルな例
を見ていきます。また、OpenFeatureが提供する`flagd`実装も使用しますが、このアプローチ
の魅力的な部分はフィーチャーフラグが保存されているプロバイダーを変更しても、アプリケー
ションのコードの一行も変更する必要がないことです。

　図7.22はOpenFeature SDKを含む簡単なアプリケーションを示しています。このSDKは
OpenFeatureプロバイダーに接続するように構成されています。この例では、フィーチャーフ
ラグ定義のホスティングを担当する`flagd`です。

※19　https://launchdarkly.com/
※20　https://www.split.io/product/feature-flags/
※21　https://openfeature.dev/

図7.22 アプリケーションサービスからフィーチャーフラグを使用および評価する

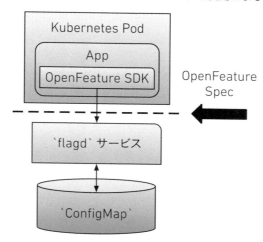

このシンプルな例では、アプリケーションはGoで書かれており、OpenFeature Go SDKを使用して、`flagd`サービスからフィーチャーフラグを取得します。この例の`flagd`サービスは、いくつかの複雑なフィーチャーフラグの定義を含むConfigMapsを監視するように構成されています。

これはシンプルな例ですが、flagd のようなサービスが、フィーチャーフラグ機能をプラットフォームの一部として提供するために必要なストレージや実装の複雑さを抽象化できることを示しています。

Daprとは異なり、OpenFeature SDKが必要なのは単にフィーチャーフラグの定義を取得するだけでなく、複雑なフィーチャーフラグの評価を行う必要があるからです。

アプリケーション内のすべてのサービスをOpenFeatureプロバイダーに接続して、フィーチャーフラグの評価ができます。ConfigMapsを使用する場合との重要な違いは、OpenFeatureを使用することで値が変更された場合にコンテナを再起動する必要がなくなる点です。これはOpenFeatureフラグプロバイダーの責任となります。

次節では、カンファレンスアプリケーションのウォーキングスケルトンにDaprとOpenFeatureの両方を適用する方法を見ていきます。

7.3.5 アプリケーションレベルのプラットフォーム機能を使用するように カンファレンスアプリケーションを更新する

概念的にはプラットフォームの観点から見ると、透過的にこれらの機能をすべて利用できることが理想的です。これによりプラットフォームチームは実装を変更・交換でき、これらの機能を利用するチームの認知負荷を軽減できます。しかしKubernetesで議論したように、これらのツールがどのように機能するか、その動作や機能がどのように設計されているかを理解することはアプリケーションやサービスのアーキテクチャーに影響を与えます。本章の最後の節では、DaprやOpenFeatureのようなツールがアプリケーションアーキテクチャーにどのように影響を与え、同時にこれらのツールが使用者の認知負荷を軽減するための高レベルの抽象化を作成するための構成要素を提供するかを示します。

カンファレンスアプリケーションでは次のDaprコンポーネントを使用できるので、それらに焦点を当てましょう。

- **Dapr Statestore コンポーネント**：Statestore コンポーネントのAPIを使用すると、カンファレンスアプリケーションに含まれるアジェンダサービスからRedisの依存関係を削除できる。何らかの理由でRedisを別の永続ストアに交換したい場合は、アプリケーションコードを変更せずに交換できる
- **Dapr PubSub コンポーネント**：イベントを発行するためにすべてのサービスからKafkaクライアントを削除して、PubSubコンポーネントのAPIを使用できる。これによりRabbitMQやクラウドプロバイダーのサービスなどのさまざまな実装をテストして、アプリケーション間で非同期メッセージを交換できる
- **Dapr サービス間呼び出しと Dapr 回復力ポリシー**：Service invocation API を使用する場合、ライブラリやカスタムコードをサービスコードに追加せずにサービス間の回復力ポリシーを構成できる。デフォルトではカスタム構成が提供されていない場合、すべてのサービスに回復力ポリシーが定義されている

> **Service Invocation API**
> Dapr の Service Invocation API はマイクロサービス間の通信を簡素化する機能です。このAPIにより、開発者はサービス間の複雑な通信ロジックを直接実装する必要がなくなり、サービスディスカバリー、エラー処理、セキュリティーなどの機能を Dapr が自動的に提供します。

StatestoreコンポーネントAPIを使用してプロポーザル募集サービスにおけるPostgreSQLの依存関係を排除することも可能ですが、チームがこのサービスに必要とするSQLやPostgreSQLの機能をサポートするため、その選択を避けました。Daprを採用する際にはオール・オア・ナッシングというアプローチを押し付けないようにする必要があります。

　Daprを使用することを決めた場合、アプリケーションをどのように変更するかを見てみましょう。図7.23はすべてのサービスがDaprを使用するようにアノテーションが追加され、**daprd**サイドカーがすべてのサービスに追加されています。PubSubコンポーネントとStatestoreコンポーネントが設定されると、プロポーザル募集サービス、アジェンダサービス、通知サービスがそれらにアクセスできるようになります。最後に、Dapr Subscription がイベントをフロントエンドアプリケーションに送信します

図7.23　ウォーキングスケルトン／カンファレンスアプリケーションにDaprコンポーネントを使用する

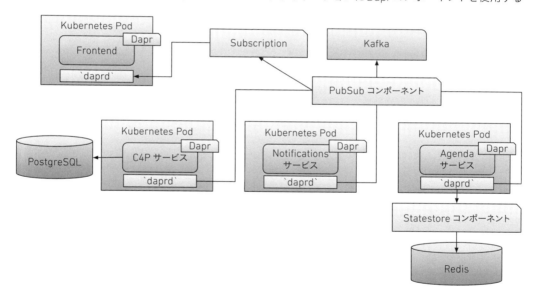

図7.24に示すように、プロポーザル募集サービスがアジェンダサービスと通知サービスと通信するための回復力ポリシーも設定および定義できます。

図7.24　サービス間のやり取りはdaprdサイドカーによって処理され、プラットフォームチームがさまざまな回復力ポリシーを定義できるようにする

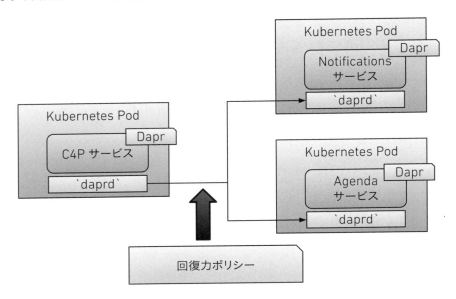

　Daprを構成しない場合、デフォルトの回復力ポリシーを適用します。これらの回復力ポリシーは、この例では`statestore`コンポーネントと`pubsub`コンポーネントに接続する場合にも適用されます。つまりサービス間の呼び出しが回復力を持つだけでなく、アプリケーションコードがデータベース、キャッシュ、メッセージブローカーなどのインフラストラクチャーコンポーネントと通信しようとするたびに回復力ポリシーが適用されます。

　サービスが互いに通信したい場合は回復力ポリシーを使用するためにDapr APIを使用する必要があるため、アプリケーションコードを少し変更する必要があります。

　最後にすべてのサービスでフィーチャーフラグを使用できるようにしたかったため、各サービスにはOpenFeature SDKが含まれており、プラットフォームチームがすべてのサービスが使用するフィーチャーフラグの実装を定義できるようになっています。

図7.25では各サービスにOpenFeature SDKライブラリーが含まれており、プラットフォームチームがすべてのサービスで使用されるすべてのフィーチャーフラグの保存、フェッチ、管理に使用される仕組みを構成できるようにする`flagd`サービスを指すように構成されています。

図7.25 `flagd`フィーチャーフラグプロバイダーを使用するサービス

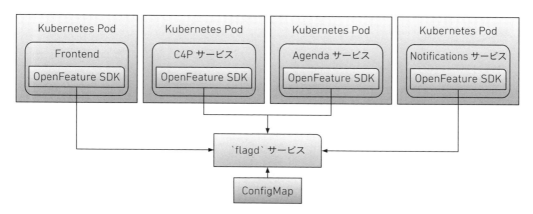

OpenFeature SDKを使用すると、アプリケーションコードを変更せずにフィーチャーフラグプロバイダーを変更できます。OpenFeature SDKは、すべてのサービスコードのフィーチャーフラグの使用と評価を標準化します。

Daprでは、SDKの使用はオプションですが（HTTPまたはGRPCリクエストを手動で作成できるため）、OpenFeatureではシナリオはもう少し複雑です。SDKは各フラグのタイプとそれがオンかオフかを理解するための評価ロジックの一部を提供するためです。

段階的なチュートリアル[22]では、DaprとOpenFeatureフラグを使用してアプリケーションチームがアプリケーションサービスを進化させ続けることができるカンファレンスアプリケーションのバージョンv2.0.0をデプロイします。アプリケーションサービスのバージョンv2.0.0には、インフラストラクチャーと対話するためのKafkaクライアントやRedisクライアントは含まれていません。これらのサービスはさまざまな環境（クラウドプロバイダーを含む）にデプロイでき、これらの標準APIのさまざまな実装に対してワイヤリングできます。図7.26は、Daprコンポーネント APIを使用してアプリケーションのバージョン v2.0.0 で削除できた依存関係を

---

[22] https://github.com/salaboy/platforms-on-k8s/tree/v2.0.0/chapter-7

示しています。

図7.26 サービスの依存関係からKafkaクライアントとRedisクライアントが削除された

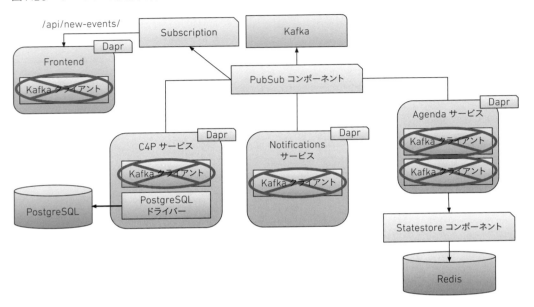

プラットフォームの観点からDapr Statestoreコンポーネント、Dapr PubSubコンポーネントおよびDapr Subscriptionによって3つのKubernetesリソースが定義されます。

7.3.1節ですでに見たように、Dapr Statestoreコンポーネントがどのように定義されているかを見てきました。リスト7.2ではPubSubコンポーネントがどのように定義されているかを確認できます。この場合、タイプを`pubsub.kafka`に選択します。これはHelmを使用してインストールされたKafkaインスタンスを使用します。

リスト7.2　Dapr PubSubコンポーネント定義

```
apiVersion: dapr.io/v1alpha1
kind: Component
metadata:
  name: conference-pubsub
spec:
  type: pubsub.kafka
```

```
version: v1
metadata:
- name: brokers
```
① PubSubコンポーネントが接続するために利用可能なKafkaブローカーを指定する必要がある
```
  value:  kafka.default.svc.cluster.local:9092
- name: authType
```
② デフォルトではBitnamiによってHelm Chartで提供されるKafkaは認証を必要としない
```
  value:  "none"
```

　公式のDaprウェブサイト[23]で、ポートされているすべてのPubSub実装を見つけることができます。最後にDapr Subscriptionリソースを使用すると、PubSubコンポーネントへのサブスクリプションを宣言的に構成してリスト7.3に示すように、イベントをアプリケーションのエンドポイントにルーティングできます。

リスト7.3　Dapr Subscriptionの定義

```
kind: Subscription
metadata:
  name: frontend-subscription
spec:
  pubsubname: conference-pubsub
```
① サブスクリプションを登録するPubSubコンポーネント
```
  topic: events-topic
```
② サブスクリプションがリッスンするPubSubコンポーネント内のトピック
```
  route: /api/new-events/
```
③ Daprによってトピックで受信したイベントが転送されるルート
```
scopes:
- frontend
```
④ scopesを使用すると、このサブスクリプションからイベントを受信できるDaprアプリケーションを定義できる。この場合、唯一の受信者はfrontendアプリケーションである。ScopesはサービスIDに大きく依存して、メッセージが不正なサービスに転送されるのをブロックする

　アプリケーション開発者の観点から、v2.0.0での変更はDapr Go SDKを使用してDaprコンポーネントAPIを呼び出します。例えば、Statestoreコンポーネントから状態を読み取るために、Agendaサービスはリスト7.4に示す呼び出しを実行します。

※23　https://docs.dapr.io/reference/components-reference/supported-pubsub/

Chapter 7　プラットフォーム機能I：共有アプリケーションの懸念事項　325

リスト7.4　Dapr SDK を使用して Statestore から状態を取得する

```
s.APIClient.GetState(ctx,
STATESTORE_NAME,   ① 状態を保存するにはDaprで構成されたStatestoreコンポーネント名を提供するだけで済む
KEY,   ② Statestoreから取得するキーも提供する必要がある
nil)
```

　ここでのAPIClientインスタンスは、Dapr HTTP API と GRPC API とやり取りするためのヘル
パーを提供するDaprクライアントです。同様に、状態を保存するには**SaveState**メソッドを
使用できます。リスト7.5を参照してください。

リスト7.5　Dapr SDK を使用して Statestore から状態を保存する

```
s.APIClient.SaveState(ctx,
STATESTORE_NAME,
```
① 以前と同様に、Statestoreコンポーネント名を提供する必要がある。アプリケーションは、さまざまな目的で複数の
Statestoreコンポーネントにアクセスできることに注意する
```
KEY,   ② KEYは、ペイロードを保存するために使用されるため、GetStateメソッドを呼び出すことで取得できる
jsonData,   ③ 状態はJSONペイロードとしてAPIに送信される
nil)
```

　最後に、まったく同じアプローチに従ってリスト7.6に示すAPIを使用して、アプリケーショ
ンはPubSubコンポーネントにイベントを発行できます。

リスト7.6　Dapr SDK を使用してイベントを発行する

```
s.APIClient.PublishEvent(ctx,
PUBSUB_NAME,   ① イベントを発行するには使用するDapr PubSubコンポーネントとトピックを指定する必要がある
PUBSUB_TOPIC,
```
② トピックを使用すると、PubSubコンポーネントをアプリケーションがイベントとメッセージを交換するために使用できるさまざま
な論理バケットに分割できる
```
eventJson)   ③ イベントのペイロードはJSON形式で表される
```

OpenFeature側では、フィーチャーフラグの構成はConfigMap内で定義されます[24]。チュートリアルではフロントエンドとバックエンドの機能を制御するために、カンファレンスアプリケーションに3つの異なるフィーチャーフラグが追加されています。フラグ定義を含むConfigMapを変更することで、コンテナを再起動することなくアプリケーションの動作を変更できます。リスト7.7のeventsEnabledフィーチャーフラグは、各サービスのプロパティを含むオブジェクトタイプのフィーチャーフラグを示しています。さまざまなバリアントを定義することで、プロファイルをコード化して複雑なシナリオを定義できます。

リスト7.7　バリアントを含むフィーチャーフラグ定義

```
"eventsEnabled": {
    "state": "ENABLED",
    "variants": {
      "all": {
        "agenda-service": true,
        "notifications-service": true,
        "c4p-service": true
      },
      "decisions-only": {
        "agenda-service": false,
        "notifications-service": false,
        "c4p-service": true
      },
      "none": {
        "agenda-service": false,
        "notifications-service": false,
        "c4p-service": false
      }
    },
    "defaultVariant": "all"
```

リスト7.7はall、decisions-only、noneの3つのタイプを定義するオブジェクトフィーチャーフラグを示しています。defaultVariantプロパティを変更することで、選択されるプロファイルを変更できます。この場合、イベントを発行するサービスを有効または無効にします。

※24　https://github.com/salaboy/platforms-on-k8s/blob/v2.0.0/conference-application/helm/conference-app/templates/openfeature.yaml#L49

Chapter 7　プラットフォーム機能Ⅰ：共有アプリケーションの懸念事項　　327

Agendaサービスのソースコード内では次のリストに示すように、OpenFeature GO SDKを使用してフラグを取得および評価します。

リスト7.8　OpenFeature GO SDK を使用したフィーチャーフラグの評価

```
s.FeatureClient.ObjectValue(ctx, "eventsEnabled",
EventsEnabled{},
openfeature.EvaluationContext{})
```

リスト7.8は、OpenFeatureクライアントを使用してeventsEnabled機能を取得する方法を示しています。EventsEnabled{}構造体は、フィーチャーフラグの取得に問題がある場合に返されるデフォルト値です。最後に、EvaluationContext構造体を使用するとより複雑なシナリオのためにOpenFeatureがフラグを評価するための追加のパラメーターを追加できます。

v1.0.0とv2.0.0の違いは、https://github.com/salaboy/platforms-on-k8s/compare/v2.0.0のアプリケーションリポジトリーのmainブランチとv2.0.0ブランチを比較することで確認できます。同時に、プラットフォームチームはアプリケーションインフラストラクチャーを自由に構成およびワイヤリングし、フィーチャーフラグ、ストレージ、メッセージング、構成、資格情報の管理、回復力などの一般的な課題のバッキングの仕組みと実装をすべて定義できます。これらを開発者に直接公開したくはありません。

7.4 プラットフォームエンジニアリングにリンクする

本章では、プラットフォーム全体の機能をAPIの形でチームに提供する方法を見てきました。私たちの目的は、分散アプリケーションの作成やフィーチャーフラグの管理における日常的な課題を解決するために共通で標準化されたAPIを提供することで、チームのソフトウェアの作成と納品のプロセスを加速することです。

アプリケーションのインフラストラクチャーをアプリケーションのコードから分離することによって、サービスから依存関係を取り除くだけでなく、プラットフォームチームがアプリケーションインフラストラクチャーコンポーネントの構成方法やサービスがそれらに接続する方法を決定できるようにします。

図7.27は、アプリケーションインフラストラクチャーに関連する摩擦と依存関係を削減する方法を示しています。これにより、アプリケーションのサービスはプラットフォームチームが制御できるさまざまな環境で動作します。Daprのようなプロジェクトを使用することで、クラウドプロバイダー間でのアプリケーションの移植性、任意のプログラミング言語から使用できる一貫したAPI、アプリケーション開発チームがアプリケーションをローカル開発環境から本番環境に持ち込むことを可能にし、プラットフォームチームがアプリケーションが機能するために必要なインフラストラクチャーを接続できるようになります。フィーチャーフラグを使用すると、開発者は機能をフィーチャーフラグの中に隠すことでソフトウェアをリリースし続けることができ、顧客に近いほかのチーム（プロダクトチームなど）がこれらの機能を公開するタイミングを決定できるようになります。

Chapter 7　プラットフォーム機能Ⅰ：共有アプリケーションの懸念事項　329

図7.27　環境全体で一貫した機能により、本番環境へのスムーズな移行を実現する

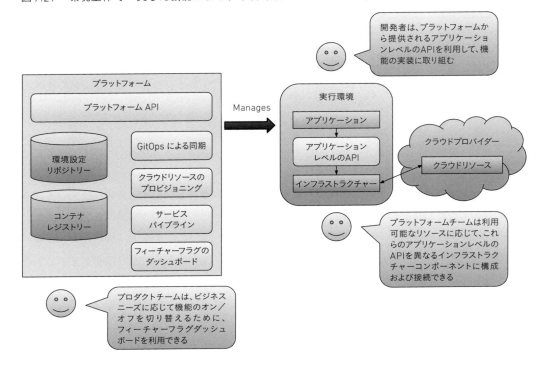

　一貫した機能を環境全体に提供することで、本番環境への移行が容易になります。なぜなら新バージョンを本番環境にリリースした後に、どの機能が顧客に公開されるかを制御できるからです。開発者は、プラットフォームが提供するアプリケーションレベルのAPIに依存して機能を構築し続けることができ、利用可能なインフラストラクチャーや本番環境で使用されるデータベースやメッセージブローカーのバージョンについて知る必要がありません。

　スペースの都合上、オブザーバビリティー、メトリクス、ログ、サービスメッシュといったトピックは本節では扱っていません。これらの機能は現在より成熟しており、運用に焦点を当てたものであるためです。私は運用およびインフラストラクチャーチームの上に構築され、開発チームを迅速化し、日常の課題を解決する能力に焦点を当てることに決めました。プラットフォームチームは環境全体で使用するオブザーバビリティースタックを早い段階で定義し、このデータを開発者が問題をトラブルシューティングするためにどのように利用できるかを決定します。サービスメッシュや相互TLS（サービス間の暗号化）のための証明書ローテーションツールは、これらの会話でしばしば議論されるトピックです。なぜならこれらは開発チームが時間をかけたくな

いものであり、プラットフォームレベルで提供されるべきだからです。図7.28は、私たちのプラットフォームが各環境内のツールからデータを定義、取得、集約する責任を持っていることを示しています。私たちのプラットフォームは異なる環境で何が起こっているのかを理解するための単一の入り口を提供し、またチームが問題をトラブルシューティングするために十分な情報を提供し、組織が顧客にソフトウェアを提供するために必要なツールにアクセスできるようにするべきです。

図7.28　私たちが構築するプラットフォームは、各環境で利用可能なツールを定義、管理、監視する必要がある

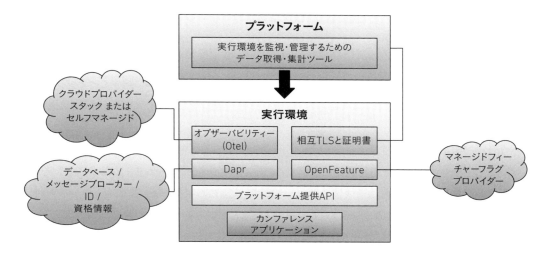

次章では、ソフトウェアのリリース中にチームが実験できるようにするツールを探ります。フィーチャーフラグを使用するのと同じように、リリースプロセスの早い段階で問題を発見し、ステークホルダーが同時にさまざまなアプローチを試すことができるようにするために、さまざまなリリース戦略の使用方法についてより深く掘り下げます。

本章のまとめ

- 依存関係をアプリケーションインフラストラクチャーに移動することで、アプリケーションコードはプラットフォーム全体のアップグレードに依存しなくなる。アプリケーションとインフラストラクチャーのライフサイクルを分離することで、チームは日常的なユースケースでプロバイダー固有のクライアントとドライバーを扱う代わりに、安定したAPIに依存できるようになる

- エッジケースを別々に扱うことで、専門家はアプリケーションの要件に基づいてより適切なケースを作成できる。これにより一般的なシナリオは経験の浅いチームメンバーによって処理できるようになり、データの保存や読み取り、アプリケーションコードからのイベント送信を行う際に、ベンダー固有のデータベース機能や低レベルのメッセージブローカーの設定といったツールの詳細を理解する必要がなくなる。Daprは、分散アプリケーションを構築する際の一般的かつ共有された懸念を解決する。HTTP / GRPCリクエストを記述できる開発者は、プラットフォームチームが接続するインフラストラクチャーとやり取りできる

- フィーチャーフラグは、開発者が新しい機能をフィーチャーフラグの中に隠すことでソフトウェアを継続的にリリースできるようにする。これにより、機能をオン／オフと切り替えることが可能になる

- OpenFeatureは、アプリケーションがフィーチャーフラグを使用および評価する方法を標準化する。OpenFeatureの抽象化に依存することで、プラットフォームチームはフィーチャーフラグの保存場所と管理方法を決定できる。さまざまなプロバイダーは、技術者でない人々がフラグを確認し操作できるダッシュボードを提供することができる

- 段階的なチュートリアルに従った場合、SQLおよびNoSQLデータベースやKafkaのようなメッセージブローカーと連携する4つのサービスから構成されるクラウドネイティブアプリケーションにおいて、DaprやOpenFeatureのツールを使用する実践的な経験を得られただろう。また、実行中のアプリケーションでフィーチャーフラグを変更し、そのコンポーネントを再起動することなく動作を変更することも行った

Platform Engineering on Kubernetes

Chapter 8

プラットフォーム機能 II：
チームによる実験を可能にする

Platform capabilities II: Enabling teams to experiment

本章で取り上げる内容

- リリース戦略の機能を提供することでイネーブリングチームを支援
- クラウドネイティブアプリケーションのリリースに Knative Serving の高度なトラフィック管理を使用
- Argo Rollouts のすぐに使えるリリース戦略の活用

第7章で説明してきたとおり、アプリケーション層の API をアプリケーション開発チームに提供することによって、一般的な分散アプリケーションの課題を解決するための開発者の認知負荷を軽減できるようになります。また同時に、プラットフォームチームがこれらのコンポーネントに接続して設定できるようにします。その目的はアプリケーションが構成要素を使用できるようにするためです。また開発者が新機能を継続的にリリースし、ビジネスに近いほかのチームがこれらの新機能を顧客にいつ公開するかを決定できるように、フィーチャーフラグの使用を評価しました。

本章ではさまざまなリリース戦略を導入することで、組織がプロセスの早い段階でエラーを発見し、仮説を検証し、チームが同時に実行される同じアプリケーションの異なるバージョンで実験できるようにする方法について説明します。

Chapter 8 プラットフォーム機能 II：チームによる実験を可能にする 333

新バージョンのデプロイでチームが悩むことは避けたいものです。これによりリリース頻度が低くなり、リリースプロセスに関わるすべての人にストレスがかかります。リスクを減らし、新バージョンをデプロイするための適切な仕組みを持つことで、システムに対する信頼が大幅に向上します。また、要求された変更がユーザーの手元に届くまでの時間も短縮できます。修正と新機能を含む新しいリリースはビジネス価値に直結します。なぜなら、ソフトウェアは会社のユーザーに役立たなければ価値がないからです。

Kubernetes 標準リソース（Deployment、Service、Ingressなど）はサービスをユーザーにデプロイして公開するための基本的なコンポーネントを提供しますが、よく知られているリリース戦略を実装するには多くの手作業とエラーが発生しやすい作業を行わなければなりません。これらの理由からクラウドネイティブコミュニティーは、本章で説明する最も一般的なリリース戦略パターンを実装するための仕組みを提供することで、チームの生産性を向上させるための専用のツールを作成しました。本章は3つの主要な節に分かれています。

- **リリース戦略の基本：**
    - カナリアリリース、ブルー／グリーンデプロイメント、A／Bテスト
    - Kubernetesの標準機能を使用する際の制限と複雑さ
- **Knative Serving：高度なトラフィック管理、リリース戦略**
    - Knative Servingの紹介
    - Knative Servingとカンファレンスアプリケーションを使用したリリース戦略の実践
- **Argo Rollouts：GitOpsによる自動化されたリリース戦略**
    - Argo Rolloutsの紹介
    - Argo Rolloutsとプログレッシブデリバリー

本章の最初の節では最も一般的でよくドキュメント化されているリリース戦略について概説し、Kubernetesのコンポーネントを使用してこれらのリリース戦略を実装することがなぜ難しいのかを軽く見ていきます。8.2節ではKnative Servingを取り上げます。これは、これらのリリース戦略を実装する方法を大幅に簡素化しながら、ワークロードの高度なトラフィック管理と動的なオートスケーリングを提供する高レベルのコンポーネントを提供します。8.3節では、Argoの別プロジェクトであるArgo Rolloutsを紹介します。これは、既存のリリース戦略とプログレッシブデリバリーでチームを支援することに重点を置いています。それでは、リリース戦略の基本から説明しましょう。

8.1 リリース戦略の基本

サービスを重要な環境に対してリリースする際にチームが一般的に採用している戦略を見てみると、カナリアリリース、ブルー／グリーンデプロイメント、A／Bテストが見つかります。各リリース戦略には異なる目的があり、さまざまなシナリオに適用できます。次節では各リリース戦略に期待されること、これらの仕組みを導入することで期待される利点およびそれらがKubernetesとどのように関連しているかを見ていきます。まずはカナリアリリースから見ていきましょう。

8.1.1 カナリアリリース

カナリアリリースはチームがサービスの新バージョンをデプロイし、この新バージョンにどれだけの本番トラフィックをルーティングするか制御できるようにしたい場合に用います。これによってチームはすべての本番トラフィックを新バージョンにルーティングする前に、ゆっくりとトラフィックを新バージョンにルーティングし、問題が発生しないことを検証できます。

図8.1は、ユーザーがソフトウェアを使用している様子を示しています。リクエストの95％は安定したサービスに転送され、5％のみが新バージョンのサービスに転送されます。

図8.1　サービスの新バージョン（カナリア）を5％のトラフィックでリリースする

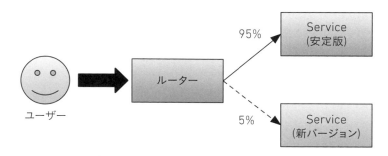

カナリアリリースという用語は有毒ガスが危険なレベルに達したことを警告するために、炭鉱作業員が鳥のカナリアを使用していたことに由来します。この場合、カナリアリリースは新バージョンによって導入された問題または回帰（リグレッション）を早期に特定するのに役立ちます。

Kubernetesのコンテキストでは図8.2に示すように、2つのDeployment（1つは安定版、もう1つは新バージョン）と、これら2つのDeploymentに一致する単一のServiceを使用して、一種のカナリアリリースを実装できます。各Deploymentにレプリカが1つずつある場合、トラフィックは50％と50％に分割されます。各バージョンにより多くのレプリカを追加すると、異なる割合にトラフィックが分割されます（例えば、安定版には3つのレプリカ、新バージョンには1つのレプリカのみを使用すると、75％対25％のトラフィック分割比率になります）。Serviceは、ラベルに一致するすべてのPodにラウンドロビン方式でリクエストをルーティングするためです。

図8.2　2つのDeploymentと1つのServiceを使用したKubernetesでのカナリアリリース

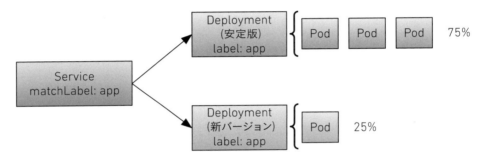

　Istio[※1]やLinkerd[※2]などのサービスメッシュツールを使用すると、トラフィックが各Serviceにルーティングされる方法を細かく制御できます。このリリース戦略の詳細については、Martin FowlerのWebサイト[※3]を確認することをお勧めします。

※1　https://istio.io/
※2　https://linkerd.io/
※3　https://martinfowler.com/bliki/CanaryRelease.html

8.1.2 ブルー／グリーンデプロイメント

ブルー／グリーンデプロイメントでは、チームがサービスやアプリケーションの2つのバージョンを切り替えて並行して実行することを目指しています。この並行バージョンはテスト用のステージングインスタンスとして機能し、チームに十分な自信があればトラフィックを新バージョンに切り替えることができます。このアプローチは新バージョンで問題が発生し始めた場合に備えて、別のインスタンスを用意しておくという安全性をチームに提供します。このアプローチでは両方のバージョンを同時に実行するのに十分なリソースが必要になるため、コストがかかる可能性があります。しかし、本番ワークロードと同じリソースで実行されているインスタンスを使用して実験する自由をチームに与えます。

図8.3は、内部チームがサービスの新バージョンを本番に近い環境でテストしている様子を示しています。この新バージョンの準備ができたら、チームは本番トラフィックを新バージョンに切り替えることを決定できます。一方で問題が発生した場合にロールバックするために、安定版を保持できます。

図8.3 ブルー／グリーンデプロイメントは本番と同等の環境で並行して実行され、チームが新バージョンに自信を持ったときにトラフィックを切り替えられる

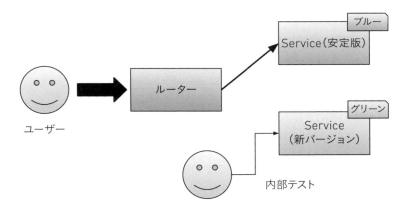

Kubernetesのコンテキストでは2つのDeploymentと1つのServiceを使用してブルー／グリーンデプロイメントを実装できますが、この場合にサービスは単一のDeploymentのPodにのみ一致する必要があります。Serviceの構成を更新してグリーンのDeploymentのラベルに一致させると、トラフィックが自動的に新バージョンに切り替わります。

図8.4はServiceのmatchLabelをgreenに変更することで、トラフィックが自動的にServiceの新バージョンにルーティングされる方法を示しています。その間、テストのために内部チームは別のServiceを使用して新バージョンのDeploymentに一致させることができます。

図8.4 ブルー／グリーンデプロイメントは並行して実行される。ServiceのmatchLabelは、リクエストのルーティング先を定義するために使用される

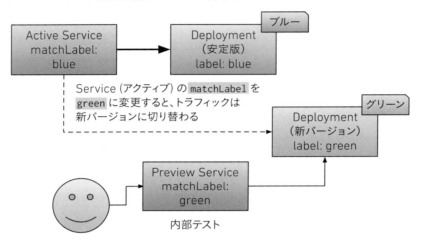

繰り返しになりますが、Martin FowlerのWebサイト[※4]でブルー／グリーンデプロイメントについて確認することを強くお勧めします。役立つと思われるリンクやより多くのコンテキストがあるためです。

※4 https://martinfowler.com/bliki/BlueGreenDeployment.html

8.1.3　A／Bテスト

　A／Bテストは内部チームよりもエンドユーザーに重点を置いているため、カナリアリリースやブルー／グリーンデプロイメントとは異なります。A／Bテストではビジネスに近いほかのチームが、ビジネス上の問題を解決するためのさまざまなアプローチを試すことができるようにしたいと考えています。例としては、どちらがユーザーにとってより適しているかを確認するための2つの異なるページレイアウトや、ユーザーの時間がより短く、不満が少ない登録フローを検証するための異なる登録フローなどがあります。第7章のフィーチャーフラグで説明したように、開発者だけでなくほかのチームにも実験を可能にしたいと考えています。この場合、ユーザーのさまざまなグループにアプリケーションのさまざまなバージョンへのアクセスを提供します。そうすることで、これらのチームは各機能の有効性を検証してどの機能を維持するかを決定できます。

　図8.5は、ユーザーに代替の登録フローを提供する2つの異なるサービス実装を示しています。A／Bテストを使用すると、両方を並行して実行し、データを収集して、ビジネスチームがどのオプションがより適切であるかを決定できるようにします。

図8.5　A／Bテストにより、ビジネスに近いチームはビジネスの成果を改善するための決定を下すために、さまざまなアプローチを評価してデータを収集できる

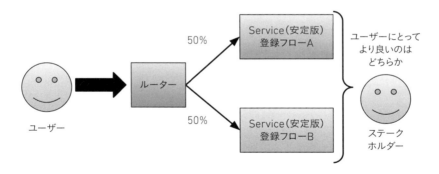

　A／Bテストは技術的なリリース戦略ではないため、アプリケーションの要件に応じてさまざまな方法で実装できます。2つの別々のServiceとDeploymentを持つことは、同じアプリケーションの2つの異なるバージョンを実行してアクセスできるため適しています。図8.6は同じ機能の異なるバージョンにユーザーをルーティングするために、2つのServiceと2つのDeploymentを使用する方法を示しています。また、ユーザーを各オプションにルーティングする方法に関するルールを定義するために、アプリケーションレベルのルーターが必要であることも示しています。

図8.6　A／Bテストではユーザーを異なるオプションにルーティングする方法を定義するために、いくつかのビジネスおよびアプリケーションレベルのルールが必要である

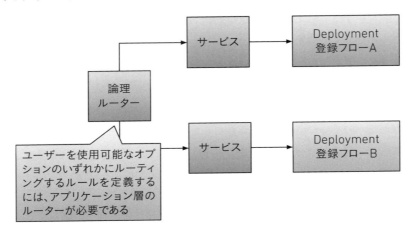

　A／Bテストは、カナリアリリースと同様の仕組みを使用して実装できます。次節ではいくつかのオプションを見ていきます。Jez HumbleとDavid Farleyによる『Continuous Delivery』（Addison-Wesley Professional、2010年）はこれらのリリース戦略について詳しく説明しているので、その本を確認することを強くお勧めします。

8.1.4　Kubernetesの標準リソースを使用する際の制限と複雑さ

　カナリアリリース、ブルー／グリーンデプロイメント、A／Bテストは、Kubernetesの標準機能を使用して実装できます。しかしご覧になったように、これには異なるDeploymentの作成、ラベルの変更、割合ベースのリクエスト分散を実現するために必要なレプリカの数の計算が必要であり、これはかなり大きなエラーを起こしやすいタスクです。第4章でArgo CDまたはほかの同様のツールで示したように、GitOpsアプローチを使用する場合でも適切な構成で必要なリソースを作成するのはかなり難しく、多くの労力を要します。

　Kubernetesの標準リソースを使用してこれらのパターンを実装する際の欠点は、次のようにまとめることができます。

- これらのさまざまな戦略を実装するために、Deployment、Service、Ingressなどの Kubernetes標準リソースを手動で作成するとエラーが発生しやすく、面倒になる可能性がある。リリース戦略を実装するチームは、望ましいアウトプットを達成するために Kubernetesがどのように動作するかを理解する必要がある
- 各リリース戦略で必要とされるリソースを調整し、実装するための自動化された仕組みは最初から提供されていない
- 複数の変更を異なるリソースに同時に適用しないと、すべてが期待どおりに機能しないため、エラーが起こりやすくなる
- サービスの需要の増減に気付いた場合、Deploymentのレプリカの数を手動で変更するか、アドオンでオートスケーラーをインストールして構成する必要がある（これについては、本章の後半で詳しく説明する）。残念ながら、レプリカの数を0に設定するとリクエストに応答するインスタンスがなくなるため、常に少なくとも1つのレプリカを実行しておく必要がある

　Kubernetesには、これらのリリース戦略を自動化または容易にする仕組みは標準ではありません。これは互いに依存する多くのサービスを扱っている場合、すぐに課題となる可能性があります。

NOTE
1つ明らかなことがあります。チームはThe Twelve-Factor App のアプリに関するKubernetesの暗黙の仕様と、ダウンタイムを避けるためにサービスAPIがどのように進化するかを認識する必要があります。アプリケーション開発者はアプリケーションのアップグレード方法をより細かく制御するために、Kubernetesの標準リソースの仕組みを理解する必要があります。

　新バージョンをリリースするリスクを減らしたいのであれば、開発者たちが日常的に実験できるようにこうしたリリース戦略を利用できるようにすることは重要です。

　次節以降ではKnative ServingとArgo Rolloutsを見ていきます。これらはKubernetes上に構築されたツールと仕組みであり、Kubernetesの構成要素を設定してチームにさまざまなリリースの仕組みを提供しようとした時の手作業や制限をすべて簡素化することができます。まずはKnative Servingから始めましょう。Knative ServingはKubernetesクラスターをカスタムリソースで拡張し、前述のリリース戦略の実装を簡素化します。

8.2 Knative Serving：高度なトラフィック管理とリリース戦略

Knativeは何ができるか知れば使わずにはいられない技術の一つです。本プロジェクトに約3年間携わり、いくつかのコンポーネントの進化を観察してきました。すべてのKubernetesクラスターにKnative Servingをインストールするべきです。チームはそれを高く評価するでしょう。Knative Servingは、Kubernetesの標準リソースの上に、より高いレベルの抽象化を提供し、優れたプラクティスと一般的なパターンを実装することでチームがサービスをより速く、よりコントロールできるようにします。

本章ではリリース戦略に焦点を当てていますが、次のトピックに関心がある場合はKnative Servingを調べる必要があります。

- チームが使用するための CaaS を提供する
- ワークロードの動的オートスケーリングによる、チームへの Function as a Service（FaaS）の提供。Knative Serving は独自のオートスケーラーをインストールし、すべての Knative Services で自動的に使用できるようにする
- サービスに高度できめ細かなトラフィック管理を提供する

本節のタイトルにあるように、次項ではKnativeが提供する機能の一部であるKnative Servingに焦点を当てています。Knative ServingではKnative Servicesを定義できます。これにより、前節で例示したリリース戦略の実装が大幅に簡素化されます。Knative ServicesはKubernetesの標準リソースを作成し、その変更とバージョンを追跡するため、複数のバージョンを同時に存在させる必要があるシナリオが可能になります。またKnative Servicesは、サーバーレスアプローチのためにレプリカ数を0までスケールダウンする高度なトラフィック処理とオートスケーリングを提供します。

NOTE

カンファレンスアプリケーションでKnative Servingを使用して異なるリリース戦略を実装する方法に関する段階的なチュートリアルは、https://github.com/salaboy/platforms-on-k8s/blob/main/chapter-8/knative/README.mdで確認できます。

Knative Servingのコンポーネントとリソースがどのように機能するかを説明することは、本書の範囲外です。私の推奨事項は、次項の例で読者の興味を引けたならJacques Chesterによる『Knative in Action』（Manning Publications、2021年）を確認することをお勧めします。

8.2.1 Knative Services：Containers-as-a-Service

Knative Servingをインストールしたら、Knative Servicesを作成できます。でも、すでにServiceがあるのに、なぜKnative Servicesが必要なのかと考えているのが聞こえてきそうです。私も同じ気持ちになりましたが、意味があります。

第2章（カンファレンスアプリケーション）でウォーキングスケルトンをデプロイしたとき、少なくとも2つのKubernetesリソース（DeploymentとService）を作成しました。第2章で説明したように、ReplicaSetを使用することでDeploymentはリソースの設定変更を追跡し、ローリングアップデートを実行できます。また第2章では、クラスターの外部からトラフィックをルーティングするためにIngressを作成する必要性についても説明しました。通常、カンファレンスアプリケーションのフロントエンドやカンファレンス管理ポータルなど、公開されているサービスにマッピングするためにのみIngressを作成します。

作成したIngressは、すべてのトラフィックをクラスター内のServiceに直接ルーティングし、チュートリアルで使用されるIngress Controllerは単純なリバースプロキシーとして機能します。トラフィックを分割したり、レート制限したり、リクエストヘッダーを検査して動的に決定を下したりするような高度な機能はありません。

クラスターの作成、Knative Servingのインストール、アプリケーションサービスのデプロイは、https://github.com/salaboy/platforms-on-k8s/blob/main/chapter-8/knative/README.md#installationの段階的なチュートリアルに従ってください。

Knative Servicesはこれらのリソース（Service、Deployment、ReplicaSet）の上に構築されており、アプリケーションのライフサイクルを定義および管理する方法を簡素化します。タスクを簡素化し、保守する必要のあるYAMLの量を減らす一方で、いくつかの面白い機能も追加されています。機能に進む前に、Knative Servicesがどのように動作するのかを説明しましょう。

Chapter 8　プラットフォーム機能Ⅱ：チームによる実験を可能にする　　343

Knative Servicesは、AWS App RunnerやAzure Container AppsなどのCaaSのインターフェースに似たシンプルな仕様をユーザーに公開します。実際、Knative Servicesは、ユーザーがKubernetesを理解する必要なく、オンデマンドでコンテナを実行できるようにするGoogle Cloud Runで使用されるインターフェースを共有しています。

Knative Servingは独自のオートスケーラーをインストールするため、Knative Servicesは需要に基づいてオートスケーリングするように構成されています。これにより、Knative ServingはFaaSを実装するための非常に優れた方法になります。使用されていないワークロードは自動的にゼロにスケールダウンされるためです。

これらの機能を実際に見てみましょう。Knative Servicesから始めます。簡単なところから始めて、カンファレンスアプリケーションの通知サービスを使用して、Knative Servicesがどのように機能するかを示します。次のリストに示すように、notifications-service.yamlリソース定義[5]を確認してください。

リスト8.1　Knative Servicesの定義

```
apiVersion: serving.knative.dev/v1
kind: Service
metadata:
  name: notifications-service
  ① ほかのKubernetesリソースと同様に、リソースの名前を指定する必要がある
spec:
  template:
    spec:
      containers:
        - image: salaboy/notifications-service:v1.0.0
        ② 実行するコンテナイメージを指定する必要がある
          Env:    ③ 環境変数を使用してコンテナをパラメーター化できる
            - name: KAFKA_URL
              value: <URL
```

---

[5]　https://github.com/salaboy/platforms-on-k8s/blob/main/chapter-8/knative/notifications-service.yaml で入手可能

344　**Kubernetesで実践するPlatform Engineering**

Deployment が `spec.template.spec` フィールドを使用して Pod を作成するのと同じように、Knative Services は同じフィールドを使用してほかのリソースを作成するための構成を定義します。

ここまで特に変わったことはありませんが、これは Service とどう違うのでしょうか？`kubectl apply -f` を使用してこのリソースを作成すると、違いを調べ始めることができます。

NOTE

本節のすべての例は、KinD クラスター上で段階的なチュートリアルを実行することに基づいています。クラウドプロバイダーで実行する場合、出力は異なります。https://github.com/salaboy/platforms-on-k8s/blob/main/chapter-8/knative/README.md#knative-services-quick-intro を参照してください。

`kubectl get ksvc`（`ksvc` は Knative Services の略）を使用して、すべての Knative Services を一覧表示できます。新しく作成した Knative Services がそこにあるはずです。

```
NAME                   URL                                         LATEST CREATED            READY
notifications-service  http://notificationsl-service...notifications-service-00001  True
```

ここで注目すべき詳細がいくつかあります。まず、ブラウザにコピーしてサービスにアクセスできる URL があります。クラウドプロバイダーで実行していて Knative をインストールしながら DNS を構成した場合、この URL にはすぐにアクセスできるはずです。`LAST CREATED` 列には、サービスの最新の Knative Revision の名前が表示されます。Knative Revisions はサービスの特定の構成へのポインターであり、トラフィックをそこにルーティングできることを意味します。

`curl` を使用するかブラウザを http://notifications-service.default.127.0.0.1.sslip.io/service/info を指すことで、Knative Services URL をテストできます。出力をきれいにするために、非常に人気のある JSON ユーティリティである jq[6] を使用していることに注目してください。リスト8.2 の出力が表示されるはずです。

※6　https://jqlang.github.io/jq/download/

Chapter 8　プラットフォーム機能 II：チームによる実験を可能にする　　345

リスト8.2 新しく作成したKnative Servicesとの通信

```
curl http://notifications-service.default.127.0.0.1.sslip.io/service/
info
{
    "name" : "NOTIFICATIONS",
    "podIp" : "10.244.0.18",
    "podName" : "notifications-service-00001-deployment-74cf6f5f7f-
↪h8kct",
    "podNamespace" : "default",
    "podNodeName" : "dev-control-plane",
    "podServiceAccount" : "default",
    "source" : "https://github.com/salaboy/platforms-on-k8s/tree/main/
      conference-application/notifications-service",
    "version" : "1.0.0"
}
```

ほかのKubernetesリソースと同様に、`kubectl describe ksvc notifications-service`を使用してリソースのより詳細な説明を取得することもできます。Deployment、Service、Podなどのほかのリソースを一覧表示すると、Knative Servingがそれらを作成して管理していることがわかります。これらは依存リソースであるため、通常は手動で変更することはお勧めしません。アプリケーションの構成を変更する場合は、Knative Servicesリソースを編集する必要があります。

前にクラスターに適用したKnative Servicesは、デフォルトではService、Deployment、Ingressを手動で作成するのとは動作が異なります。Knative Servicesはデフォルトで次のようになります。

- **アクセスしやすさ**：クラスターの外部からアクセスできるように、パブリックURLの下で自身を公開する。事前にインストールしたKnative Networkingスタックを使用するため、Ingressは作成しない。Knativeはネットワークスタックをより細かく制御してDeploymentとServiceを管理するため、サービスがいつリクエストに対応できるかを把握していて、ServiceとDeployment間の設定ミスを減らす
- **Kubernetesリソースを管理する**：2つのServiceと1つのDeploymentを作成する。

346　Kubernetesで実践するPlatform Engineering

Knative Servingでは、同じサービスを複数バージョンで同時に実行できる。したがって、各バージョン（Knative Servingではリビジョンと呼ばれます）に対して新しいServiceを作成する

- **サービスの使用状況を収集する**：指定された`user-container`と`queue-proxy`と呼ばれるサイドカーコンテナを含むPodを作成する
- **必要に応じてスケールアップおよびダウンする**：リクエストがサービスに届かない場合（デフォルトでは90秒後）、自動的にゼロにスケールダウンする
  - これは`queue-proxy`によって収集されたデータを使用して、Deploymentレプリカを0にスケールダウンすることで実現する
  - リクエストが到着してレプリカがない場合は、リクエストをキューに入れながらスケールアップするので、リクエストが失われることはない
  - 通知サービスでは常に実行するレプリカの最小数を1に設定している
- **構成の変更履歴はKnative Servingが管理する**：Knative Servicesの構成を変更すると新しいリビジョンが作成される。デフォルトでは、すべてのトラフィックが最新のリビジョンにルーティングされる

もちろん、これらはデフォルトですが、目的に合わせて各Knative Servicesを微調整して前述のリリース戦略を実装することもできます。

次項ではKnative Servingの高度なトラフィック処理機能を使用して、カナリアリリース、ブルー／グリーンデプロイメント、A／Bテスト、ヘッダーベースのルーティングを実装する方法を見ていきます。

8.2.2 高度なトラフィック分割機能

まずはKnative Servicesを使用してアプリケーションのサービスの1つにカナリアリリースを実装する方法を見てみましょう。本項では、割合ベースのトラフィック分割を使用してカナリアリリースを行う方法から始めます。次に、タグベースとヘッダーベースのトラフィック分割を使用してA／Bテストに進みます。

割合ベースのトラフィック分割を使用したカナリアリリース

Knative Servicesリソースを取得すると（`kubectl get ksvc notifications-service -oyaml`で）何も指定しなかったため、デフォルトで作成された`spec.traffic`節（リスト8.3に示す）も`spec`節に含まれていることに気付くでしょう。デフォルトでは、トラフィックの100％がサービスの最新のKnative Revisionにルーティングされています。

> **リスト8.3 Knative Servicesでトラフィックルールを設定できる**

```
traffic:
  - latestRevision: true
    percent: 100
```

ここで、メール送信の改善を目的としたサービス変更を行ったと想像してみてください。しかし、チームとしてはその変更が利用者にどのように受け入れられるか確信が持てず、ウェブサイトのせいで人々がカンファレンスにサインインしないという反発を避けたいと考えています。そこで両バージョンを並行して実行し、それぞれのバージョンにどれだけのトラフィックがルーティングするかを制御することができます（Knative用語でリビジョン）。

リスト8.4に示すように、Knativeサービスを編集して（`kubectl edit ksvc notifications-service`）変更を適用してみます。

> **リスト8.4 Knative Servicesの変更**

```
kind: Service
metadata:
  name: notifications-service
spec:
```

348　Kubernetesで実践するPlatform Engineering

```
    template:
      spec:
        containers:
          - image: salaboy/image: salaboy/notifications-service-0e27884e0
➥1429ab7e350cb5dff61b525:v1.1.0
```

> ① サービスが使用するコンテナイメージを "notifications-service-0e27884e01429ab7e350cb5dff61b525:v1.0.0" から "notifications-service-0e27884e01429ab7e350cb5dff61b525:v1.1.0" に更新した

```
            env:
name: KAFKA_URLvalue: <URL>
    traffic:
```

> ② 安定バージョンに50%のトラフィックを送り続け、更新したばかりの最新バージョンに50%を送る50% / 50%のトラフィック分割を作成した

```
    - percent: 50revisionName: notifications-service-00001-
latestRevision: truepercent: 50
```

ここでcurlを使用すると、トラフィック分割の動作を確認できるはずです。

リスト8.5　並行して実行されているさまざまなバージョンに到達する新しいリクエスト

```
curl http://notifications-service.default.127.0.0.1.sslip.io/service/
info
{
  "name":"NOTIFICATIONS-IMPROVED",
```

> ① 5つのリクエストのうち1つが新しい "NOTIFICATIONS-IMPROVED" バージョンに行く。これには、新しいKnative Revisionが実行されるまでしばらく時間がかかる場合があることに注意する

```
  "version":"1.1.0",
  ...
}

curl http://notifications-service.default.127.0.0.1.sslip.io/service/
➥info
{
  "name":"NOTIFICATIONS",
  "version":"1.0.0",
  ...
}

curl http://notifications-service.default.127.0.0.1.sslip.io/service/
➥info
{
```

Chapter 8　プラットフォーム機能 II：チームによる実験を可能にする　349

```
  "name":"NOTIFICATIONS-IMPROVED",
  "version":"1.1.0",
  ...
}

curl http://notifications-service.default.127.0.0.1.sslip.io/service/
➥info
{
  "name":"NOTIFICATIONS",
  "version":"1.0.0",
  ...
}
```

　新バージョンのサービスが正常に動作することを確認したら、トラフィックの100％を移行する自信が持てるまでより多くのトラフィックを送信することができます。うまくいかない場合はトラフィック分割を安定バージョンに戻すことができます。

　サービスのリビジョンは2つだけに限定されないことに注意してください。すべてのリビジョンのトラフィックの割合の合計が100％である限り、好きなだけ作成できます。Knativeはこれらのルールに従い、リクエストに応じるためにサービスの必要なリビジョンをスケールアップします。Knativeがそれらをあなたのために作成するため、新しいKubernetesリソースを作成する必要はありません。これにより、複数のリソースを同時に変更することによって発生するエラーの可能性が減ります。

　図8.7は、この機能を使用するときに直面するいくつかの課題を示しています。割合を使用すると、後続のリクエストがどこに到着するかを制御できません。Knativeは指定した割合に基づいて公正な分布を維持するだけです。これは例えば、単純なRESTエンドポイントではなくユーザーインターフェースがある場合に問題になる可能性があります。

図8.7　割合ベースのトラフィック分割のシナリオと課題

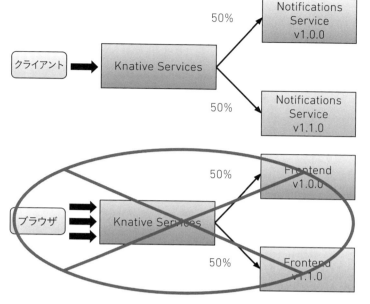

　ブラウザはHTML、CSS、画像などのページをレンダリングするためにいくつかの関連したGETリクエストを実行するので、ユーザーインターフェースは複雑です。各リクエストがアプリケーションの異なるバージョンにヒットする状況にすぐに陥る可能性があります。ユーザーインターフェースのテストや複数のリクエストがアプリケーションの正しいバージョンに到達することを確実にする必要があるシナリオに適した別のアプローチを見てみます。

タグベースのルーティングを使用したA/Bテスト

　カンファレンスアプリケーションに含まれるユーザーインターフェースの異なるバージョンのA/Bテストを実行する場合は、リクエストの送信先を区別するための何らかの方法をKnativeに提供する必要があります。2つのオプションがあり、一つ目は試したいサービスの専用URLを指定する方法、二つ目はリクエストヘッダーを使ってリクエストの送信先を区別する方法です。これら2つの選択肢を実際に見てみます。

段階的なチュートリアル[7]では、すべてのカンファレンスアプリケーションのすべてのサービスをKnative Servicesに定義し、クラスターにデプロイします。Frontend Knative Servicesはリスト8.6のようになります。

リスト8.6　フロントエンドアプリケーションの Knative Services の定義

```
apiVersion: serving.knative.dev/v1
kind: Service
metadata:
  name: frontend    ① この Knative Services の名前を指定する必要がある
spec:
  template:
    metadata:
      annotations:
        autoscaling.knative.dev/min-scale: "1"
② 誰もフロントエンドサービスを使用していない場合、Knative Servingにはフロントエンドサービスをダウンスケールしてほしく
ない。常に少なくとも1つのインスタンスを実行し続けたいと考えている
    spec:
      containers:
      - image: salaboy/frontend-go-1739aa83b5e69d4ccb8a5615830ae66c
➡ :v1.0.0   ③ 同じバージョンに向かう複数のリクエストをテストするので、フロントエンドのコンテナイメージを定義する
        env:
        - name: KAFKA_URL
          value: kafka.default.svc.cluster.local
        ...
```

再度、Knative Servicesを作成しただけです。しかし、このコンテナイメージにはHTML、CSS、画像、JavaScriptファイルで構成されるWebアプリケーションが含まれているため、割合ベースのルーティングルールを指定できません。Knativeはこれを妨げませんが特定のイメージがバージョンの1つにない、または間違ったバージョンのアプリケーションから間違ったCSSを取得するためリクエストが異なるバージョンに到達し、エラーが表示されるのに気付くでしょう。

---

[7] https://github.com/salaboy/platforms-on-k8s/tree/main/chapter-8/knative#run-the-conference-application-with-knative-services

新しいCSSをテストするために使用できるタグと、バックオフィス節にデバッグタブを含めることから始めましょう。以前と同様にKnative Servicesを変更することでそれを行うことができます。まず、イメージを`salaboy/frontend-go-1739aa83b5e69d4ccb8a5615830ae66c:v1.1.0`に変更し、`FEATURE_DEBUG_ENABLED`環境変数を値`true`で追加してから、`traffic.tag`プロパティを使用していくつかの新しいトラフィックルールを作成します。

```
traffic:
 - percent: 100
① トラフィックの100%が安定バージョンに移動し、バージョンv1.1.0で新しく更新されたリビジョンにリクエストは送信されない
   revisionName: frontend-00001
 - latestRevision: true
② colorという新しいタグを作成した。このタグのURLは、Knative Services を説明することで見つけることができる
   tag: version110
```

Knative Services（`kubectl describe ksvc frontend`）を説明するとリスト8.7に示すように、作成したばかりのタグのURLが見つかります。

リスト8.7　タグを使用する際のトラフィックルール

```
Traffic:
    Latest Revision:    false
    Percent:            100
    Revision Name:      frontend-00001
    Latest Revision:    true
    Percent:            0
    Revision Name:      frontend-00001
    Tag:                version110
    URL:                http://version110-frontend.default.127.0.0.1.sslip.io
    ① ksvcトラフィック節でタグと生成されたURLを見つけることができる
```

図8.8はタグが指定されていない場合、Knative Servicesがトラフィックの100%をバージョンv1.0.0にルーティングする方法を示しています。タグ`version110`が指定されている場合、Knative Servicesはトラフィックをバージョンv1.1.0にルーティングします。

Chapter 8　プラットフォーム機能 II：チームによる実験を可能にする　353

図8.8　バージョンv1.1.0のKnative Servingタグベースのルーティング

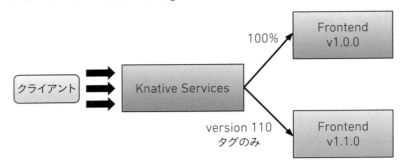

ウェブブラウザにより次のURL[※8]を使用してバージョンv1.1.0に、元のサービスURL[※9]を使用してバージョンv.1.0.0に一貫してアクセスできることを確認します。図8.9は、異なる色のパレットを使用して両方を並べて示しています。

図8.9　タグベースのルーティングを使用したA / Bテスト

v1.0.0 - 100% トラフィック　　　　　　　　v1.1.0 - タグベースのトラフィック

　タグを使用すると、すべてのリクエストがサービスの正しいバージョンのURLに到達することが保証されます。もう1つのオプションは、A / Bテストを行うために異なるURLを指すことを避けることができます。また、デバッグの目的にも役立ちます。次の節では、異なるURLの代わりにHTTPヘッダーを使用したタグベースのルーティングについて説明します。

※8　http://version110-frontend.default.127.0.0.1.sslip.io
※9　http://frontend.default.127.0.0.1.sslip.io

ヘッダーベースのルーティングを使用したA/Bテスト

最後に、HTTPヘッダーを使用してリクエストをルーティングできるKnative Servingの機能[10]を見てみましょう。この機能では、トラフィックのルーティング先を知るためにもタグを使用しますが、特定のリビジョンにアクセスするために別のURLを使用する代わりに、HTTPヘッダーを追加できます。

開発者がアプリケーションのデバッグバージョンにアクセスできるようにしたいとします。アプリケーション開発者は、ブラウザに特別なヘッダーを設定してから、特定のリビジョンにアクセスできます。

この実験的機能を有効にするには、あなたまたはKnativeをインストールする管理者がknative-serving 名前空間内のConfigMapにパッチを適用する必要があります。

```
kubectl patch cm config-features -n knative-serving ➡-p '{"data":{"tag-header-based-routing":"Enabled"}}'
```

機能が有効になったら、前に作成した`version110`タグを使用してこれをテストできます。リスト8.8は、定義したトラフィックルールを示しています。HTTPヘッダーベースのルーティングでターゲットにしたいタグ名が強調されています。

リスト8.8　タグの名前を使用したHTTPヘッダーベースのルーティング

```
traffic:
 - percent: 100
   revisionName: frontend-00001
 - latestRevision: true
   tag: version110
```

---

[10]　https://knative.dev/docs/serving/configuration/feature-flags/#tag-header-based-routing

ブラウザをKnative Services URL（`kubectl get ksvc`）に向けると、図8.10に示すようにいつもと同じアプリケーションが表示されますが、ChromeのModHeader拡張機能[11]のようなツールを使用すると、ブラウザが生成するすべてのリクエストに含まれるカスタムHTTPヘッダーを設定できます。この例では作成したタグが`version110`と呼ばれているため、次のHTTPヘッダー`Knative-Serving-Tag：version110`を設定する必要があります。HTTPヘッダーが存在すると、Knative Servingは受信リクエストを`version110`タグにルーティングします。

　図8.10はModHeaderを使用して設定したHTTPヘッダーを使用して、Knative Servingがリクエストを`version110`タグにルーティングする方法を示しています。デフォルトのサービスURL[12]を使用していることに注意してください。

図8.10　HTTPヘッダーベースのルーティングにカスタムHTTPヘッダーを設定するためのModHeader Chrome拡張機能の使用

---

[11] https://chrome.google.com/webstore/detail/modheader/idgpnmonknjnojddfkpgkljpfnnfcklj?hl=en
[12] http://frontend.default.127.0.0.1.sslip.io/

タグベースのルーティングとヘッダーベースのルーティングはどちらも特定のURL（タグ用に作成された）にアクセスした場合、または特定のヘッダーが存在する場合に、すべてのリクエストが同じリビジョンにルーティングされることを保証するように設計されています。最後に、Knative Servingを使用してブルー／グリーンデプロイメントを行う方法を見てみましょう。

ブルー／グリーンデプロイメント

　後方互換性がないため、ある特定の時点で、あるバージョンから次のバージョンに変更する必要がある場合でも割合を使ったタグベースのルーティングを使うことができます。あるバージョンから次のバージョンに徐々に移行するのではなく新バージョンでは0から100に、旧バージョンでは100から0への切り替えとして割合を使用します。

　ほとんどのブルー／グリーンデプロイメントのシナリオでは、サービスとクライアントの両方が同時に更新されるように、さまざまなチームとサービス間の調整が必要です。Knative Servingを使用すると、あるバージョンから次のバージョンに切り替えるタイミングを宣言的に定義できます。図8.11は、`v1.x`バージョンとの後方互換性がない通知サービス`v2.0.0`の新バージョンをデプロイしたいシナリオを示しています。つまり、このアップグレードにはクライアントへの変更が必要です。Knative Servingのトラフィックルールとタグを使用すると、切り替えのタイミングを決定できます。クライアントと通知サービス`v2.0.0`のアップグレードを担当するチームは、リリースのタイミングを調整する必要があります。

図8.11　Knative Servingのタグベースのルーティングを使用したブルー／グリーンデプロイメント

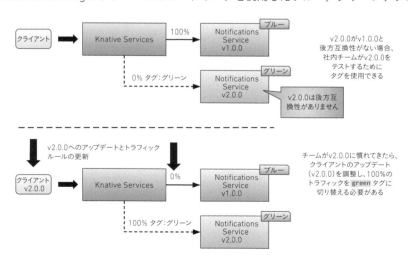

図8.11で説明されているシナリオを実現するために、リスト8.9に示すように、Knativeサービス内に新バージョンのためのgreenタグを作成することができます。

リスト8.9　タグを使用してブルーとグリーンのリビジョンを定義する

```
traffic:
    - revisionName: <blue-revision-name>
      percent: 100 # All traffic is still being routed to the first
➥revision
    - revisionName: <green-revision-name>
      percent: 0 # 0% of traffic routed to the second revision
      tag: green # A named route
```

新しいタグ（greenと呼ばれる）を作成することで、テストのために新バージョンにアクセスするための新しいURLができます。これはサービスAPIが後方互換性のない変更をする場合、クライアントも更新する必要があるため新バージョンをテストするのに便利です。すべてのテストが完了したらリスト8.10に示すように、すべてのトラフィックをサービスのgreenリビジョンに安全に切り替えることができます。greenリビジョンからタグを削除し、blueリビジョン用の新しいタグを作成したことに注意してください。

リスト8.10　Knativeの宣言的アプローチを使用したトラフィックの切り替え

```
traffic:
    - revisionName: <first-revision-name>
      percent: 0 # All traffic is still being routed to the first
➥revision
      tag: blue # A named route
    - revisionName: <second-revision-name>
      percent: 100 # 100% of traffic routed to the second revision
```

更新前のblueの元のバージョンはHTTPヘッダーまたはタグベースのルーティングを使用してアクセスできるようになり、サービスに送信されるすべてのトラフィックを受信していることに注意してください。

一般的に、あるバージョンから次のバージョンへトラフィックを徐々に移動させることはできません。なぜならサービスを使用するクライアントは、リクエストがサービスの互換性のないバージョンに到達する可能性があることを理解する必要があるからです。

本節では、チームが機能とサービスの新バージョンを継続的に提供するためのさまざまなリリース戦略の実装をKnative Servingがどのようにシンプルにするかについて見てきました。Knative Servingは本節で説明したリリース戦略を手動で実装するために、いくつかのKubernetes 標準リソースを作成する必要性を減らします。Knative Servicesなどの高レベルの抽象化を提供します。これはKubernetes 標準リソースとネットワークスタックを作成および管理して、高度なトラフィック管理を行います。

Argo Rolloutsを使用して、Kubernetesでリリース戦略を別の管理方法に切り替えてみましょう。

8.3　Argo Rollouts：GitOpsによる自動化されたリリース戦略

ほとんどの場合、Argo RolloutsはArgo CDと連携して機能します。これは、手動で設定変更を適用するために環境と通信する必要性をなくすデリバリーパイプラインを有効にしたいからです。本節の例ではArgo Rolloutsのみに焦点を当てますが、実際のシナリオではArgo CDがそれを行うため、kubectlを使用して環境にリソースを適用することはありません。

ウェブサイトで定義されているように、Argo RolloutsはKubernetesにブルー／グリーン、カナリア、カナリア分析、実験、プログレッシブデリバリー機能などの高度なデプロイメント機能を提供するKubernetes カスタムコントローラーとCRDのセットです。ほかのプロジェクトで見てきたようにArgo Rolloutsは`Rollouts`、`Analysis`、`Experimentations`の概念でKubernetesを拡張し、プログレッシブデリバリー機能を有効にします。Argo Rolloutsの主なアイデアはDeploymentとService リソースを手動で変更して追跡する必要がなく、Kubernetesの標準リソースを使用することです。

Argo Rolloutsは2つの大きな部分で構成されています。ロールアウトの定義（分析と実験も）を処理するロジックを実装するKubernetes カスタムコントローラーとこれらのロールアウトの進行状況を制御し、手動でのプロモーションとロールバックを可能にする`kubectl`プラグイ

Chapter 8　プラットフォーム機能 II：チームによる実験を可能にする　359

ンです。`kubectl` Argo Rolloutsプラグインを使用すると、Argo Rollouts Dashboardをインストールしてローカルで実行することもできます。

ローカルのKubernetes KinDクラスターにArgo Rolloutsをインストールする方法のチュートリアルは、https://github.com/salaboy/platforms-on-k8s/blob/main/chapter-8/argo-rollouts/README.mdで確認できます。このチュートリアルでは、Knative Servingで使用したものとは異なるKinDクラスターを作成する必要があることに注意してください。

Argo Rolloutsを使用してカナリアリリースを実装する方法を見て、Kubernetes 標準リソースやKnative Servicesを使用する場合とどのように比較されるかを確認しましょう。

8.3.1 Argo Rolloutsのカナリアロールアウト

最初の `Rollout` リソースを作成することから始めましょう。Argo RolloutsではDeploymentを定義しません。この責任をArgo Rolloutsコントローラーに委任するためです。代わりにArgo Rollouts リソースを定義します。これはDeploymentがPodの作成方法を定義するのと同じ方法で、Podの仕様（`PodSpec`）も提供します。

これらの例ではカンファレンスプラットフォームアプリケーションの通知サービスのみを使用し、Helmは使用しません。Argo Rolloutsを使用する場合、現在カンファレンスアプリケーションのHelm Chartに含まれていない異なるリソースタイプを扱う必要があります。Argo RolloutsはHelmと完全に連携できますが、これらの例でのArgo Rolloutsの動作をテストするためにファイルを作成します。Helmを使用したArgo Rolloutsの例はhttps://argoproj.github.io/argo-rollouts/features/helm/で確認できます。リスト8.11で通知サービス用のArgo Rolloutsリソースの作成から始めましょう。

リスト8.11 Argo Rollouts リソース定義

```
apiVersion: argoproj.io/v1alpha1
kind: Rollout   ① Rollout 定義により、ワークロードに異なるリリースを使用するように設定できる
metadata:
  name: notifications-service-canary
spec:
  replicas: 3   ② Deploymentと同様に、通知サービスに必要なレプリカの数を設定できることに注目する
```

360　Kubernetesで実践するPlatform Engineering

```
    strategy:canary:
```

③ この例ではspec.strategyプロパティをcanaryに設定している。これには、このサービス特有のカナリアリリースの動作を設定するため、一連の具体的なステップが必要である

```
      steps:
```

④ 定義されたステップはサービスを更新するたびに順番に実行される。この例では、カナリアは25%のトラフィックから始まり手動での昇格を待ってから75%に切り替え、10秒待ってから最終的に100%に移動する

```
      - setWeight: 25- pause: {}- setWeight: 75- pause: {duration: 10}
revisionHistoryLimit: 2
selector:
  matchLabels:
    app: notifications-service
template:
  metadata:
    labels:
      app: notifications-service
  spec:
    containers:
    - name: notifications-service
      image: salaboy/notifications-service-<HASH>:v1.0.0
      env:
        - name: KAFKA_URL
          value: kafka.default.svc.cluster.local
        ...
```

NOTE

詳しいファイルは、https://github.com/salaboy/platforms-on-k8s/blob/main/chapter-8/argo-rollouts/canary-release/rollout.yamlで確認できます。

　このRolloutは、`spec.template`と`spec.replicas`フィールド内で定義した内容を使用してPodの作成を管理します。ただし、`spec.strategy`節が追加されています。この場合は`canary`に設定されており、ロールアウトが発生するステップ（カナリアに送信されるトラフィックの量（重み））を定義します。ご覧のとおり、各ステップ間に休止時間を定義することもできます。`duration`は秒単位で表現され、トラフィックがカナリアバージョンに移行する方法を細かく制御できます。`duration`パラメーターを指定しない場合、手動での介入が行われるまでロールアウトはそこで待機します。このロールアウトが実際にどのように機能するかを見てみましょう。

Chapter 8　プラットフォーム機能Ⅱ：チームによる実験を可能にする　　361

Rollout を Kubernetes クラスターに適用しましょう（すべての手順については、https://github.com/salaboy/platforms-on-k8s/tree/main/chapter-8/argo-rollouts#canary-releasesの段階的なチュートリアルを確認してください）。

```
> kubectl apply -f argo-rollouts/canary-release/
```

NOTE
このコマンドはService と Ingress も作成します。

Argo CDを使用している場合はリソースを手動で適用する代わりに、このリソースをArgo CDが監視しているGitリポジトリにプッシュすることを覚えておいてください。リソースが適用されるとリスト8.12に示すように、`kubectl`を使用して新しいRollout が使用可能になったことがわかります。

リスト8.12　すべての Rollout を取得する

```
> kubectl get rollouts.argoproj.io
NAME                              DESIRED    CURRENT    UP-TO-DATE    AVAILABLE
notifications-service-canary      3          3          3             3
```

これは通常の Deployment とよく似ていますが、そうではありません。`kubectl get deployments`を使用すると、`email-service`に使用可能な Deployment は表示されません。Argo RolloutsはReplicaSet の作成と操作を担当するRolloutsリソースを使用して、Deploymentを置き換えます。`kubectl get rs`を使用して確認すると、Rolloutが新しいReplicaSetを作成したことがわかります。リスト8.13を参照してください。

リスト8.13　Rolloutによって作成されたReplicaSetを取得する

```
> kubectl get rs
NAME                                      DESIRED    CURRENT    READY
notifications-service-canary-7f6b88b5fb   3          3          3
```

Argo Rollouts はこれまでDeploymentリソースで管理していたReplicaSetを作成・管理しますが、カナリアリリースをスムーズに実行できる方法で行います。

Argo Rollouts Dashboardをインストールしている場合、メインページにRolloutが表示されるはずです（図8.12を参照）。

図8.12　Argo Rollouts Dashboard

Deployment と同様に、クラスターの外部からサービスにトラフィックをルーティングするにはServiceとIngressが依然として必要です。これらのリソースは段階的なチュートリアル https://github.com/salaboy/platforms-on-k8s/tree/main/chapter-8/argo-rollouts/canary-releaseに含まれています。次のリソースを作成すると、図8.13に示すように安定版サービスおよびカナリアと通信を開始できます。

図8.13　Rollout カナリアリリースの Kubernetes リソース。Rollout は ReplicaSet を制御し、各 ReplicaSet 内の Pod の数に基づいておおよその重みを管理する

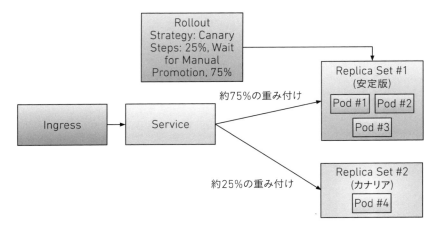

Service と Ingress を作成すると、次の `curl` コマンドを使用して通知サービスの `service/info` エンドポイントを照会できるはずです。

```
> curl localhost/service/info | jq
```

出力はリスト8.14のようになるはずです。

リスト8.14　通知サービスのバージョンv1.0.0との通信

```
{
  "name": "NOTIFICATIONS",
  "version": "1.0.0",
  "source": "https://github.com/salaboy/platforms-on-k8s/tree/main/
➥conference-application/notifications-service",
  "podName": "notifications-service-canary-7f6b88b5fb-fq8mm",
  "podNamespace": "default",
  "podNodeName": "dev-worker2",
  "podIp": "10.244.1.5",
  "podServiceAccount": "default"
}
```

リクエストは通知サービスの`service/info`エンドポイントの出力を示しています。この Rolloutリソースを作成したばかりなので、Rolloutカナリア戦略の仕組みはまだ機能していません。Rolloutの`spec.template`節を新しいコンテナイメージ参照で更新したり、環境変数を変更したりする場合、新しいリビジョンが作成され、カナリア戦略が機能し始めます。

新しいターミナルで変更を加える前にRolloutのステータスを監視できるので、Rolloutの仕様を変更したときにRolloutの仕組みの動作を確認できます。変更を加えた後にロールアウトの進行状況を監視する場合は、別の端末で次のコマンドを実行できます。

```
> kubectl argo rollouts get rollout notifications-service-canary --watch
```

図8.14のようになるはずです。

図8.14　`kubectl`用の`argo`プラグインを使用したロールアウトの詳細

`notification-service-canary`ロールアウトを次のコマンドを実行して変更しましょう。

```
> kubectl argo rollouts set image notifications-service-canary
notifications-service=salaboy/notifications-service-0e27884e01429ab7e35
0cb5dff61b525:v1.1.0
```

Rolloutで使用されるコンテナイメージを置き換えるとすぐに、ロールアウト戦略が機能し始めます。ロールアウトを監視している端末に戻ると、新しい`# revision: 2`が作成されたことがわかるはずです。図8.15を参照してください。

図8.15　サービスを更新した後のロールアウトの進行状況

リビジョン2はcanaryとしてラベル付けされ、ロールアウトのステータスは‖ Pausedでカナリア用に作成されたPodは1つだけであることがわかります。これまでのところ、ロールアウトはリスト8.15のように最初のステップのみを実行しています。

リスト8.15　ロールアウトでのステップ定義

```
strategy:
  canary:
    steps:
    - setWeight: 25
    - pause: {}
```

ダッシュボードでカナリアロールアウトのステータスを確認することもできます（図8.16を参照）。

図8.16　カナリアリリースが作成され、トラフィックの約20%がルーティングされている

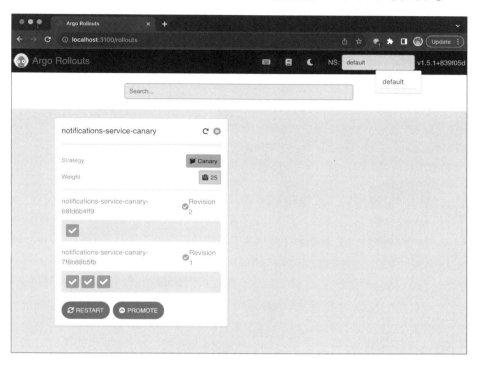

ロールアウトは現在、手動での介入を待って一時停止しています。ロールアウトプロセスを続行する前に、カナリアがどのように機能しているかについて満足しているかどうかを確認できます。そのため、リスト8.16のように約25%の確率でカナリアにヒットすることを確認するために、service / infoエンドポイントを再度クエリできます。

リスト8.16　通知サービスのバージョンv1.1.10にヒットした出力例

```
> curl localhost/service/info | jq
{
  "name":"NOTIFICATIONS-IMPROVED","version":"1.1.0",
  …
}
```

1つのリクエストが安定版に到達し、1つがカナリアに到達したことがわかります。

Argo Rolloutsはトラフィック管理を扱っていません。この場合、Rolloutは基盤となるReplicaSetとそのレプリカのみを扱っています。リスト8.17のように、`kubectl get rs`を実行して`ReplicaSet`を確認できます。

リスト8.17　Rolloutに関連付けられたReplicaSetの確認

```
> kubectl get rs
NAME                                      DESIRED   CURRENT   READY   AGE
notifications-service-canary-68fd6b4ff9   1         1         1       12s
notifications-service-canary-7f6b88b5fb   3         3         3       17m
```

これらの異なるPod（カナリアPodと安定版Pod）間のトラフィック管理はServiceによって管理されているため、リクエストがカナリアと安定版の両方のPodに到達しているのを確認するには、Serviceを経由する必要があります。これについて言及しているのは、例えば`kubectl port-forward svc/notifications-service 8080:80`を使用すると、トラフィックがServiceに転送されていると思いがちですが（`svc/notifications-service`を使用しているため）、`kubectl port-forward`はPodに解決されて単一のPodに接続するため、カナリアまたは安定版のPodにのみ到達できるからです。このため、Ingressを使用しました。これはServiceを使用してトラフィックの負荷分散を行い、セレクターに一致するすべてのPodに到達します。

結果に満足している場合は、次のコマンドを実行してロールアウトプロセスを続行できます。これによりカナリアが安定版になります。

```
> kubectl argo rollouts promote notifications-service-canary
```

手動でロールアウトを昇格しましたが、ベストプラクティスは8.3.2項で掘り下げるArgo Rolloutsの自動化された分析ステップを使用することです。

Argo Rollouts Dashboardを見ると、Rolloutの中のPromoteボタンを使用してロールアウトを前に進めることもできることがわかります。この文脈での昇格はリスト8.18に示すように、ロールアウトが`spec.strategy`節で定義された次のステップを実行し続けることができることを意味するだけです。

リスト8.18　10秒のポーズを含むロールアウトステップ定義

```
strategy:
  canary:
    steps:
    - setWeight: 25
    - pause: {}
    - setWeight: 75
    - pause: {duration: 10}
```

手動での昇格後、重みは75％に設定されて10秒の一時停止が続き、最終的に待機時間を100％に設定します。その時点でリビジョン1がダウンスケールされ、リビジョン2が徐々にアップスケールされてすべてのトラフィックを引き継ぐのがわかるはずです。図8.17はロールアウトの最終状態を示しています。

図8.17　すべてのトラフィックがリビジョン2にシフトしてロールアウトが終了した

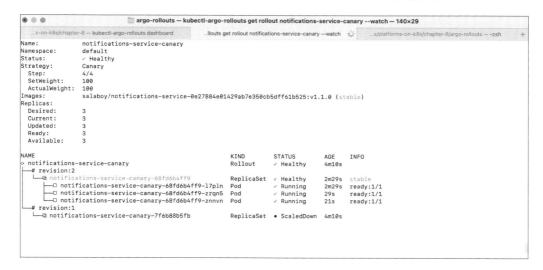

Chapter 8　プラットフォーム機能Ⅱ：チームによる実験を可能にする

図8.18のように、ダッシュボードでもこのロールアウトの進行状況をライブで確認できます。

図8.18 カナリアリビジョンが安定版に昇格される

ご覧のとおり、リビジョン1は0にダウンスケールされてリビジョン2は安定版としてマークされました。ReplicaSetを確認すると、リスト8.19に示すように同じ出力が表示されます。

リスト8.19 リビジョン1を担当するReplicaSetが0にダウンスケールされる

```
> kubectl get rs
NAME                                      DESIRED   CURRENT   READY
notifications-service-canary-68fd6b4ff9   3         3         3
notifications-service-canary-7f6b88b5fb   0         0         0
```

Argo Rolloutsを使用してカナリアリリースを正常に作成、テスト、昇格しました！

8.1節でカナリアリリースについて見たことと比較すると、2つのDeploymentを使用して同じパターンを実装する場合はArgo Rolloutsを使用すると、カナリアリリースの昇格方法、カナリアにより多くのトラフィックをシフトする前に待機する時間、追加する手動介入ステップの数を完全に制御できます。次に、Argo Rolloutsでブルー／グリーンデプロイメントがどのように機能するかを見てみましょう。

8.3.2 Argo Rolloutsのブルー／グリーンデプロイメント

8.1節では、Kubernetesの標準リソースを使用してブルー／グリーンデプロイメントを行う利点と理由について説明しました。またプロセスが手動であり、これらの手動ステップがサービスをダウンさせるようなミスを招く可能性があることも見てきました。本節では以前にカナリアデプロイメントで使用したのと同じアプローチに従って、Argo Rolloutsがブルー／グリーンデプロイメントを実装できるようにする方法を見ていきます。Argo Rolloutsのブルー／グリーンデプロイメントの段階的なチュートリアルは、https://github.com/salaboy/platforms-on-k8s/tree/main/chapter-8/argo-rollouts#bluegreen-deploymentsで確認してください。リスト8.20のように、ブルー／グリーンデプロイメントを使用したRolloutがどのように見えるかを見てみましょう。

リスト8.20　ブルー／グリーンデプロイメントを定義するRollout

```yaml
apiVersion: argoproj.io/v1alpha1
kind: Rollout
metadata:
  name: notifications-service-bluegreen
spec:
  replicas: 2
  revisionHistoryLimit: 2
  selector:
    matchLabels:
      app: notifications-service
  template:
    metadata:
      labels:
        app: notifications-service
    spec:
      containers:
      - name: notifications-service
        image: salaboy/notifications-service-<HASH>:v1.0.0
        env:
          - name: KAFKA_URL
            value: kafka.default.svc.cluster.local
        ..
  strategy:
    blueGreen:
```

```
    activeService: notifications-service-blue
    previewService: notifications-service-green
    autoPromotionEnabled: false
```

NOTE

詳しいファイルは、https://github.com/salaboy/platforms-on-k8s/blob/main/chapter-8/argo-rollouts/blue-green/rollout.yamlで確認できます。

このRolloutが機能するためのリソース（2つのServiceと1つのIngress）を適用しましょう。

```
> kubectl apply -f argo-rollouts/blue-green/
```

以前と同じ`spec.template`を使用していますが、ロールアウトの戦略を`blueGreen`に設定しているため、2つのServiceへの参照を構成する必要があります。1つのServiceは本番トラフィックを提供するActive Service（ブルー）で、もう1つは本番トラフィックをルーティングせずにプレビューしたいPreview Service（グリーン）です。`autoPromotionEnabled`：`false`は昇格が発生するための手動介入を可能にするために必要です。デフォルトでは、新しいReplicaSetの準備／使用可能状態になるとすぐに、ロールアウトは自動的に昇格されます。次のコマンドまたはArgo Rollouts Dashboardでロールアウトを監視できます。

```
> kubectl argo rollouts get rollout notifications-service-bluegreen --watch
```

372   Kubernetesで実践するPlatform Engineering

次の図では、カナリアリリースで見た出力と同様の出力が表示されるはずです。

図 8.19　BlueGreen Rollout の状態の確認

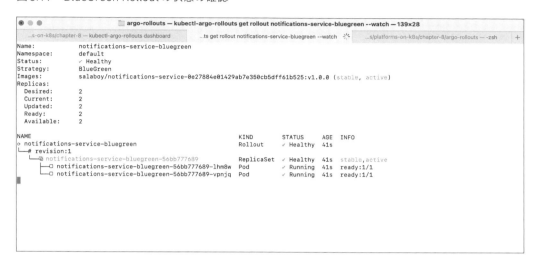

ダッシュボードでは図 8.20 を参照してください。

図 8.20　Argo Rollouts Dashboard でのブルー／グリーンデプロイメント

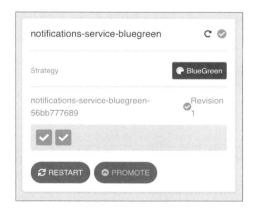

サービスへの Ingress を使用してリビジョン 1 と通信し、リスト 8.21 のようなリクエストを送信できます。

リスト8.21　サービスのリビジョン1にヒットする

```
> curl localhost/service/info
{
  "name":"NOTIFICATIONS",
  "version":"1.0.0",
  …
}
```

Rolloutの`spec.template`を変更するとブルー／グリーンデプロイメントが機能し始めます。この例で期待する結果は、Preview Service が変更を加えたときに作成される2番目のリビジョンにトラフィックをルーティングすることです。

```
> kubectl argo rollouts set image notifications-service-bluegreen
↪notifications-service=salaboy/notifications-service-<HASH>:v1.1.0
```

ロールアウトの仕組みが機能し始め、変更を含むリビジョン2の新しいReplicaSetを自動的に作成します。ブルー／グリーンデプロイメント用のArgo Rolloutsは、セレクターを使用してRollout定義で参照した`previewService`を変更することで、新リビジョンにトラフィックをルーティングします。

`notifications-service-green` Service を記述すると、リスト8.22のように新しいセレクターが追加されたことがわかります。

リスト8.22　Argo Rollouts によって管理される Service セレクター

```
> kubectl describe svc notifications-service-green
Name:              notifications-service-green
Namespace:         default
Labels:            <none>
Annotations:       argo-rollouts.argoproj.io/managed-by-rollouts:
↪notifications-service-bluegreen
Selector:          app=notifications-service,rollouts-pod-template-
↪hash=645d484596
```

374　　Kubernetesで実践するPlatform Engineering

```
Type:                ClusterIP
IP Family Policy:    SingleStack
IP Families:         IPv4
IP:                  10.96.198.251
IPs:                 10.96.198.251
Port:                http  80/TCP
TargetPort:          http/TCP
Endpoints:           10.244.2.5:8080,10.244.3.6:8080
Session Affinity:    None
Events:              <none>
```

　このセレクターは、変更を行ったときに作成されたリビジョン2 ReplicaSetと一致します。
リスト8.23を参照してください。

リスト8.23　ReplicaSet は Service 定義に一致するために同じラベルを使用する

```
> kubectl describe rs notifications-service-bluegreen-645d484596
Name:          notifications-service-bluegreen-645d484596
Namespace:     default
Selector:      app=notifications-service,rollouts-pod-template-
➥hash=645d484596
Labels:        app=notifications-service
               rollouts-pod-template-hash=645d484596
Annotations:   rollout.argoproj.io/desired-replicas: 2
               rollout.argoproj.io/revision: 2
Controlled By: Rollout/notifications-service-bluegreen
Replicas:      2 current / 2 desired
Pods Status:   2 Running / 0 Waiting / 0 Succeeded / 0 Failed
Pod Template:
  Labels:  app=notifications-servicerollouts-pod-template-
➥hash=645d484596
```

　セレクターとラベルを使用することで、ブルー／グリーンデプロイメントを持つRolloutはこ
れらのリンクを自動的に処理します。これにより、これらのラベルを手動で作成する必要がなく
なり、それらが一致することを確認できます。図8.21に示すように2つのリビジョン（および
ReplicaSet）があり、それぞれに2つのPodがあることを確認できます。

図8.21 ブルーサービスとグリーンサービスの両方で同じ数のレプリカが実行されている

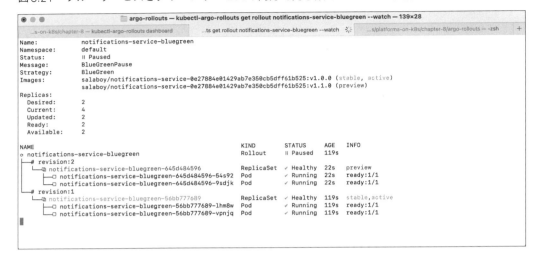

Argo Rollouts Dashboardには、図8.22と同じ情報が表示されるはずです。

図8.22 Argo Rollouts Dashboardのブルーとグリーンのリビジョンが起動している

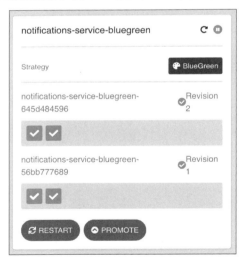

次のリストのように、Ingressの異なるパスを使用してグリーンサービス（リビジョン2）と通信できるようになりました。

リスト8.24　リビジョン2（グリーンサービス）との通信

```
> curl localhost/green/service/info | jq
{"name": "NOTIFICATIONS-IMPROVED","version": "1.1.0","source":
"https://github.com/salaboy/platforms-on-k8s/tree/v1.1.0/
➥conference-application/notifications-service","podName":
➥"notifications-service-bluegreen-645d484596-rsj6z","podNamespace":
➥"default","podNodeName": "dev-worker","podIp": "10.244.2.5","podServic
➥eAccount": "default"
}
```

グリーンサービスの実行が開始されると、安定版サービスに昇格することを決定するまでロールアウトは一時停止状態になります。図8.23はRolloutリソースがロールアウトの進行状況に応じて、グリーンサービス と ブルーサービス のレプリカ数をどのようにオーケストレーションするかを示しています。

図8.23　Kubernetesリソースを使用したブルー／グリーンデプロイメント

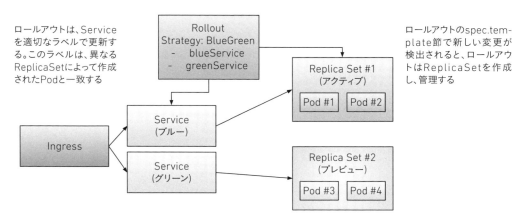

ロールアウトのspec.template節で新しい変更が検出されると、ロールアウトは ReplicaSet を作成し、管理します。

Serviceが2つになったので両方に同時にアクセスし、グリーンサービスをブルーサービス（メイン）に昇格する前に、期待どおりに機能しているか確認できます。サービスのプレビュー中は、クラスター内のほかのサービスはテスト目的でそのサービスにトラフィックのルーティングを開始できます。しかし、すべてのトラフィックをルーティングしてブルーサービスをグリーンサービスに置き換えるには、再びターミナルのCLIまたはArgo Rollouts Dashboardを使用してArgo Rolloutsの昇格の仕組みを使用できます。`kubectl`を使用する代わりに、ダッシュボードを使用してロールアウトを昇格してみてください。ターミナルからロールアウトを昇格するコマンドは次のようになることを覚えておいてください。

```
>kubectl argo rollouts promote notifications-service-bluegreen
```

　リビジョン1のスケールダウン前に、デフォルトで30秒の遅延が追加されることに注意してください（これは`scaleDownDelaySeconds`と呼ばれるプロパティを使用して制御できます）。ただし図8.24に示すように、PROMOTEボタンを押した瞬間に昇格（Serviceへのラベルの切り替え）が発生します。

図8.24　Argo Rollouts Dashboardを使用したグリーンサービスの昇格

　この昇格はServiceのラベルを切り替えるだけでルーティングテーブルを自動的に変更して、Active ServiceからGreen Serviceにすべてのトラフィックを転送するようになります。Rolloutに変更を加えると、プロセスが再び開始され、Preview Serviceがこれらの変更を含む新しいリビジョンを指すようになります。Argo Rolloutsを使用したカナリアリリースとブルー

／グリーンデプロイメントの基本を見てきたので、Argo Rolloutsが提供するより高度な仕組み
を見てみましょう。

8.3.3　プログレッシブデリバリーのためのArgo Rollouts分析

これまでのところ、さまざまなリリース戦略に対してより多くの制御を持つことができました
が、Argo RolloutsはAnalysisTemplate CRDを提供することでより優れています。これにより、
カナリアリリースやグリーンリリースのサービスがロールアウト中に期待どおりに動作している
ことを確認できます。これらの分析は自動化されており、分析が成功しない限りはロールアウト
が進行しないようにゲートとして機能します。

これらの分析ではPrometheus、Datadog[13]、New Relic[14]、Dynatrace[15]などのさまざまな
プロバイダーを使用してプローブを実行でき、Serviceの新しいリビジョンに対するこれらの自
動テストを定義するための最大の柔軟性を提供します。

図8.25はAnalysisTemplatesがArgo Rolloutsに、ロールアウトされる新バージョンが
サービスメトリクスを調べることによって期待どおりに動作していることを検証するための
AnalysisRunsを作成できるようにする方法を示しています。`AnalysisRuns`はメトリクスの
Serviceをプローブしてメトリクスが`AnalysisTemplate`で定義された成功条件に一致する場
合にのみ、`Rollout`ステップを進めます。

※13　https://www.datadoghq.com/
※14　https://newrelic.com/
※15　https://www.dynatrace.com/

図8.25 Argo Rolloutsと分析が連携して、より多くのトラフィックをシフトする前に新しいリビジョンが健全であることを確認する。Rolloutの次のステップに進むシグナルを受け取ると、`AnalysisTemplate`で定義されたクエリを実行してServiceをプローブするために`AnalysisRun`が作成される。`AnalysisRun`の結果は`Rollout`の更新が続行、中止または一時停止するかに影響を与える

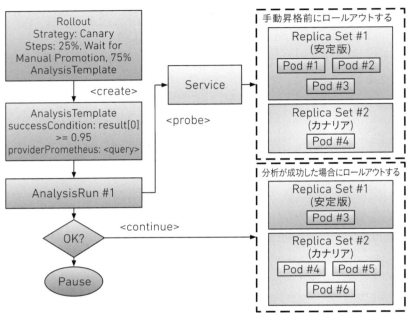

　カナリアリリースの場合、分析は任意のステップ間、事前に定義されたステップで開始またはRolloutで定義されたステップごとに、ステップ定義の一部としてトリガーできます。Prometheusプロバイダーの定義を使用する`AnalysisTemplate`は、リスト8.25のようになります。

リスト8.25　Argo Rolloutsによって提供されるAnalysisTemplateリソース

```
apiVersion: argoproj.io/v1alpha1
kind: AnalysisTemplate
metadata:
  name: success-rate
spec:
  args:
```

```
  - name: service-name
metrics:
- name: success-rate
  interval: 5m
  # NOTE: prometheus queries return results in the form of a vector.
  # It is common to access the index 0 to obtain the value
  successCondition: result[0] >= 0.95
  failureLimit: 3
  provider:
    prometheus:
      address: http://prometheus.example.com:9090
      query: <Prometheus Query here>
```

　次にRolloutでこのテンプレートを参照し、例えばステップ2の後に最初の分析を実行する場合など、新しいAnalysisRunが作成されるタイミングを定義できます（リスト8.26）。

リスト8.26　カナリアリリースを定義する際の分析テンプレートの選択

```
canary:
  analysis:
    templates:
    - templateName: success-rate
    startingStep: 2 # delay starting analysis run until setWeight: 40%
    args:
    - name: service-name
      value: notifications-service-canary.default.svc.cluster.local
```

　先ほど言及したように、分析はステップの一部としても定義できます。その場合、ステップの定義はリスト8.27のようになるでしょう。

リスト8.27　ロールアウトのステップとしてAnalysisTemplateへの参照を使う

```
strategy:
  canary:
    steps:
    - setWeight: 20
```

Chapter 8　プラットフォーム機能Ⅱ：チームによる実験を可能にする　　381

```
      - pause: {duration: 5m}
      - analysis:
          templates:
          - templateName: success-rate
            args:
            - name: service-name
              value: notifications-service-canary.default.svc.cluster.local
```

　ブルー／グリーンデプロイメントを使用するロールアウトの場合、昇格の前後でAnalysis実行をトリガーできます。図8.26は、SmokeTestTemplateを実行することによるPrePromotionAnalysisステップを示しています。これはAnalysisRunが失敗した場合、グリーンサービスへのトラフィックの切り替えをロールアウトで誘導します。

図8.26　ブルー／グリーンデプロイメントとPrePromotionAnalysisが実際に機能するArgo Rollouts。Rolloutで昇格がトリガーされると、Preview Serviceへのトラフィックのルーティングのためにラベルを切り替える前に、`SmokeTestsTemplate`を使用して新しい`AnalysisRun`を作成する。`AnalysisRun`が成功した場合にのみ、Preview Serviceが新しいActive Serviceになる

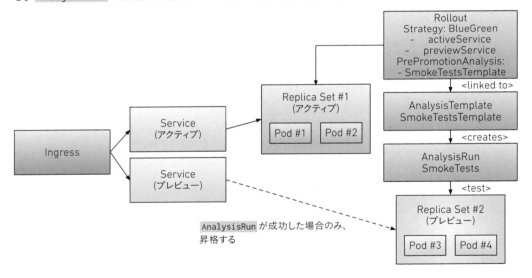

リスト8.28は、Rolloutで構成されたPrePromotionAnalysisの例です。

リスト8.28　ブルー／グリーンロールアウトの一部としてPrePromotionAnalysisを定義する

```
apiVersion: argoproj.io/v1alpha1
kind: Rollout
metadata:
  name: notifications-service-rollout
spec:
...
  strategy:
    blueGreen:
      activeService: notifications-service-blue
      previewService: notifications-service-green
      prePromotionAnalysis:
        templates:
        - templateName: smoke-tests
        args:
        - name: service-name
          value: notifications-service-preview.default.svc.cluster.local
```

　PrePromotionテストの場合、グリーンサービスへのトラフィックを切り替える前に新しいAnalysisRunテストを実行し、テストが成功した場合にのみラベルが更新されます。PostPromotionの場合、ラベルがグリーンサービスに切り替えられた後にテストが実行され、AnalysisRunが失敗した場合、ロールアウトは自動的にラベルを前のバージョンに戻すことができます。これは、AnalysisRunが終了するまでブルーサービスがダウンスケールされないため可能になっています。

　公式ドキュメントの分析の節には、ロールアウトを円滑に行うために使用できるすべてのプロバイダーとハンドリングに関する詳細な説明が含まれているので確認することをお勧めします。
https://argoproj.github.io/argo-rollouts/features/analysis/

8.3.4 Argo Rolloutsとトラフィック管理

最後に、ロールアウトではカナリアリリースに定義する重みを概算するために、使用可能なPodの数を使用していることに触れる価値があります。これはよい出発点でありシンプルな仕組みですが、場合によってはトラフィックがさまざまなリビジョンにどのようにルーティングされるかをより細かく制御する必要があります。サービスメッシュとロードバランサーの力を借りて、カナリアリリースにルーティングされるトラフィックに関するより正確なルールを記述できます。

Argo RolloutsはKubernetesクラスターで使用可能なトラフィック管理ツールに応じて、さまざまな`trafficRouting`ルールで構成できます。Argo Rolloutsは現在、Istio、AWS ALB Ingress Controller、Ambassador Edge Stack、Nginx Ingress Controller、Service Mesh Interface（SMI）、Traefik Proxyなどをサポートしています。ドキュメントで説明されているように、より高度なトラフィック管理機能がある場合は次のような手法を実装できます。

- ライブトラフィックの割合（トラフィックの5％は新バージョンに、残りは安定版に行く必要があるなど）
- ヘッダーベースのルーティング（特定のヘッダーを持つリクエストを新バージョンに送信するなど）
- すべてのトラフィックがコピーされ、並行して新バージョンに送信されるミラーリングされたトラフィック（ただし、レスポンスは無視される）

IstioのようなツールをArgo Rolloutsと併用することによって、開発者は特定のヘッダーを設定する場合にのみ利用可能な機能をテストできるようになります。あるいは想定どおりに動作しているかどうかを検証するために、彼らは本番環境のトラフィックのコピーをカナリアに転送できるようになります。

リスト8.29は、トラフィックの35％を25％の重みを持つカナリアリリースにミラーリングするようにRolloutを構成する例です。つまり安定版サービスにルーティングされるトラフィックの35％がコピーされ、カナリアに転送されます。リスト8.29に示すように、この手法を使用することでIstioがテスト目的のリクエストをコピーしているため、本番トラフィックは一切リスクにさらされません。

リスト8.29　高度な（重みベースの）トラフィック分割にIstioを使用する

```
apiVersion: argoproj.io/v1alpha1
kind: Rollout
spec:
  ...
  strategy:
    canary:
      canaryService: notifications-service-canary
      stableService: notifications-service-stable
      trafficRouting:
        managedRoutes:
          - name: mirror-route
        istio:
          virtualService:
            name: notifications-service-vsvc
      steps:
        - setCanaryScale:
            weight: 25
      - setMirrorRoute:
          name: mirror-route
          percentage: 35
          match:
            - method:
                exact: GET
              path:
                prefix: /
      - pause:
          duration: 10m
      - setMirrorRoute:
          name: "mirror-route" # removes mirror based traffic route
```

　ご覧のとおり、このシンプルな例でもIstio Virtual Servicesの知識と本節の範囲を超えるより高度な構成が必要です。Istioについて学びたい場合は、Christian PostaとRinor Malokuによる『Istio in Action』（Manning Publications、2022年）を確認することを強くお勧めします。図8.27は、重みベースのルーティングを行うためにIstioのトラフィック管理機能を使用するように構成されたロールアウトを示しています。

Chapter 8　プラットフォーム機能Ⅱ：チームによる実験を可能にする　　385

図8.27 Istioを使用したカナリアリリースへのトラフィックミラーリング。Istioのようなツールを使用して`trafficRouting`を設定すると、カナリアワークロードが安定サービスが受け取る実際のトラフィックを体験できるようになる。Rollout コントローラーは、Istio Virtual Servicesを構成して私たちのために作業を行い、サービスに配信されるトラフィックを細かく制御する

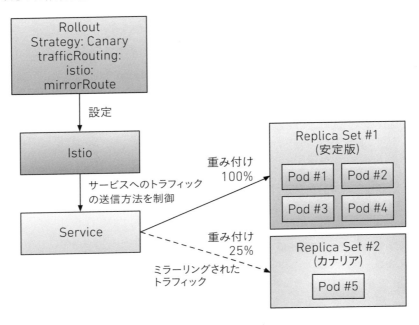

"trafficManagement"機能を使用する場合、ロールアウトのカナリア戦略はルールを使用しない場合とは異なる動作をします。具体的にはカナリアリリースのロールアウトを実行する際に、サービスの安定版はダウンスケールされません。これにより、安定版サービスがトラフィックの100%を処理できるようになります。カナリアのレプリカ数には通常の計算が適用されます。

公式ドキュメント[16]を確認し、そこにある例に従うことを強くお勧めします。使用可能なサービスメッシュに応じて、ロールアウトを異なる方法で構成する必要があるためです。

※16 https://argoproj.github.io/argo-rollouts/features/traffic-management/

8.4　プラットフォームエンジニアリングにリンクする

　本章ではKubernetesの標準リソースで達成できることと、Argo RolloutsやKnative Servingなどのツールがアプリケーションの新バージョンをKubernetesにリリースすることでチームの生活をどのように簡素化するかを見てきました。

　残念ながら、2023年の今日の時点でArgo RolloutsとKnative Servingはまだ統合されていません[17]。もし統合されていれば両方のコミュニティーが機能を重複させるのではなく、リリース戦略を定義する統合された方法から恩恵を受けることができるであろうからです。私は、これらのリリース戦略の実装を容易にするKnative Serving リソースが好きです。一方、Argo Rollouts が `AnalysisTemplates` の概念で新しいリリースを自動的にテストおよび検証できるようにすることで、物事を次のレベルに引き上げる方法が気に入っています。Istio、Knative Serving、Argo RolloutsなどのツールはKubernetesで高度なトラフィックルーティング機能がどのように管理されるかを統一するために、Gateway API標準[18]とのさらなる統合を模索しているため、将来は有望です。Istio、Knative Serving、Argo Rolloutsのようなツールはこの新しい標準をサポートするための積極的な取り組みを行っています。

　Kubernetesの旅路の中で、遅かれ早かれデリバリーの課題に直面すると私は確信しています。クラスター内でこれらの仕組みを使用できるようにすることで、より多くのソフトウェアをより速くリリースする自信が高まります。したがって、私はこれらのツールの評価を軽視しません。チームがこれらのリリース戦略を実装するためにどのツールを使用するかを調査して選択する時間を計画してください。多くのソフトウェアベンダーが支援し、推奨事項を提供することもできます。

　プラットフォームエンジニアリングの観点から、言語に関係なく使用できるアプリケーションレベルのAPIを提供することで開発者の効率を上げる方法を見てきました。プロダクトマネージャーやビジネス重視のチームなど、ほかのチームが特定の機能をいつ有効にし、ニーズに応じてさまざまなリリース戦略を実行する方法を決定できるようにしました。運用チームが新しいロールアウトが安全で期待どおりに機能していることを検証するためのルールを安全に定義できるようにしました。

---

[17]　https://github.com/argoproj/argo-rollouts/issues/2186
[18]　https://gateway-api.sigs.k8s.io/

本章の焦点はKnative Servingのようなツールを詳細に分析することではありませんでしたが、プラットフォームを構築する際は CaaS と FaaS の機能について言及することが重要です。これらは、プラットフォームチームがユーザーに公開したい可能性のある一般的な特性を表しているためです。Knativeに基づいて関数ベースの開発ワークフローを構築し、Kubernetesの複数のアプローチを活用することの重要性を強調しているKnative Functions[19]も確認することをお勧めします。これは現在、公式のKnativeモジュールです。

　図8.28はKnative Servingのようなツールが、プラットフォームチームに対して異なるチームのワークロードをデプロイ・実行するための基本的な構成要素を提供していることを示しています。高度なトラフィック管理を追加することで、チームはより複雑なリリース戦略を実装できます。Argo RolloutsとKnative ServingはIstio Service Meshと連携し、暗号化とオブザーバビリティーのためのmTLSなど、ほかの重要な側面をカバーします。DaprやOpenFeatureなどのツールはチームが使用する標準インターフェースを提供すると同時に、プラットフォームチームが単一のソリューションに縛られることなくバックエンドの実装を定義できるようにすることで、この図に完璧に当てはまります。

図8.28　環境を管理するために定義されたプラットフォーム機能

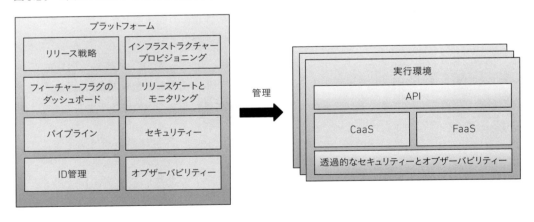

　私はKnative、Argo Rollouts、Dapr、Istio、OpenFeatureなどのツールがこの分野を主導していると考えています。そして依然として、チームがこれらの各ツールのすべての詳細を把握する必要があるとしても、パターンが確立されつつあります。これらのツールは3年以上前から

※19　https://knative.dev/docs/functions/

存在しており、その機能、ロードマップ、関係者の成熟度が見て取れます。これらのプロジェクトの一部がCNCFインキュベーションプロセスを卒業するに伴って、現在ほとんどの企業が手作業で実装している一般的なワークフローに対してユーザーを支援するために、統合がさらに進むことを期待しています。

最後にこれまでの旅を振り返ると図8.29は、リリース戦略がプラットフォームのウォーキングスケルトンにどのように適合しビジネス（製品チーム、ステークホルダー）に近いチームがこれらの仕組みを使用して、すべての顧客を最新バージョンに完全に移行する前に新バージョンを検証する方法を示しています。

図8.29　チームが新バージョンを試すことができる環境

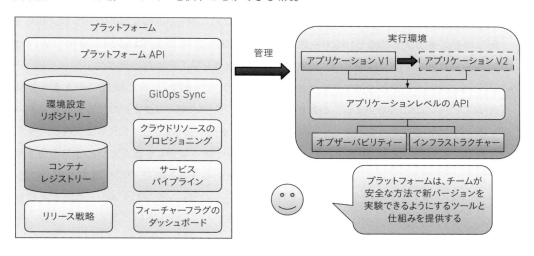

次章ではこの本の締めくくりとして、Kubernetes上に構築しているプラットフォームをどのように測定できるかについて話すことにしました。これらの最後の2つの章で説明したプラットフォーム機能と、この本で説明したツールの組み合わせはチームのソフトウェア提供の速度を向上させているため優れています。したがって、チームがソフトウェアを提供する際の効率性に焦点を当てたメトリクスを使用することは、プラットフォームがこれらのチームに提供するツールと直接関連しています。

本章のまとめ

- カナリアリリース、ブルー／グリーンデプロイメント、A／Bテストなどの一般的なリリース戦略はKubernetesの標準リソースを使用して実装するのが難しい場合がある

- Knative Servingは高度なネットワーキングレイヤーを導入し、同時にデプロイできるサービスのさまざまなバージョンへのトラフィックのルーティング方法を細かく制御できるようにする。この機能はKnative Servicesの上に実装されており、カナリアリリース、ブルー／グリーンデプロイメント、A／Bテストのリリース戦略を実装するためにいくつかのKubernetesリソースを作成する手動作業を削減する。Knative Servingは新バージョンへのトラフィック移動の運用上の負担を簡素化し、Knativeオートスケーラーの助けを借りて需要に基づいてスケールアップおよびダウンすることができる

- Argo RolloutsはArgo CD（第4章で説明）と統合され、ロールアウトの概念を使用してリリース戦略を実装するための代替手段を提供する。Argo Rolloutsには、バージョン間を安全に移動できるように新しいリリースのテストを自動化する機能（AnalysisTemplatesとAnalysisRuns）も含まれている

- プラットフォームチームは、ステークホルダー（ビジネス、プロダクトマネージャー、運用）が取り組んでいるアプリケーションの新バージョンをリリースするリスクを軽減する柔軟な仕組みとワークフローを提供することで、実験を可能にする必要がある

- 段階的なチュートリアルに従うことで、Knative Servicesを使用してカンファレンスアプリケーションにトラフィックをルーティングするさまざまなパターンを実践的に体験できる。また、Argo Rolloutsを使用してカナリアリリースとブルー／グリーンデプロイメントの実装を経験した

Platform Engineering on Kubernetes

プラットフォームの測定

Chapter

9

Measuring your platforms

本章で取り上げる内容

- プラットフォームのパフォーマンス測定の重要性を学ぶ
- DORA メトリクスを実装し、継続的改善の秘訣を学ぶ
- ツールと標準を使ってメトリクスを収集・計算する

　第8章では、ソフトウェアを提供するためのプラットフォームを構築し、必要なときにチームが必要なツールを持てるようにするための原則を説明しました。この最後の章ではプラットフォームがアプリケーション開発チームだけでなく、組織全体にとっても機能していることを確認することに焦点を当てています。ソフトウェアの実行においてさまざまな測定方法がありますが、本章ではDORA（DevOps Research and Assessment）メトリクスに焦点を当てます。DORAメトリクスは組織のソフトウェアデリバリー速度と、障害発生時の復元力を理解するための優れた基盤を提供します。

　本章は大きく2つの節に分かれています。

- ・何を測定するか：DORA メトリクスと高いパフォーマンスのチーム
- ・どのようにプラットフォームの取り組みを測定するか：
    - ・CloudEvents と CDEvents
    - ・Keptn Lifecycle Toolkit

Chapter 9　プラットフォームの測定　391

まずは何を測定すべきかを理解することから始めましょう。そのために、DORAメトリクスについて見る必要があります。

9.1　何を測定するか：DORAメトリクスとパフォーマンスの高いチーム

業界で徹底的な調査を行った結果、DevOps Research and Assessment（DORA）チームは、ソフトウェア開発チームのパフォーマンスを測定するための5つの主要なメトリクスを特定しました。2020年当初は4つの指標のみが定義されていたため、DORAの4つのキーという表現を見る場合もあります。数百のチームを調査した結果、DORAはパフォーマンスの高いチーム／優秀なチームとそれ以外のチームを分ける指標とメトリクスを発見し、その数値は非常に驚くべきものでした。DORAは以下の4つの主要指標を使用してチームとプラクティスを評価しました。

- **デプロイ頻度**：組織が顧客にソフトウェアをリリースする頻度
- **変更のリードタイム**：アプリケーションチームの変更が顧客に届くまでの時間
- **変更の失敗率**：新機能リリースに伴う本番環境での障害件数
- **サービス復旧時間**：本番環境での障害復旧時間

図9.1は、DORAメトリクスをカテゴリーごとに示しており、最初の2つはチームのベロシティに関連しています。あとの2つ、変更の失敗率とサービス復旧時間は組織が障害から復旧する可能性を示しています。

図9.1　カテゴリー別のDORAメトリクス

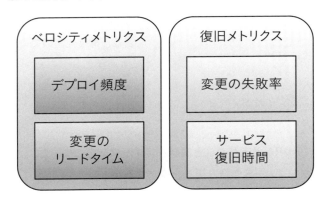

2022年には運用パフォーマンスに焦点を当てた5番目の重要なメトリクスが追加されましたが、本書ではアプリケーション開発チームに焦点を当てているため、4つのソフトウェアデリバリーメトリクスのみを議論します。

　レポートに示されているこれらの5つの重要なメトリクスは、高パフォーマンスのチームとこれらのメトリクスで表されるベロシティとの明確な相関関係を示しています。チームのデプロイ頻度（つまり、新バージョンをユーザー向け展開する頻度）を減らし、インシデントによって引き起こされる時間を短縮することができれば、ソフトウェアデリバリーのパフォーマンスは向上します。

　本章では、構築しているプラットフォームのメトリクスを計算する方法について考え、プラットフォームが継続的デリバリープラクティスを改善していることを確認します。これらのメトリクスを計算しデータを収集するには、ソフトウェアを提供するためにチームが使用しているさまざまなシステムにアクセスする必要があります。例えば、デプロイ頻度を計算する場合は新しいリリースがデプロイされるたびに、本番環境のデータにアクセスする必要があります（図9.2参照）。別の選択肢としては、本番環境にリリースをする実行環境パイプラインからデータを使用することが考えられます。図9.2ではCI / CD パイプラインと本番環境を観察して、デプロイ頻度のようなメトリクスを計算する方法を示しています。

図9.2　デプロイ頻度のデータソース

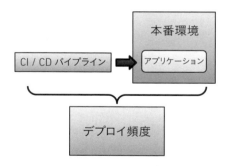

　変更のリードタイムを計算したい場合は、GitHub / GitLab / BitBucketなどのソースコードバージョン管理システムからのデータを集約し、この情報を本番環境にデプロイされる成果物と関連付ける方法が必要になります（図9.3）。

図9.3　変更のリードタイムのデータソース

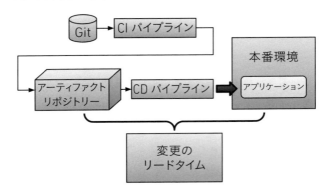

　コミットを成果物や後のデプロイメントに関連付ける簡単な方法があると仮定します。この場合はいくつかのソースに依存できますが、ボトルネックがどこにあるのかをより詳細に把握したい場合、どこに時間が費やされているかを確認できるようにより多くのデータを集約することを選択するかもしれません。

　変更の失敗率やサービス復旧時間を計算するためには、インシデント管理や監視ツールにアクセスする必要があるかもしれません（図9.4参照）。

図9.4　復旧メトリクスのデータソース

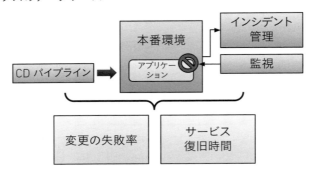

　復旧メトリクス（変更の失敗率とサービス復旧時間）に関しては、データ収集がより難しい場合があります。なぜならアプリケーションのパフォーマンスが低下している時間やダウンタイムが発生している時間を測定する方法を見つける必要があるからです。これには、実際にアプリケーションに問題を抱えているユーザーからの報告が含まれるかもしれません。

9.1.1 統合の問題

これはすぐにシステム統合の課題になります。一般的には、ソフトウェアデリバリープロセスに関与するシステムを観察し、関連するデータを収集し、その情報を集約する仕組みを持つ必要があります。この情報が利用可能になれば、これらのメトリクスを使用してデリバリープロセスを最適化し、ボトルネックを見つけて解決することができます。

一部のプロジェクトではDORAメトリクスを標準で提供していますが、それらが自分のシステムに柔軟に対応できるかどうかを評価する必要があります。GoogleのFour Keysプロジェクトは、外部の出力に基づいてこれらのメトリクスを計算するための手軽な環境を提供します。詳細については、こちら（https://cloud.google.com/blog/products/devops-sre/using-the-four-keys-to-measure-your-devops-performance）をご覧ください。

DORAのFour Keys[1] は、現在はアーカイブ化され、メンテナンスが中止されている状態です。

残念ながら、Four KeysプロジェクトはBigDataとGoogle Cloud Runを使用して計算を行うため、Google Cloud 上で実行する必要があります。本書の原則に従うと、異なるクラウドプロバイダーで機能してKubernetesを基盤とする解決策が必要です。ほかのツールとしてはLinearB[2]があり、さまざまなツールを追跡するためのSaaS を提供しています。また、Codefreshのブログ記事[3]もお勧めします。この記事は、これらのメトリクスを計算する際の課題や必要なデータポイントについて説明しています。

Kubernetesネイティブな方法でこれらのメトリクスを計算するためには、異なるシステムから情報を取得する方法を標準化してこの情報を、メトリクスを計算するために使用できるモデルに変換し、さまざまな組織が自分たちのメトリクスや多様な情報源でこのモデルを拡張できるようにする必要があります。次節では、この目標を達成するために役立つ2つの標準、CloudEvents[4] と CDEvents[5] について見ていきます。

※1　https://github.com/dora-team/fourkeys
※2　https://linearb.io/
※3　https://codefresh.io/learn/software-deployment/dora-metrics-4-key-metrics-for-improving-devops-performance/
※4　https://cloudevents.io/
※5　https://cdevents.dev/

9.2 プラットフォームをどのように測定するか：CloudEventsとCDEvents

ますます多くのツールやサービスプロバイダーが、イベントデータをラップする標準的な方法としてCloudEvents[6]を採用しています。本書ではTekton[7]やDapr PubSub[8]について触れました。公式のCloudEventsウェブサイト[9]（にアクセスし、CloudEvents Adopters節までスクロール）を見てみると、すでにこの標準をサポートしているすべてのプロジェクトを見つけることができます。そのリストにはArgo EventsやKnative Eventingなど、前章で説明したツールと非常に合うプロジェクトが含まれています。また、Google Cloud EventarcやAlibaba Cloud EventBridgeといったクラウドプロバイダーのサービスがリストに含まれているのも興味深く、CloudEventsが今後も広く使われることを示しています。

より多くの採用が進んでいることは素晴らしい指標ですが、CloudEventを受信したり送信したりする際にはまだ多くの作業が残っています。CloudEventsは、イベントデータのためのシンプルで薄いエンベロープです。図9.5はCloudEventの非常にシンプルな構造を示しています。仕様ではCloudEventに必要なメタデータが定義されており、CloudEventはほかのシステムに送信したいイベントデータを含むペイロードを持つことが検証されています。

図9.5　CloudEvents イベントデータをラップするシンプルなエンベロープ

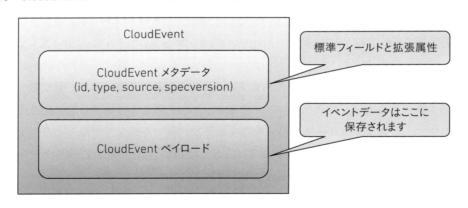

---

[6] https://cloudevents.io/
[7] https://tekton.dev/
[8] https://dapr.io/
[9] https://cloudevents.io/

CloudEventsを使用することで、開発者はCloudEvents仕様に基づいてイベントを送信および受信し、イベントが何に関するものであるかを少なくとも把握できます。CloudEvents仕様はトランスポートに依存しないため、CloudEventsを移動させるために異なるトランスポートを使用することができます。仕様にはAMQP、HTTP、AVRO、KAFKA、NATS、MQTT、JSON、XML、Web Socket、Webhook などのプロトコルに対するバインディングの定義が含まれています。完全なリストはこちら（https://github.com/cloudevents/spec/tree/main#cloudevents-documents）で確認できます。

第7章でDapr PubSubを使用したとき、CloudEvents SDKを使用してイベントのタイプを検証し、CloudEventのペイロードを取得しました[10]。Tekton、Knative Eventing、Argo EventsなどのプロジェクトはすでにCloudEventsソースを発行および提供しており、処理することができます。例えばKnative Eventing は GitHub、GitLab、Kubernetes API サーバー、Kafka、RabbitMQ などのソースを提供しています[11]。Argo Events はリストに Slack と Stripe を追加していますが、20以上のイベントソースを提供しています[12]。Tektonなどのプロジェクトはパイプライン、タスク、pipelineRun、taskRunなどの独自の管理リソースの内部イベントを提供しますが、ほかのツールについても統一された方法でイベントを収集できるとよいでしょう。

プラットフォームに含まれるツールがチームのソフトウェアリリースにどのように役立っているかを測定するためには、これらのイベントソースにアクセスしてデータを収集し、データを集約し、意味のあるメトリクスを抽出する必要があります。図9.6は、ツールがチームのソフトウェアデリバリーを支援しているかを測定するために利用できるさまざまなイベントソースを示していますが、メトリクスを計算するにはこれらのイベントをどこかに保存して、さらなる処理を行う必要があります。

※10　https://github.com/salaboy/platforms-on-k8s/blob/v2.0.0/conference-application/frontend-go/frontend.go#L118
※11　https://knative.dev/docs/eventing/sources/#knative-sources
※12　https://argoproj.github.io/argo-events/concepts/event_source/

図9.6　イベントソースとイベントストア

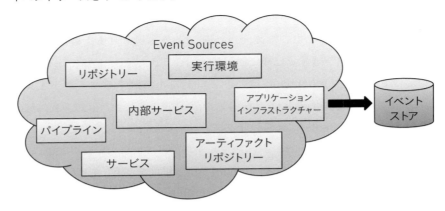

　これらのイベントを使用してメトリクスを計算したい場合は、データを読み取り、それに基づいてこれらのイベントを集約および相関させる必要があります。

　CloudEventsを生成する各ツールがCloudEventペイロードのスキーマを独自に定義できるため、これは大きな課題となっています。メトリクスを計算するために必要なデータを抽出するには、各システムがペイロードをどのようにエンコードしているかを理解する必要があります。ソフトウェアデリバリーのニーズに基づいて、これらのイベントをすばやくフィルタリングおよび使用できる標準的モデルがあれば素晴らしいと思いませんか？　それがCDEvents[13]です。

9.2.1　継続的デリバリー向けのCloudEvents：CDEvents

　CDEventsはただのCloudEventsですが、より具体的な目的を持っています。CDEventsは継続的デリバリープラクティスのさまざまな段階に対応されます。CDEventsはContinuous Delivery Foundation[14]が推進しているプロジェクトであり、そのウェブサイトで定義されるように、継続的デリバリーに関連するさまざまなツール間の相互運用を実現することに焦点を当てています。CDEventsのウェブサイトではCDEventsは、継続的デリバリーイベントの共通仕様であり、ソフトウェア生産エコシステム全体での相互運用を可能にします[15]と説明されています。

---

[13] https://cdevents.dev/
[14] https://cd.foundation/
[15] https://cdevents.dev/

相互運用性を提供するために、CDEvents仕様では5つのステージ[16]を定義しています。これらのステージは、ソフトウェアデリバリーエコシステム内のさまざまなフェーズやツールに概念的に関連するイベントをグループ化するために使用されます。

- **コア**：タスクのオーケストレーションに関連するイベントは通常、パイプラインエンジンから発生する。ここではtaskRunとpipelineRunに関連するイベントの仕様が定義されている。PipelineRun StartedやTaskRun Queuedなどのイベントがこのステージにある
- **ソースコードバージョン管理**：ソースコードに関連する変更イベントについて記述している。この仕様はrepositorybranchchangeのテーマをカバーすることに重点を置いている。Change CreatedやChange Mergedなどのイベントがこのステージにある
- **継続的インテグレーション**：ソフトウェアのビルド、成果物の生成、テストの実行に関連するイベント。このステージではartifactbuildtestCasetestSuiteの主題がカバーされる。Artifact PublishedやBuild Finishedなどのイベントがこのステージにある
- **継続的デプロイメント**：さまざまな環境へのソフトウェアのデプロイに関連するイベント。このステージでカバーされる主題はservicesとenvironmentsである。Service DeployedやEnvironment Modifiedなどのイベントがこのステージにある
- **継続的運用**：実行中のサービスに関連するインシデントに関連するイベント

図9.7は、これらのカテゴリーとそれぞれのイベントの例を示しています。

※16　https://github.com/cdevents/spec/blob/v0.3.0/spec.md#vocabulary-stages

図9.7 CDEvents仕様で定義されている5つのステージ

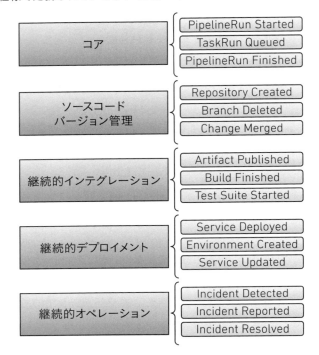

　CDEventsを使用することで、ソフトウェアデリバリーのメトリクスを簡単に計算できます。なぜなら、CDEventsはこれらのメトリクスが関心を持っているテーマをすでにカバーしているからです。例えば、継続的デプロイメントのステージのイベントを使用してデプロイ頻度のメトリクスを計算できます。また、継続的デプロイメントイベントとソースコードバージョン管理イベントを組み合わせることで、変更のリードタイムを計算することも可能です。

> CDEventsが紹介するユースケースでも、DORAメトリクスについてVelocityに関する2つのメトリクスの計算のために十分なデータを提供すると言及されています[17]。
> またDORAが目的ではないですが、CDEvents v0.4.0ではTesting Events、Ticket Eventsの2つのステージ（Events）が追加されています。Testing Eventsではソフトウェアテストの実行と成果物に関するEvents（queued, started, finished etc…）がまとめられています。Ticket EventsはContinuous Operations Eventsの追加要素でIssueに関するEvents（created, updated, closed etc…）がまとめられています。

※17　https://cdevents.dev/docs/primer/#use-cases

では、CDEventsはどこから取得できるのでしょうか。CDEventsは現在CDFoundationでインキュベートされているかなり新しい仕様であり、相互運用性のストーリーの一環として、この仕様がさまざまなツールや実装を標準モデルにマッピングするためのフック機構として機能できると信じています。これにより、すべてのメトリクスを計算するために利用できるだけでなく、レガシーシステム（これだけでなくクラウドイベントを発信していないツールも）も恩恵を受けることができます。

　本章ではCDEvents仕様を使用して標準化されたデータモデルを定義します。CloudEventsを使用してさまざまなシステムから情報を収集し、CDEventsに依存して、受信したイベントをソフトウェアデリバリープラクティスのさまざまなステージにマッピングします。図9.8はソフトウェアデリバリーに関連する代表的なイベントソースを示しています。

図9.8　CDEventsは継続的デリバリー向けに特化されたCloudEventsである

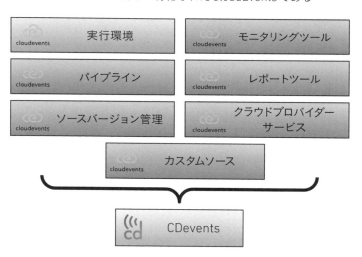

　TektonなどのツールはすでにCDEventsに対する実験的サポートを提供しています[18]。次項で見ていくように、関数を使用してCloudEventsをCDEventsに変換することができます。さらに重要なことに、CDEventsワーキンググループはさまざまなプログラミング言語でCDEventsを受信および送信するアプリケーションを構築できるように、ソフトウェア開発キット（SDK）を提供することにも注力しています。

※18　https://www.youtube.com/watch?v=GAm6JzTW4nc

次項では、DORA メトリクスを計算するための Kubernetes ベースのソリューションがどのように構築され、異なるメトリクスやイベントソースをサポートするように拡張できるかを検討します。これは、異なるツールを使用する異なるプラットフォームがそのパフォーマンスを利用し、早期にボトルネックや改善ポイントを検出できるようにするために重要です。これは、Kubernetesに関連するプロジェクトの文脈で異なるツールをどのように結びつけることができるかの一例に過ぎないことに注意してください。

9.2.2　CloudEventsベースのメトリクス収集パイプラインの構築

DORAチームが提案したメトリクス（デプロイ頻度、変更のリードタイム、変更の失敗率、サービス復旧時間）を計算するには、データを収集する必要があります。異なるシステムからのデータを取得したら、そのデータを標準化されたモデルに変換して、メトリクスを計算できるようにします。次に、データを処理して各メトリクスの値を計算し、計算結果を保存する必要があります。そして、収集したデータや計算されたメトリクスを要約したグラフィカルなダッシュボードを使用して、関係者全員に提供する必要があります。

データ収集、変換、集約パイプラインを構築するために、さまざまなツールを使用できます。しかしシンプルで拡張性の高い解決策を構築するために、前章で紹介したいくつかのツール（例えば、集約および変換機能を構築するためのKnative Serving、CloudEvents、CDEvents）を使用します。また、Knative Eventingのイベントソースも使用しますが、このデモはArgo EventsなどのほかのCloudEventソースをサポートするように簡単に拡張できます。本節は、以下の3つに分かれています。

- イベントソースからのデータ収集
- CDEventsへのデータ変換
- メトリクスの計算

これらの項は、概観では図9.9のように提案されたアーキテクチャーと1対1で対応しています。

図9.9 DORAメトリクスを計算するためのデータの収集と変換

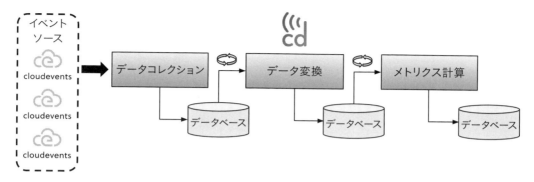

広範な視点から見ると、異なる企業や実装が予測できないシステムからデータを収集するため、任意の数のイベントソースをサポートするようにデータ収集および変換パイプラインを設計する必要があります。私たちは、データがシステムに入る前にCloudEventsの形式であることを要求しています。CloudEvents仕様に従っていないイベントソースがある場合、そのデータを仕様に従うように適応させる必要があります。これはCloudEvents SDK[※19]を使用して、既存のイベントを仕様に従うようにラップすることで簡単に実現できます。

データがシステムに入ると、それを永続的なストレージに保存します。ここでは、すべての受信データと計算結果を保存するためにPostgreSQLデータベースを使用しました。コンポーネントは次のステージ（データ変換）を直接呼び出すのではなく、各コンポーネントは定期的にデータベースからデータを取得し、まだ処理されていないすべてのデータを処理します。このステージ（データ変換）ではデータベースに保存されたCloudEventsをCDEvents構造に変換し、メトリクスの計算に使用します。CDEvents構造への変換が完了すると、その結果はPostgreSQLデータベース内の別のテーブルに保存されます。最後にメトリクス計算ステージではデータベースからまだ処理されていない新しいCDEventsを定期的に読み取り、定義されたメトリクスを計算します。

このシンプルなアーキテクチャにより、新しいデータソースや受信するデータに応じた新しい変換ロジック、さらにはドメイン固有のメトリクス計算ロジック（DORAメトリクスに限らない）を組み込むことができます。また、受信したデータが正しく保存されていることが保証され

※19　https://cloudevents.io/ のSDKの節

ると、メトリクスデータが失われた場合でもすべての変換と計算結果を再計算できることも重要です。それでは、最も単純なDORA four keysメトリクスの一つであるデプロイ頻度を計算するために必要なステージを詳しく見ていきましょう。

9.2.3 イベントソースからのデータ収集

　図9.9に示すように複数のソースからデータを取得しつつ、CloudEventsを標準入力形式として設定しています。CloudEventsは広く採用されていますが、多くのシステムはまだこの標準をサポートしていません。本節ではKnative Sourcesを使用してイベントソースを宣言的に定義し、非CloudEventデータをCloudEventsに変換する仕組みについて説明します。

　提案された解決策では、受信したCloudEventsを受け取るためのRESTエンドポイントを公開します。CloudEventsを取得したらデータを検証し、PostgreSQLのテーブルcloudevents_rawに保存します。次にKnative Eventingのイベントソースを見てみましょう。これによりイベントソースをインストールして構成するだけで、自動的にイベントを生成することができます。

9.2.4 Knative Eventingイベントソース

　Knative Eventingイベントソースを使用すると既存のイベントソースをインストールしたり、新しいイベントソースを作成したりできます。図9.10はすぐに使用できるイベントソースのいくつかと、これらのイベントがデータ変換パイプラインのデータ収集ステップにどのようにルーティングされるかを示しています。

404　Kubernetesで実践するPlatform Engineering

図9.10 Knative Sourcesとデータ収集

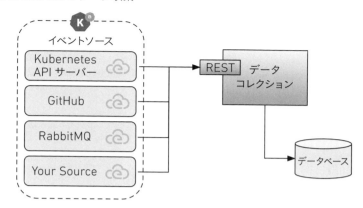

Knativeコミュニティーやさまざまなソフトウェアベンダーによって、いくつかのKnative Eventingイベントソースがすぐに使用できる形で提供されています。以下はその一部ですが、メトリクスの計算に使用したいソースのいくつかをカバーしています。

- APIServerSource
- PingSource
- GitHubSource
- GitLabSource
- RabbitMQSource
- KafkaSource

サードパーティーソースの完全なリストはhttps://knative.dev/docs/eventing/sources/#third-party-sourcesで確認してください。これらのソースはKubernetes APIサーバー、GitHub、RabbitMQ AMQPメッセージなどのイベントをCloudEventsに変換します。

利用可能なKnative Sourcesのいずれかのうち、例えば`APIServerSource`を使用したい場合は、ソースがクラスターにインストールされていることを確認し、ニーズに合わせてソースを設定するだけです（リスト9.1を参照）。デプロイ頻度メトリクスを計算するために、デプロイメントに関連するKubernetesイベントを利用します。`APIServerSource`リソースを定義することで、ソースとイベントの送信先を宣言的に設定できます。

リスト9.1　Knative Source APIServerSource 定義

```
apiVersion: sources.knative.dev/v1
kind: ApiServerSource
```

① ApiServerSourceは、Kubernetes Eventストリーム[20]から読み込み、これらのイベントをCloudEventsに変換し、シンク[21]に送信するKnative ApiServerSourceコンポーネントを設定するために使用するリソースタイプである

```
metadata:
  name: main-api-server-source
```

② ほかのすべてのKubernetesリソースと同様に、このリソースにも名前を定義する必要がある。必要な数だけApiServerSourcesを設定することができる

```
spec:
  serviceAccountName: api-server-source-sa
```

③ Kubernetes APIサーバーからイベントを読み取るため、アクセス権限が必要である。したがって、ApiServerSourceコンポーネントが内部イベントストリームから読み取れるようにするには、ServiceAccountが存在する必要がある。このApiServerSourceリソースが機能するために必要なServiceAccount、Role、RoleBindingリソースは、https://github.com/salaboy/platforms-on-k8s/blob/main/chapter-9/dora-cloudevents/api-serversource-deployments.yaml で確認できる

```
  mode: Resource
  resources:
    - apiVersion: v1
      kind: Event
```

④ 前述のとおり、このソースはEventタイプのリソースに関心がある

```
  sink:
```

⑤ sink節では、このソースから生成されたCloudEventsをどこに送信するかを定義する。この例では、four-keysネームスペースにあるcloudevents-raw-serviceという名前のKubernetes Serviceを参照する。Knative SourcesはほかのKubernetesリソースを参照する際、これらのリソースが存在することを確認し、ターゲットサービスが見つかった場合にのみ準備完了状態になる。ただし、サービスが Kubernetes API コンテキスト外にある場合はURI を指定できるが、宛先が存在しない場合のエラー検知ができなくなる

```
    ref:
      apiVersion: v1
      kind: Service
      name: cloudevents-raw-service
      namespace: dora-cloudevents
```

　ご想像のとおり ApiServerSource は大量のイベントを生成し、それらは cloudevents-raw-service に送信されてPostgreSQLデータベースに保存されます。関心のあるイベントのみを転送するためにより複雑なルーティングとフィルタリングを設定することができますが、次の段階でフィルタリングを適用することもでき、データ収集プロセスの進化に合わせてメトリクスを追加できるアプローチを可能にします。このソースを使用すると新しいDeployment リソースが作成、変更、または削除されるたびに1つ以上のCloudEventsを受け取り、データベース

※20　https://www.cncf.io/blog/2021/12/21/extracting-value-from-the-kubernetes-events-feed/
※21　シンクとはデータの流れの中でデータが最終的に送られる場所、または処理される場所を指します。

に保存します。

　すでにイベントを生成しているシステムがある状況でCloudEventsが必要な場合、独自のカスタムKnative Eventingイベントソースを作成できます。これを行う方法の詳細については次のチュートリアルを参照してください。
https://knative.dev/docs/eventing/custom-event-source/custom-event-source/

　Knative Eventingイベントソースを使用してイベントソースを宣言および管理する大きな利点は、ほかのKubernetesリソースと同様にソースをクエリーできること、状態を監視および管理できること、Kubernetesエコシステムで利用可能なすべてのツールを使用して問題が発生したときにトラブルシューティングできることです。CloudEventsがデータベースに保存されるとそれらを分析し、さらなる計算のためにCDEventsにマッピングすることができます。

9.2.5　CDEventsへのデータ変換
　CloudEventsがPostgreSQLデータベースに保存されたので、それらが有効なCloudEventsであることを検証しました。これらの非常に汎用的なCloudEventsの一部をメトリクスの計算に使用するCDEventsに変換したいと考えています。

　冒頭で説明したように、これらの変換は計算しようとしているメトリクスの種類によって異なります。この例ではデプロイ頻度メトリクスを計算するために、Deployment リソースに関連する内部Kubernetesイベントを調べますが、まったく異なるアプローチを使用することもできます。例えば、Kubernetes内部イベントを調べる代わりにArgoCDイベントやTekton Pipelineイベントを調べて、クラスターの外部からデプロイメントがトリガーされるタイミングを監視することができます。図9.11は、CloudEventをCDEventsにマッピングするために必要なマッピングと変換のプロセスを示しています。

図9.11　CloudEventsからCDEventsへのマッピングと変換

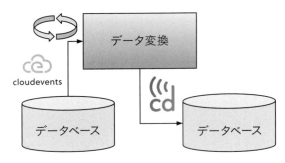

　サービスのデプロイメントが行われたこと、または更新されたことを示す具体的なCDEventに、非常に汎用的なCloudEventをマッピングする方法が必要です。このマッピングと変換のロジックはCloudEventsとCDEventsのみを扱うため、任意のプログラミング言語で記述できます。受信するイベントの量が多いため、イベントを受信したらすぐにブロックせずに処理することが重要です。そのため、ここではより非同期的なアプローチが選択されています。データ変換ロジックは、受信イベントを処理したい／処理できる頻度に応じて設定可能な固定期間でスケジュールされます。

　この例では`type`が`dev.knative.apiserver.resource.add`で、`data.InvolvedObject.Kind`が`Deployment`のイベントを受け取り、`dev.cdevents.service.deployed.0.1.0`タイプのCDEventsにマッピングおよび変換します。この変換は図9.12に示すように、Knative APIServerSourceからのイベントをCDEvents仕様で定義されているものと関連付けるため、私たちのニーズに特化したものです。

図9.12　デプロイメントに対する具体的なマッピングとCDEventの作成

異なるメトリクスを計算するには、これらの変換をさらに行う必要があります。1つの選択肢は、すべての変換ロジックを1つのコンテナに追加することです。このアプローチではすべての変換をひとまとめにしてバージョン管理できますが、同時にコードを変更する場所が1つしかないため新しい変換を記述するチームを複雑にしたり、制限したりする可能性があります。もう1つの選択肢は関数ベースのアプローチを使用することです。これらの変換を行うためだけの関数を作成することを推奨します。関数を使用すると、現在イベントを変換している関数のみが実行されます。使用されていない関数はすべてダウンスケールできます。処理するイベントが多すぎる場合、トラフィックに基づいてオンデマンドで関数をアップスケールできます。

図9.13　CloudEventsをCDEventsにマッピングするための関数の使用

図9.13に示すように、データベースから読み取られるCloudEventsを具体的な関数にルーティングするための新しいコンポーネントが必要です。各変換関数はペイロードを検査したり、外部データソースでコンテンツを強化したり、CloudEvent全体をCDEventにラップしたりすることでCloudEventを変換できます。

データ変換ルーターコンポーネントは新しい変換関数をシステムにプラグインできるように、また同じイベント（同じCloudEventが1つ以上の変換関数に送信される）を複数の関数で処理できるように、十分に柔軟性を持たせる必要があります。

変換およびマッピング関数は、CDEventsの永続化方法を気にする必要はありません。これによりこれらの関数をシンプルに保ち、変換のみに集中できます。変換が完了して新しいCDEventが生成されると、関数はそのイベントをCDEventsエンドポイントコンポーネントに送信し、そこでCDEventがデータベースに保存されます。

　変換の最後にはデータベースに0個以上のCDEventsが保存されます。これらのCDEventsは次の節で見るメトリクス計算関数で使用できます。

9.2.6　メトリクスの計算

　DORAメトリクスやカスタムメトリクスを計算するために、CDEventsの変換やマッピングで使用したのと同じ関数ベースのアプローチを使用します。この場合、異なるメトリクスを計算するための関数を書きます。各メトリクスは異なるイベントやシステムからのデータを集約する必要があるため、各メトリクス計算関数は異なるロジックを実装できます（図9.14を参照）。メトリクスを計算するために使用されるメカニズムは、計算を実行するコードを書く開発者次第です。

図9.14　関数を使用してDORAメトリクスを計算する

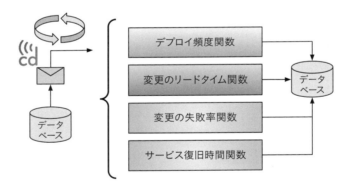

　メトリクスを計算するために各関数は特定のメトリクスの更新が必要な頻度に応じて、データベースから非常に特定のCDEventsを取得するように構成できます。メトリクスの結果は、計算されたデータで何をしたいかに応じてデータベースに保存したり、外部システムに送信したりできます。

より具体的な例としてデプロイ頻度メトリクスの計算を見てみましょう。図9.15のように、メトリクスを追跡するためにいくつかの新しい仕組みとデータ構造を実装する必要があります。

図9.15　デプロイメント頻度の計算の流れ

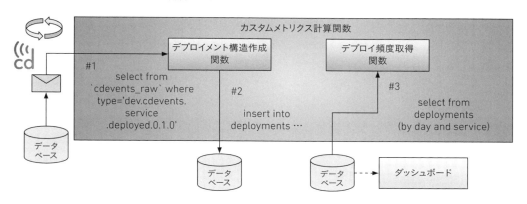

図9.15に示すデプロイ頻度メトリクスを計算するための簡略化された流れにおいて、ステップ＃1では`cdevents_raw`テーブルからデプロイメントに関連するCDEventsを取得します。`Create Deployments structure function`はタイプ`dev.cdevents.service.deployed.0.1.0`のCDEventsを読み取り、ペイロードとメタデータを検査し、後でクエリー可能な新しい構造を作成する役割を担います。ステップ＃2は、この新しい構造をデータベースに永続化する役割を担います。この構造の主な理由は、実装しているメトリクスのデータをより簡単かつパフォーマンスよくクエリーできるようにすることです。この例ではデプロイ頻度メトリクスを計算するのに使用するデータを記録するために、新しい`deployment`構造（およびテーブル）が作成されます。この単純な例ではデプロイメント構造にはサービスの名前、タイムスタンプ、デプロイメントの名前が含まれています。ステップ＃3は、このデータを使用してサービスごとのデプロイメント頻度を取得し、この情報を日別、週別、月別に表示できます。これらの関数はべき等（idempotent）である必要があります。つまり、同じCDEventsを入力として使用してメトリクスの計算を再トリガーしても同じ結果が得られるはずです。

この流れに最適化を追加することができます。例えば、すでに処理されたCDEventsの再処理を避けるためのカスタムメカニズムを作成できます。これらのカスタマイズは各メトリクスの内部メカニズムとして扱うことができ、開発者は必要に応じてほかのシステムやツールとの統合を追加できるはずです。例として、`Get Deployment Frequency Function`はデータベース

からメトリクスを取得できますが、実際には簡略化された構造が保存されているデータベースを直接クエリーするダッシュボードを使うのが現実的でしょう。多くのダッシュボード解決策はSQLコネクターを標準で提供しているためです。

　ここまでデプロイ頻度メトリクスを計算するための流れについて説明しました。次にデータ収集、データ変換、メトリクス計算のために必要なすべてのコンポーネントをインストールする実例を見ていきましょう。

9.2.7　DORAメトリクスを計算する例

　本節ではKubernetesベースのプラットフォームのデータ収集、CDEventsへのデータ変換、メトリクス計算を組み合わせる動作例を見ていきます。非常に基本的な例と、Deploymentのデプロイ頻度メトリクスを計算するために必要なコンポーネントをインストールおよび実行する方法の段階的なチュートリアルを紹介します[22]。

　この例で実装されたアーキテクチャーは、前項で定義した段階（データ収集、データ変換、メトリクス計算）をまとめたものです。このアーキテクチャーの主な側面の1つは、データ変換とメトリクス計算のコンポーネントの拡張性とPluggability（プラガビリティ）[23]です。このアーキテクチャーではCloudEventsとしてデータを収集することを前提としているため、このアーキテクチャーを使用するにはユーザーがイベントソースをCloudEventsに変換する必要があります。

　図9.16は収集するイベントを決定し、それらをCDEventsに変換してDORAメトリクスを計算する方法の機能を提供するためにすべてのコンポーネントがどのように結びつけられているかを示しています。

※22　https://github.com/salaboy/platforms-on-k8s/blob/main/chapter-9/dora-cloudevents/README.md
※23　Pluggability とはあるシステムやソフトウェアに、ほかの機能やモジュールを容易に組み込むことができるという概念を指します。

図9.16 DORAメトリクスのキャプチャと計算のための例となるアーキテクチャー

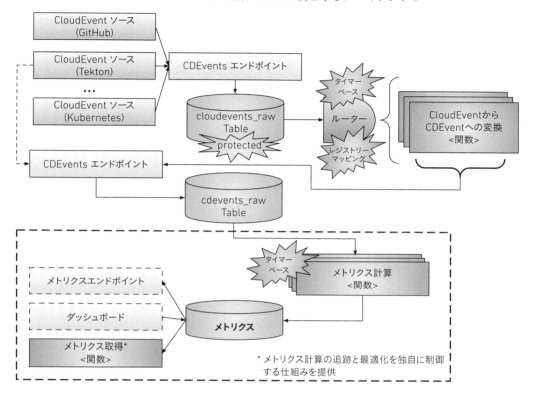

　最初はこのアーキテクチャーは複雑に見えるかもしれませんが、さまざまなソースからイベントを収集／処理するために必要なカスタム拡張とマッピングを可能にするために設計されています。

　段階的なチュートリアルに従って、すべてのコンポーネントをインストールするための新しいKubernetesクラスターを作成します。ただし、アーキテクチャーは決して単一のクラスターに限定されるものではありません。クラスターを作成して接続した後、関数のランタイムにKnative Servingを、イベントソースにはKnative Eventingのみをインストールします。クラスターの準備ができたら収集されたデータを処理するすべてのコンポーネントをホストする新しい名前空間と、イベントを保存するためのPostgreSQLのインスタンスを作成します。

イベントとメトリクスの保存

イベントとメトリクス情報を保存する場所ができたら、コンポーネントがイベントを保存して読み取るためのテーブルを作成する必要があります。この例では図9.17に示すように`cloudevents_raw`、`cdevents_raw`、`deployments`の3つのテーブルを作成します。

図9.17　テーブル、CloudEvents、CDEvents、メトリクス計算

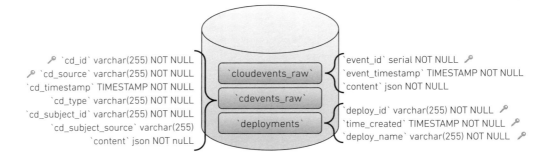

これらの3つのテーブルにどのような情報を保存するのかを見てみましょう。`cloudevents_raw`テーブルは、さまざまなソースから受け取ったすべてのCloudEventsを保存します。このテーブルの主な目的はデータの収集です。

このテーブルのスキーマは非常にシンプルで、次の3つの列のみです。

- `event_id`：この値はデータベースによって生成される
- `event_timestamp`：イベントが受信されたタイムスタンプを保存する。これは後でイベントを再処理するための順序を付けるために使用できる
- `content`：CloudEventのシリアライズされたJSONデータをJSON列に保存する。このテーブルはできるだけシンプルに保たれる。どのようなクラウドイベントを取得しているのかわからないため、この時点でペイロードをアンマーシャルして読み取ることは望んでいない。これはデータ変換段階で行うことができるためである

`cdevents_raw`テーブルは、すべての受信CloudEventsをフィルタリングおよび変換した後に保存したいすべてのCDEventsを保存します。CDEventsはより具体的でこれらのイベントについてのメタデータが多いため、このテーブルにはより多くの列が設定されています。

- `cd_id`：元のCloudEventからCloudEvent IDを保存する
- `cd_timestamp`：元のCloudEventが受信されたタイムスタンプを保存する
- `cd_source`：元のCloudEventが生成されたソースを保存する
- `cd_type`：異なるCDEventsタイプを保存し、フィルタリングできるようにする。このテーブルに保存されるCDEventsのタイプは、セットアップで実行されている変換関数によって定義される
- `cd_subject_id`：このCDEventに関連付けられたエンティティーのIDを保存する。この情報は、変換関数が元のCloudEventのコンテンツを分析するときに取得される
- `cd_subject_source`：このCDEventに関連付けられたエンティティーのソースを保存する
- `content`：JSONシリアライズ版のCDEvent。元のCloudEventをペイロードとして含む

`deployments`テーブルは、デプロイ頻度メトリクスの計算に特化しています。さまざまなメトリクスの計算に使用されるこれらのカスタムテーブルに何を保存するかについては、ルールはありません。簡単にするために、このテーブルには次の3つの列のみがあります。

- `deploy_id`：サービスのデプロイメントを識別するために使用されるIDである
- `time_created`：デプロイメントが作成または更新された時刻である
- `deploy_name`：メトリクスの計算に使用されるデプロイメント名である

イベントとメトリクスのデータを保存するためのテーブルの準備ができたら、コンポーネントにイベントを流す必要があります。そのためには、イベントソースを設定する必要があります。

イベントソースの設定

最後に、データ変換やメトリクス計算の関数をインストールする前に、Knative EventingのKubernetes API サーバーイベントソースを設定して新しい Deployment が作成されたときに検出します。図9.18を参照してください。

図9.18　Knative Eventing APIサーバーソースを使用した例。Knative Eventing APIサーバーソースを使うことで、Kubernetesイベントストリームを利用することができる。このサーバーソースは内部イベントをCloudEventに変換し、フィルタリングや処理のために異なるシステムにルーティングすることができる

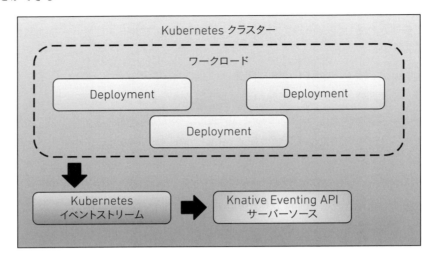

　ここではCloudEventが有効になっているデータソースを使用できます。Knative APIサーバーソースは、さらなる処理のためにイベントを消費してルーティングする方法がいかに簡単かを示す一例です。

　Argo Events[24]やほかのKnative Eventingソース[25]のプロジェクトを確認し、使える機能を把握しましょう。また、CloudEvents仕様の採用者リスト[26]も確認してください。これらのツールはすでにCloudEventsを生成しており、処理してメトリクス計算にマッピングすることができます。

※24　https://argoproj.github.io/argo-events/
※25　https://knative.dev/docs/eventing/sources/
※26　https://cloudevents.io/

データ変換とメトリクス計算コンポーネントのデプロイ

　これでイベントとメトリクスのデータを保存する場所ができ、ユーザーがクラスターとやり取りするときにイベントを発行するようにイベントソースが設定されました。次にこれらのイベントを取得し、フィルタリングして変換し、デプロイ頻度メトリクスを計算するコンポーネントをデプロイできます。段階的なチュートリアルでは次のコンポーネントをデプロイします。

- **CloudEventsエンドポイント**：CloudEventsを受信するためのHTTPエンドポイントを公開し、データベースに接続して保存する
- **CDEventsエンドポイント**：CDEventsを受信するためのHTTPエンドポイントを公開し、データベースに接続して保存する
- **CloudEventsルーター**：データベースからCloudEventsを読み取り、設定された変換関数にルーティングする。このコンポーネントにより、ユーザーは変換関数をプラグインしてCloudEventをCDEventに変換し、さらに処理できる。CloudEventsルーターは、データベースから未処理のイベントを定期的に取得することで実行される
- **(CDEvents) 変換関数**：ユーザーは変換関数を定義し、CloudEventsをCDEventsにマッピングできる。ここでのアイデアは、ユーザーがDORAやその他のメトリクスを計算するのに必要な関数を好きなだけ追加できるようにすることである
- **(デプロイ頻度) 計算関数**：メトリクス計算関数はデータベースからCDEventsを読み取ることで、さまざまなメトリクスを計算する方法を提供する。これらの関数は、必要に応じて計算されたメトリクスをカスタムデータベーステーブルに保存できる
- **(デプロイ頻度) メトリクスエンドポイント**：これらのメトリクスエンドポイントは、アプリケーションが計算されたメトリクスを利用するためにオプションで公開できる。または、ダッシュボードがデータをデータベースから直接クエリーすることもできる

　図9.19は、インストールしたさまざまなコンポーネントを通してCloudEventsがどのように流れるかを示しています。

Chapter 9　プラットフォームの測定　417

図9.19　データはCloudEventsを生成するデータソースから、これらのイベントをイベントストアに保存することのみを目的とするCloudEventsエンドポイントに流れる。そこから、CloudEventsルーターは変換関数にイベントをルーティングする場所を決定するロジックを持ち、CloudEventsをCDEventsにマッピングしてさらに処理できるようにする。CDEventsを取得したら計算関数はこれらのイベントを読み取ってデータを集約し、メトリクスを生成できる。メトリクスの受信者はメトリクスエンドポイントとやり取りしてメトリクスを取得できる。このエンドポイントはメトリクスデータベースから計算されたメトリクスを取得する

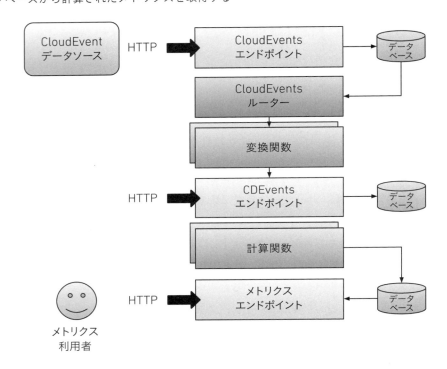

コンポーネントが稼働したらクラスターを使用してこれらのコンポーネントでフィルタリングおよび処理されたイベントを生成し、デプロイ頻度メトリクスを生成できます。

デプロイ頻度のメトリクス

デプロイ頻度のメトリクスを計算するには、新しいワークロードをクラスターにデプロイする必要がある。チュートリアルには、Deployment から発生するイベントを監視するためのすべての変換およびメトリクス計算関数が含まれている

アプリケーション開発チームは既存の Deployment を作成および更新できますが、プラットフォームチームはプラットフォームがチームの作業を可能にするためにどれだけ効率的かを透過的に監視できる。図9.20は、関係するチームとこの例でメトリクスがどのように計算されるかを示しています。

図9.20　パフォーマンスメトリクスを測定するためのコンポーネントとデータ流れ

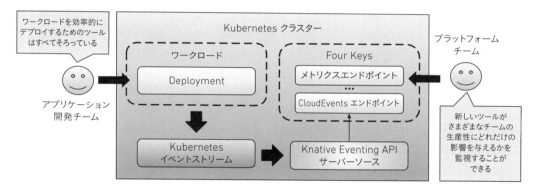

最後に、KinDで例を実行している場合は次のエンドポイントを `curl` できます。

```
> curl http://dora-frequency-endpoint.dora-cloudevents.127.0.0.1.sslip.io/
➥deploy-frequency/day | jq
```

次のようなリストが表示されるはずです。

リスト9.2　デプロイ頻度のメトリクス取得

```
[
  {
    "DeployName":"nginx-deployment-1",
    "Deployments":3,
```

```
    "Time":"2022-11-19T00:00:00Z"
    },
    {
        "DeployName":"nginx-deployment-3",
        "Deployments":1,
        "Time":"2022-11-19T00:00:00Z"
    }
]
```

　変換およびメトリクス計算関数は1分ごとに実行されるようにスケジュールされています。したがって、これらのメトリクスは関数が実行された後にのみ返されます。またはGrafanaなどのダッシュボードソリューションをPostgreSQLデータベースに接続し、メトリクスを構成することもできます。ダッシュボードツールは、特定のメトリクスに関するデータを保存するテーブルに焦点を当てることができます。デプロイ頻度の例では、deploymentsテーブルのみがメトリクスの表示に関連します。

　この例を確認してローカルで実行してみること、段階的なチュートリアルに従うこと、質問がある場合や改善に協力したい場合は連絡を取ることを強くお勧めします。例を変更してメトリクスを異なる方法で計算したり、カスタムメトリクスを追加したりするとこれらのメトリクス計算がいかに複雑であるかを理解できます。それと同時に、アプリケーション開発チームと運用チームがほぼリアルタイムで物事の進行状況を理解できるように、この情報を利用可能にすることがいかに重要であるかがわかります。

　次の節ではオープンソースでCNCFプロジェクトのKeptn Lifecycle Toolkit[27]を見ていきます。これはクラウドネイティブアプリケーションの監視、観察、メトリクスの計算だけでなく、予期しない事態が発生したときやシステムとの統合が必要なときに行動を起こすためのさまざまな仕組みを構築しています。

※27　https://keptn.sh/

9.3　Keptn Lifecycle Toolkit

　Keptn Lifecycle Toolkit（KLT）は、クラウドネイティブなライフサイクルオーケストレーションツールキットです。KLTはデプロイメントのオブザーバビリティー、デプロイメントデータへのアクセス、デプロイメントチェックのオーケストレーションに焦点を当てています。Keptnはワークロードで何が起こっているかを監視および観察するだけでなく、問題が発生したときにチェックおよび行動するための仕組みも提供します。

　前節で見たように、デプロイ頻度などの基本的なメトリクスを取得することはチームのパフォーマンスを測定する上で非常に役立ちます。デプロイ頻度は1つのメトリクスに過ぎませんが、初期のプラットフォームの取り組みを測定し始めるために使用できます。本節では9.2節で説明したアプローチとは異なりますが、補完的なアプローチでKLTがこのタスクをどのように支援できるかを示します。

　KeptnはKubernetesスケジューラー（ワークロードがクラスター上のどこで実行されるかを決定する）を拡張して、ワークロードに関する情報を監視および抽出します（図9.21を参照）。このメカニズムにより、チームはKeptnタスク定義リソースを提供することでカスタムのデプロイ前／デプロイ後タスクを設定できます。Keptnは執筆時点ではKubernetesコミュニティーに提案されている機能である、Kubernetes組み込みのスケジューリングゲートを使用することを計画しています[28]。

NOTE
次のリンクに従って、段階的なチュートリアルを実行してKeptnの動作を確認できます。
https://github.com/salaboy/platforms-on-k8s/blob/main/chapter-9/keptn/README.md

---

[28]　https://github.com/kubernetes/enhancements/blob/master/keps/sig-scheduling/3521-pod-scheduling-readiness/README.md#kep-3521-pod-scheduling-readiness

図9.21　すぐに使えるオブザーバビリティーとアプリケーションライフサイクルフックを提供するKeptnアーキテクチャー

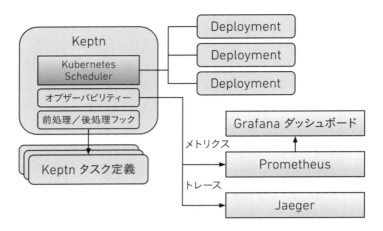

KeptnはKubernetesアノテーションを使用して、監視および管理の対象となるアプリケーションを識別します。Conferenceアプリケーションに次のアノテーションを含めてKeptnにサービスを認識させました。AgendaサービスのDeploymentにはリスト9.3に示すように、次のアノテーションが含まれています（https://github.com/salaboy/platforms-on-k8s/blob/main/conference-application/helm/conference-app/templates/agenda-service.yaml#L14）。

リスト9.3　Kubernetesリソースの推奨ラベル

```
app.kubernetes.io/name: agenda-service
app.kubernetes.io/part-of: agenda-service
app.kubernetes.io/version: v1.0.0
```

これで、KeptnはAgendaサービスを認識してこのサービスのライフサイクルに関連するアクションを監視および実行できます。part-ofアノテーションに注目してください。これにより単一のサービスを監視し、同じ論理アプリケーションの下に一連のサービスをグループ化できます。このグループ化により、Keptnは各サービスと論理アプリケーション（pp.kubernetes.io/part-ofアノテーションに同じ値を共有するサービスのグループ）に対してデプロイ前後のアクションを実行できます。この例ではシンプルさを維持して単一のサービスに焦点を当てたいので、この機能は使用しません。

段階的なチュートリアルではKeptn、Prometheus、Grafana、Jaegerをインストールして、Keptnが何をしているのかを理解できるようにしています。Keptnをクラスターにインストールしたら名前空間にKeptnアノテーションを付けて、どの名前空間を監視する必要があるかをKeptnに知らせる必要があります。次のコマンドを実行してdefault名前空間でKeptnを有効にできます。

```
kubectl annotate ns default keptn.sh/lifecycle-toolkit="enabled"
```

Keptnが特定の名前空間の監視を開始するとKeptn ApplicationsのGrafanaダッシュボードで利用できるメトリクスを取得するために、アノテーションが付けられた Deployment を探します。図9.22に示されているとおりです。

図9.22　通知サービス用のKeptn Application Grafanaダッシュボード

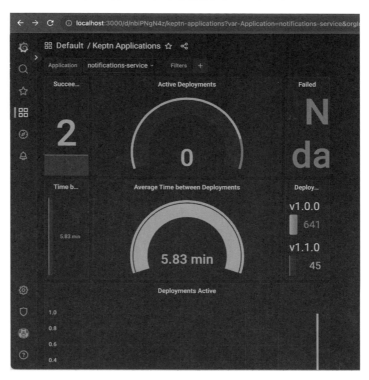

このダッシュボードは、デフォルトの名前空間で実行されているアノテーションが付けられた Deployment（Conferenceアプリケーションのすべてのサービス）のデプロイ頻度を示しています。段階的なチュートリアルでは通知サービスの Deployment を変更して、Keptn が変更を検出し、ダッシュボードに新バージョンを表示できるようにします。図9.22に示すように Deployment 間の平均時間は5.83分です。横にはv1.0.0とv1.1.0のデプロイにかかった正確な時間が表示されています。各サービスを担当するチームがこれらのダッシュボードを利用できるようになると、新バージョンのリリースプロセス全体の可視性を提供するのに役立ちます。このダッシュボードを導入の初期段階から利用することで、チームはワークフローの改善やボトルネックや再発する問題の特定と解決に向けた取り組みの進捗状況を可視化し、継続的な改善を推進することができます。

このすべての情報とすぐに使えるメトリクスを得ることに加えて、前述のようにKLTはさらに一歩進み、デプロイ前後のタスクを実行するためのフックポイントを提供しています。これらのタスクを使用してリリースを実行する前に環境の状態を検証したり、オンコールチームに通知を送信したり、プロセスを監査したりできます。デプロイ後はフックを使用して検証テストを実行して更新に関する自動通知を顧客に送信したり、素晴らしい仕事をしてくれたチームを祝福したりできます。

Keptn はKeptnTaskDefinitions リソースを導入しています。これはDeno[29]、Python3、またはコンテナイメージ参照[30]をサポートしてタスクの動作を定義します。段階的なチュートリアルで使用されるKeptnTaskDefinition リソースは非常にシンプルで、リスト9.4のようになっています。

リスト9.4　Deno で Keptn TaskDefinition を使用する

```
apiVersion: lifecycle.keptn.sh/v1alpha3
kind: KeptnTaskDefinition
metadata:
  name: stdout-notification
```
① チームはこのリソース名を使用してこのタスクが実行される場所を定義する。これは再利用可能なタスク定義なので、さまざまなサービスのライフサイクルフックから呼び出すことができる
```
spec:
```

※29　https://deno.land/
※30　https://lifecycle.keptn.sh/docs/yaml-crd-ref/taskdefinition/

```
function:
  inline:
    code: |
      let context = Deno.env.get("CONTEXT");
```
② Deno.env.get("CONTEXT")を呼び出すことで、実行中のタスクのコンテキストにアクセスできる。これにより、このタスクを実行するワークロードなど、タスクの作成に使用されるすべての詳細が提供される
```
      console.log("Keptn Task Executed with context: \n");
      console.log(context);
```

　タスク定義をサービスの1つにバインドするには、DeploymentでKeptn固有のアノテーションを使用します。

```
keptn.sh/post-deployment-tasks: stdout-notification
```

　このアノテーションにより通知サービスの Deployment が変更されて新バージョンがデプロイされた後に、Keptnがこのタスクを実行するように設定されます。Keptnは新しい Jobを作成してKeptnTaskDefinitionを実行します。つまりdefault名前空間でジョブの実行状況を確認することで、すべてのデプロイ前後のタスク定義の実行をクエリーできます。

　アノテーションとKeptnTaskDefinitionsを使用することで、プラットフォームエンジニアリングチームはチームがワークロードで再利用できる共有タスクのライブラリーを作成できます。さらによいことに、Mutating Admission Webhook や OPA のようなポリシーエンジンを使用してDeploymentリソースにKeptnアノテーションを自動追加することも可能です。

　通知サービスの Deployment を変更してからログをtailすると、次のように表示されるはずです（リスト9.5）。

リスト9.5　TaskDefinition実行から期待される出力

```
Keptn Task Executed with context:
{
  "workloadName":"notifications-service-notifications-service",
  "appName":"notifications-service",
```

Chapter 9　プラットフォームの測定　425

```
    "appVersion":"",
    "workloadVersion":"v1.1.0",
    "taskType":"post",
    "objectType":"Workload"
}
```

図9.23のJaegerを見ると、Keptn Lifecycle Operatorのトレースを調べることで通知サービスの新バージョンのデプロイに関連するすべての手順を確認できます。

図9.23　サービス更新用のKeptn Lifecycle Operatorトレース

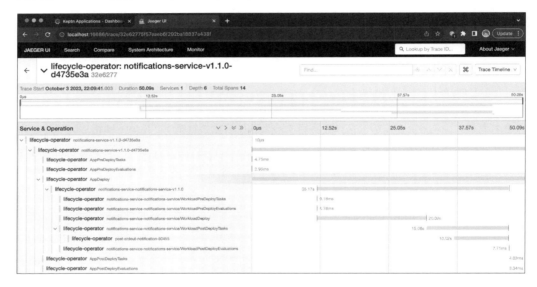

自身の環境で段階的なチュートリアルを実行すると、サービスの新バージョンが稼働した後にフックがスケジュールされていることがわかります。

本節では、Keptn Lifecycle Toolkitでできることの基礎や初日からこれらのメトリクスを活用することの利点、宣言的な方法でデプロイ前後のタスクを追加することでサービスのライフサイクルのより細かい制御方法を学びました。

KeptnのウェブサイトとEvaluations[31]など、より高度な機能をチェックすることを強くお勧めします。これによりメモリ消費量の増加やCPU使用率の過剰など、特定の要件を満たしていないDeploymentを判断し、制御することさえできます。

Keptnは 9.2節で説明したアプローチとは全く異なるアプローチを使用していますが、これらのアプローチは相補的であると強く信じています。KeptnとCloudEventsのさらなる統合に期待しています。このトピックに興味がある方は、https://github.com/keptn/lifecycle-toolkit/issues/1841で議論に参加することをお勧めします。

9.4　プラットフォームエンジニアリングの旅のつづき

本章で取り上げた例で技術的な決定を測定することの重要性を強調しました。良くも悪くも、各決定はソフトウェアの提供に関わるすべてのチームに影響を与えます。

プラットフォームに組み込まれたこれらのメトリクスは改善を測定し、ソフトウェア配信プラクティスを促進するツールへの投資を正当化するのに役立ちます。プラットフォームに新しいツールを導入したい場合は仮定を検証し、各ツールまたは採用した方法の効果を測定できます。これらのメトリクスをすべてのチームがアクセスでき、可視化できるようにすることは一般的なプラクティスです。そうすることで何か問題が起きたり、ツールが期待どおりに機能しなかったりした場合に確かな証拠をもとに説明できます。

プラットフォームエンジニアリングの観点から、このトピックを後回しにせず早い段階で取り組むことを強くお勧めします（私がこの本のこの章でやったように）。KLTのようなツールを使用することで少ない投資で洞察を得ることができ、業界でよく理解されている標準的な監視技術を使用できます。CloudEventsとCDEventsを調査することは監視とメトリクス計算の観点だけでなく、ほかのツールやシステムとのイベント駆動型の統合にも有用です。図9.24は、ゴールデンパスで使用しているツールからのイベントソースを利用することでチームの意思決定がソフトウェアデリバリーチェーン全体にどのように影響するかについて、チームに情報を提供できることを示しています。

※31　https://keptn.sh/stable/docs/guides/evaluations/

図9.24　プラットフォームが提供するゴールデンパスとワークフローは、チームのパフォーマンスメトリクスを計算するための最良の生の情報源である

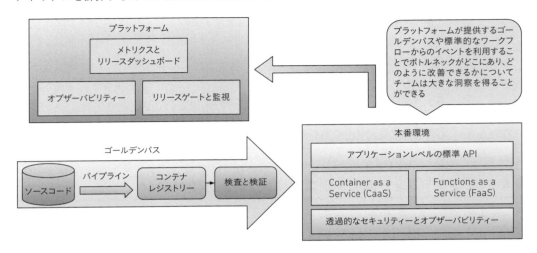

　プラットフォームの基本的なメトリクスを計算できることを確認することで、各リリースのエンドツーエンドの流れについて考えるのに役立ちます。ボトルネックがどこにあるのか、時間の大部分をどこで費やし無駄にしているのかを考えるのに役立ちます。DORAメトリクスの実装が組織にとって難しすぎる場合は、プラットフォームのゴールデンパスまたは主要なワークフローの測定に集中できます。例えば、第6章で提供した例に基づいて開発環境のプロビジョニングにかかる時間、提供される機能、チームが新しいインスタンスを要求する頻度を測定できます（図9.25を参照）。

図9.25　プラットフォームとアプリケーションのウォーキングスケルトンメトリクス

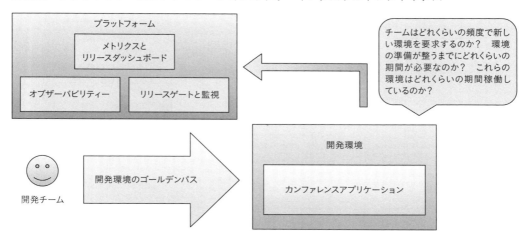

　顧客向けアプリケーションだけでなく、開発環境の作成などのプラットフォーム固有のワークフローからもメトリクスを収集することでチームは使用しているツールと、ツールの変更がソフトウェアデリバリーの速度にどのように影響するかについて、視覚的に状況を把握しやすくなります。図9.26はプラットフォームの旅路の要約と、これらのメトリクスがプラットフォームチームにとっていかに重要であるかを示しています。プラットフォームの取り組みを測定している場合はプラットフォームが改善されることを忘れないでください。

図9.26 データを収集し、メトリクスを計算するためのプラットフォームコンポーネントに入り込む

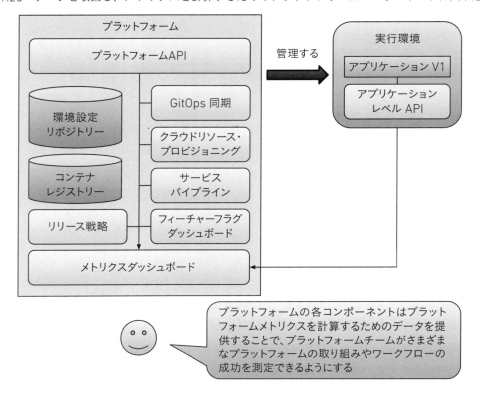

9.5　最後に

　本書の例を通して、実際の課題に取り組むための十分で実践的な経験が得られたことを願っています。ここで取り上げた例は網羅的でも詳細でもありませんが、プラットフォームエンジニアリングチームが対処しなければならない幅広いトピックを示すことを意図しています。クラウドネイティブ領域は常に進化しており、この本の執筆を開始したときに評価したツールは2年で大きく変化し、世界中のチームの決定に関して非常に柔軟になるよう促しています。間違いを犯し決定を見直すことは大小を問わず、プラットフォームエンジニアが日々行わなければならない作業の一部です。

　この本の冒頭に戻ると、プラットフォームエンジニアはこれらすべての決定をプラットフォームAPIの背後にカプセル化し、維持および進化させる必要があります。したがって、さまざまなチームに必要な機能を理解することはプラットフォームエンジニアリングを成功させるための鍵となります。セルフサービス機能を提供してチームのニーズに焦点を当てることは、プラットフォームエンジニアの優先事項リストに大きな影響を与えるはずです。

　残念ながらページ数は無制限ではなく、この本にコンテンツを追加し続ける時間も無制限ではありませんが、クラウドネイティブ領域で従事する組織とコミュニティーが直面しているトピックと課題を含めるために最善を尽くしました。Kubernetesエコシステムのツールは成熟期を迎え、より多くのプロジェクトの卒業が進んでいます。これはますます多くの企業が独自のツールを構築するのではなく、ツールを再利用していることを示しています。

　プラットフォームエンジニアリングチームは、プラットフォームのために何を自社で構築するのかを慎重に検討する必要があります。カスタムコントローラーでKubernetesを拡張するなどのトピックは意図的に省略しました。拡張機能の作成と維持は解決しようとしている問題を解くためのツールが存在しない、非常に特殊なケースに任せるべきです。最も一般的なケースでは、この本で見てきたように CI / CD、GitOps、クラウドでのインフラストラクチャーのプロビジョニング、開発者ツール、プラットフォーム構築ツール、その他のツールは十分に成熟しており必要に応じた利用や拡張が可能です。

　サービスメッシュ、ポリシーエンジン、オブザーバビリティー、インシデント管理、運用ツール、クラウド開発環境などのトピックをこの本から除外するのは非常に難しかったです。これら

を網羅するために丸ごと1章が必要になる素晴らしいプロジェクトもあります。しかし、プラットフォームエンジニアとしてクラウドネイティブコミュニティーを調査し、注視し続けて新しい開発やプロジェクトがどのように組織のチームを支援できるかを確認する必要があります。

ぜひお住まいの地域のKubernetesコミュニティーに参加し、オープンソースエコシステムで積極的に活動することをお勧めします。これは学習のための素晴らしい場を提供してくれるだけでなく、どの技術を採用するかについて適切な情報に基づいた決定を下すのにも役立ちます。これらのプロジェクトが一般的な課題に対して再利用可能な解決策を提供していることを検証するためには、それらを支えるコミュニティーの規模と活発さが重要な要素となります。OSS Insight[32]のようなツールは、意思決定に多大な価値を提供し、オープンソースプロジェクトに時間とリソースを投資する場合、活発なコミュニティーが変更と改善を維持することを保証します。

最後に、私のブログ[33]にも訪れてみてください。この本に関連したさらなる記事を公開し、プラットフォームエンジニアリングチームにとって重要だと考えるほかのトピックを探求する予定だからです。これはオープンソースへの貢献に興味がある場合は本書の例を拡張したり修正したりすることで、ほとんどのオープンソースプロジェクトが使用しているすべてのツールに関する実践的な経験を得られる素晴らしい方法です。

※32　https://ossinsight.io/
※33　https://salaboy.com/

本章のまとめ

- DORAメトリクスを使用すると、組織が顧客に対してどのようにソフトウェアを提供しているかを明確に把握できる。これは、構築しているプラットフォームの改善につながるボトルネックを理解するために使用できる。ソフトウェアデリバリープラクティスに基づくチームのパフォーマンスメトリクスを使用すると、プラットフォームの取り組みがチームの作業にどのように影響し組織全体にどのような利益をもたらすのかを理解するのに役立つ

- CloudEventsはイベントの処理と発行の方法を標準化する。ここ数年、CNCFランドスケープのさまざまなプロジェクトでCloudEventsの採用が増加している。この採用により私たちはCloudEventsを頼りにコンポーネントやほかのシステムに関する情報を取得し、意思決定に役立つ情報を収集／集約できるようになる

- CDEventsはCloudEventsの拡張を提供しており、継続的デリバリーのソフトウェアプラクティスに特化したCloudEventsのセットです。CDEventsの利用は今後拡大すると予想している。また、DORAメトリクスを計算するため、CloudEventsをCDEventsにマッピングする方法を確認した。CDEventsをベースモデルとしてこれらのメトリクスを計算することで、任意のイベントソースをマッピングしてこれらのメトリクスの計算に貢献させることができる

- プラットフォームを測定することができれば何を改善する必要があるのか、組織のデリバリープラクティスで何が難しいのかがわかる。メトリクスが提供するこのフィードバックループは、チームが日常的に使用するツールとプロセスを継続的に改善する責務を持つプラットフォームチームに貴重な情報を提供する

- この章の段階的なチュートリアルに従った場合はCloudEventソースの設定、デプロイメントの監視、CDEventsがソフトウェアデリバリーライフサイクルに関する情報の標準化にどのように役立つかについての実践的な経験を得られた。またワークロードを監視し、新バージョンが期待どおりに機能していることを検証するためにデプロイ前後のタスクを実行する別のアプローチとしてKeptnをインストールした

Platform Engineering on Kubernetes

補章

クラウドネイティブ技術と
マイクロサービスアーキテクチャー
のつながり

長谷川 広樹（@Hiroki__IT）

The relationship between cloud native technologies and microservices architecture

1　はじめに

　著者のMauricio Salatino氏はマイクロサービスアーキテクチャーのアプリケーションを稼働させるクラウドネイティブ技術に着目し、その実践方法を解説してくれました。クラウドネイティブ技術とマイクロサービスアーキテクチャーは相互に影響を与えながら進歩してきた分野です。CNCFはクラウドネイティブ技術を次のように定義づけており、この技術がマイクロサービスアーキテクチャーの構築と実行に適していることがわかります[※1]。

　本書の各章では、以下のように言及しています。

・1〜2章：マイクロサービスアーキテクチャーのアプリケーションの特徴
・3〜4章：CI / CDによるアプリケーションのユーザー提供
・5〜6章：インフラストラクチャーとプラットフォームの作成
・7章：APIによるプラットフォーム機能の開発者提供
・8章：さまざまなリリース戦略の活用
・9章：パフォーマンスの測定

　補章ではマイクロサービスアーキテクチャーをさらに深掘りし、マイクロサービスアーキテクチャーとクラウドネイティブとの関係性を重点的に取り上げます。まずは、マイクロサービスアー

※1　https://github.com/cncf/toc/blob/main/DEFINITION.md

キテクチャーのデザインパターンを取り上げます。そして、各デザインパターンがどのようなクラウドネイティブ技術で代替できるのかを概説します。私が現場で見てきた実際のマイクロサービスアーキテクチャーの設計、関連書籍、本書のウォーキングスケルトン（1〜2章）などに基づいて、クラウドネイティブ技術を使用したマイクロサービスアーキテクチャーの設計例を図で示します。

2　歴史

2.1　クラウドネイティブ技術

　CNCFの定義のとおり、クラウドネイティブ技術はパブリッククラウド、プライベートクラウド、ハイブリッドクラウドなどでスケーラブルなアプリケーションを実現します。これまでにAWSなどのパブリッククラウド、Kubernetes、そしてKubernetesを基盤としたクラウドネイティブ技術が登場しました[2]。表1で代表的なクラウドネイティブ技術の歴史を整理します。2024年の執筆時点で約20分野のクラウドネイティブ技術が登場しており、今後も増え続けていくでしょう。

表1　クラウドネイティブ技術に関連する歴史

年代	技術	説明
2004〜2006	AWS	Amazonはクラウドサービスとして SQSを公開した。その後、AWSは S3や EC2の提供も始めた[3]。
2008	Google Cloud	Googleはクラウドサービスとして App Engineを公開した[4]。
2009	Heroku	Herokuは PaaSとして Herokuを公開した[5]。
2010	Azure、OpenStack	Microsoftはクラウドサービスとして Windows Azureを公開した[6]。また、Rackspace Hostingと NASAはユーザー独自の IaaSを構築できる OpenStackを公開した[7]。
2011	Cloud Foundry	VMwareはユーザー独自の PaaSを構築できる Cloud Foundryを公開した[8]。
2013	Docker	dotCloudは仮想化技術としてコンテナを公開した[9]。
2014〜2015	Kubernetes	Googleはコンテナオーケストレーションツールとして Kubernetesを発表した。また Kubernetes v1.0のリリースに合わせて、Googleと Linux Foundationが CNCFを設立した[10]。
2014〜	約20分野のクラウドネイティブ技術	CNCFでは約20分野にわたるクラウドネイティブ技術が登場した[11]。

[2]　CNCF Overview 2024（https://docs.google.com/presentation/d/1UGewu4MMYZobunfKr5sOGXsspcLOH_5XeCLyOHKh9LU/edit#slide=id.gc98d72cd14_1_2266）

436　　Kubernetesで実践するPlatform Engineering

2.2 マイクロサービスアーキテクチャー

マイクロサービスアーキテクチャーに関連するアーキテクチャースタイルがいくつかあります[12]。表2でマイクロサービスアーキテクチャーに関連するアーキテクチャースタイルの歴史を整理します。マイクロサービスアーキテクチャーの登場前に、これの前身となるサービス指向アーキテクチャーや後にマイクロサービスアーキテクチャーに貢献することになるDDD（ドメイン駆動設計）が登場しました。また、マイクロサービスアーキテクチャー以降にはモジュラーモノリスアーキテクチャーなどが登場しました。マイクロサービスアーキテクチャー特有の課題を解決するために、さまざまなデザインパターンが提唱されています。

表2 マイクロサービスアーキテクチャーに関連する歴史

年代	アーキテクチャースタイル	説明
1999年	モノリスアーキテクチャー	バックエンドのアーキテクチャーとしてモノリスアーキテクチャーが台頭していた[12]。
1900年後半〜2000年前半	サービス指向アーキテクチャー	Michael BellやThomas Erlらが、アプリケーションを機能の粒度で分割するアーキテクチャーを提唱した[13]。ただ『機能』という粒度に分割の指針がなかった[14]。さまざまな課題があったため、概念としては提唱されていても実装方法の確立にまでは至らなかった。
2003年	DDD（ドメイン駆動設計）	Eric EvansはDDDを提唱した[15]。DDDは、オブジェクト指向分析設計から派生した分析設計の方法の一種である。とくに機能要件を解決するアプリケーションに有効である。オブジェクト指向分析設計のベタープラクティスを集め、より強化することにつながった。

※3 Wikipedia contributors. (2025, January 4). Amazon Web Services. Wikipedia. https://en.wikipedia.org/wiki/Amazon_Web_Services
※4 Wikipedia contributors. (2025b, January 9). Google Cloud Platform. Wikipedia. https://en.wikipedia.org/wiki/Google_Cloud_Platform
※5 Wikipedia contributors. (2024d, November 12). Heroku. Wikipedia. https://en.wikipedia.org/wiki/Heroku
※6 Wikipedia contributors. (2025b, January 5). Microsoft Azure. Wikipedia. https://en.wikipedia.org/wiki/Microsoft_Azure
※7 Wikipedia contributors. (2024e, November 22). OpenStack. Wikipedia. https://en.wikipedia.org/wiki/OpenStack
※8 Wikipedia contributors. (2023, May 2). Cloud Foundry. Wikipedia. https://en.wikipedia.org/wiki/Cloud_Foundry
※9 Wikipedia contributors. (2025a, January 3). Docker (software). Wikipedia. https://en.wikipedia.org/wiki/Docker_(software)
※10 Wikipedia contributors. (2025d, January 7). Kubernetes. Wikipedia. https://en.wikipedia.org/wiki/Kubernetes
※11 最新の分野はCNCF Landscape（https://landscape.cncf.io/）を参照してください。
※12 Richards, M., & Ford, N. (2020). Fundamentals of software Architecture: An Engineering Approach. O'Reilly Media.

補章 クラウドネイティブ技術とマイクロサービスアーキテクチャーのつながり

2014年	マイクロサービスアーキテクチャー	Simon Brownは、モノリシックアーキテクチャーは時間経過とともに無秩序でつぎはぎだらけになり得ることを指摘した[16]。Martin FowlerとJames Lewisは、サービス指向アーキテクチャーとDDDを統合し、アプリケーションを独立したマイクロサービスの集まりに分割するアーキテクチャーを提唱した[17]。サービス指向アーキテクチャーにDDDの高凝集／低結合の考え方を取り入れることで、サービス指向アーキテクチャーを実装可能な理論に昇華させた。一方で、マイクロサービスの大きさには十分に注意を払う必要がある[18]。
2015年	モジュラーモノリスアーキテクチャー	Martin Flowlerはモジュラーモノリスアーキテクチャーを提唱した[19]。モジュラーモノリスでは、マイクロサービスアーキテクチャーとモノリスアーキテクチャーの間をとった粒度で、アプリケーションを細かいモジュールに分割する。最初にモジュラーモノリスアーキテクチャーとして設計し、マイクロサービスアーキテクチャーに移行していくという選択肢もある。

3　マイクロサービスアーキテクチャーに関連のあるクラウドネイティブ技術

　CNCFでは、オープンソースやクラウドプロバイダーのクラウドネイティブ技術をさまざまな分野に分類しています[20]。各分野には、マイクロサービスアーキテクチャーに関連のあるクラウドネイティブ技術が多くあります。表3でそれらを一覧で示します[21]。表ではCNCF Landscapeにある定義を参考して、各分野のマイクロサービスとの関連性を説明します。1.1節では、クラウドプロバイダーの使用に言及しています。ここではクラウドプロバイダーのマネージドサービ

※13　Wikipedia contributors. (2024d, October 25). Monolithic application. Wikipedia. https://en.wikipedia.org/wiki/Monolithic_application
※14　Wikipedia contributors. (2024a). Service-oriented architecture. Wikipedia. https://en.wikipedia.org/wiki/Service-oriented_architecture
※15　Newman, S. 『Building microservices』 O'Reilly Media, Inc. （2021）
※16　Evans, E. (2004). Domain-driven design: Tackling Complexity in the Heart of Software. Addison-Wesley Professional.
※17　Lewis, J. (n.d.). Microservices. martinfowler.com. https://martinfowler.com/articles/microservices.html
※18　Brown, S. (2014). Distributed big balls of mud. dzone.com. https://dzone.com/articles/distributed-big-balls-mud
※19　Fowler, M. (n.d.). bliki: Monolith First. http://martinfowler.com/. https://martinfowler.com/bliki/MonolithFirst.html
※20　CNCFはクラウドネイティブ技術の属する分類をしばしば変更します。最新の分類はCNCF Landscape （https://landscape.cncf.io/）を参照してください。
※21　クラウドネイティブ技術には、人気があってもCNCF未登録または分野未分類になっているものがあります。今回、登録済または分類済の技術を、便宜上、競合技術と同じ分野に記載するようにしています。

438　Kubernetesで実践するPlatform Engineering

スを使用することにより、ビジネスアジリティの向上、低レイヤーの運用コストの軽減などの利点があると主張しています。そこで、補章では2024年の執筆時点で特に人気の高いクラウドプロバイダーのAWSを主な例に挙げ、これのマネージドサービスを取り上げます。

表3　マイクロサービスアーキテクチャーに関連のあるクラウドネイティブ技術例の一覧

分野	マイクロサービスとの関連性	代表的なオープンソース	代表的なマネージドサービス
API Gateway（APIゲートウェイ）	マイクロサービスのAPIのコールに必要な汎用的機能を集中管理する。	・Kong Gateway	・AWS（API Gateway）
Application Definition & Image Build（アプリケーション定義とイメージ構築）	コンテナイメージからマイクロサービスを構築し、またデプロイする。	・Docker Compose ・Helm ・OpenAPI ・Packer	
Automation & Configuration（自動化と設定）	マイクロサービスのインフラストラクチャーのプロビジョニングを自動化する。	・Ansible ・Temporal ・Terraform	・AWS（CloudFormation）
Chaos Engineering（カオスエンジニアリング）	システムの全体や一部に障害を注入し、システムの回復力をテストする。	・ChaosMesh ・Istio	・AWS（Fault Injection Simulator）
Cloud Native Network（クラウドネイティブネットワーク）	マイクロサービスがほかと通信するためのネットワークを作成する。	・Cilium CNI	・AWS（VPC CNI）
Cloud Native Storage（クラウドネイティブストレージ）	ファイルストレージ、オブジェクトストレージ、ブロックストレージなどとして各種データを保管する。	・Ceph ・MinIO ・Longhorn	・AWS（EBS、S3）
Coordination & Service Discovery（調整とサービス検出）	各マイクロサービスがお互いに場所を特定できるようにする。	・CoreDNS ・Etcd	・AWS（ECS Service Connect）

補章　クラウドネイティブ技術とマイクロサービスアーキテクチャーのつながり　　439

Container Registry（コンテナレジストリー）	コンテナイメージの保管や提供などを集中管理する。	・Harbor	・AWS（ECR） ・Docker Hub
Container Runtime（コンテナランタイム）	コンテナ内のアプリケーションを実行し、またハードウェアリソース（例えばCPU、ストレージ、メモリなど）を提供する。	・Containerd	
Continuous Integration & Delivery（継続的インテグレーションとデリバリー）	マイクロサービスの構築からデプロイまでに必要なタスクを自動化する。	・ArgoCD ・Dagger ・Flux ・Tekton	・GitHub Actions
Continuous Optimization（継続的最適化）	CNCFに定義の記載なし。	・Karpenter ・OpenCost	・AWS（Cost Explorer）
Database（データベース）	RDBやNo SQL DBとしてマイクロサービスがデータを保管し、また取得できるようにする。	・MySQL ・Redis	・AWS（Aurora MySQL、ElastiCache）
Feature Flagging（機能フラグ）	CNCF Landscapeに定義の記載なし。	・OpenFeature	・AWS（AppConfig）
Key Management（キー管理）	暗号化キーの作成、保管、そしてローテーションを集中管理する。	・Spire	・AWS（KMS）
Observability（オブザーバビリティー）	さまざまなテレメトリーデータの作成、収集、保管、分析、可視化を実施する。	・Fluentd／FluentBit ・Grafana（Grafana、Loki、Mimir、Tempo） ・Kiali ・OpenTelemetry（クライアントSDK、OpenTelemetry Collector） ・Prometheus	・AWS（CloudWatch Logs、CloudWatch Metrics、X-Ray）

Platform（プラットフォーム）	クラウドネイティブの各分野のツールを一括で提供する。	・KinD ・Minikube ・Rancher	・AWS（EKS、Lambda）
Remote Procedure Call（リモートプロシージャコール）	マイクロサービスがほかのマイクロサービスにリクエストを送信できるようにする。	・gRPC	
Scheduling & Orchestration（スケジューリングとオーケストレーション）	クラスター全体でコンテナを実行し、また管理する。	・Knative ・Kubernetes	・AWS（ECS）
Security & Compliance（セキュリティーとコンプライアンス）	脆弱性を監視して脆弱性を検出する。また、マイクロサービスの認証認可を強化する。	・Cert Manager ・Falco ・Keycloak ・OAuth2 Proxy ・SOPS	・AWS（Certificate Manager、Cognito、Secrets Manager）
Service Mesh（サービスメッシュ）	各マイクロサービスのロジックを変更することなく、マイクロサービス間の通信に信頼性、オブザーバビリティー、セキュリティー機能などを一律的に追加する。	・Istio ・Linkerd	・AWS（VPC Lattice）
Service Proxy（サービスプロキシー）※22	マイクロサービスからの送信されたリクエストを仲介し、ほかのマイクロサービスに転送する。	・Envoy ・Nginx	・AWS（ALB）
Streaming & Messaging（ストリーミングとメッセージング）	パブリッシャーから送信されたメッセージを仲介し、ほかのサブスクライバーに転送する。	・Apache Kafka ・CloudEvents ・RabbitMQ	・AWS（Kinesis、SQS）

※22　Service Proxy分野のツールは設定次第でAPI Gateway分野のツールと同等に使用できます。

4　マイクロサービスアーキテクチャーの構成領域

まず、マイクロサービスアーキテクチャーはどのような領域からなるのでしょうか？　図1と表4でモノリスアーキテクチャー、プレゼンテーションドメイン分離（過渡的なアーキテクチャー）[23]、マイクロサービスアーキテクチャーの例を示しそれぞれの領域を簡単に比較します。モノリスアーキテクチャーからマイクロサービスアーキテクチャーに至るまでに、領域が細分化されていきます。

図1　マイクロサービスアーキテクチャーに至るまでのアーキテクチャーの変遷

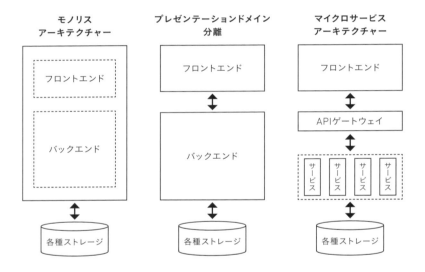

表4　マイクロサービスアーキテクチャーに至るまでのアーキテクチャー間の比較

領域の種類	モノリスアーキテクチャー	プレゼンテーションドメイン分離	マイクロサービスアーキテクチャー
	・フロントエンド ・バックエンド ・各種ストレージ （データベースなど）	・フロントエンド ・バックエンド ・各種ストレージ （データベースなど）	・フロントエンド ・APIゲートウェイ ・マイクロサービス ・各種ストレージ（データベースなど）

※23　Fowler, M. (n.d.). bliki: Presentation Domain Separation. http://martinfowler.com/. https://martinfowler.com/bliki/PresentationDomainSeparation.html

領域の役割	アプリケーションは、フロントエンドとバックエンドの領域からなる。アプリケーションが両方の領域の役割を担っている。	アプリケーションは、フロントエンドアプリケーションとバックエンドアプリケーションからなる。両アプリケーションは各領域の役割を担っている。	アプリケーションは、独立したAPIを持つ複数のマイクロサービスとフロントエンドアプリケーションからなる。両アプリケーションは各領域の役割を担っている。これらの領域の間に、APIゲートウェイ領域がある。
領域間の結合度	フロントエンドとバックエンドの領域は密結合になっている。各領域は同じプロセスで稼働する。	フロントエンドとバックエンドの領域は疎結合になっている。各領域は異なるプロセスで稼働する。	フロントエンド、各マイクロサービス、APIゲートウェイの領域は疎結合になっている。各領域は異なるプロセスで稼働する。

5　マイクロサービスアーキテクチャーのデザインパターン

5.1　デザインパターンとクラウドネイティブ技術

　マイクロサービスアーキテクチャーでは技術的で組織的な特有の問題が起こります。これを解決するために、マイクロサービスアーキテクチャーの各領域でさまざまなデザインパターンが提唱されています[24〜28]。各領域のデザインパターンは、そのすべてや一部をクラウドネイティブ技術で代替できます[29]。図2でマイクロサービスアーキテクチャーの領域とクラウドネイティブ技術の関連性を示します。色が濃いほど関連性が強く、クラウドネイティブ技術で代替できることを表しています。アプリケーションの領域では機能的なロジックは関連性が低い一方で、非機能的なものほど関連性が強いです。そしてインフラストラクチャーは全般的に関連性が強いです。

※24　A pattern language for microservices. (n.d.). http://microservices.io/. https://microservices.io/patterns/index.html
※25　Richardson, C. 『Microservices patterns: With examples in Java』 Simon and Schuster. (2018)
※26　Newman, S. 『Building microservices』 O'Reilly Media, Inc. (2021)
※27　Mezzalira, L. 『Building Micro-Frontends』 O'Reilly Media, Inc. (2021)
※28　Siriwardena, P., & Dias, N. 『Microservices Security in action』 Manning Publications. (2020)
※29　Ibryam, B., & Huss, R. 『Kubernetes patterns』 O'Reilly Media, Inc. (2023)

図2　マイクロサービスアーキテクチャーの領域とクラウドネイティブ技術の関連性

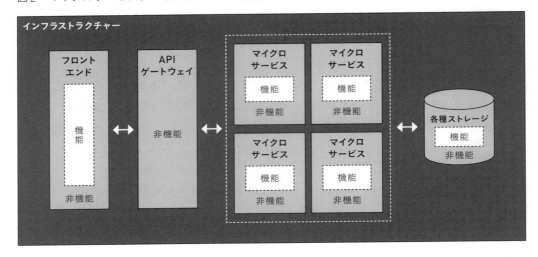

　補章では、各領域でのさまざまなデザインパターンと具体的にいずれのクラウドネイティブ技術がデザインパターンに関連しているのかを概説します。表3のオープンソースまたはマネージドサービス（主にAWS）を組み合わせ、マイクロサービスアーキテクチャーの設計例を図で示します。AWSの設計については、AWS Well-Architected Framework[30] を合わせて読んでいただくことをお勧めします。なお、マイクロサービスアーキテクチャーで安易にマネージドなクラウドネイティブ技術を使用するべきではないと私は考えています。なぜなら1つ目の理由として、マネージドサービスによってはオープンソースと比べてユーザーの設定できるオプションが少ないことを挙げます。機能または非機能によらず拡張性の求められる場合には、オプションの少なさが拡張性の足かせになります。2つ目の理由として、マネージドサービスによってはアプリケーション領域とインフラストラクチャー領域の境界が曖昧なことを挙げます。大きな開発組織になるほど、領域の境界の曖昧さによって開発組織で分業しにくくなっていきます。これは結果的にビジネスのアジリティを低下させる可能性があります。これらの理由からマイクロサービスアーキテクチャーでは、マネージドサービスをオープンソースの代わりにどこまで使用すれば恩恵をよりよく受けられるのかを見極める必要があります。例えば、前述の2つの理由で、マイクロサービスのデプロイ方法（表5を参照）はFaaSやPaaSといったサーバーレスではなく、コンテナ（もっと具体的に言うとKubernetes）がより適切であるという考えが私にはあります。

---

[30] AWS Well-Architected Framework - AWS Well-Architected Framework. (n.d.). https://docs.aws.amazon.com/wellarchitected/latest/framework/welcome.html

5.2　補章で取り上げるデザインパターングループ

　補章では、さまざまな書籍[31〜34]を参考にし、デザインパターンの分類を図式化しました。前提として、対照的なデザインパターンをまとめたグループを『デザインパターングループ』と呼ぶことにします。図3のように、マイクロサービスアーキテクチャーを便宜上5つの領域に分け、その中にあるデザインパターングループとデザインパターンを取り上げます。

図3　補章で取り上げるアーキテクチャーの領域

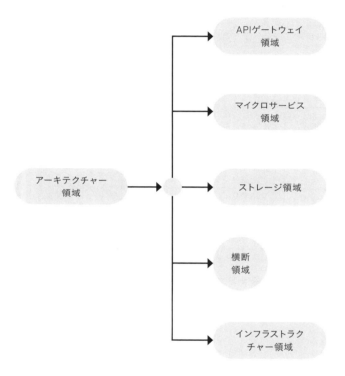

---

[31] A pattern language for microservices. (n.d.-c). microservices.io. https://microservices.io/patterns/index.html
[32] Richardson, C.『Microservices patterns: With examples in Java』Simon and Schuster.（2018c）
[33] Newman, S.『Building microservices』O'Reilly Media, Inc.（2021）
[34] Mezzalira, L.『Building Micro-Frontends』O'Reilly Media, Inc.（2021）

デザインパターングループはほかにも多くあります。表5で、取り上げられたなかったデザインパターングループの例を簡単に示します。

表5　取り上げられなかったデザインパターン

領域	デザインパターングループ名	デザインパターンの例
フロントエンド	フロントエンド分割方法	モノリスフロントエンド／マイクロフロントエンド
	フロントエンドレンダリング方法	CSR / SSR / SSG / ISR
横断	Microservice chassis	・開発環境の設定 ・API仕様 ・CI / CDの設定 ・IaCの設定 ・アプリケーション計装パッケージ ・サービスメッシュ代替パッケージ
	各種インスタンスの回復管理方法	・リトライ ・タイムアウト ・サーキットブレイカー ・ヘルスチェック
	CI / CD	CIOps / GitOps
	各種インスタンスのスケーリング方法	・垂直スケーリング ・水平スケーリング ・インスタンスの希望数維持
	デプロイ方法	Serverless platforms / Multiple services instance per host / Service instance per VM / Service instance per container
	リリース方法	インプレースデプロイメント／ローリングデプロイメント／カナリアリリース／ブルーグリーンデプロイメント
	組織構成方法	Collective ownership / Strong ownership
	リポジトリー構成方法	モノレポ／ポリレポ
インフラストラクチャー	インシデント対処方法	中央集中／分散
	ログ／メトリクス／トレースの監視方法	中央集中／分散
テスト	ホワイトボックステスト	・ユニットテスト ・サービステスト ・コントラクトテスト ・E2Eテスト
	ブラックボックステスト	・ロードテスト（負荷テスト） ・回帰テスト ・カオスエンジニアリング（フォールトインジェクションを含む）

446　Kubernetesで実践するPlatform Engineering

都合上、これらのデザインパターングループを取り上げられませんでした。なお図2で示したように、非機能なロジックほどクラウドネイティブ技術と関連性が強く、クラウドネイティブ技術を使用して代替できます。デザインパターングループを網羅的に学びたい読者はMicroservices.ioサイト[31]、『Microservices patterns[32]』、『Building Microservices[33]』、そして『Building Micro-Frontends[34]』を読んでいただくことをお勧めします。

5.3　凡例

図4で5章以降のデザインパターンの図の凡例を示します。各図では丸ボックスをデザインパターングループ、四角ボックスをデザインパターンとして区別しています。

図4　デザインパターンの図の凡例

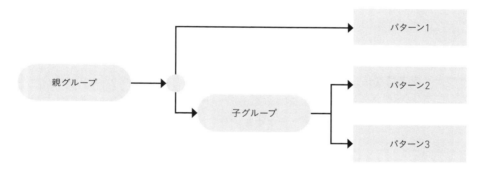

※31　A pattern language for microservices. (n.d.-c). microservices.io. https://microservices.io/patterns/index.html（再掲）
※32　Richardson, C.『Microservices patterns: With examples in Java』Simon and Schuster.（2018c）（再掲）
※33　Newman, S.『Building microservices』O'Reilly Media, Inc.（2021）（再掲）
※34　Mezzalira, L.『Building Micro-Frontends』O'Reilly Media, Inc.（2021）（再掲）

6　APIゲートウェイ領域

　APIゲートウェイ領域にはAPIゲートウェイを配置します。マイクロサービスアーキテクチャーでは、すべてのマイクロサービスのAPIをネットワークに公開する必要はありません。APIゲートウェイを配置することにより、必要なマイクロサービスのAPIのみを公開して受信したリクエストを適切なマイクロサービスのAPIにルーティングできます。図5で、APIゲートウェイ領域のデザインパターングループの種類を示します。代表的なものにはAPIゲートウェイ分割方法があります。

図5　APIゲートウェイ領域のデザインパターングループの種類

6.1　APIゲートウェイ分割方法

　APIゲートウェイを適切な結合度と凝集度で分割することにより、開発を分業しやすくしAPIゲートウェイの拡張性や生産性を高められます。図6で、APIゲートウェイ分割方法のデザインパターンの種類を示します。代表的なものには中央集約ゲートウェイとBFFがあります。

図6　APIゲートウェイ分割方法のデザインパターンの種類

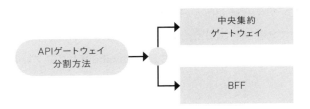

　APIゲートウェイをクラウドネイティブ技術で代替できます。表6でAPIゲートウェイ分割方法とクラウドネイティブ技術の関連性を整理します。ここでは、技術用語のAPIゲートウェイとCNCFのAPI Gateway分野を区別しています。

表6 APIゲートウェイ分割方法とクラウドネイティブ技術の関連性

パターン名	中央集約ゲートウェイ	BFF
説明	各クライアントで共有するAPIゲートウェイを配置する。APIゲートウェイには、各クライアントからのすべてのリクエストを想定したエンドポイントを実装する。	クライアント別のAPIゲートウェイを配置する。APIゲートウェイには、特定のクライアントからのリクエストを想定したエンドポイントだけを実装する。
クラウドネイティブ技術との関連性	中央集約ゲートウェイとしてService Proxy、Service Mesh、API Gateway分野のツールを使用できる。	BFFとしてService Proxy、Service Mesh、API Gateway分野のツールを使用できる。
技術例	・Service Proxy（Nginx） ・Service Mesh（Istio）	・Service Proxy（Nginx） ・Service Mesh（Istio）

　図7でBFFの配置例を示します。BFFとしてService Proxy、Service Mesh、API Gateway分野のツールを使用できます。例えば、NginxはAPIゲートウェイとして動作します[35]。クライアント別（PCブラウザSPA、スマホSPA、外部APIなど）にNginxを配置します。各クライアントは対応するNginx（PCブラウザ用、スマホブラウザ用BFF、外部API用BFFなど）にリクエストを送信し、各Nginxは適切なマイクロサービスのAPIにこれをルーティングします。APIゲートウェイとして使用できるツールはNginx以外にも非常に多くあります。ただ、その中でもNginxは環境構築や設定の方法が簡単で扱いやすく、またこれらの情報をインターネットや書籍から見つけやすいため、私の好みのツールです。なお、GraphQLサーバーをBFFとして使用するフルスクラッチな設計方法もあります。この場合、フロントエンドや外部APIはGraphQLクライアントとして設計する必要があります。

※35　DeJonghe, D.『NGINX Cookbook』O'Reilly Media, Inc.（2022）

図7　BFFの配置例

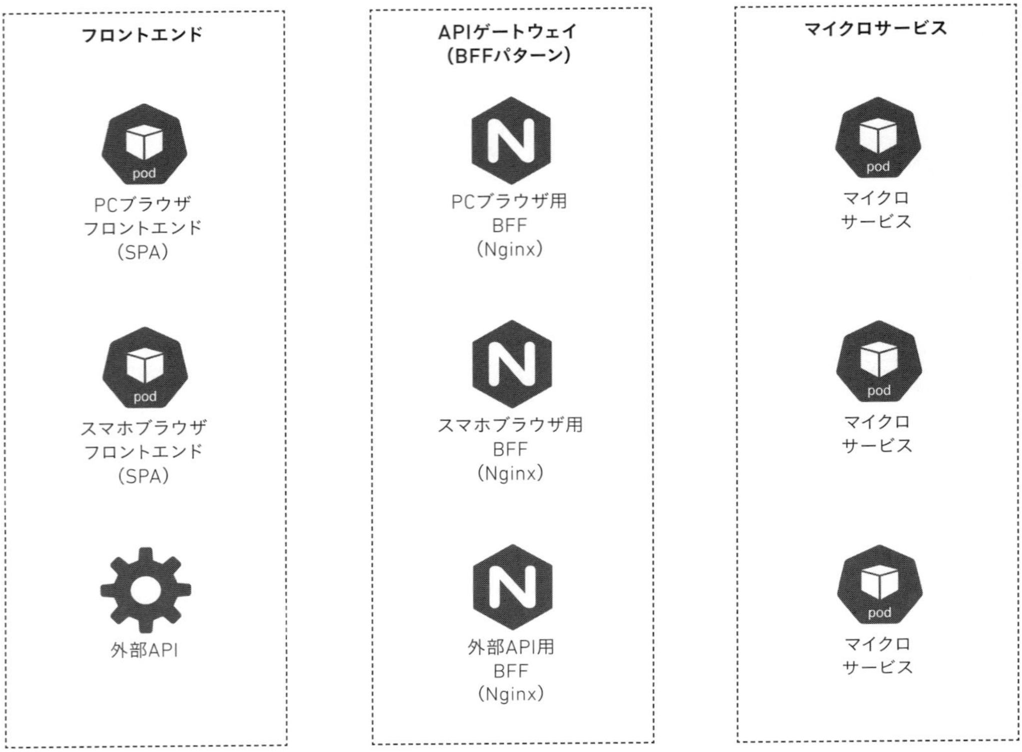

フロントエンド	APIゲートウェイ （BFFパターン）	マイクロサービス
 PCブラウザ フロントエンド （SPA）	 PCブラウザ用 BFF （Nginx）	 マイクロ サービス
 スマホブラウザ フロントエンド （SPA）	 スマホブラウザ用 BFF （Nginx）	 マイクロ サービス
 外部API	 外部API用 BFF （Nginx）	 マイクロ サービス

図8でAWS EKS上でのBFFの設計例を示します。マイクロサービスアーキテクチャーのAPIゲートウェイ領域には、図7と同様にクライアント別のNginxを配置します。もしNginxでBFFとしての要件を満たせなくとも、Istioと組み合わせることにより足りない機能を補完できます。なお、Istioの提供するIstio IngressGatewayとIstio EgressGatewayはメッシュゲートウェイと呼ばれ、APIゲートウェイと似た名前をもちます。ただ、APIゲートウェイとは異なる役割を持ちます[36]。

図8　AWS EKS上でのBFFの設計例

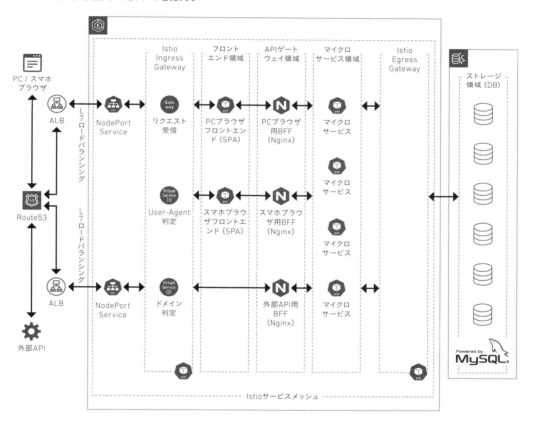

[36] Gough, J., Bryant, D., & Auburn, M. 『Mastering API architecture』 O'Reilly Media, Inc.（2021a）

補章　クラウドネイティブ技術とマイクロサービスアーキテクチャーのつながり　451

7　マイクロサービス領域

　マイクロサービス領域には、適切に分割された複数のバックエンドアプリケーション（マイクロサービス）を配置します。図9で、マイクロサービス領域のデザインパターングループの種類を示します。代表的なものにはマイクロサービス間通信方法、マイクロサービス分割方法、マイクロサービス設計方法、ドメインモデリング方法、トランザクション管理方法、設定管理方法、認証認可があります。

図9　マイクロサービス領域のデザインパターングループの種類

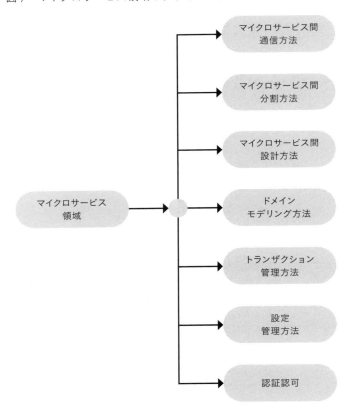

7.1 マイクロサービス間通信方法

マイクロサービス間を適切な方法で通信することにより、効率的で障害を解決しやすいマイクロサービスアーキテクチャーを実現できます。図10で、マイクロサービス間通信方法のデザインパターンの種類を示します。代表的なものには、リクエスト／レスポンス、パブリッシュ／サブスクライブ、共有データ経由があります。

図10 マイクロサービス間通信方法のデザインパターンの種類

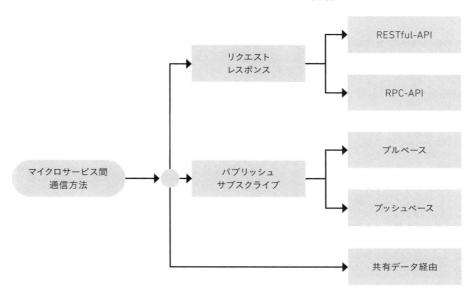

リクエスト／レスポンスにはRESTful-APIとRPC-APIがあります。パブリッシュ／サブスクライブにはプルベースとプッシュベースがあります[37]。そして共有データ経由があります。各マイクロサービスをどのようにモデリングしているか（例えば、ステートソーシングやイベントソーシング）に応じて、リクエスト／レスポンスとパブリッシュ／サブスクライブのどちらが適しているかが異なります。これらのパターンのロジックはクラウドネイティブ技術で代替できます。表7で、マイクロサービス間通信方法とクラウドネイティブ技術の関連性を整理します。

表7　マイクロサービス間通信方法とクラウドネイティブ技術の関連性

パターン名	リクエスト／レスポンス	パブリッシュ／サブスクライブ	共有データ経由
説明	送信元マイクロサービスは宛先と同期的に通信する。通信は双方向に流れる。	送信元マイクロサービスはメッセージ仲介システム[38]を介して、宛先マイクロサービスと非同期的に通信する。通信は一方向に流れる。	送信元マイクロサービスは作成したデータをストレージに保管する。宛先マイクロサービスはストレージをポーリングして新しいデータが追加され次第、ストレージからこれを読み込む。通信は一方向に流れる。このパターンの例として、データレイクやデータウェアハウスを使用したシステムがある。
クラウドネイティブ技術との関連性	RESTの実装方法として、HTTP/1.1でテキストを送受信するパッケージを使用できる。一方で、RPCの実装方法にはRemote Procedure Call分野のツールを使用できる。	メッセージ仲介システムとして、Streaming & Messaging分野のツールを使用できる。また、パブリッシュとサブスクライブの実装方法として、Streaming & Messaging分野のツールのクライアントSDKを使用できる。サブスクライブにはプルベースとプッシュベースがあり、ツールによってはこれらを選べる。	ストレージとして、Cloud Native StorageやDatabase分野のツールを使用できる。耐障害性の観点から、これらはオープンソースよりマネージドサービスの技術を使用することをお勧めする。
技術例	・REST（パッケージ） ・Remote Procedure Call（gRPC）	・Streaming & Messaging（CloudEvents、RabbitMQ）	・Cloud Native Storage（AWS S3） ・Database（AWS Aurora MySQL）

※37　Richardson, C. 『Microservices patterns: With examples in Java』 Simon and Schuster.（2021a）
※38　メッセージ仲介システムの種類として、メッセージブローカー、メッセージキュー、およびイベントバスがあります。

図11で、マイクロサービス間のリクエスト／レスポンスによる通信の様子を示します。ここではKubernetes Podをマイクロサービスとして表します。送信元マイクロサービスは宛先と同期的に双方向で通信します。

図11　マイクロサービス間のリクエスト／レスポンスによる通信の様子

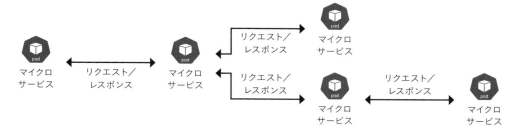

図12で、AWS EKS上でのリクエスト／レスポンスの設計例を示します。ここではKubernetes Podをマイクロサービスとして表しており、関連するほかのKubernetesリソースを省略しています。リクエスト／レスポンスのクライアントとサーバーとして、HTTP/1.1でテキスト（JSONやXML）を送受信するパッケージやRemote Procedure Call分野のツールを使用できます。例えば、マイクロサービスアーキテクチャーでgRPCを使用する場合、マイクロサービスのインフラストラクチャーレイヤーにgRPC関連の処理を配置することをお勧めします[39]。マイクロサービスのgRPCクライアントは宛先マイクロサービスのgRPCサーバーと通信します。マイクロサービスではなくフロントエンドとBFFに関する通信にも言及しておきます。フロントエンドのRESTfulクライアントはBFFのNginxのRESTfulサーバーと通信します。NginxはgRPCサーバーまたはRESTfulサーバーと通信し、もしgRPCサーバーと通信する場合は専用のモジュールが必要です[40]。

---

[39]　Vandeperre, M. (2023c, October 18). Implementing clean architecture solutions: A practical example | Red Hat Developer. Red Hat Developer. https://developers.redhat.com/articles/2023/08/08/implementing-clean-architecture-solutions-practical-example
[40]　Module ngx_http_grpc_module. (n.d.-b). https://nginx.org/en/docs/http/ngx_http_grpc_module.html

図12 AWS EKS上でのリクエスト／レスポンスの設計例

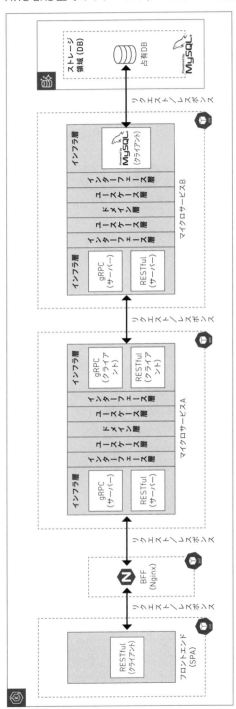

7.2　マイクロサービス分割方法

　マイクロサービスの分割はマイクロサービスアーキテクチャーの設計の中で最重要な課題であり、技術的な難易度も非常に高いです。分割のための境界を見つけるためには各マイクロサービスの凝集度、結合度、そして情報隠蔽度に着目するべきです[41]。図13で、マイクロサービス分割方法のデザインパターンの種類を示します。代表的なものには、DDDに基づく境界と永続データの機密性があります。また、DDDに基づく境界には境界づけられたコンテキストと1つ以上の集約[42]があります。

図13　マイクロサービス分割方法のデザインパターンの種類

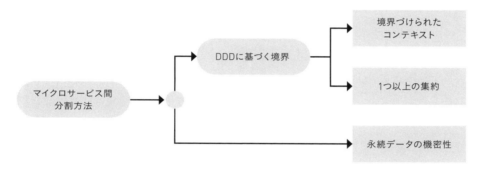

　図14で、DDDに基づく境界のパターンの関係性を示します。DDDの考え方をマイクロサービスアーキテクチャーに取り入れることにより、適切な凝集度と結合度を持つマイクロサービスに分割できます。マイクロサービスの大きさは1つの集約より大きく、境界づけられたコンテキストより小さくするべきでしょう[41][43]。これらの方法はクラウドネイティブ技術では代替できません。DDDはマイクロサービスアーキテクチャーの文脈とは関係なく、非常に刺激的で興味深い分野です。今回、ドメインの解決領域からいくつかの境界づけられたコンテキストや集約を切り離していく方法や、DDDの戦略的設計から戦術的設計にかけた手順例などを補章で取り上げられませんでした。そこで、ここでは関連書籍を少しだけ紹介します。『Learning Domain-

---

[41]　Newman, S.『Building microservices』O'Reilly Media, Inc.（2021a）
[42]　マイクロサービスを1つの集約よりも小さく分割するべきではありません。小さすぎるマイクロサービスから構成されるマイクロサービスアーキテクチャーは分散した大きな泥団子と言われており、アンチパターンです。例えば、エンティティー単位で分割してしまうエンティティーサービスというアンチパターンがあります。The entity Service Antipattern - wide awake developers. (2017, December 5). https://www.michaelnygard.com/blog/2017/12/the-entity-service-antipattern/
[43]　Khononov, V.『Learning Domain-Driven design』O'Reilly Media, Inc.（2021a）

Driven design[※43]』は、DDDの代表的な書籍である『Domain-Driven design[※44]』や『Implementing Domain-Driven design[※45]』をわかりやすく解説しており、さらにマイクロサービス分割方法へのDDDの適用についても言及しています。補章で登場したDDDの用語やデザインパターンは、『Domain-Driven Design reference[※46]』で整理されています。

図14　DDDに基づくマイクロサービスの適切な大きさ

7.3　ドメインモデリング

マイクロサービスのドメインモデリングは分割に次いで重要な課題です。図15で、マイクロサービスで採用しうるドメインモデリングのパターンの種類を示します。代表的なものにはステートソーシングとイベントソーシングがあります。ドメインモデリング方法の選定はマイクロサービス間通信方法に影響します。

図15　ドメインモデリングのデザインパターンの種類

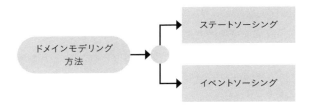

※44　Evans, E.『Domain-Driven design: Tackling Complexity in the Heart of Software』Addison-Wesley. (2003b)
※45　Vernon, V.『Implementing Domain-Driven design』Addison-Wesley.（2013b)
※46　Evans, E.『Domain-Driven Design reference: Definitions and Pattern Summaries』Dog Ear Publishing. (2014b)

図16で、ドメインモデリングとマイクロサービス間通信方法の関係性を示します。例えば、ステートソーシングでドメインモデリングしたマイクロサービス間では、リクエスト／レスポンスとパブリッシュ／サブスクライブのいずれかの通信方法を使用できます。一方でイベントソーシングの場合、マイクロサービス間ではパブリッシュ／サブスクライブの通信方法が適切です[47][48]。ステートソーシングとイベントソーシングはモデリング時の着眼点が異なるため、ドメインモデルの適切な分析手法やデータベーステーブルの構造なども異なります。多くの読者にとって、よりなじみのあるドメインモデリングはおそらくステートソーシングでしょう。

図16　ドメインモデリングとマイクロサービス間通信方法の関係性

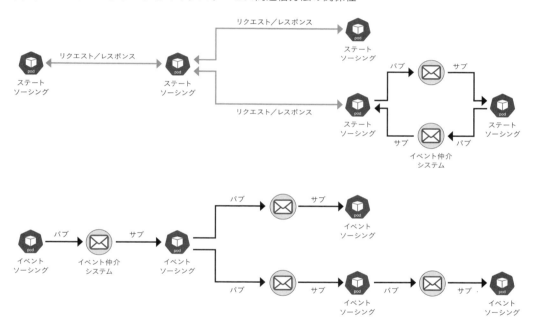

---

[47] Richardson, C.『Microservices patterns: With examples in Java』Simon and Schuster.（2018）
[48] Newman, S.『Building microservices』O'Reilly Media, Inc.（2018）

7.4 マイクロサービス設計方法

　マイクロサービスを適切な結合度と凝集度で分割することにより、開発を分業しやすくして機能的なロジックの拡張性や生産性を高められます。粒度が大きすぎればモノリスアーキテクチャーとなり、小さすぎれば分散した大きな泥団子になってしまいます[49]。図17で、マイクロサービス設計方法のデザインパターングループの種類を示します。代表的なものには、DDDデザインパターン設計とアプリケーションアーキテクチャー設計があります。

図17　マイクロサービス設計方法のデザインパターングループの種類

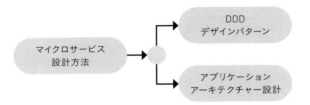

　まず、DDDデザインパターン設計です。DDDのドメインモデリング手順では、ドメインエキスパートからビジネスルールや振る舞いをヒアリングします。これらに基づいてユースケース図、ドメインオブジェクト図、ドメインモデル図などを作成して実装を落とし込んでいきます。よりよく実装に落とし込むための手法がDDDデザインパターンです。図18で、DDDデザインパターンの種類を示します。代表的なものにはエンティティーや値オブジェクトがあり、ほかに取り上げきれないほどパターンがあります[50]。ドメインロジックは機能的であり、クラウドネイティブ技術で代替できません。

---

[49] Brown, S. (2014, August 4). Distributed big balls of mud. http://dzone.com/. https://dzone.com/articles/distributed-big-balls-mud
[50] Evans, E. 『Domain-Driven Design reference: Definitions and Pattern Summaries』Dog Ear Publishing. (2014)

図18　DDDデザインパターンの種類

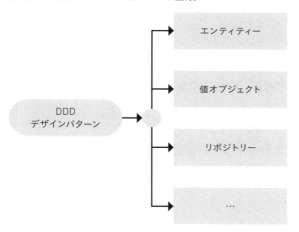

次にアプリケーションアーキテクチャー設計です。図19で、アプリケーションアーキテクチャー設計のデザインパターンの種類を示します。代表的なものにはレイヤードアーキテクチャー、ヘキサゴナルアーキテクチャー、オニオンアーキテクチャー、クリーンアーキテクチャーがあります[51]。これらはDDDデザインパターンを適切な層に実装するため、またドメインロジックを持つパターンを隔離するための方法です。

図19　アプリケーションアーキテクチャーのデザインパターンの種類

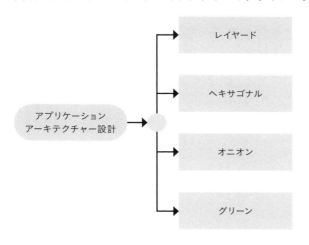

---

[51] Martin, R. C. 『Clean architecture: A Craftsman's Guide to Software Structure and Design』 Prentice Hall. (2017)

表8で、アプリケーションアーキテクチャーとクラウドネイティブ技術の関連性を整理します。アプリケーションの中でも非機能的なロジックは、クラウドネイティブ技術で代替できます。マイクロサービス間通信方法にリクエスト／レスポンスを使用している場合、アクセストークン検証ロジックはService Mesh分野のツールで代替できます（補章の7.6 認証、7.7 認可を参照）。例えば、SSO時のアクセストークン検証のために、Istioによるサイドカーコンテナはマイクロサービスの代わりにIDプロバイダーにリクエストを送信します。一方で、マイクロサービス間通信方法にパブリッシュ／サブスクライブを使用している場合、ドメインロジックとメッセージ仲介システムのクライアントSDKの仲介として、Streaming & Messaging分野のツールを使用できます。例えば、CloudEventsとCloudEvents SDKはドメインロジックのイベントをメッセージ仲介システムに送信します[52]。

表8　アプリケーションアーキテクチャーとクラウドネイティブ技術の関連性

パターン名	レイヤード、ヘキサゴナル、オニオン、クリーン
説明	デザインパターンを適切な層に実装するため、またドメインロジックを持つパターンを隔離するためにアーキテクチャーを使用する。DDDではいずれのアプリケーションアーキテクチャーを使用するかは重要ではない。
クラウドネイティブ技術との関連性	非機能的なロジックの実装方法として、Service MeshやStreaming & Messaging分野のツールを使用できる。
技術例	・Service Mesh（Istio） ・Streaming & Messaging（CloudEvents、RabbitMQ）

※52　Salatino, M. (2022, January 29). Event-Driven applications with CloudEvents on Kubernetes – Salaboy (Open Source Knowledge). Salaboy. https://www.salaboy.com/2022/01/29/event-driven-applications-with-cloudevents-on-kubernetes/

7.5 トランザクション管理方法

マイクロサービスアーキテクチャーでは、とくに永続データ管理方法にDB per serviceを使用している場合に課題があります。各マイクロサービスの永続化の間に依存関係がある場合（例えば、ECサイトで受注データの永続化が配送データや決済データに依存している）に各マイクロサービスの連続的な永続化を調整する必要があります。この課題を解決するパターンとしてSagaや2フェーズコミットがあります。永続データ管理方法の一つであるShared DBやDB per serviceの課題解決パターンの2フェーズコミットは、一般的に非推奨なパターンとされています。図20で、トランザクション管理方法のデザインパターンの種類を示します。Sagaにはオーケストレーションベースとコレオグラフィベースがあります。

図20 トランザクション管理方法のデザインパターンの種類

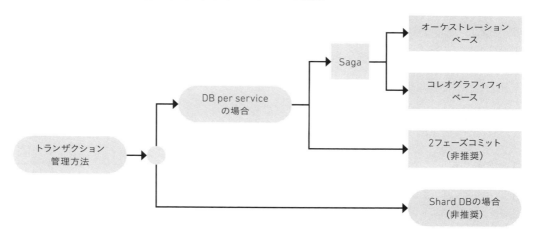

オーケストレーションベースまたはコレオグラフィベースのSagaは、一部のロジックをクラウドネイティブ技術で代替できます。表9で、Sagaとクラウドネイティブ技術の関連性を整理します。

表9　トランザクション管理方法とクラウドネイティブ技術の関連性

パターン名	オーケストレーションベースSaga	コレオグラフィベースSaga
説明	Sagaのデザインの一つである。中央集権的なSagaオーケストレーターはメッセージ仲介システムを介して、各マイクロサービスを順番にコールする。各マイクロサービスはローカルトランザクションを実行する。また、Sagaオーケストレーターはローカルトランザクションの進捗度を占有データベースに永続化する。	Sagaのデザインの一つである。特定のマイクロサービスがほかのマイクロサービスを操作する。送信元マイクロサービスは、自身のローカルトランザクションを完了させた後に、メッセージ仲介システムを介して宛先マイクロサービスをコールする。宛先のマイクロサービスは、ローカルトランザクションを実行する。
クラウドネイティブ技術との関連性	Sagaオーケストレーターとして、Automation & Configuration分野のツールを使用できる。このツールによっては、メッセージ仲介システムがツール内部に組み込まれている。	メッセージ仲介システムやこれのクライアントSDKとして、Streaming & Messaging分野のツールを使用できる。また、マイクロサービス間通信方法のパブリッシュ／サブスクライブの実装方法として、Streaming & Messaging分野のツールのクライアントSDKを使用できる。
技術例	・Automation & Configuration（Temporal）	・Streaming & Messaging（CloudEvents、RabbitMQ）

464　Kubernetesで実践するPlatform Engineering

図21で、AWS EKS上でのオーケストレーションベースSagaの設計例を示します。オーケストレーションベースSagaとして、Automation & Configuration分野のツールを使用できます。オーケストレーションベースSagaのデザインパターンには、Sagaオーケストレーターがメッセージ仲介システムを介して各マイクロサービスと通信するパターンと、これらの間でメッセージ仲介システムなしに通信するパターンがあります[53]。例えば、Temporalはメッセージ仲介システムのあるオーケストレーションベースSagaとして動作します[54][55]。Temporalクライアント（Sagaオーケストレーター）は、Temporalサーバー（Temporalの組み込みのメッセージ仲介システム）にワークフローの開始を要求します。Temporalサーバーはワークフローの進捗度（Sagaログ）を占有データベースに永続化します。Temporalワーカー（ローカルトランザクション実行マイクロサービス）は自身が実行するべきタスクをTemporalサーバーから取得し、タスクの実行後にその成否を送信します。いずれかのローカルトランザクションが失敗した場合、Temporalは補償トランザクションのためのオーケストレーションも実施できます[56]。Temporalはプログラミング言語でワークフローを定義できるため、複雑なビジネスロジックに対応できます。また、Kubernetes上でコンテナとして動かせるため、アプリケーション領域とインフラストラクチャー領域の境界が明確になり、それぞれの領域を分業しやすいです。これらの理由から、TemporalはオーケストレーションベースSagaの代替に適している技術であると私は考えています。なお、よりよいオーケストレーションベースSagaにはステータスチェッカーが必要になるでしょう。ステータスチェッカーはトランザクションIDを使用してワークフローの進捗度を取得し、これをクライアントに返却します[57][58]。

※53　Bellemare, A.『Building Event-Driven microservices』O'Reilly Media, Inc.（2020b）
※54　Temporal. (2024c, May 31). Saga Pattern Simplified: Building Sagas with Temporal [Video]. YouTube. https://www.youtube.com/watch?v=uHDQMfOMFD4
※55　Explanation of the saga design pattern. (n.d.-c). Temporal. https://temporal.io/blog/saga-pattern-made-easy
※56　Build a trip booking system with PHP | Learn Temporal. (2021, October 1). https://learn.temporal.io/tutorials/php/build_a_trip_booking_app/
※57　Richardson, C.『Microservices patterns: With examples in Java』Simon and Schuster.（2018）
※58　https://github.com/Azure-Samples/saga-orchestration-serverless/blob/main/docs/architecture/components.md

図21　AWS EKS上でのオーケストレーションベースSagaの設計例

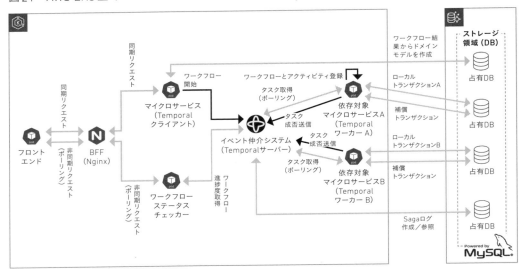

7.6　認証

　マイクロサービスアーキテクチャーでは認証を適切に開始し、認証成功後にマイクロサービス間で資格情報を伝播する必要があります。また、資格情報が有効かどうかを各マイクロサービスの実行時に検証しなければ、不正なリクエストを処理しかねません。適切な認証認可や資格情報の伝播方法を使用することにより、課題をより単純に解決できます。まずは認証です。図22で、認証のデザインパターンの種類を示します。代表的なものにはセッションベースとトークンベースがあります。

図22　認証のデザインパターンの種類

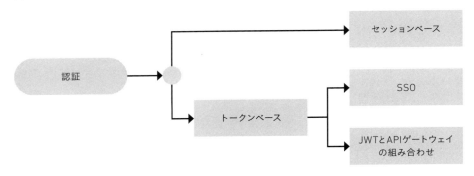

セッションベースは、セッションを使用してマイクロサービス間で資格情報を伝播します。トークンベースにはSSOやJWTとAPIゲートウェイの組み合わせがあり、トークンを使用してマイクロサービス間で資格情報を伝播します。いずれの方法にもメリットデメリットがあり、要件に応じて選ばなければなりません[59]。ここでは、SSOの一種であるOIDC認可コードフローを取り上げます。OIDC認可コードフローでは、IDプロバイダーやこれへのリクエストはクラウドネイティブ技術で代替できます。表10で、認証とクラウドネイティブ技術の関連性を整理します。

表10　認証とクラウドネイティブ技術の関連性

パターン名	SSO
説明	SSOで認証する。認証サービスをIDプロバイダーとして使用し、これは認証データ永続化やアクセストークン発行などを実施する。この認証サービスは資格情報を永続化するためのデータベースを持ち、有効期限が切れればアクセストークンを無効化する。
クラウドネイティブ技術との関連性	IDプロバイダーとしてSecurity & Compliance分野のツールを使用できる。また、IDプロバイダーへのトークン送信方法として、Service Mesh分野のツールを使用できる。
技術例	・Security & Compliance（Keycloak） ・Service Mesh（Istio）

図23で、AWS EKS上でのOIDC認可コードフローの設計例を示します。IDプロバイダーとしてSecurity & Compliance分野のツールを使用できます。例えば、KeycloakはIDプロバイダーとして認証データを永続化し、アカウントを証明するアクセストークンを発行します。またKeycloakは検証エンドポイントを公開し、受信したリクエストのAuthorizationヘッダーにあるアクセストークンの有効性を検証します[60]。この時、任意の認証パッケージやIstioを使用してアクセストークン検証のリクエストをKeycloakに送信できます。Istioの場合、Istioリソースを定義することにより無効なアカウントからのリクエストをサイドカーコンテナで阻止（401や403レスポンスを返信）できます[61]。このようにKeycloakとIstioを組み合わせることにより、マイクロサービスアーキテクチャーでOIDC認可コードフローを実現できます。

※59　He, X., & Yang, X. (2017). Authentication and authorization of end user in microservice architecture. Journal of Physics Conference Series, 910, 012060. https://doi.org/10.1088/1742-6596/910/1/012060
※60　Thorgersen, S., & Silva, P. I. 『KeyCloak - Identity and access management for modern applications: Harness the power of Keycloak, OpenID Connect, and OAuth 2.0 to secure applications』 Packt Publishing Ltd. (2023c)
※61　田畑. (n.d). コンテナ上のマイクロサービスの認証強化 〜 IstioとKeyCloak 〜 . Think IT（シンクイット）. https://thinkit.co.jp/article/18023

図23　AWS EKS上でのOIDC認可コードフローの設計例

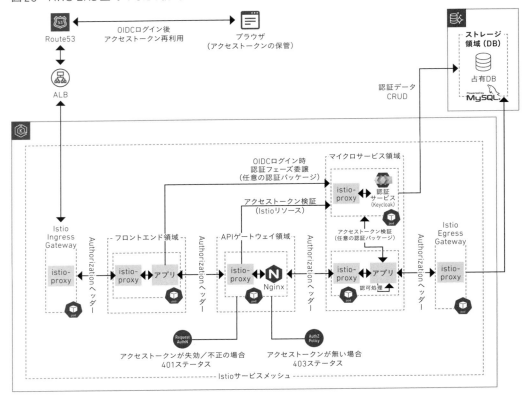

7.7　認可

　伝播された資格情報を使用して各マイクロサービスは認可処理を実行する必要があります。図24で、認可のデザインパターンの種類を示します。代表的なものには中央集中と分散があります。

図24　認可のデザインパターンの種類

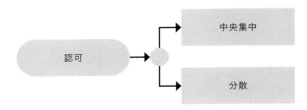

認可ロジックはドメインロジックに依存しています。そのため、各マイクロサービスに認可ロジックを実装する分散パターンの方がよりよいと私は考えています。ただし、認可ロジックを中央集中的に実装することもできます。この時、中央集中的な認可サービスはクラウドネイティブ技術で代替できます。表11で、認可とクラウドネイティブ技術の関連性を整理します。認可サービスとして、Security & Compliance分野のツールを使用できます。例えば、Open Policy Agentは`rego`ファイルのロジックで認可スコープを定義しており、各マイクロサービスはOpen Policy Agentから認可の真偽値を取得します[62]。この時、値が偽の場合に各マイクロサービスは403ステータスを返信します 。

表11　認可とクラウドネイティブ技術の関連性

パターン名	中央集中	分散
説明	認可サービスを配置し、これがすべてのマイクロサービスの認可ロジックを担う。	各マイクロサービスが認可ロジックを担う。
クラウドネイティブ技術との関連性	認可サービスとしてSecurity & Compliance分野のツールを使用できる。	該当なし
技術例	・Security & Compliance（Open Policy Agent）	該当なし

※62　Introduction. (n.d.-b). Open Policy Agent. https://www.openpolicyagent.org/docs/latest/

8 ストレージ領域

　ストレージ領域には、データの特徴に応じたストレージを配置します。図25で、ストレージ領域のデザインパターンを整理します。代表的なデザインパターングループには、永続データ方法、静的ファイル管理方法、そして一時データ管理方法があります。この時、必要に応じてストレージを分割し、また暗号化します。

図25　ストレージ領域のデザインパターングループの種類

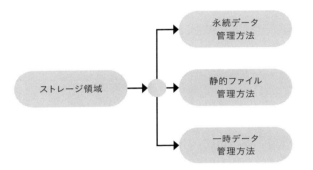

　図26で、AWS EKS上でのデータ管理の設計例を示します。例えば、AWS Aurora MySQLは永続データを管理し、AWS KMSでデータを暗号化できます。AWS S3は静的ファイルを管理し、暗号化にAWS S3マネージド暗号化キーなどを使用できます。Kubernetes Nodeにアタッチされた AWS EBS や Kubernetes Volume は一時データを管理し、AWS EBS上のデータの暗号化にAWS KMSを使用できます。

図26 AWS EKS上でのデータ管理の設計例

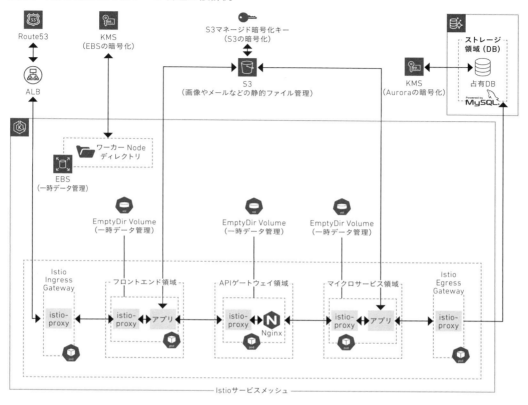

8.1 永続データ管理方法

図27で、マイクロサービスアーキテクチャーにおける永続データ管理方法のデザインパターンの種類を示します。代表的なものにはDB per serviceとShared DBがあります。

図27 永続データ管理方法のデザインパターンの種類

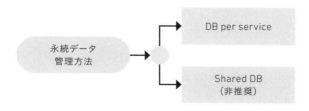

DB per serviceでは、各マイクロサービスが占有するデータベースを配置します。Shared DBでは、各マイクロサービス間で共有するデータベースを配置し、共有データベースのテーブルをマイクロサービス用に分割します。Shared DBは一般的に非推奨なパターンとされているため、ここでは省略します。表12で、永続データ管理方法とクラウドネイティブ技術の関連性を整理します。

表12　永続データ管理方法とクラウドネイティブ技術の関連性

パターン名	DB per service	Shared DB
説明	マイクロサービスで占有するデータベースを配置する。各マイクロサービスが独立したトランザクションを実行できる。	非推奨なパターンなため省略
クラウドネイティブ技術との関連性	Database分野のツールを使用できる。耐障害性の観点から、データベースはオープンソースよりもマネージドサービスの技術を使用することをお勧めする。	同上
技術例	・Database（AWS Aurora MySQL）	同上

　図28で、AWS EKS上でのDB per serviceの設計例を示します。データベースとしてはDatabase分野のツールを使用できます。例えば、マネージドなAWS Aurora MySQLはMySQL互換であるため、アプリケーションはMySQLのSQLの実装を変更する必要がありません。また、AWS Aurora MySQLは高い耐障害性や性能を提供します[63]。データベースの文脈にはスキーマという概念があり、MySQLではこれがデータベースに相当します。つまり、データベーススキーマを分割することになります[64]。例えば、AWS Aurora MySQLであれば、マイクロサービス単位でデータベーススキーマを定義します。ほかの方法としてマイクロサービス単位でAWS Aurora MySQLクラスターを作成してもよいですが、クラウドの金銭的コスト面から私は好みではありません。

※63　What is Amazon Aurora? - Amazon Aurora. (n.d.-b). https://docs.aws.amazon.com/AmazonRDS/latest/AuroraUserGuide/CHAP_AuroraOverview.html
※64　Newman, S.『Monolith to microservices: Evolutionary Patterns to Transform Your Monolith』O'Reilly Media, Inc.（2019f）

図28 AWS EKS上でのDB per serviceの設計例

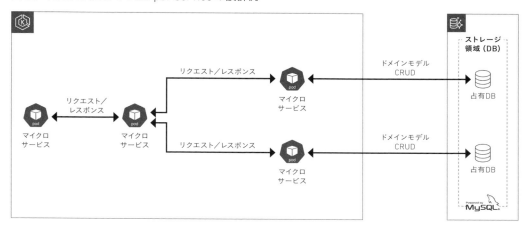

9　横断領域

　横断領域には、ほかの領域に汎用的なロジックを横断的に提供するツールを配置します。図29に、横断領域のデザインパターングループの種類を示します。代表的なものにはExternalized configuration、CI／CDパイプライン、サービスメッシュ、そしてMicroservice chassisがあります。補章ではこれらのうち、Externalized configurationとサービスメッシュを概説します。

図29 横断領域のデザインパターングループの種類

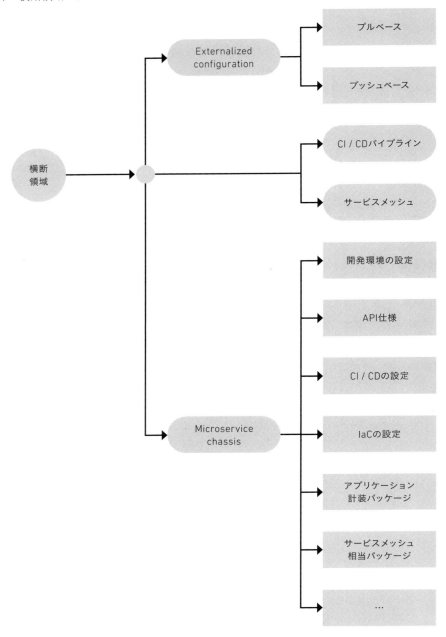

9.1　Externalized configuration

マイクロサービスの実行環境には開発環境と本番環境を設け、開発環境で動作検証が済めば本番環境にデプロイします。実行環境ごとに固有の設定をマイクロサービスに適用する必要があります。設定をマイクロサービスから切り分け、各実行環境で設定を切り替えます。これにより、マイクロサービスをさまざまな実行環境で簡単に稼働させられるようになります。図30で、Externalized configurationのデザインパターンの種類を示します。Externalized configurationにはプルベースとプッシュベースの方法があります。

図30　Externalized configurationのデザインパターンの種類

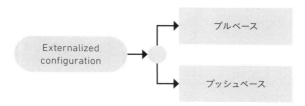

プルベースとプッシュベースはクラウドネイティブ技術で代替できます。表13で、Externalized configurationとクラウドネイティブ技術の関連性を整理します。

表13　Externalized configurationとクラウドネイティブ技術の関連性

パターン名	プルベース	プッシュベース
説明	マイクロサービスが設定管理先から設定を取得し、自身でこれを組み込む。	マイクロサービスのインフラストラクチャーがマイクロサービスに設定を組み込む。
クラウドネイティブ技術との関連性	設定管理先や暗号化キーとして、Security & ComplianceとKey Management分野のツールを使用できる。	設定管理先や暗号化キーとしてKubernetesの標準機能、Security & Compliance、Key Management分野のツールを使用できる。
技術例	・Security & Compliance（AWS Secrets Manager） ・Key Management（AWS KMS）	・Kubernetes標準機能（ConfigMap、Secret） ・Security & Compliance（SOPS） ・Key Management（AWS KMS）

図31で、AWS EKS上でのExternalized configurationの設計例を示します。設定管理先と暗号化キーはKubernetes標準機能、Security & Compliance、Key Management分野のツールを使用できます。例えば、Kubernetes ConfigMapやSecretはマイクロサービスに外部から環境変数やファイルなどの設定を動的に組み込みます[※65]。この時、SOPSを使用することによりHelmのマニフェスト展開前に、Secretの元データを暗号化して管理できます[※66]。AWS Secrets Managerはクラウドリソースなどに外部から設定を動的に組み込みます。AWS Aurora MySQLを使用する場合、データベースに関する機密情報はAWS Secrets Managerで管理することをお勧めします。Kubernetes ConfigMap、Secret、AWS Secrets Managerの暗号化キーは管理の簡単さの観点から、オープンソースよりもマネージドサービスの技術を使用することをお勧めします。

図31　AWS EKS上でのExternalized configurationの設計例

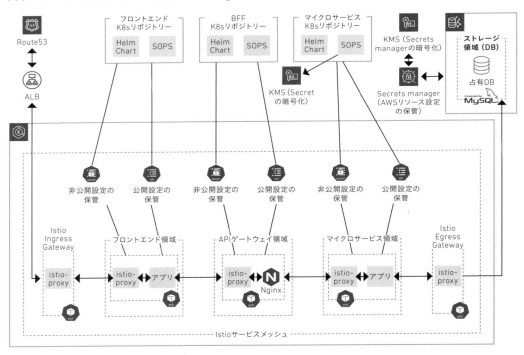

[※65]　Updating configuration via a ConfigMap. (2024, July 17). Kubernetes. https://kubernetes.io/docs/tutorials/configuration/updating-configuration-via-a-configmap/
[※66]　Getsops. (n.d.). GitHub - getsops/sops: Simple and flexible tool for managing secrets. GitHub. https://github.com/getsops/sops

9.2　サービスメッシュ

　マイクロサービス間通信方法にリクエスト／レスポンスを使用する場合[67]、各マイクロサービスに実装するべきロジックには重複があります。例えばトラフィック管理、証明書管理、テレメトリー作成、認証、回復管理などです。各マイクロサービスの開発チームが重複ロジックを実装することは車輪の再発明と言えます。サービスメッシュの仕組みでは重複ロジックをサイドカーコンテナやホストマシン上のエージェントとして切り分け、各マイクロサービスに横断的に提供します[68]。図32で、サービスメッシュのデザインパターンの種類を示します。代表的なものにはサイドカーサービスメッシュとサイドカーレスサービスメッシュがあります。

図32　サービスメッシュのデザインパターンの種類

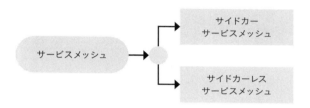

　サービスメッシュはクラウドネイティブ技術で代替できます。表14で、サービスメッシュとクラウドネイティブ技術の関連性を整理します。ここでは、技術用語のサービスメッシュとCNCFのService Mesh分野を区別しています。

---

[67]　マイクロサービス間通信方法にパブリッシュ／サブスクライブを使用する場合、『イベントメッシュ』という仕組みが適切です。これは、イベント仲介システムなどを各マイクロサービスに横断的に提供できます。これは、Knativeで代替できます（https://knative.dev/docs/eventing/event-mesh/）。
[68]　Gough, J., Bryant, D., & Auburn, M.『Mastering API architecture』O'Reilly Media, Inc.（2021b）

表14　サービスメッシュの概説

パターン名	サイドカーサービスメッシュ	サイドカーレスサービスメッシュ
説明	各マイクロサービスの重複ロジックをサイドカーコンテナに切り分け、各マイクロサービスに横断的に提供する。また、サービスメッシュを公開するサービスメッシュゲートウェイを配置する。	各マイクロサービスの重複ロジックをホストマシン上のエージェント（コンテナあるいはカーネル機能）などに切り分け、マイクロサービスに横断的に提供する。
クラウドネイティブ技術との関連性	サービスメッシュゲートウェイとサイドカーコンテナの提供方法としてService Mesh分野のツールを使用できる。	エージェントの提供方法としてService MeshやCloud Native Network分野のツールを使用できる。
技術例	・Service Mesh（Istio）	・Service Mesh（Istio） ・Cloud Native Network（Cilium）

　図33で、AWS EKS上でのサイドカーサービスメッシュの設計例を示します。サービスメッシュとしてService Mesh分野のツールを使用できます。例えば、コントロールプレーンとデータプレーンからなるIstioは、Envoyの設定を抽象化することによりサービスメッシュを実現します[69]。IstioのサイドカーサービスメッシュではIstioはデータプレーンにサービスメッシュゲートウェイ（Istio IngressGatewayとIstio EgressGateway）を配置し、またマイクロサービス内にサイドカーコンテナ（istio-proxy）をインジェクションします。サービスメッシュゲートウェイはサービスメッシュ内外を接続する役割を持ち、マイクロサービスを公開するためのAPIゲートウェイとはその役割が異なります[65]。Istioによるサイドカーコンテナは、さまざまな汎用ロジックをアプリケーションコンテナに提供します。サイドカーコンテナ内ではpilot-agentプロセスとenvoyプロセスが稼働しています。envoyプロセスはコントロールプレーンとpilot-agentを介して双方向ストリーミングRPCを実施し、コントロールプレーンのAPIからEnvoyの設定を動的に取得します[70]。Istioにより、マイクロサービスとしてのKubernetes PodはほかのPodと直接通信できるようになります。一方で、Istioを使用しない場合、Kubernetes PodはKubernetes Serviceを介してほかのPodと通信します。

※69　Sidecar or ambient? (n.d.). Istio. https://istio.io/latest/docs/overview/dataplane-modes/
※70　Posta, C. E., & Maloku, R.『Istio in action』Simon and Schuster.（2022d）

478　Kubernetesで実践するPlatform Engineering

図33　AWS EKS上でのサイドカーサービスメッシュの設計例

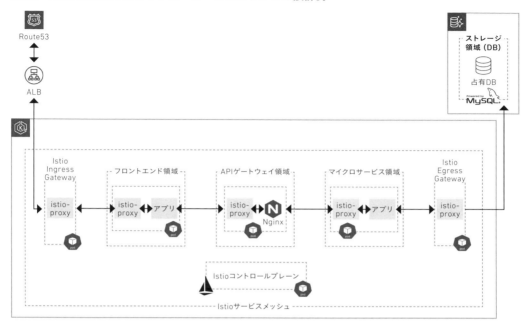

10　インフラストラクチャー領域

　インフラストラクチャー領域にはネットワーク、セキュリティー、オブザーバビリティーに関するツールを配置します。図34で、インフラストラクチャー領域のデザインパターングループの種類を示します。代表的なデザインパターングループにはL4 / L7トラフィック管理方法、証明書管理方法、オブザーバビリティーがあります。

図34　インフラストラクチャー領域のデザインパターングループの種類

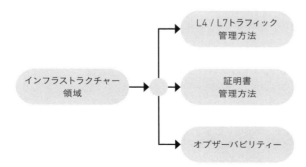

10.1　L3管理方法

　マイクロサービスのインスタンス間が通信するためには、各マイクロサービスのインスタンスに対するIPアドレスの割り当てと解放を管理する必要があります。これはCloud Native Network分野の技術で代替できます。図35で、AWS EKS上でのL3管理の設計例を示します。例えば、AWSであればAWS VPCがL3（ネットワーク層）を提供します[71]。また、マネージドなAWS VPC CNIアドオンはkubelet、ENI、AWS EKSコントロールプレーンと連携し、AWS VPC上にクラスターネットワークを作成します。これはAWS EKSクラスター内のIPアドレスを制御し、マイクロサービスがAWS EKSのクラスターネットワークに参加できるようにします[72]。

図35　AWS EKS上でのL3管理の設計例

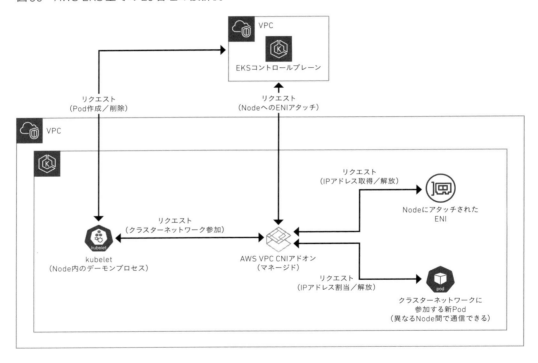

※71　ほかに例えば、L2を作成するCNIがあり、CNIによって提供する層はさまざまです。いずれのプラットフォーム（補章であれば、AWS EKS）を選ぶかによって、適切なCNIが異なります。
※72　Amazon VPC CNI - EKS Best Practices Guides. (n.d.). https://aws.github.io/aws-eks-best-practices/networking/vpc-cni/

10.2　L4 / L7トラフィック管理方法

　L4 / L7のプロトコル（TCP、HTTP、HTTPSなど）を使用してマイクロサービスのインスタンス間が通信する時、トラフィック管理の仕組みが必要です。図36で、デザインパターングループの種類を示します。代表的なものにはサービス検出とロードバランシングがあります。

図36　L4 / L7トラフィック管理方法のデザインパターングループの種類

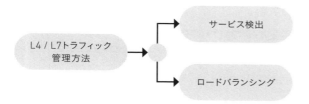

　まずはサービス検出です。マイクロサービスアーキテクチャーではマイクロサービスのインスタンスがスケーリングで増減するたびに、ネットワーク上の宛先を変化させます。この時、宛先と継続的に通信できるような仕組みが必要です。サービス検出により、リクエストの送信元マイクロサービスが宛先の場所IPアドレス、ポート番号、完全修飾ドメイン名などを動的に検出し、通信できるようになります。図37で、サービス検出のデザインパターンを示します。

図37　宛先検出と宛先登録のデザインパターンの種類

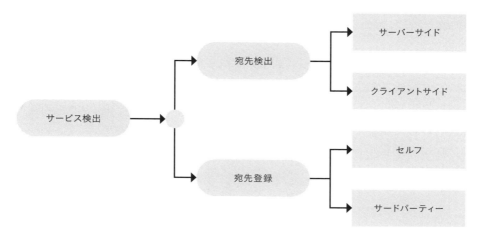

宛先検出にはサーバーサイドサービス検出とクライアントサイドサービス検出があります。送信元または宛先マイクロサービス、ロードバランサー、サービスレジストリーが組み合わさって宛先検出を実施します。これらの仕組みはクラウドネイティブ技術で代替できます。表15で、宛先検出とクラウドネイティブ技術の関連性を整理します。ここでは、技術用語のサービスメッシュとCNCFのService Mesh分野を区別しています。

表15　宛先検出とクラウドネイティブ技術の関連性

パターン名	サーバーサイド	クライアントサイド
説明	送信元マイクロサービスから問い合わせとロードバランシングの責務が切り離されている。送信元マイクロサービスはロードバランサーにリクエストを送信する。ロードバランサーは宛先マイクロサービスの場所をサービスレジストリーに問い合わせ、またリクエストをロードバランシングする責務を担っている。	通信の送信元マイクロサービスは宛先マイクロサービスの場所をサービスレジストリーに問い合わせ、さらにロードバランシングする責務を担う。
クラウドネイティブ技術との関連性	ロードバランサーとしてService Mesh、Coordination & Service Discovery分野のツールを使用できる。	送信元マイクロサービスのロードバランシング処理の実装方法として、Kubernetes標準機能を使用できる。
技術例	・Service Mesh（Istio） ・Coordination & Service Discovery（CoreDNS）	・Kubernetes標準機能（Kubernetes Service、kube-proxy）

図38で、AWS EKS上でのサービスメッシュ内のL4 / L7トラフィック管理の設計例を示します。サービスメッシュ内ではL4 / L7ロードバランサーとしてService Mesh分野のツールを使用できます。例えば、Istioによるサイドカーコンテナはサービスメッシュ内のKubernetesリソースやIstioリソースの情報に基づいて、サーバーサイドサービス検出を実施します[73]。IstioコントロールプレーンはAWS EKSコントロールプレーンからサービス検出に必要なリソースの情報を収集し、インメモリで保管します。

※73　Mesh, A. (2020, August 12). Debugging Your Debugging Tools: What to do When Your Service Mesh Goes Down [Slide show]. SlideShare. https://www.slideshare.net/slideshow/debugging-your-debugging-tools-what-to-do-when-your-service-mesh-goes-down/237797183

図38 AWS EKS上でのサービスメッシュ内のL4 / L7トラフィック管理の設計例

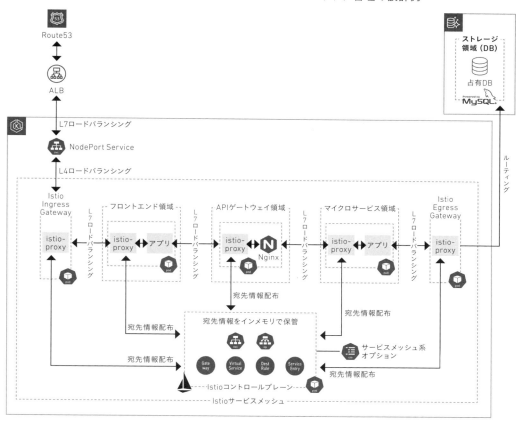

図39で、AWS EKS上でのサービスメッシュ外のL7トラフィック管理の設計例を示します。サービスメッシュ外では、L7ロードバランサーとしてKubernetes標準機能とCoordination & Service Discovery分野のツールを使用できます。例えば、CoreDNSはKubernetes Serviceとkube-proxyと連携してサーバーサイドサービス検出を実施します[74][75]。この時、AWS EKSを使用する場合、マネージドなAWS kube-proxyアドオンとAWS CoreDNSアドオンを使用できます。

※74 Belamaric, J., & Liu, C.『Learning CoreDNS: Configuring DNS for Cloud Native Environments』O'Reilly Media, Inc.（2019b）
※75 Virtual IPs and service proxies. (2024, October 7). Kubernetes. https://kubernetes.io/docs/reference/networking/virtual-ips/

図39　AWS EKS上でのサービスメッシュ外のL7トラフィック管理の設計例

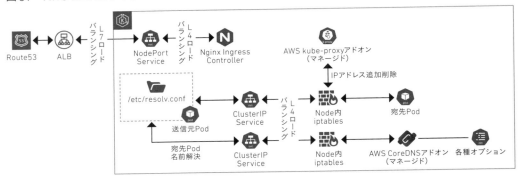

　図40で、AWS EKS上でのサービスメッシュ外のL4トラフィック管理の設計例を示します。L4ロードバランサーとしてKubernetes標準機能を使用できます。例えば、Kubernetes Serviceとkube-proxyはデフォルトでiptablesと連携し、クライアントサイドサービス検出を実施します[※76]。kube-proxyは新しいPodのIPアドレスをiptablesに追加し、またKubernetes Serviceはiptablesに基づいてリクエストをPodにロードバランシングします。前述のとおり、AWSはマネージドなkube-proxyアドオンを提供します。

図40　AWS EKS上でのサービスメッシュ外のL4トラフィック管理の設計例

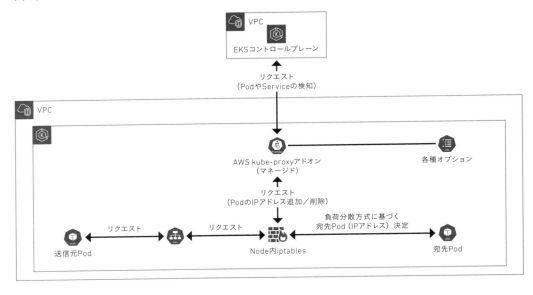

※76　Service. (2024, June 25). Kubernetes. https://kubernetes.io/docs/concepts/services-networking/service/#proxy-mode-iptables

宛先登録にはセルフ登録とサードパーティー登録があります。これらの仕組みはクラウドネイティブ技術で代替できます。表16で、宛先登録パターンとクラウドネイティブ技術の関連性を整理します。サービスレジストリーとして、Coordination & Service Discovery分野のツールを使用できます。例えば、Kubernetes上のさまざまなサービスレジストラーは収集した宛先情報をEtcdに保管します。AWS EKSを使用する場合、Etcdはマネージドなコントロールプレーン上にあります[77]。

表16　宛先登録とクラウドネイティブ技術の関連性

パターン名	セルフ登録	サードパーティー登録
説明	サービス検出時に起動した送信元マイクロサービスはサービスレジストリーに自身の宛先情報を送信し、登録する。	サービス検出時にサービスレジストラーは起動した送信元マイクロサービスを収集し、サービスレジストリーに宛先情報を登録する。多くのサービス検出ツールでサードパーティーパターンを使用している。
クラウドネイティブ技術との関連性	サービスレジストリーとしてCoordination & Service Discovery分野のツールを使用できる。	サービスレジストリーとしてCoordination & Service Discovery分野のツールを使用できる。
技術例	・Coordination & Service Discovery（Etcd）	・Coordination & Service Discovery（Etcd）

次に、ロードバランシングのデザインパターンです。マイクロサービスのインスタンスに適切に負荷を分散させることにより、マイクロサービスアーキテクチャーのシステム全体の可用性を高められます。図41で、ロードバランシングのデザインパターンの種類を示します。代表的なものには静的方式と動的方式があります。

補章

※77　Control Plane - EKS Best Practices Guides. (n.d.). https://aws.github.io/aws-eks-best-practices/reliability/docs/controlplane/

図 41　ロードバランシングのデザインパターンの種類

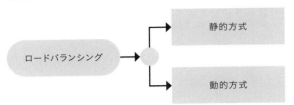

　静的方式にはラウンドロビン、重み付きラウンドロビン、IPハッシュなどに基づくロードバランシングがあります。これらは宛先の負荷を考慮しない方式です。一方で動的方式には最小コネクション数、重み付きコネクション数、最小レスポンス時間などに基づくロードバランシングがあります。これらは宛先の負荷をリアルタイムに考慮する方式です。ロードバランシングの各方式はクラウドネイティブ技術で代替できます。例えば、Istioによるサイドカーコンテナはラウンドロビンや最小コネクション時間に基づいて、通信を宛先マイクロサービスにロードバランシングします[78]。

表 17　ロードバランシングとクラウドネイティブ技術の関連性

パターン名	静的ロードバランシング	動的ロードバランシング
説明	宛先の負荷を考慮せずにロードバランシングする。	宛先の負荷をリアルタイムに考慮してロードバランシングする。
クラウドネイティブ技術との関連性	静的方式のロードバランサーとしてKubernetes標準機能とService Mesh分野のツールを使用できる。	動的方式のロードバランサーとしてService MeshとCoordination & Service Discovery分野のツールを使用できる。
技術例	・Kubernetes標準機能（Kubernetes Service、kube-proxy） ・Service Mesh（Istio）	・Kubernetes標準機能（Kubernetes Service、kube-proxy） ・Service Mesh（Istio）

※78　Traffic management. (n.d.). Istio. https://istio.io/latest/docs/concepts/traffic-management/

10.3　証明書管理方法

　マイクロサービスアーキテクチャーでは、システム内で非常に多くのパケット通信が起こります。パケットのアプリケーションデータを暗号化しなければ、これを第三者に攻撃されかねません。TLSプロトコルを使用してアプリケーションデータを暗号化することにより、攻撃から防御できます。証明書を使用して通信を暗号化できます[79]。図42で、証明書管理方法のデザインパターンの種類を示します。代表的なものにはサイドカー、アプリケーション、クラウドリソースの証明書管理があります。

図42　証明書管理方法のデザインパターンの種類

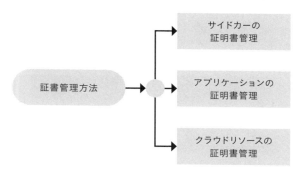

　証明書管理はクラウドネイティブ技術で代替できます。表18で、証明書管理とクラウドネイティブ技術の関連性を整理します。ここでは、技術用語のサービスメッシュとCNCFのService Mesh分野を区別しています。

※79　Siriwardena, P., & Dias, N.『Microservices Security in action』Manning Publications.（2020）

表18　証明書管理とクラウドネイティブ技術の関連性

パターン名	サイドカーの証明書管理	アプリケーションの証明書管理	クラウドリソースの証明書管理
説明	サービスメッシュを使用した場合にマイクロサービスのサイドカーコンテナに証明書を組み込み、管理する。送信元と宛先のサイドカーコンテナ間の通信をTLS化できる。この場合、アプリケーションコンテナで証明書を管理する必要がなくなる。	マイクロサービスのアプリケーションコンテナに証明書を組み込み、管理する。送信元と宛先のアプリケーションコンテナ間の通信をTLS化できる。	クラウドリソースに証明書を組み込み、管理する。クラウドリソースへの通信をTLS化できる。
クラウドネイティブ技術との関連性	組み込む証明書としてService Mesh分野のツールを使用できる。	組み込む証明書としてSecurity & Compliance分野のツールを使用できる。	組み込む証明書としてSecurity & Compliance分野のツールを使用できる。
技術例	・Service Mesh（Istio）	・Security & Compliance（Cert Manager）	・Security & Compliance（AWS Certificate Manager）

　図43で、AWS EKS上での証明書管理の設計例を示します。マイクロサービスのサイドカーコンテナの証明書管理にはService Mesh分野のツールを使用できます。例えば、Istioは署名された証明書をサイドカーコンテナに組み込み、定期的にこれを更新します[80]。Istioコントロールプレーンは自己を署名し、ルート認証局としてサイドカーコンテナのクライアント／SSL証明書を署名します。さらにIstioコントロールプレーンはサイドカーコンテナに証明書を組み込み、証明書が失効すれば自動的に更新します。この仕組みにより、サイドカーコンテナ間で相互TLSを継続的に実施できるようになります[81]。一方でIstioを使用しない場合、Security & Compliance分野のツールを使用してアプリケーションコンテナに証明書を組み込み、これを管理する必要があります。クラウドリソースの証明書管理にはSecurity & Compliance分野のツールを使用できます。例えば、AWS Certificate Managerは中間認証局のAmazon CAからSSL証明書を取得し、AWSリソースへの組み込みと定期更新を管理します。

※80　Plug in CA certificates. (n.d.). Istio. https://istio.io/latest/docs/tasks/security/cert-management/plugin-ca-cert/
※81　Security. (n.d.). Istio. https://istio.io/latest/docs/concepts/security/

図43　AWS EKS上での証明書管理の設計例

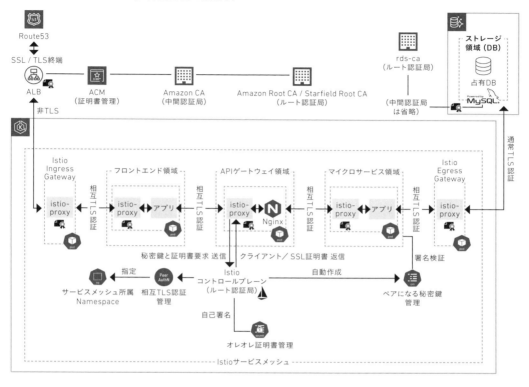

11　おわりに

　補章としてマイクロサービスアーキテクチャーのデザインパターンを取り上げ、どのようなクラウドネイティブ技術で代替できるのかを概説しました。クラウドネイティブ技術とマイクロサービスアーキテクチャーのつながりの理解を深めることはできたでしょうか？　既存のクラウドネイティブ技術の課題を解消した新しいクラウドネイティブ技術が次々と登場しています。この時、その技術はマイクロサービスアーキテクチャーのどのデザインパターンに結びつき、またすべてや一部のロジックを代替できるのだろうかという視点も重要です。クラウドネイティブ技術の役割を複数の観点から知ると、システム全体の中でその技術が担う役割をより理解できるようになります。そして、その知識をさまざまなシステムにパズルのように応用できるようになります。たとえ類似の新技術が登場しても、既存の知識に基づいてすぐに適用できるようになります。補章が本書全体やクラウドネイティブ技術の理解度を高め、さまざまなシステムへの適用のきっかけになれば嬉しいです。

Index

記号

-owide 077

A

A / Bテスト 339, 355
all 327
amd64 133
Analysis 359
AnalysisRuns 379
AnalysisTemplate 379
Ansible 175
APIServerSource 405
APIゲートウェイ領域 448
apply 145
architecture 211
argo 365
Argo CD 188
　　Chartパラメーター 197
　　アプリケーション 190
　　削除 196
　　追加 196
　　バージョン 196
　　変更 195
Argo Rollouts 359
　　Argo CD 359
　　カナリアロールアウト 360
　　トラフィック管理 385
　　ブルー／グリーンデプロイメント ... 371
　　分析 379
argocd CLI 189
arm64 133

B

blueGreen 372

C

canary 361
Carvel YTT 072
cd_id 415
cd_source 415
cd_subject_id 415
cd_subject_source 415
cd_timestamp 415
cd_type 415
CDEvents 396
　　継続的インテグレーション 399
　　継続的運用 399
　　継続的デプロイメント 399
　　コア 399
　　ソースコードバージョン管理 399
cdevents_raw 411
CDEventsエンドポイント 417
Cloud-Native Computing
　Foundation 041
CloudEvents 396
　　データ収集 404
　　メトリクス収集パイプライン 402
CloudEventsエンドポイント 417
CloudEventsルーター 417
CNCF Landscape 041, 042, 046
CompositeResource 223
conference 076
Containers-as-a-Service 343
content 414, 415
Crossplane 217
　　Composition 220
　　Kubernetes リソース 225
　　継続的な調整 225
　　コンポーネント 223
　　削除 226
　　遅延初期化 226

動作 225
プロバイダー 218
プロパティ 226
要件 223
リソースのインポート 226
Crossplane Composite
　Resource Definitions 231
curl 098, 345

D

Dagger 143, 157
Dagger GraphQLのプレイグラウンド 157
Daggerクイックスタート 157
Daggerドキュメント 157
Dapr 309, 325
　アプリケーション 315
　サイドカー 312
　実践 309
Dapr PubSubコンポーネント 320
Dapr SDK 326
Dapr Statestoreコンポーネント 320
dapr.io/appid 311
dapr.io/enabled: 311
daprd 312
Dapr回復力ポリシー 320
Daprサービス間呼び出し 320
Database 235
decisions-only 327
default 246
defaultVariant 327
deploy_id 415
deploy_name 415
Deployment 088
development 260
Dockerfile 140
DORA 392
　サービス復旧時間 392
　デプロイ頻度 392
　変更の失敗率 392

変更のリードタイム 392
DORAメトリクス 391, 412
duration 361

E

email-service 362
Environment 260
event_id 414
event_timestamp 414
eventsEnabled 327
Experimentations 359
Externalized configuration 475

G

gcloud CLI 039
get 086
GitHub Actions 166
GitOps 177
　イミュータブル 177
　継続的な調整 178
　宣言的 177
　自動的なプル 178
　バージョン管理 177
go-retryablehttp 292
Google Kubernetes Engine 037
Grafana 115

H

Helm Chart 075
helm install 076, 209
helm release 214
helm template 168
Helm Templates 072

I

ID管理 116
Imgpkg 074
Ingress 070, 343
Istio 336, 384

Index　491

J

Jenkins 174
Jenkins X 188

K

k9s 099
KAFKA_URL 214
kafka.url 246
Keptn Lifecycle Toolkit 421
Keycloak 117
KinD 065
KLT 421
Knative 342
Knative Serving 342
 アクセス 346
 カナリアリリース 348
 収集 347
 スケールアップ 347
 スケールダウン 347
 トラフィック分割 348
 変更履歴 347
 リソース 346
Kratix 283
ksvc 345
kubectl 042, 083, 359
kubectl apply 198
kubectl apply -f 345
kubectl get ksvc 345, 356
kubectl get rs 368
kubectl port-forward 098, 368
Kubernetes 042
 インストール 071
 インフラストラクチャー管理 206
 拡張機能 043
 クラウドネイティブエコシステム ... 047
 サービスディスカバリー 096
 実行環境の選定 067
 パッケージ化 071
 プラットフォームまでの過程 044

Kubernetes API 042
Kubernetes in Docker 065
Kubernetes Namespace 269
Kubernetes Operator 214
Kubernetesクラスター 069, 270
 ローカルとリモートのセットアップ ... 069
Kubernetesダッシュボード 042, 099
Kustomize 072

L

L3管理方法 480
L4 / L7トラフィック管理方法 481
LAST CREATED 345
Linkerd 336

M

mainブランチ 132
Martin Fowler 336
matchLabel 338
mockData 233
my-db-cloud-sql 241

N

none 327

O

OpenFeature SDK 323
OpenTelemetry 114

P

part-of 422
PipelineRun 151
Platform Working Group 045
PodSpec 360
postgresql.host 246
PrePromotionAnalysis 383
PrePromotionテスト 383
previewService 374
Prometheus 115

PROMOTE 378
Puppet 175

Q
QAクラスター 263
queue-proxy 347

R
READY 078
Red Hat OpenShift 050
REDIS_HOST 214
redis.host 246
ReplicaSet 090, 368
RESTARTS 077
Rollout 379
Rollouts 359

S
S3バケット 178, 288
SaveState 326
scaleDownDelaySeconds 378
Secret 222
Service Invocation API 320
service/info 364
size 233
Skooner 099
SmokeTestsTemplate 382
spec 348
spec.replicas 361
spec.strategy 361, 369
spec.tasks 150
spec.template 361
spec.template.spec 345
spec.traffic 348
Spring Retry 292
staging 193
standalone 211
STATUS 078

T
TAG App Delivery 045
TaskRun 152
Tekton 143
　　追加機能 154
Tekton Pipeline 147
tekton-pipelines 144
The Twelve-Factor App 341
time_created 415
tkn 144
trafficRouting 384

U
user-container 347

V
vcluster 274
vcluster connect 279
VMware Tanzu 050

W
wget 147

X
XRD 231

Z
Zitadel 117

あ行
アプリケーション
　インフラストラクチャー 208
依存関係 301
イベントソース 415
インフラストラクチャー領域 479
ウォーキングスケルトン 052, 271
　　ConfigMap 070
　　Daprコンポーネント 321
　　Deployment 070

Index　　**493**

Ingress	070
Secret	070
Service	070
インストール	070
インフラストラクチャー	228
検査	086
影響範囲	295
永続ストレージ	077, 163, 288
永続データ管理方法	471
エッジケース	302
カプセル化	302
横断領域	473

か行

開発環境	258
開発クラスター	263
回復力	106
仮想マシン	175
カナリアリリース	335
カンファレンス	
アプリケーション	053, 079, 320
A / Bテスト	351
Daprコンポーネント	321
バックオフィス	084
プラットフォーム機能	320
プロポーザル	082
クライアント	297
クラウドネイティブアプリケーション	042, 058
課題	099
クラウドネイティブ技術	436
クラウドプロバイダー	028
サービスカテゴリー	030
クラスター	037, 267
管理	267
グルーコード	043
計算関数	417
継続的デリバリー	398
結合	290
コンシューマー	300

コンシューマー駆動契約テスト	131
コンテナイメージ	133
コンテナレジストリー	133
コンポーネント	207

さ行

サービスID	299
サービス間通信	291
サービスパイプライン	128, 129
featureブランチ	137
Webhook	139
インスタンスの作成	135
規約	130
構造	132
資格情報	139
実践	143
ブランチ	137
プルリクエスト	137
要件	139
サービスメッシュ	477
資格情報ストア	298
システムレベル	295
実行環境パイプライン	128, 172
環境設定オプション	184
実践	188
手順	182
変更	182
ポーリング	182
プッシュ	182
要件	184
従量課金モデル	041
受信者	300
状態の保存／読み取り	296
証明書管理方法	487
シングルサインオン	118
ステージング	263
ストレージ領域	470
静的解析	133
設定管理	130

宣言型	217
送信者	300
ソースコード	130

た行

ダウンタイム	087, 101
ディストリビューション	051
データ変換	417
デプロイ頻度	419
統合	395
ドメインモデリング	458
ドライバー	297
トラフィック分割機能	348
トランクベース開発	130
トランザクション管理方法	463

な行

認証	466

は行

バイナリ	133
ハイパーバイザー	175
パイプラインエンジン	126
パイプライン定義	126
パッケージマネージャー	072
パフォーマンス	115
非同期メッセージング	300
標準API	304
フィーチャーフラグ	306, 317, 327
不整合なデータ	112
プラットフォーム	028
測定	391
体験	276
プラットフォームAPI	256
プラットフォームアーキテクチャー	262
プラットフォーム 　エンジニアリング	027, 048
ブルー／グリーン 　デプロイメント	337, 357

プログレッシブデリバリー	379
プロデューサー	300
プロビジョニング	212
分離	269
変換関数	417
本番クラスター	263

ま行

マイクロサービス	057
マイクロサービスアーキテクチャー	437
構成領域	442
デザインパターン	443
マイクロサービス設計方法	460
マイクロサービス分割方法	457
マイクロサービス領域	452
マルチクラウド戦略	207
マルチテナント	269
メッセージ	289
メトリクス	410
メトリクスエンドポイント	417
メトリクス計算コンポーネント	417
モノリスアプリケーション	057
モノリポジトリー	131

ら行

リリース戦略	335
ロールアウト	359

Index　495

装丁デザイン：霜崎 綾子
DTP：富 宗治

Kubernetes で実践する
Platform Engineering

2025年2月19日　初版第 1 刷発行

著者　　　　Mauricio Salatino
翻訳者　　　株式会社スリーシェイク 元内 柊也、木曽 和則、戸澤 涼、長谷川 広樹
発行人　　　佐々木 幹夫
発行所　　　株式会社 翔泳社 (https://www.shoeisha.co.jp)
印刷・製本　三美印刷株式会社

本書は著作権法上の保護を受けています。本書の一部または全部について（ソフトウェアおよびプログラムを含む）、株式会社 翔泳社から文書による許諾を得ずに、いかなる方法においても無断で複写、複製することは禁じられています。
本書へのお問い合わせについては、002ページに記載の内容をお読みください。
造本には細心の注意を払っておりますが、万一、乱丁（ページの順序違い）や落丁（ページの抜け）がございましたら、お取り替えいたします。03-5362-3705 までご連絡ください。

ISBN978-4-7981-8837-9
Printed in Japan